山黧豆生物学

熊友才　焦成瑾　邢更妹　主编

科学出版社
北京

内 容 简 介

　　本书是兰州大学山黧豆课题组四十多年研究工作的总结,参编人员在国内是专门从事该方面研究的优秀团队。全书共分 11 章,前两章为基础性内容,阐述了山黧豆的种质资源和生物学特性;第三章到第八章介绍了山黧豆毒素(β-ODAP)的提取、合成、定性定量分析、代谢模式、毒理作用和生理作用;第九、十章讨论了山黧豆的组织培养和遗传育种;最后一章对山黧豆今后的研究方向与应用前景进行了预测和分析。

　　本书可供植物学、生态学、农业资源与环境学的研究生、教师、科研人员,及从事相关产业的技术人员和毒理医学从业者阅读参考。

图书在版编目(CIP)数据

山黧豆生物学 / 熊友才,焦成瑾,邢更妹主编. —北京:科学出版社,2013.6
ISBN 978-7-03-037604-6

Ⅰ.①山⋯　Ⅱ.①熊⋯②焦⋯③邢⋯　Ⅲ.①山黧豆-生物学-研究
Ⅳ.①S529

中国版本图书馆 CIP 数据核字(2013)第 114371 号

责任编辑:王海光　侯彩霞 / 责任校对:刘亚琦
责任印制:钱玉芬 / 封面设计:耕者设计工作室

科 学 出 版 社 出版
北京东黄城根北街 16 号
邮政编码:100717
http://www.sciencep.com

新 科 印 刷 厂 印刷
科学出版社发行　　各地新华书店经销
*
2013 年 6 月第 一 版　　开本:B5 (720×1000)
2013 年 6 月第一次印刷　　印张:19 1/2　插页:4
字数:370 000
定价:98.00 元
(如有印装质量问题,我社负责调换)

致我国山黧豆生物学和化学研究先驱
——王亚馥教授和李志孝教授

　　王亚馥教授(图右)和李志孝教授(图左)是我国开展山黧豆生物学和化学研究的先驱,本书的编写是在两位前辈工作的基础上编写而成的。王亚馥教授一辈子严谨治学,桃李满天下,所带研究生中很多已经成为我国遗传、细胞生物学和植物学中的栋梁! 自 20 世纪 60 年代以来,王亚馥教授开始带领兰州大学课题组开展了一系列研究,培养了一大批从事山黧豆生物学理论研究和实践应用方面的人才。王老师虽然年过八旬,但依然笔耕不辍,而且至今还在指导研究生和从事科研工作。20 世纪 70 年代初李志孝教授就在陈耀祖教授领导的山黧豆课题组,主要从事山黧豆的化学研究,在山黧豆毒素的分离、提取和分析方面进行了大量的实验,一辈子著述颇丰,所带学生英才辈出。本书的出版既是两位先驱在山黧豆生物学与化学研究工作的总结,也是对年轻一代寄予的殷切期望! 本书能最终出版,与两位先驱的鞭策和鼓舞密不可分,全体编者对两位前辈表示最衷心的感谢和崇高的敬意!

熊友才

2012 年 12 月

《山黧豆生物学》参编人员名单

名誉主编　王亚馥　兰州大学

主　　编　熊友才　兰州大学

　　　　　焦成瑾　天水师范学院

　　　　　邢更妹　中国科学院高能物理研究所

副 主 编　李志孝　兰州大学

　　　　　李凤民　兰州大学

　　　　　张大伟　兰州大学

　　　　　高清详　兰州大学

编　　者（按姓氏汉语拼音排序）

白　雪	程正国	高清详	焦成瑾
孔海燕	李凤民	李朴芳	李志孝
吕广超	莫　非	沈剑敏	谭瑞玥
王建永	王亚馥	邢更妹	熊俊兰
熊友才	严则义	杨　通	张大伟
张　晟	祝　英		

序

　　山黧豆属(*Lathyrus*)属于豆科(Leguminosae)蝶形花亚科(Fabaceae),含 200
余种。该属在全球分布很广,其中家山黧豆(*L. sativus*)在很多地区作为食物或饲
料种植。它籽粒大、蛋白质含量高、营养丰富,而且抗旱、耐寒、抗病虫害等抗逆性
极强,是世界各国众多干旱高寒地区的重要豆类作物,为保障这些环境极端恶劣地
区的食品和饲料供应起着重要作用。同时,山黧豆固氮结瘤能力强,是与农作物套
种、间种和倒茬的优良豆科作物,在保证农业持续发展、改善土壤结构和生态环境
等诸多方面起着重要作用。

　　山黧豆中含有一种神经性毒素(β-ODAP),长期过量食用会引发人或动物的
中毒。山黧豆中毒事件先后发生在多个国家,使山黧豆的种植与利用受到限制,并
得到这些国家和相关学者的普遍关注。仅在近 20 余年,全球有关山黧豆研究的国
际研讨会已达十余次,而且山黧豆的一些研究项目也是来自于一些国际组织的
资助。

　　20 世纪 70 年代初,在我国西部干旱地区粮食作物连年歉收、甚至绝收的情况
下,山黧豆仍有较好的收成,这时山黧豆几乎成为唯一的救灾食物,虽然挽救了不
少农牧民的生命,但也由于他们长期连续食用而引发了中毒反应,轻者下肢瘫痪,
丧失了劳动能力,重者甚至丧失了生命。兰州大学相关学者正是在这种情况下,临
危受命,组织人力开展山黧豆的攻关研究。陈耀祖教授最早组建了课题组,并于
1975 年在兰州大学学报发表了第一篇研究论文《山黧豆中毒素分析与去毒方法的
研究》,于 1978 年获得全国医药卫生科学大会奖。之后课题组从各地收集了 70 多
种山黧豆,进行低毒品种的选育,"低毒山黧豆的筛选,毒素分析及毒理学研究"获
得 1987 年甘肃省科学技术进步三等奖。此后陈教授调离兰州大学,但更多的学者
加入进来。经过半个世纪的坚持研究,课题组发表研究论文百余篇,其中 SCI 收
录论文占一半以上,并建立了一套研究技术平台。这不仅为今后深入地研究与应
用奠定了基础,还受到了国际同行的好评与公认,他们曾多次被邀请参加国际研讨
会并做大会报告。

　　该书正是在他们工作的基础上,结合国际研究进展,对山黧豆研究进行了较为
系统的阐述,并提出了今后研究方向的设想和应用前景的展望。相信该书的出版
不仅能为山黧豆和其他豆类作物的进一步开发、利用与深入研究奠定良好的基础,

还可为加强国际合作与交流提供宝贵的资源。最后期待该书能不断充实、修正与提高，以便更好地适应并促进该领域科学研究的发展。

王亚馥

2013 年 2 月于兰州大学

前　言

　　山黧豆(*Lathyrus sativus* Lim)具有抗旱、耐寒、耐贫瘠、抗病虫害等多种抗逆性,且茎叶和子实内蛋白质含量分别为18.5%和29.4%,远远高于水稻、小麦和玉米等粮食作物,同时含有哺乳动物所需的17种氨基酸,以及胡萝卜素和多种人体或动物所需的维生素,是营养极其丰富的豆科作物。山黧豆属植物生长周期较短,适宜在干旱少雨、贫瘠半山坡地区种植,田间管理粗放,不与粮食作物争地,是与粮食作物套种或轮种的优良固氮倒茬豆科作物。该属包含200余种,分布十分广泛,对山黧豆物种多样性的调查、鉴定、保护、保存、利用与创新,是涉及粮食安全和生态安全的重大课题。在生物多样性保育和气候变化的时代背景下,山黧豆种质资源的基础研究对粮食安全、营养安全和生态安全具有极其重要的理论意义和实践价值。

　　随着世界人口的增长和人民生活水平的提高,人类对蛋白质的需求量与日俱增。而蛋白质食物主要是依靠植物提供,为此积极探索开辟新的植物蛋白质资源具有重要意义。山黧豆的蛋白质含量和营养价值远远超过其他粮食作物,是食物蛋白质和营养饮食的重要补充。它不仅可为干旱、贫瘠地区的食物供给起到保障性作用,还可推动农业增产与可持续发展。但由于山黧豆含有毒素,至今仍未充分开发与利用。为此,笔者在国家和地方的资助下长期坚持山黧豆研究,积累了多年的研究成果,并以此为基础撰写此书。本书参编者依据各自的研究领域而承担相应内容的撰写,前后经历5年,三易其稿,分10个专题对山黧豆研究进行了较全面的阐述,并附有详尽的原始参考文献,以便同行和研究者查阅。

　　本书是兰州大学山黧豆课题组过去40多年的研究总结,参编人员是国内仅有的专门从事该领域研究的优秀团队,涉及专业包括植物学、作物学、分析化学、有机化学、生物化学、遗传学、分子生物学和农学等众多学科。本书是国内第一本系统阐述山黧豆属植物的种质资源分布、生物学特性、毒素提取与分离、农业应用价值和生态价值等多个方面知识和技术体系的专著,对山黧豆种质资源的保护和创新性利用具有重要参考价值。在生物多样性逐渐丧失、农业及环境出现可持续性危机的形势下,相信本书的出版对应对全球气候变化、保证粮食安全、改善营养安全和农业可持续发展的研究能起到抛砖引玉的作用。

　　全书共含11章,包括山黧豆种质资源、山黧豆的生物学特性、山黧豆毒素(β-ODAP)的提取及合成、山黧豆毒素(β-ODAP)的定性分析、山黧豆毒素(β-ODAP)的定量分析、山黧豆毒素(β-ODAP)的代谢模式、山黧豆毒素(β-ODAP)的毒理作用、山黧豆毒素(β-ODAP)的生理作用、山黧豆的组织培养、山黧豆的遗传与育种、山黧豆今后的研究方向与应用前景等内容。

本书是以兰州大学山黧豆课题组的研究成果为基础,结合全球研究进展编写而成,可供从事豆类作物的遗传与育种、植物毒素鉴定与合成、毒素的毒理作用与生理作用及药理作用等研究的同行参考,也可供植物学、生态学、作物相关专业的研究生阅读,同时也可满足对山黧豆感兴趣的普通读者的阅读需求。

本书从构思到整个编写过程都得到王亚馥教授的悉心指导与大力支持,她对稿件反复进行了审阅与修改,并提出了许多宝贵意见,为保证本书的质量起到了重要作用。本书参编者多是处于教学与科研一线的年轻学者,虽然他们工作任务重、压力大,但仍认真地完成了编写任务,其中焦成瑾完成书稿15万字的编写(主要涉及第三、四、五、六、九、十和十一章的内容)。在本书撰写过程中,孔海燕、熊俊兰、白雪、谭瑞玥等研究生为文字输入与整理做了大量工作。本书涉及的研究内容得到了教育部博士点基金、国家自然科学基金、中国气象局公益性气象行业专项、国家"973"计划项目、高等学校学科创新引智计划("111"项目)、科技部国际合作项目和教育部新世纪优秀人才支持计划项目等的支持。在此一并致以最诚挚最衷心的感谢。

限于编著者水平与能力,书中不足之处在所难免,特别是本书由多位研究者撰写,虽然编前进行了多次商定,并对每章内容进行了界定,编后又进行了认真的统稿,但前后呼应不到或相互重复甚至矛盾之处可能仍然存在。为此,衷心恳请各位读者指正,不吝赐教。相信为了适应人们对植物蛋白质需求量的增加,并为保障全球贫困地区的食物和营养供给,山黧豆的研究会更加深入地展开,新的研究成果也将层出不穷。笔者一定会遵循科学发展的进程,不断地研究、探索、总结、修正与提高。

熊友才

2012 年 8 月于兰州大学

目　　录

第 1 章　山黧豆种质资源

全球气候变化下生物多样性(biodiversity)的鉴定、保护和利用涉及粮食安全、营养安全与生态安全,已成为全人类共同关注的热点问题。生物多样性包括物种(species)多样性、遗传(heredity)多样性和生态系统(ecosystem)多样性。任何一个物种种质多样性的调查、鉴定、保护、保存、利用与创新都引起全球同行的广泛关注。其主要研究领域包括种质资源调查、鉴定与分类研究,种质资源的起源与演化研究,种质资源之间的亲缘关系和遗传距离研究,种植资源的自然地理分布及其与遗传距离之间关系的研究,种内不同居群之间或同一居群不同个体之间的遗传变异性的研究,鉴定该物种的群体大小、种质资源特点和核心种质等。在此基础上采用相关技术进行种质资源的保护、保存与创新,并加以利用,可为品种选育、繁殖与改良等奠定种质资源基础。山黧豆属植物是生物多样性研究中的典型物种,具有抗逆性强、适应性广和营养价值丰富等特点。在生物多样性丧失和粮食危机的形势下,加强山黧豆属植物的鉴定、保护和利用具有多重意义。山黧豆种质资源较丰富,遗传多样性十分广泛,自然地理分布几乎遍布全球。本章以山黧豆种质资源的性状特征与分布、种质资源遗传多样性与亲缘关系、种质资源的价值与保存等进行较为系统的阐述。

1.1　山黧豆种质资源的特征与分布

1.1.1　山黧豆种质资源的形态特征

山黧豆属(*Lathyrus* L.)是豆科(Leguminosae)蝶形花亚科(Faboideae)的一员,约有 160 多个一年生和多年生物种(Plitmann *et al*.,1995;Chtourou-Ghorbel *et al*.,2001),也有报道称该属有 187 个种及亚种(Allkin *et al*.,1983),据其形态特征,这些种又被划分为 13 组(kupicha,1983)。这 13 个组分别为 *Aphaca*、*Clymenum*、*Neurolobus*、*Nissolia*、*Lathyrus*、*Lathyrostylis*、*Linearicarpus*、*Notolathyrus*、*Orobastrum*、*Orobon*、*Orobus*、*Pratensis* 和 *Viciopsis*。家山黧豆(*Lathyrus sativus* L.)是山黧豆属中唯一被用作食物的作物,又称马齿豆、牙齿豆、草香豌豆、马牙豆和落豆秧等,是人畜均可食用的豆科作物(Jackson *et al*.,1984)。

山黧豆属是豆科一年生或多年生草本植物,具根状茎或块根。茎直立、上升或攀缘,有翅或无翅。偶数羽状复叶,具 1 至数小叶,叶轴增宽叶化或托叶叶状,叶轴末端具卷须或针刺;小叶椭圆形、卵形、卵状长圆形、披针形或线形,具羽状脉或平行脉;托叶通常半箭形。总状花序腋生,具 1 至多花;花紫色、粉红色、黄色或白色,有时具香味;萼钟状,萼齿不等长或稀近相等;雄蕊(9+1)二体。雄蕊管顶端通常截形稀偏斜;花柱先端通常扁平,线形或增宽成匙形,近轴一面被刷毛。荚果通常压扁,开裂(崔鸿宾,1984)。山黧豆根系发达,主根穿透力很强,支根上布满很多小的、圆柱状紧密聚在一起的根瘤。因此,山黧豆具有广泛的适应性,抗寒、抗旱、抗病虫害、耐贫瘠,可以适应不同的地域和气候条件(Yan *et al.*,2006),尤其耐受长时间的干旱,可在年仅 250mm 的降水量下生长(Tekele-Haimanot *et al.*,1990)。

1.1.2　山黧豆种质资源的细胞学特征

山黧豆属植物的核型涵盖从二倍体到六倍体的不同类型,大多数种的核型为二倍体($2n=14$),也有少量的四倍体($4n=28$)和六倍体($6n=42$)核型,极少数山黧豆属植物中具有随体染色体(satellite chromosome)。2000 年,Karadag 和 Buyukbure 用 5 个山黧豆品系进行细胞学实验,发现其中 4 个品系具随体染色体,另 1 个则没有。在已经报道的 60 种山黧豆属植物核型报告中,有 3 个种超过了 14 对常染色体,有 2 个种是四倍体(*L. pratensis* 和 *L. venosus*),1 个种为六倍体(*L. palustris*)。核型多样性可能与长期的自然选择和逆境适应有关系,是山黧豆属植物物种多样性的物质基础之一(见本书第九、十章)。

1.1.3　山黧豆种质资源的起源和分布

山黧豆属植物原产地为北半球温带地区,分布广泛,包括亚洲东部、欧洲、北非等,其中地中海和伊朗-吐兰地区是该属分布最广泛的地区,几乎涵盖了所有一年生种(Kenicer *et al.*,2009)。山黧豆属野生种在南欧和西南亚也有不同程度的分布(Duke *et al.*,1981)。山黧豆种植历史悠久,但起源具体地方不详,Townsend 等(1974)报道,可能是由于自然分布已经被栽培种植所模糊。有研究表明山黧豆遗迹最早于公元前 4000～公元前 3500 年发现于印度和公元前 3800～公元前 3200 年发现于西亚(Allchin,1969)。有学者推测早在新石器时代早期就有人将山黧豆作为食物,巴尔干岛地区约在公元前 6000 年就有山黧豆种植(武艳培,2009)。而据考古植物学和植物地理学发现,山黧豆大约在公元前 8000 年的巴尔干、土耳其和伊拉克等地已有收集和种植(Lambein *et al.*,1997)。另有研究发现,青铜器时代,山黧豆在伊拉克已被食用(Yael *et al.*,2010)。山黧豆属种类繁多,主要作为粮食作物和饲料作物广泛种植,其中作为粮食作物的主要品种为栽培山黧豆(*Lathyrus sativus* L.)。栽培山黧豆的起源中心在中亚,主要种植在亚洲西南部、非洲北部、欧洲中部和南部,南美、东非、北美也有少量分布。栽培山黧豆还是印度、孟加拉国、巴基斯坦、尼泊尔和埃塞俄比亚的重要经济作物。

　　我国山黧豆种类较多,有原产也有引进,有栽培也有野生。野生种约 30 多种,多为多年生植物,分布较广,主要分布在东北、华北和西北等地区。在江苏、云南、四川、陕西、山西、甘肃、黑龙江、内蒙古等省(自治区)均有分布。野生种主要有:草原山黧豆(*L. pratense* L.),分布于陕西、甘肃、四川等地;茳芒山黧豆(*L. davidii* Hance),分布于东北、华北地区及陕西等省;欧山黧豆(*L. palustris* L.),其主要变种细叶沼生山黧豆多分布在我国东北的沼泽地和碱土草原;海滨山黧豆[*L. martimus*(L.)Bigel],在东北、华北地区及江苏、浙江等省均有分布。目前用于生产的主要是一年生栽培山黧豆和扁荚山黧豆,也有部分草原山黧豆。栽培山黧豆于 20 世纪 50 年代引入我国,在新疆、甘肃、陕西、宁夏、黑龙江、江苏、四川、云南等省(自治区)均有引种。近年来,甘肃中部干旱地区、陕西北部、山西等地引种试种,表现良好。20 世纪 70 年代初,甘肃的种植面积曾达 27 万亩[①]。因 20 世纪 60 年代大面积爆发山黧豆神经性中毒事件,导致农户种植山黧豆的积极性有所下降,近年来,种植面积维持在 10 万亩左右。扁荚山黧豆原产葡萄牙,在江苏、四川、陕西、云南、甘肃等省种植较多,四川省于 1990 年种植面积达 1.81 万 hm²(见本书第二章)。

　　不同国家不同部门对山黧豆的物种资源收集情况各异,这里仅列出各国栽培山黧豆及其近源种扁荚山黧豆的搜集概况(图 1-1)。加拿大收集的评价指标参考了协调山黧豆种质保存农学会(INILSEL);智利和埃塞俄比亚收集保存的材料中对其开花时间、花色、株高、每株荚果数、每荚果种子数、百粒重、蛋白质含量和 ODAP 含量都进行了评价;法国保存的大部分材料都来自国外,且只对这些材料的花和种皮颜色进行了评价;1994～1995 年,印度对其 283 份材料的株高、一级分枝数、荚果长度、每株荚果数、每荚果种子数和百粒重进行了评价(Mehra *et al.*,1995);位于叙利亚的国际旱地农业研究中心(International center for Agricultural Research in the Dry Areas,ICARDA)保存了来自超过 45 个国家的山黧豆属的种质材料,并且针对这些材料的耐冷性和 β-ODAP 含量进行了评价(Robertson *et al.*,1995)。另外,伊拉克、约旦等国家也收集保存了一些山黧豆属材料(Lambein *et al.*,1997),但是详细数据不明。尽管多数国家都是少量收集,并不能代表当地种质的所有遗传资源,但是这些收集是种质改良项目的重要组分。如今,INILSEL 的工作由 Combes 负责承担,已在法国建立了有序保存体系的第 1 个试点(Campell *et al.*,1999)。本实验室已于 2011 年参与到有 ICARDA 发起的生物多样性与基因综合管理计划(Biodiversity and Integrated Gene Management Program,BIGMP)项目的研究工作,并负责了高产、早产、低毒三大类共 72 个不同遗传特性品种的西北地区的繁育工作(见本书第九章)。

---

① 1 亩≈666.7m²

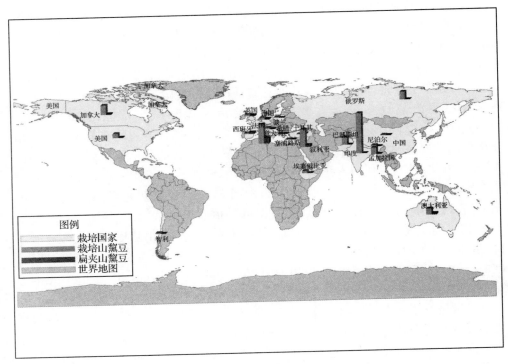

图 1-1　不同国家栽培山黧豆和扁荚山黧豆收集情况（见图版）

1.2　山黧豆属种质资源的遗传多样性与亲缘关系

1.2.1　物种多样性鉴定的标记

在太阳系中，地球的独特性就在于它具有丰富生物多样性（biodiversity）的生物圈（biosphere）。而生物多样性中最基础、最核心的是物种（species）的遗传多样性（genetic diversity）。物种简称种，它是客观存在的，是生物进化的基本单元，它具有一定形态、生理和生态特征，占有相应的自然地理分布区域，以一定生活方式进行繁衍并相互交流基因的自然生物类群（biological group）。新种的产生是生物进化中一种质的飞跃，地球上物种多样性的构成是在地球演化背景下长期的物种形成、进化发展和自然选择的结果。据估计地球上的物种多达数千万种。有学者报道山黧豆属就含有 160 多个一年生和多年生的物种，加之它们的起源和分布的不同而形成众多的自然居群（population），从而进一步扩展了山黧豆属的遗传多样性。

　　任何物种的种质资源遗传多样性的鉴定都可通过一系列标记而实现,只是直观的形态学标记、细胞学标记和生化标记等均有局限性。无论是标记精度,还是标记的数量均有限;即使生化标记中的同工酶或相关蛋白质电泳标记,虽然它们是基因表达的直接产物,同时也比形态特征和细胞染色体组型、核型和带型标记效率高,但这类生化标记在染色体上的位点较少,且受环境和发育时期的影响。为此,在近20余年,人们采用DNA分子标记(DNA molecular marker),直接在DNA分子水平上检测各类生物物种的遗传多样性。显然,DNA分子标记是在DNA水平上遗传变异的直接反映,可对各个发育时期的生物群体、个体、组织、器官及细胞等进行检测,不受环境和发育时期的影响,而且数量丰富、遗传稳定。因而引起了人们极大的兴趣,并广泛地应用于生物遗传多样性鉴定、亲缘关系和遗传距离分析、基因定位和遗传图谱的构建、基因克隆和分子标记辅助选择育种等。

　　DNA分子标记大多以电泳谱带的形式表现,大致分为两大类:①非PCR依赖的分子标记,这类标记是基于Southern杂交技术的分子标记,如限制性片段长度多态性(restriction fragment length polymorphism,RFLP)标记和原位杂交(in situ hybridization)等;②基于PCR技术的分子标记,如随机扩增多态DNA(randomly amplified polymorphic DNA,RAPD)标记和扩增片段长度多态性(amplified fragment length polymorphism,AFLP)标记等。

1.2.2　RFLP标记鉴定山黧豆种质资源遗传多样性与亲缘关系

　　Chtourou-Ghorbe等(2001)采用RFLP和RAPD两种分子标记鉴定了山黧豆属中地理起源和分布范围广并有代表性的5个物种、9个居群之内和它们之间的遗传多样性水平(表1-1)。

表 1-1　山黧豆居群来源

组名	种名	类型	来源	采样数量
Lathyrus	L. sativus	一年生	Sfax(突尼斯)	18
			Addis-Ababa(埃塞俄比亚)	18
	L. cicera	一年生	Zarzis(突尼斯)	18
			Elvas(葡萄牙)	18
	L. sylvestris	多年生	Chapelle de Rousse(法国)	18
			Hungary(匈牙利)	14
	L. latifolius	多年生	Bar-sur-Loup(法国)	10
			Kompolt(匈牙利)	5
Clymenum	L. ochrus	一年生	Ariana(突尼斯)	18

　　RFLP分析的原理是核酸分子杂交。将基因组DNA经特定的限制酶消化

后,产生大小不同 DNA 片段,通过凝胶电泳方法将大小不同的 DNA 片段分开,然后通过 Southern 印迹和同位素标记的特定序列探针杂交后,通过放射自显影技术显示出 DNA 分子水平上的差异。显然,RFLP 技术鉴定物种的多态性不受环境条件和发育阶段的影响,它在等位基因之间是共显性的,在非等位基因的 RFLP 标记之间不存在上位效应,因而互不干扰。该标记存在整个基因组中,因而可检测到较丰富的标记,从而可在此基础上建立高密度的遗传图谱,并为鉴定物种多样性提供稳定的分子水平标记。但该技术同样也存在一些不足,如操作较复杂,且涉及同位素标记,目前大多改用非同位素标记。另外,该标记技术对 DNA 要求较高,且过多地依赖内切酶使用等。Chtourou-Ghorbe 等(2001)用 3 个限制酶:$EcoR$Ⅰ、BamHⅠ和 $Hind$Ⅲ,并用 PstⅠ消化山黧豆基因组 DNA 文库(genomic DNA library)而获得 300~3000bp,从中筛选出 A1、C30、C35、C36、C37、C38 和 C39 七个 DNA 探针,将这些 DNA 片段克隆到质粒 Bluscripts 中。此外,还采用了玉米 25S 核糖体 DNA(maize 25S ribosomal DNA)作为探针(Ri),这些探针是 α^{32} PdCTP 标记。杂交结果表明,在 5 个种的 9 个居群之内和居群之间存在广泛的遗传变异。在所有居群中的 112 条带中有 103 条是多态性,即遗传多样性频率为91.96%,这意味着每个探针含 12.875 条多态性带(polymorphic band)(表 1-2)。

表 1-2 RFLP 检测所用探针与酶的组合

探针	限制酶	限制酶片段数/个	多态性带数量/条
	BamHⅠ	3	2
A1	$EcoR$Ⅰ	4	4
	$Hind$Ⅲ	5	5
C30	BamHⅠ	5	5
	$Hind$Ⅲ	10	10
	BamHⅠ	2	2
C35	$EcoR$Ⅰ	2	0
	$Hind$Ⅲ	3	3
	BamHⅠ	4	4
C36	$EcoR$Ⅰ	7	7
	$Hind$Ⅲ	4	4
	BamHⅠ	8	8
C37	$EcoR$Ⅰ	9	7
	$Hind$Ⅲ	7	7

续表

探针	限制酶	限制酶片段数/个	多态性带数量/条
C38	*Bam*H I	5	5
	*Eco*R I	2	2
	*Hind*Ⅲ	3	3
C39	*Bam*H I	6	6
	*Eco*R I	12	11
Ri	*Bam*H I	3	1
	*Eco*R I	2	2
	*Hind*Ⅲ	6	6

　　通过分析趋异性指数推算出这些居群之间和居群之内的遗传多样性（表 1-3）。从表 1-3 可见，一般是居群之间变异高于居群之内变异。*L. latifolius* 的法国居群内存在最高水平的趋异性，这可能是 *L. latifolius* 异花授粉频率高而导致该居群的异质性。遗传距离分析表明，*L. ochrus* 的突尼斯 Ariana 居群与其他各居群之间趋异值都大，而且差异显著。事实上，该 Ariana 居群与相关的其他居群是生殖隔离的，即杂交的不亲和性（表 1-3）。

表 1-3　山藜豆种内和种间遗传距离：基于 RFLP 和 RAPD 数据应用配对法计算趋异性指数

	L. sativus		*L. cicera*		*L. ochrus*	*L. latifolius*		*L. sylvestris*	
	Sfax	Addis-Ababa	Zarzis	Elvas	Ariana	Bar-sur-Loup	Kompolt	Chapelle de Rousse	Hungary
	1	2	3	4	5	6	7	8	9
1	0.037								
	0.116								
2	0.166	0.082							
	0.283	0.141							
3	0.504	0.463	0.006						
	0.578	0.612	0.016						
4	0.441	0.385	0.184	0.026					
	0.654	0.662	0.138	0.010					
5	0.732	0.733	0.607	0.555	0.045				
	0.584	0.622	0.595	0.653	0.089				
6	0.569	0.528	0.562	0.549	0.797	0.133			
	0.643	0.557	0.659	0.712	0.592	0.078			

	L. sativus		*L. cicera*		*L. ochrus*	*L. lati folius*		*L. sylvestris*	
	Sfax	Addis-Ababa	Zarzis	Elvas	Ariana	Bar-sur-Loup	Kompolt	Chapelle de Rousse	Hungary
	1	2	3	4	5	6	7	8	9
7	0.563	0.519	0.553	0.560	0.864	0.120	0.000		
	0.633	*0.617*	*0.656*	*0.701*	*0.587*	*0.227*	*0.042*		
8	0.576	0.504	0.603	0.544	0.691	0.451	0.445	0.054	
	0.774	*0.703*	*0.686*	*0.748*	*0.615*	*0.438*	*0.530*	*0.049*	
9	0.502	0.451	0.466	0.513	0.743	0.357	0.340	0.359	0.063
	0.710	*0.733*	*0.687*	*0.722*	*0.614*	*0.435*	*0.509*	*0.233*	*0.047*

注：数字正体为使用 RFLP 标记计算的结果，斜体为使用 RAPD 标记计算的结果。

　　通过居群之间的趋异性而建立演化树可以明显地将它分为两个主要组（group）：第一组为 *L. ochrus* 的 Ariana 居群；第二组由其他居群组成，但第二组又分为两个簇（cluster），其中一个簇的代表是 *L. sativus* 和 *L. cicera* 的居群；另一个簇的代表是 *L. sylvestris* 和 *L. lati folius* 居群。该演化树将 *L. syluestris* 居群分为两个组。依照簇的分析，*L. ochrus* 的 Ariana 居群与其他已知居群的遗传距离较远，而 *L. sativus* 居群和 *L. cicera* 两居群之间紧密相关。*L. sylvestris* 居群是分离的，其中从匈牙利（Hungary）起源的 *L. sylvestris* 居群比从法国 Chapelle de Rousse 起源的 *L. sylvestris* 居群更近于 *L. lati folius* 居群（图 1-2）。

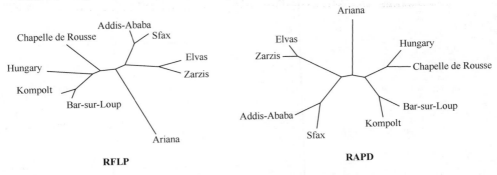

RFLP　　　　　　　　　　　　　　　　**RAPD**

图 1-2　山黧豆 5 个种和 9 个居群的进化系统树

基于 RFLP 和 RAPD 差异值，应用 UPGMA 绘制

1.2.3　RAPD 标记鉴定山黧豆种质资源遗传多样性与亲缘关系

　　RAPD 是在 PCR 技术基础上通过人工合成的随机引物，通常为 10 个碱基在

模板链的不同位置与基因组 DNA 结合,在不同物种或不同居群中结合位点各不相同,于是引物结合位点和两个结合位点之间的距离就不同,从而经过数次 PCR 循环便产生了 DNA 片段的多态性。引物结合位点 DNA 序列的改变和两个扩增位点之间碱基的缺失、插入或置换都会导致扩增片段的数目和长度的差异。扩增产物通过聚丙烯酰胺凝胶电泳或琼脂糖凝胶电泳分离,经溴化乙锭(EB)染色或放射自显影检测扩增产物 DNA 片段的多态性。任何一种标记技术都有其优缺点,如 RAPD 技术,其优点是简捷、灵敏度高、引物设计不需要知道序列信息,且引物较短,一般为 10 个碱基,具有较广的通用性,如合成一套引物可应用于不同物种鉴定其多态性等。但该技术同样存在一些不足之处,如 RAPD 标记一般是显性标记,不能鉴别是杂合子还是纯合子,它的稳定性和重复性不如 RFLP 标记,且所用的检测手段一般为琼脂糖凝胶电泳,只能分开不同大小的片段,而不能鉴别含有不同碱基序列相同大小的片段等。为此,Chtourou-Ghorbel 等(2001,2002)应用 RFLP 和 RAPD 这两种标记相互对照检测山黧豆属中 5 个物种 9 个居群之间和居群之内遗传变异水平及它们之间的亲缘关系。

该研究的 RAPD 分析是从 J 试剂盒 20 个引物中筛选出 10 个,这 10 个引物在分别的扩增实验中所形成的 PCR 产物对所有研究居群都显示出可重复的模型。这些引物产生 129 个多态性 PCR 产物,它们的大小为 300~3000bp(表 1-4)。随引物实验而定每个居群内个体之间变异的多态性程度(图 1-3)。结果表明,不但居群之间存在广泛的遗传多样性,而且居群内个体之间亦存在多态性,只是居群之间的变异性大于居群内的变异性。

表 1-4　选择引物的核苷酸序列、扩增产物的数量和片段大小

引物	序列(5′→3′)	扩增产物的数量	片段大小/bp
OPJ04	CCGAACACGG	15	300~1850
OPJ09	TGAGCCTCAC	15	400~1900
OPJ10	AAGCCCGAGG	16	530~3000
OPJ11	ACTCCTGCGA	9	350~1800
OPJ12	GTCCCGTGGT	16	400~3000
OPJ13	CCACACTACC	17	400~2000
OPJ14	CACCCGCAGA	11	350~1850
OPJ18	TGGTCGCAGA	13	350~1800
OPJ19	GGACACCACT	8	500~1600
OPJ20	AAGCGGCCTC	9	350~1700

根据居群内和居群间的趋异性指数(表 1-4),可见每个居群内遗传趋异性是有限的,如居群内距离很小,其幅度为 0.010~0.141,而居群间距离变异范围大,

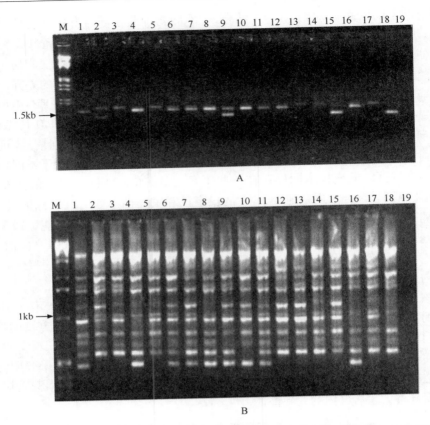

图 1-3　突尼斯 *L. sativus* 居群个体的以 OPJ11(A)和 OPJ12(B)为引物的 RAPD 图像

1～18 条带是 18 个不同个体的多态性图,19 条带是没有模板的 DNA,M 是分子质量标准

其幅度为 0.138～0.774。同时最大差异通常是发生在由不同物种构成的两个居群之间,最小差异是在同一物种的两个居群之间。另外,RAPD 分析它们之间亲缘关系的结果也表明,该 5 个物种 9 个居群分为 3 组(group),由 *L. sativus* 和 *L. cicera* 居群形成第 1 组,*L. sylvestris* 和 *L. latifolius* 居群为第 2 组,第 3 组则是 *L. ochrus* 的 Ariana 居群。依照这种聚簇分析,在山藜豆属中,*L. sylvestris* 与 *L. latifolius* 居群的亲缘关系较近。同样,*L. sativus* 与 *L. cicera* 居群的亲缘关系也较紧密。只有 *L. ochrus* 的居群与山藜豆属中已研究的这几个居群是分离的。

从以上研究结果证明,RFLP 和 RAPD 两种分子标记技术对山藜豆属中 5 个有代表性物种和地理起源变化幅度大的 9 个居群的遗传多样性、遗传距离和亲缘关系研究取得近似的结果。特别是通过 RFLP 和 RAPD 两种标记所建立的演化树表明,这几个物种和居群之间的亲缘关系的结果也与原先依据形态学和物候期等指标的传统分类结果是一致的(图 1-4)(Keniceret *et al.*,2009)。*L. sativus* 和

L. cicera 不仅在分子水平上亲缘关系近,而且形态学鉴定结果也一致,它们可能有共同祖先,来自同一基因库(gene pool)。事实上,这两个物种之间是可以杂交的,并且在这两个物种之间已成功取得种间杂种(Yunus *et al.*,1991)。同样,*L. sylvestris* 与 *L. latifolius* 两个物种之间的杂交已有成功的报道,只是 *L. ochrus* 的 Ariana 居群与其他居群之间是生殖隔离的。

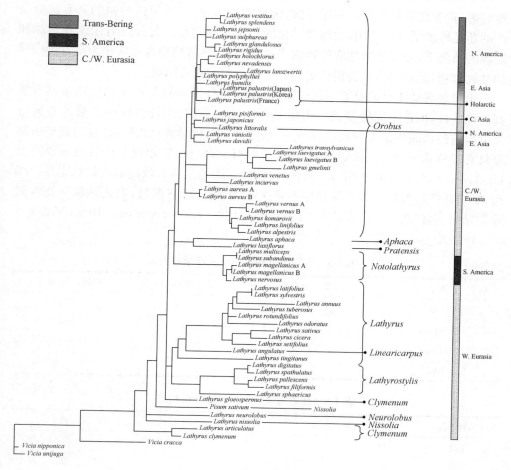

图 1-4　根据传统方法山黧豆属内植物分类

1.3　山黧豆种质资源的价值

1.3.1　生产价值

随着世界人口的不断增加,人类对粮食作物、饲料作物的需求量与日俱增。加之自 20 世纪 50 年代以来,日益明显的全球温室效应加速了世界干旱地区的扩张。目前全球干旱、半干旱区面积已经占到土地面积的 36%,占总耕地面积的 43.9%,干旱已严重制约了干旱、半干旱区农业的发展。干旱在我国也呈加重趋势,全国的受旱面积已从 20 世纪 50 年代的 1133 万 hm^2 扩大到 80 年代的 2333 万 hm^2,到了 90 年代已增至 2667 万 hm^2。尤其我国西北部地区,幅员辽阔,气候干旱、高寒,土地贫瘠、荒漠化极其严重。积极寻找、选育能在干旱、半干旱区种植的具有抗旱高产的新品种也是合理利用、治理荒漠化的一个重要途径。怎样在有限土地资源和能源的情况下,更多地增加农作物的产量和质量,再将植物食物转化为富含蛋白质的动物食物,是解决为人类提供更多的优质食物的重要问题。

山黧豆属植物是粮草兼用型植物,在逆境条件下其籽粒产量和生物量具有较高的稳定性,但在不同物候区和土壤条件下其生育期、生长指标和产量等差异较大。目前种植面积最大、研究最广泛的山黧豆属植物是栽培山黧豆,这与栽培山黧豆具有粮草兼用型特征密切相关,对优质饲料和高蛋白质粮食生产具有重要潜力(Jackson $et~al.$,1984)。相对于其他作物,栽培山黧豆具有较高的产量稳定性。然而,不同熟性的栽培山黧豆品种在不同地区、不同环境下产量、农艺性状和物候期等差异很显著(表 1-5 和表 1-6)(吕福海等,1990;Khawaja $et~al.$,1995;Malek $et~al.$,1996)。

表 1-5　不同国家栽培山黧豆产量差异

国家	面积/1000hm^2	总产量/1000t	产量/(kg/hm^2)
印度	1500	800	533
孟加拉国	239	174	728
巴基斯坦	130	45	346
中国	20	—	—

表 1-6　栽培山黧豆不同熟性产量构成

品种熟性	份数	产草量/(kg/亩)	产籽量/(kg/亩)
早熟	14	607.96±75.4	51.0±14.6
中熟	38	1654.76±626.5	139.7±40.9
晚熟	13	1660.0±579.1	159.3±30.0
平均	21.7	1417.9±640.4	124.5±52.4

农艺性状和物候期的主要指标包括:开花时间、花色、株高、干鲜草产量、一级分枝数、每株荚果数、荚果颜色、每荚果种子数、成熟时间、种子产量、千粒重、种皮颜色、β-ODAP 含量等。下面将通过表格阐述不同国家栽培山黧豆农艺性状间的差异(表 1-7,表 1-8)。因为各个国家对栽培山黧豆的应用价值考虑不同,所以对其

进行农艺性状评价的指标也存在差异(Rotter *et al*., 1991; Rachele *et al*., 2012)。

表 1-7　印度中央邦收集的栽培山黧豆种质资源的农艺性状

性状	平均值	最小值	最大值	变异系数/%
半数开花期/d	62	47	94	12.108
成熟期/d	108	86	127	4.753
株高/cm	33.9	15.4	68.4	23.172
分枝数	9.3	1.8	28.4	33.657
每株荚果数	19.4	2.4	59	45.775
荚果长度/cm	2.97	1.88	5.18	11.587
荚果宽度/cm	0.88	0.26	1.30	11.013
每荚果种子数	3.3	1.6	4.6	12.756
每株种子数	55	6	200	50.159
百粒重/g	6.27	2.21	19.5	29.676
生物量/g	8.31	0.4	51	55.933
每株产量/g	3.78	0.62	19.81	59.832
ODAP/%	0.438	0.128	0.872	38.527

表 1-8　加拿大马尼托巴省莫登收集的栽培山黧豆种质资源农艺性状

性状	最小值	最大值	平均值
成熟期/d	97	121	110.5
株高/cm	24.5	172.0	108.4
荚果长度/cm	1.7	5.6	3.2
每荚果种子数	1.0	4.3	2.8
千粒重/g	56	288	145.4
每升重/(g/L)	612.2	828.6	761.3

在国内也有人对栽培山黧豆品种资源的农艺性状差异进行了相对集中的研究,如吕福海等(1990)对 4 种栽培山黧豆的株高、百粒重和产量(产草量和产籽量)等进行了统计(表 1-9)。

表 1-9　中国栽培山黧豆种质资源农艺性状

性状		最大	最小	变异系数/%
株高/cm	盛花期	144.9	92.3	22.3
	收种期	165.63	103.17	——
百粒重/g		22.1	9.3	40.76
产量/(kg/hm²)	产草量	2058.3	777.5	45.2
	产籽量	176.9	72.1	42.1

　　在饥荒年代,当其他食物都无法获得的时候,山黧豆不仅可以提供糖类以维持生命,还能提供丰富的蛋白质营养。山黧豆具有在极其干旱的情况下维持较高产量的能力,据研究结果显示,其水分利用效率(water use efficiency,WUE)可达到 $11\sim27kg/(hm^2 \cdot mm)$。据报道,在埃塞俄比亚,山黧豆生长的大部分地区是年降水量 $600\sim1200mm$、生长期温度幅度达 $10\sim30℃$、海拔 $1600\sim2700m$ 的地区(Tadesse et al.,2001);而在印度,它则生长在海拔 $1300m$,年降水量为 $380\sim650mm$ 的干旱地区(White et al.,2002);在我国西北地区,山黧豆可耐受的最低降水量是 $200\sim400mm$,尤其在干旱年份,当其他豆类及谷物都歉收时,它仍能维持一定的产量(Yan et al.,2006)。由于其对各种生物及非生物胁迫的高度适应性,山黧豆在干旱、高温等极端环境下具有很好的经济产量;在其生长期间,并不需要大量的人工进行除草或是喷施农药等复杂的管理,从而节省下劳动力进行其他生产活动,提高生活质量。

　　相较于其他豆科作物,山黧豆可以最大程度地减少病菌、害虫对其造成的伤害,确保其产量的形成。科学家很早就山黧豆对病虫害等生物胁迫的现象及机制进行了大量的研究,并取得了可喜的成果。如早在 1984 年就有关于山黧豆可极大地预防豌豆象(Bruchus pisorum L.)伤害的报道(Barry et al.,1984);山黧豆对白粉病(Erysiphe pisi)很不敏感(Poulter et al.,2003;Vaz Patto et al.,2006);2005 年,有报道指出山黧豆可有效地防止圆齿列当(Orobanche crenata)的侵染,有人对其真正的机制进行了研究,但是具体作用还不清楚(Sillero et al.,2005;Fernández-Aparicio et al.,2012)(见本书第二章)。

1.3.2　营养价值

　　根据联合国粮农组织资料显示,非洲国家存在大量的蛋白质热量营养不良患者,其中还存在大约 20 亿锌缺乏症患者、20 亿铁缺乏症患者;每年几乎都有 50 万儿童加入到维生素缺乏症患者的队伍。而山黧豆正是贫困地区人民可获得的能预防以上症状发生的廉价营养作物,其营养价值高于其他谷物类作物,甚至优于其他豆科作物。由于很易于煮烂及美味的品质,许多山黧豆的种子和栽培种豌豆的种子都可以食用。此外,根据已有的材料认为面包和通心粉的制品中加 20% 的白粒山黧豆种子粉能改善食用品质。

　　分析报告显示:山黧豆子实蛋白质含量高达 26.3%～34.3%,显著高于豌豆(pisum sativum)(23%)和蚕豆(vicia faba)(24%)的蛋白质含量(Ravindran et al.,1992;Gatel,1994;Hanbury et al.,2000)。山黧豆种子可作为营养添加剂补充在食用其他谷类作物时所缺乏的蛋白质营养(表 1-10 和表 1-11)(Rotter et al.,1991;Rachele et al.,2012)(见本书第二章)。

表 1-10　加拿大曼尼托巴省山黧豆种子($n=4$)成分及含量

组分	含量	组分	含量
水分/%	7.5～8.2	钙/(mg/kg)	0.07～0.12
淀粉/%	48.0～52.3	磷/(mg/kg)	0.37～0.49
蛋白质/%	25.6～28.4	赖氨酸/(mg/kg)	18.4～20.4
中性洗涤纤维/%	4.3～7.3	苏氨酸/(mg/kg)	10.2～11.5
灰分/%	2.9～4.6	甲硫氨酸/(mg/kg)	2.5～2.8
脂肪/%	0.58～0.8	半胱氨酸/(mg/kg)	3.8～4.3

表 1-11　意大利瓦莱达奥斯塔区山黧豆种子成分及含量

组分	含量	组分	含量
水分/%	9.10～10.44	谷胱甘肽/(mg/kg)	15.80～16.00
淀粉/%	65.5～75.86	酚类复合物/(mg/kg)	166.52～183.30
蛋白质/%	23.93～29.00	赖氨酸/(mg/kg)	0.60～1.87
脂肪/%	1.30～1.85	苏氨酸/(mg/kg)	0.41～0.87
灰分/%	2.92～3.30	甲硫氨酸/(mg/kg)	0.09～0.20
叶酸/(μg/kg)	198.40～215.00	半胱氨酸/(mg/kg)	0.10～0.27
维生素 C/(mg/kg)	13.20～13.80	总脂肪酸/(mg/kg)	691.76

　　另外,山黧豆茎叶鲜嫩多汁,叶量占到植株总重量的 60％ 左右;蛋白质及矿物质很丰富,营养价值较高;同时含粗纤维少、适口性好、利用率高,各种家畜都喜食,尤其是牛、羊。青饲、放牧、青贮均可,亦可调制成良好的干草或加工成草粉,制作成草块、草砖、草颗粒,为冬、春饲喂家畜禽的良好饲料。作青饲用时,单播宜在初花期收割;与禾本科作物混播,可在禾本科作物抽穗时收割。晒制干草在盛花期收割。一般亩产鲜草 1500～2000kg,收种用应在 85％ 以上种荚枯黄时收获,一般每亩可收种子 75～150kg。开花期鲜草干物质中含粗蛋白质可达 25.1％,超过优质饲料紫花苜蓿的蛋白质含量,中熟山黧豆品种的蛋白质含量甚至更高。粗脂肪 3％、粗纤维 25.7％、无氮浸出物 36.2％、粗灰分 10％,其中钙 1.44％、磷 0.22％(苏加楷等,2009)。

　　栽培山黧豆的重要性也是由其产品的高营养价值而确定。利用它的种子作食物,尤其是作为禽畜的饲料,如白粒山黧豆的种子无论是碾成碎粒或是粉,碾碎后的产品按照一定比例加入到茎叶干饲料后,饲喂家畜或家禽可显著提高禽畜的生产,从而也进一步丰富人类的膳食营养。

1.3.3　生态价值

（1）生物固氮

农业生产上,我国长期单一地使用化肥、忽视有机肥投入的现象十分严重,导致化肥污染严重,造成土壤结构板结,土壤团粒结构和通透性越来越差,土壤肥力下降,甚至已成为浅层地下水硝酸盐污染和地表水富营养化的重要因素(高玲等,2007)。如何能在保证粮食产量的前提下,适当减少化肥用量、提高化肥利用率、保护农业生态环境和土壤结构已成为一个亟待解决的问题。生物固氮在保护生态系统和改良土壤结构中发挥着重要作用,合理利用生物固氮,开发生物质资源,实现氮素的合理转化及环境的有效保护,是实施生态农业和可持续发展的重要途径。

山藝豆根系结瘤丰富,有较强的固氮能力,固氮量可达 $40\sim210kg/hm^2$,能增加土壤氮含量、提高其他矿物质营养的吸收、改善土壤结构和根生长环境,进而促进其他农作物增产。科学家在 20 世纪 80 年代推算过,全世界每年施用的化肥中氮素大约有 $8\times10^7 t$,而自然界每年通过生物固氮所提供的氮素高达 $4\times10^8 t$,大大减少了农业对工业化肥生产的依赖性,这样也就减少了工业固氮过程中造成的环境污染(赵琳,2006)。显然,山藝豆不仅可作为生态系统演化初级阶段的先锋作物,还能与其他作物套作。包国章等(1988)利用山藝豆与向日葵套作,发现可显著增加向日葵的产量;谢树国等(2010)进行了小麦—大豆//扁荚山藝豆—玉米间种的试验,结果表明,间种扁荚山藝豆效果较好,可使小麦增产 9.2%、玉米增产6.3%,年粮食增产 9.1%。

（2）绿肥作用

一般来说,种植绿肥及绿肥掩青都可以有效地改善土壤的物理化学性质,使土壤中的难溶养分得到转化,土壤微生物循环得到促进,从而有利于作物的吸收和利用。绿肥在腐解过程中能向土壤提供多种有效养分,释放出氨,调节土壤酸碱度。种植绿肥还有利于调剂农作物茬口,改善土壤微生物区系,减少因作物多年连作易发生病虫害的现象。试验研究发现,免耕法中采用绿肥作物轮作覆盖来抑制杂草可以大幅度降低生产成本,减少除草剂的使用(Carsky et al.,2000)。巴西和巴拉圭开展的研究表明,免耕法中采用绿肥作物轮作覆盖可以为该耕作制度带来许多益处,并且显著地节省成本(Kueneman et al.,1984)。

山藝豆可作为优良的农田绿肥作物。山藝豆开花前后是它的茎叶生长旺期,一般北方春麦区作夏绿肥产鲜草 15 000～22 500kg/hm²;南方作冬绿肥产鲜草22 500～30 000kg/hm²。最高可达 45 000kg/hm²。盛花期干草含 N 2.34%、P_2O_3 0.94%、K_2O 1.22%,其肥效与一般冬绿肥相近。山藝豆压青对提高土壤肥力效果明显,增产也较显著。潘福霞等(2011)利用网袋法模拟研究旱地条件下箭苦豌豆(*Vicia sativa* L.)、山黧豆(*Lathyrus sativus*)和毛叶苕子(*Vicia villosa* Roth.)3 种绿肥的腐解和养分释放特征。结果表明不论是翻压 10d 内还是 15d 内亦或是 70d 内山黧豆释放的氮、钾、碳、磷等都高于另外两种豆科绿肥。更重要的是,山黧豆可以减少害虫和病原菌对后作的危害,进而减少农药的使用量,最终减轻化学农药对环境的污染,综合作用使得生态系统尽可能少受伤害,维持生态系统的可持续性。另外,山黧豆也是很有价值的技术植物。由种子加工后的产品中能制造出在航空工业、纺织工业和胶合板工业上的优质胶质物,在加工山黧豆产品的过程中还可以获得品质很好的淀粉。

　　山黧豆因花色美、草好、绿色期长,也可作为地被观赏植物或草坪观赏植物。但是山黧豆种子中含有一种非蛋白质氨基酸 β-ODAP,人或动物食用过多就会中毒(Lambein *et al*.,1990)(见本书第七章)。此外,山黧豆中还含有几种抗营养成分,无论 β-ODAP 对人或动物有毒,还是蛋白酶抑制剂和凝集素等抗营养因子,都影响山黧豆品质,但这些天然物质亦具有重要的植物生理作用(见本书第八章)。

1.4　山黧豆种质资源保存和利用

　　保护生物多样性是当今世界关注的热点问题之一,其中山黧豆属植物野生近缘种的保护是重要组成部分,因为它直接关系到人类食物安全和农业可持续发展。山黧豆属植物具有重要的经济价值和生态价值,各国相继开展了山黧豆种质资源的收集与保存工作。当前,我国还未建立山黧豆属植物野生近缘种的保护与可持续利用项目实施方案,这正是山黧豆种质资源保护和利用亟待解决的问题。利用天然环境或人工创造的适宜环境保存种质资源,使个体中所含遗传物质保持遗传的完整性,从而使群体保持遗传多样性。从种质资源保护的角度看,山黧豆种质资源保存方法有以下 3 种。

　　(1)野生山黧豆种质资源考察

　　在自然生态环境下建立山黧豆的自然保护区进行自主繁殖种质基地,以保持各品种遗传特性和群体的遗传多样性。通过山黧豆属植物近缘野生种质资源的科学考察,探明我国山黧豆野生资源的自然分布区和集中分布点,为建立野生植物品种保护区提供基础数据。另外,加强国际合作,在全球范围内加强山黧豆种质资源调查和示范,达到资源共享、协同保护的目标。

　　(2)山黧豆属植物种质资源保藏中心建设和原生地保护区建立

　　加强山黧豆属植物种质遗传资源的补充征集及国内外种质资源的引进工作,

选择保护示范项目点,开展山黧豆属野生近缘植物保护与农业生产相结合的原生境保护。特别是原生境保护区的建立涉及众多利益方,包括农民、农业科研、推广人员和管理干部等,因地制宜地制订和实施激励机制是急需的,也是山黧豆种质资源保护和利用的一项重要保证。通过植物园或种子库保存,可将山黧豆植物体或种子保存于原产境以外的地方,如科研单位种植试验的植物园或种植基地及种子库等。

（3）采用生物技术的方法对山黧豆种质基因库进行保存

山黧豆组织培养技术的建立和发展为其种质保存开辟了一条新的有效途径（见本书第九章）。常用的方法有低温保存和冷冻保存。低温保存又称为微生长贮存,以限制离体培养物的生长和发育。通常降低培养温度,采用 $1\sim10℃$ 培养温度,延长继代时间,两个月或半年继代一次。同时在培养基中添加生长抑制剂和增加培养基中的渗透压是低温存保的补充措施。常用生长抑制剂有脱落酸 $5\sim50mg/L$、矮壮素(cycocel) $2000\sim2500mg/L$ 和 N-二甲基氨基琥珀酸(N-dimethylamino-succinic acid) $5\sim50mg/L$。为了更有效地减缓山黧豆培养物生长和发育的贮存条件,保持贮存物的遗传多样性,需要确保每次继代培养物均在同一标准条件下培养和贮存。冷冻保存是将培养物先经过冷冻保护剂处理后,转入到无菌的聚丙烯培养瓶中,最后置于液氮($-196℃$)中保存。一般而言,植物材料在液氮中可以较长期贮存,融化后多数细胞可恢复生活能力,在适宜的培养条件下可重新生长和分化。但植物培养的活细胞对冷冻保存技术的要求十分严格,其冷冻、贮存解冻、培养再生和繁殖全过程必须严格地遵循操作规程并作大量具体的探索性研究（马缘生,1991）。

相较于其他作物,山黧豆产量较高,整个生长季几乎不需要管理,而且无论是在旱地还是涝地都能生长。同时,山黧豆还是非常优异的草料,需肥量小,与其他作物相比,其成本投入非常小,且种子的适口性也很好(Kaul *et al.*,1986；Quader *et al.*,1986；Negere *et al.*,1989；Rahman *et al.*,1991)。基于以上特点,山黧豆种质得到了广泛的应用。

参 考 文 献

包国章,张桂芝,赵吉,等.1988.山黧豆向日葵套种区土壤养分的动态分析.中国草原,(2)：39～40

崔鸿宾.1984.中国山黧豆属植物志资料.植物研究,4(1)：36～60

高玲,刘国道.2007.绿肥对土壤的改良作用研究进展.北京农业,36：29～33

吕福海,包兴国,刘生战.1990.山黧豆品种资源研究.作物品种资源,(3)：17～19

马缘生.1991.我国作物种质资源保存技术研究进展.作物品种资源,8：1～3

潘福霞,鲁剑巍,刘威,等.2011.三种不同绿肥的腐解和养分释放特征研究.植物营养与肥料学报,17(1)：216～223

苏加楷,张文淑,李敏. 2009. 优良牧草及栽培技术. 北京：金盾出版社

武艳培. 2009. 山黧豆(*Lathyrus sativus* L.)种质资源评价. 博士论文. 兰州大学

谢树国,韩文斌,冯文强,等. 2010. 豆科绿肥对四川丘陵旱地作物的产量及经济效益初探. 中国土壤与肥料,
　　(5)：82～85

赵琳. 2006. 生物固氮与生态农业. 江西农业学报,18(5)：166～168

Allchin F R. 1969. Early cultivated plants inIndia and Pakistan // Ucko P J,Dimbleby G W. The domestica-
　　tion and exploitation of plants and animals. London：Duckworth,323～329

Allkin R,Macfarlance T D,White R J,*et al*. 1983. Names and synonyms of species and subspecies in the
　　Vicieae：Issue 2. *Vicieae* Database Project,Univ. Southampon

Barry A,O'Keeffe L E. 1984. Response of two *Lathyrus* species to infestation by the pea weevil *Bruchus piso-
　　rum* L. (Coleoptera：Bruchidae). Entomol Exp Appl,35(1)：83～87

Campbell M R,Mannis S R,Port H A,*et al*. 1999. Prediction of starch amylose content versus total grain am-
　　ylase in corn by near-infrared transmittance spectroscopy. Cereal Chem,76(4)：552～557

Carsky R J,Berner D K,Oyewole B D,*et al*. 2000. Reduction of Striga hermonthica parasitism on maize using
　　soybean rotation. Int JPest Manage. 46(2)：115～120

Chtourou-Ghorbel N,Lauga B,Ben Brahim N,*et al*. 2002. Genetic variation analysis in the genus *Lathyrus*
　　using RAPD markers. Lathyrus Lathyrism Newsletter,49(4)：365～372

Chtourou-Ghorbel N, Lauga B,Combes D *et al*. 2001. Comparative genetic diversity studies in the genus
　　Lathyrus using RFLP and RAPD markers. Lathyrus Lathyrism Newsletter,2(2)：62～68

Duke J A,Reed C F,Weder J K P. 1981. *Lathyrus sativus* L. // Duke J A. Handbook of Legumes of world
　　economic importance. New York and London；Plenum Press；107～110

Fernández-Aparicio M,Flores F,Rubiales D. 2012. Escape and true resistance to crenate broomrape (*Oro-
　　banche crenata* Forsk.) in grass pea (*Lathyrus sativus* L.) germplasm. Fields Crops Res,125(8)：92～97

Gatel F. 1994. Protein quality of legume seeds for non-ruminant animals：a literature review. Anim Feed Sci
　　Technol,45(3～4)：317～348

Hanbury C D,White C L,Mullan B P,*et al*. 2000. A review of the potential of *Lathyrus sativus* L. and *L.
　　cicera* L. grain for use as animal feed. Anim Feed Sci Technol,87(1～2)：1～27

Jackson M T,Yunus A G. 1984. Variation in the grass pea(*Lathyrus sativus* L.) and wild species. Euphytica,
　　33(2)：549～559

Karadag Y,Buyukbure U. 2003. Karyotype analysis of some legume species(*Vicia noeana* Boiss and *Lathyrus
　　sativus* L.)collected from native vegetation. Pakistan Journal of Biological Sciences,6(4)：377～381

Kaul A K,Islam M Q,Hamid A. 1986. Screening of *Lathyrus* germplasm of Bangladesh for BOAA content
　　and some agronomic characters // Kaul A K,Combes D. *Lathyrus* and Lathyrism. New York：Third World
　　Medical Research Foundation：130～141

Kenicer G,Nieto-Blasqez E M,Mikic A,*et al*. 2009. *Lathyrus*-diversity and phylogeny in the genus. Grain
　　legum,54：16～18

Khawaja I,Khawaja H I T,Ullah I,*et al*. 1995. Lathyrism in Pakistan：A preliminary survey in preliminary
　　survey // Yusuf H K M,Lambein F. *Lathyrus sativus* and Human Lathyrism. Dhaka：Progress and Pros-
　　pects：67～82

Kueneman E A,Root W R,Dashiell K E,*et al*. 1984. Breeding soybeans for the tropics capable of nodulating
　　effectively with indigenous *Rhizobium* spp. Plant and Soil,82(3),387～396

Kupicha F. 1983. The infrageneric structure of *Lathyrus*. Notes from the Royal Botanic Garden Edinburgh, 41: 209~244

Lambein F,Kuo-Genth Y H. 1997. *Lathyrus sativus*,a neolithic crop with modem future? An overview of the present situation. Presented at the conference '*Lathyrus sativus*——cultivation and nutritional value in animals and human'. Poland: Lublin-Radom,06: 9~10

Lambein F,Ongena G,Kuo Y H. 1990. β-isoxazoline-alanine is involved in the biosynthesis of the neurotoxin β-N-oxalyl-L-2,3-diamino-Propionic acid. Phytochemistry,29(12): 3793~3796

Mahler-Slasky Y,kislev M E. 2010. *Lathyrus* consumption in late Bronze and Iron Age site in Israel: an Aegean affinity. J Archaeol Sci,37(10):2477~2485

Malek M A,Sarwar C D M,Sarker A,*et al*. 1996. Status of grass pea research and future strategy in Bangladesh // Arora R K,Mather P N,Riley K W,*et al*. *Lathyrus* genetic resources in Asia: Proceedings of a regional workshop,1995. Indira Gandhi Agricultural University,Raipur,India,IPGRI,Office for South Asia, New Delhi:7~12

Mathur P N,Alercia A,Jain C(compilers). 2005. *Lathyrus* germplasm collection directory. IPGRI

Mehra R B,Raju D B,Himabindu K. 1995. Evaluation and utilization in India // Aiora R K,Mathur P N,Riley K W, *et al*. *Lathyrus* genetic resources in Asia. Indira Gandhi Agricultural University, Raipur, India, IPGRI,Office for South Asia,New Delhi:37~43

Negere A,Mariam S W. 1989. An overview of grass pea(*Lathyrus sativus*) production in Ethiopia // Spencer PS. The grass pea threat and promise. New York and London:Third World Medical Research Foundation: 67~71

Plitmann U,Gabay R,Cohen O. 1995. Innovations in the tribe Vicieae(Fabaceae) from Israel. Isr J Plant Sci, 43(3): 249~258

Poulter R, Harvey L, Burritt D J. 2003. Qualitative resistance to powdery mildew in hybrid sweet peas. Euphytica,133(3): 349~358

Quader M,Ramanujam S,Barat G K. 1986. Genetics of flower color,BOAR content and their relationship in *Lathyrus sativus* L. // Kaul A K,Combes D. Lathyrus and Lathyrism. New York:Third World Medical Research Foundation:93~97

Rachele T,Vincenzo G,Severina P,*et al*. 2012. Nutritional values and radical scavenging capacities of grass pea (*Lathyrus sativus* L.) seeds in Valle Agricola district,Italy. Aust J Crop Sci,6(1): 149~156

Rahman M M,Quader M,Kumar J. 1991. Status of khesari breeding and future strategy // Kumar J,Salmi B B,Raman U. Advances in pulse research in Bangladesh. Patancheru:ICRISAT:25~28

Ravindran V,Blair R. 1992. Feed resources for poultry production in Asia and the Pacific. Ⅱ. Plant protein sources. World Poult Sci J,48(3): 205~231

Robertson L D,Abd E I,Moneim A M. 1995. *Lathyrus* germplasm collection,conservation and utilization for crop improvement at ICARDA // Arora R K,Mathur P N,Riley K W,*et al*. *Lathyrus* genetic resources in Asia: Proceedings of a regional workshop,1995. Indira Gandhi Agricultural University, Raipur, India, IPGRI,Office for South Asia,New Delhi:97~111

Rotter R G,Marquardt R R,Campbell C G. 1991. The nutritional value of low lathyrogenic *Lathyrus* (*Lathyrus sativus*) for growing chicks. Brit Poultry Sci,32: 1055~1067

Sillero J C,Cubero J I,Fernández-Aparicio M,*et al*. 2005. Search for resistance to crenate broomrape(*Orobanche crenata*) in *Lathyrus*. Lathyrism Newsletter,4: 7~9

Tadesse W，Bekele E. 2001. Factor analysis of components of yield in grass pea（*Lathyrus sativus* L.）. Lathyrus Lathyrism Newsletter，2：91～93

Tekele-Haimanot R，Kidane Y，Wuhib E，*et al*. 1990. Lathyrism in rural northwestern Ethiopia：a highly prevalent neurotoxic disorder. Int J Epidemiol，19（3）：664～672

Townsend C C，Guest E. 1974. Flora of Iraq，*Leguminales*. Baghdad：Ministry of Agriculture and Agrarian Reform

Vaz Patto M C，Skiba B，Pang E C K，*et al*. 2006. *Lathyrus* improvement for resistance against biotic and abiotic stresses：from classic breeding to marker assisted selection. Euphytica，147（1～2）：133～147

White C L，Hanbury C D，Young P，*et al*. 2002. The nutritional value of *Lathyrus cicera* and *Lupinus angustifolius* grain for sheep. Anim Feed Sci Tech，99：45～64

Yan Z Y，Spencer P S，Li Z X，*et al*. 2006. *Lathyrus sativus*（grass pea）and its neurotoxin ODAP. Phytochemistry，67（2）：107～121

Yunus A G，Jackson M T，Catty J P. 1991. Phenotypic polymorphism of six enzymes in the grass pea（*Lathyrus sativus* L.）. Euphytica，55：33～42

第 2 章　山黧豆的生物学特性

山黧豆属（*Lathyrus*）约包含 187 个种，分布十分广泛，具有抗旱、耐寒、耐贫瘠、适应性广、抗病虫害等生物学特性。其生长周期较短，适宜于干旱少雨、贫瘠半山坡地区种植，田间管理粗放，不与粮食作物争地，是与粮食作物套种或轮种的优良固氮倒茬的豆科作物。山黧豆属作物茎叶和子实内蛋白质含量分别高达18.5% 和 29.4%，远远高于水稻、小麦和玉米等粮食作物，同时含有哺乳动物所需的 17 种氨基酸，还含有胡萝卜素和人体或动物所需的多种维生素和微量元素，是具有极其丰富营养价值的食物和饲用豆科作物。但由于其含有毒素 β-ODAP，长期食用会引起人的山黧豆中毒，使山黧豆的种植与利用受到限制。近年来，随着人们生活水平的提高，对蛋白质需求量的增加和多元化的要求，特别是对植物蛋白质的重视，因而高蛋白质含量和高营养价值的山黧豆引起全球同行广泛关注。也正是在这种需求下，对山黧豆的生物学特性等进行了较为系统的研究。本章仅就山黧豆的生长周期、生物学特性、化学成分、营养价值、栽培技术和田间管理等作简要阐述。最后简单地介绍含 β-ODAP 的其他植物的生物学特性，为本书有关章节的阐述奠定基础。

2.1　中国分布的山黧豆的种类与形态特征

2.1.1　中国分布的山黧豆种类

山黧豆属（*Lathyrus*）的豆科作物品种丰富，约有 187 个种和亚种，分属 15 个亚属，在我国分布的有 23 个种和 5 个亚（变）种。其中有一些可以作为绿肥和饲料的品种，如家山黧豆、扁荚山黧豆、山黧豆、大山黧豆、矮山黧豆、牧地山黧豆、东北山黧豆、宽叶山黧豆等。在我国最为广泛栽培的主要集中于家山黧豆、扁荚山黧豆和香豌豆，其中家山黧豆是分布最广、变异最多的一类，也是山黧豆属中唯一可以被用作人类食物的作物（Jackson *et al*.，1984），同时也是优良的饲料和肥饲兼用作物；而香豌豆（*Lathyrus odoratus* L.）则是珍贵的观赏植物（崔鸿宾，1998）。

根据《中国植物志》检索结果表明：豆科（Leguminousae），山黧豆属（*Lathyrus*）在我国分布较多的种大约有 20 种（表 2-1）。

表 2-1　中国分布的部分山黧豆种

种名	拉丁学名	种名	拉丁学名
安徽山黧豆	*L. anhuiensis*	大托叶山黧豆	*L. pisiformis*
尾叶山黧豆	*L. caudatus*	牧地山黧豆	*L. pratensis*
茫芒山黧豆	*L. davidii*	山黧豆	*L. quinquenervius*
中华山黧豆	*L. dielsianus*	家山黧豆	*L. sativus*
新疆山黧豆	*L. gmelinii*	玫红山黧豆	*L. tuberosus*
毛海滨山黧豆	*L. japonicus* f. *pubescens*	东北山黧豆	*L. vaniotii*
三脉山黧豆	*L. komarovii*	矮山黧豆	*L. humilis*
狭叶山黧豆	*L. krylovii*	欧山黧豆	*L. palustris*
宽叶山黧豆	*L. latifolius*	海滨山黧豆	*L. japonicus*
香豌豆	*L. odoratus*	毛山黧豆	*L. palustris* subsp. *pilosus*
线叶山黧豆	*L. palustris* subsp. *pilosus* var. *linearifolius*	微毛山黧豆	*L. palustris* subsp. *exalatus* f. *pubescens*
无翅山黧豆	*L. palustris* subsp. *exalatus*	扁荚山黧豆	*L. cicera*

2.1.2　几种主要山黧豆的形态特征

（1）家山黧豆（*Lathyrus sativus*）

家山黧豆是多分枝,茎直立而蔓生的一年生草本植物。主根入土可深达110.0cm,侧根较多。茎上升或近直立,植株高大,高 40.0～90.0cm,茎光滑呈四棱。侧枝生长迅速,每株可多达 4～10 枝,呈丛状斜升。叶子通常是顶端长两片复叶的羽状叶,托叶半箭形,长 1.8～2.5cm,宽 0.2～0.5cm;1～3 对绒形到披针形小叶,长 2.5～15.0cm,宽 0.3～0.9cm,全缘,具平行脉,脉明显。叶轴具翅,顶端的复叶常长有 1～3 个不同长度的卷须,颜色为白色、灰棕色或淡黄色,叶柄有窄翅。总状花序,通常只 1 朵花,稀 2 朵,单生或腋生,长在 3.0～6.0 cm 长的花梗上,具棱;花长 1.2～1.5cm,萼钟状,萼齿近相等,长于萼筒 2～3 倍;花冠呈紫红、粉红、蓝色、黄色或白色,长 1.2～2.4cm;子房线形,花柱扭转。豆荚扁平而弯曲,长 2.5～4.0cm,颜色为白色、灰棕色或淡黄色,常带有斑纹或斑点,内有 3～5 个籽粒(Kay *et al*.,1979;Mannetje *et al*.,1980;Duke,1981)。种子楔形或近圆形,乳白色或棕色,千粒重 155～185g。种子平滑,种脐为种子周长的 1/16～1/15;花期6～7 月,果期 8 月。这些形态特征是家山黧豆分种检索的依据(图 2-1)。

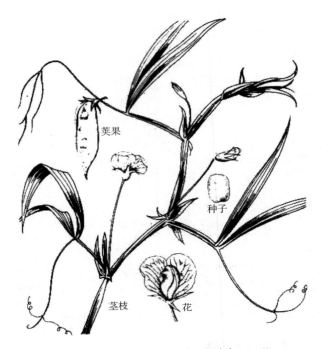

图 2-1　　家山黧豆植株形态（崔鸿宾,1998）

(2) 山黧豆(*Lathyrus quinquenervius*)

山黧豆又称五脉香豌豆,是多年生草本。根状茎不增粗,细而稍弯,横走地下。茎通常直立或稍斜升,单一,高 20～70cm,有棱,具翅,有毛或近无毛,后渐脱落。根茎侵占性强,能够迅速占据地下和地面的空间。双数羽状复叶,具小叶 2～6 对,叶轴顶端成为单一不分枝的卷须;下部叶常为 1 对小叶,卷须短,成针刺状;托叶为狭细的半边箭头状,披针形到线形,长 0.5～2.7cm,宽 0.02～0.2cm;小叶质坚硬,椭圆状披针形或线形披针形,全缘,长 3.5～10.5cm,宽 0.2～1.5cm,基部楔形,上部渐狭,先端锐尖或渐尖,具短刺尖,两面被短柔毛,表面上面少毛或无毛,下面有柔毛,背面有短柔毛,老时毛渐脱落,具 5 条明显的纵脉,两面明显凸出。总状花序腋生,开花多,通常为叶的 2 倍至数倍长,具 3～10 朵花,花序的长短多变化,最长的可达 24cm,短的 6～9cm;花梗长 0.3～0.5cm,与萼近等长或稍短;花萼钟状,被短柔毛,上萼齿三角状,先端锐尖或渐尖,比萼筒显著短,下萼齿锥形或狭披针形,最下一萼齿比萼筒稍短或近等长;花冠蝶形,红紫色或蓝紫色,长 1.2～2.0cm;旗瓣于中部缢缩,瓣片近圆形,先端微缺,瓣柄与瓣片约等长,翼瓣狭倒卵形,与旗瓣近等长或稍短,具耳及线形瓣柄,龙骨瓣卵形;子房密被柔毛,花柱下弯。荚果长圆状条形,直或微弯,顶端渐狭尖,长 3.0～5.0cm,宽 0.4～0.5cm,有毛(图 2-2)。花期 5～7 月,果期 8～9 月,结子多,种子椭圆形,种脐占种子周长的 1/5～1/4。有较强的天然更新能力(崔鸿宾,1998)。

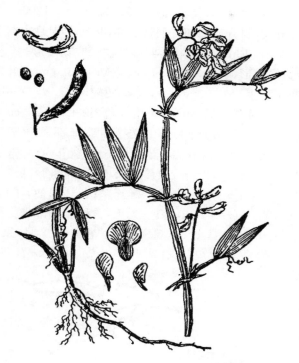

图 2-2 山黧豆植株形态(崔鸿宾,1998)

（3）扁荚山黧豆(*Lathyrus cicera*)

扁荚山黧豆是一年生或越年生草本,原产葡萄牙。具有早熟、适应性强、根瘤大、分枝多、长势旺、易留种的特点。株高 60～120cm,半攀援性,茎和叶柄都生有翅,根系发达。根系结瘤性能强,瘤直径 1.5～2.5cm,每株结瘤 9～15 个;分枝多,可达 24～51 个。叶为复叶,先端有分枝的卷须,可攀援他物,基部有托叶 2 片,小叶 1 对,柳叶形,叶缘光滑。花蝶形,粉红色、红色或紫红色,自 8～10 个节叶腋开始见花。每株结荚 68～162 个,略呈圆形,成熟时为浅黄色,每荚中含种子 4～5粒,种粒成熟时种皮具褐棕色或褐色斑,有灰色花纹和细点,种子形似绿豆,百粒重一般在 10g 以下,早熟。主要分布在云南西部、四川南充、江苏等地,作冬季绿肥栽培,生长良好,耐旱,盛花期收割鲜草 15～45t/hm²。鲜草含氮 0.53%、磷酸 0.22%、氧化钾 0.42%,对后作有增产效果。鲜草和种子产量都较高,是肥饲兼用的旱地秋、冬播种的优良豆科绿肥(李映辉等,1983)。

（4）块茎香豌豆（*Lathyrus tuberosus*，又称玫红山黧豆）

　　块茎香豌豆是多年生草本，具长圆形块根，株高 25～120cm，全株无毛。根状茎细长，茎由基部分枝，斜升或葡萄。羽状复叶，叶具小叶 1 对，矩圆状卵形或倒卵形，长 2～4.5cm，宽 7～13mm，先端圆钝，基部楔形或宽楔形，具近平行的侧脉，两面无毛。托叶半边箭头形，长 0.5～2.0mm，宽 0.1～0.4mm，叶轴末端常形成分枝的卷须；总状花序腋生，具花 3～8 朵，总花梗较叶长，达 11cm，萼钟状，长 6～7mm，萼齿与萼筒等长或稍短，三角形；花紫红色，长 1.6～2.0cm，有香味；旗瓣长 1.1～1.5cm，宽 1.8cm，旗瓣近圆形，顶端微凹，基部骤狭成瓣柄，瓣柄长约 0.2cm，宽约 0.3cm；翼瓣短于旗瓣，倒卵形，长 1cm，宽 0.6cm，先端圆；基部具耳及线形瓣柄，瓣柄长 0.35mm；龙骨瓣较翼瓣稍长，瓣片倒卵形，长 0.8cm，宽 0.6cm，具耳，线形瓣柄长 0.4cm；花丝长，略短于雄蕊鞘；花柱扭曲，子房线形；荚果矩圆形，长 2.5～4.0cm，宽 0.4～0.7cm，棕色，无毛，含种子 4～6 粒，种子近球形，直径 0.3cm，褐色，种脐长 0.2cm，具小突起（图 2-3）。花期 6～8 月，果期 8～9 月（崔鸿宾，1984，1998）。块茎香豌豆常与溚草（*Koeleria cristata*）、细叶早熟禾（*Poa*

图 2-3　块茎香豌豆植株形态（崔鸿宾，1995）

angustifolia)、假梯牧草(*Phleum phleoides*)、长芒大穗鹅观草(*Roegneria aboli-nii*(Drob)Nevski subsp. *Divaricans*(Nevski)N. R. Cui)、草原糙苏(*Phlomis pratensis*)、狭叶青蒿(*Artemisia dracunculus*)、顿河红豆草(*Onobrychis tanaiti-ca*)组成群落。

(5) 香豌豆(*Lathyrus odoratus*,又称麝香豌豆或花豌豆)

香豌豆是一年生草本,植株长势旺,半匍匐,分枝性强,茎高 50～200cm,四棱有翼,全株或多或少被毛。叶具 1 对小叶,托叶半箭形或披针形,长 1.5～2.5cm,宽 0.3～0.4cm,基部似盾形。叶轴具翅,末端具分枝卷须,小叶卵状长圆形或椭圆形,长 2～6cm,全缘,具羽状脉或近平行脉。总状花序腋生,具花 1～4 朵,花下垂,极香,长 2～3cm,萼钟状,萼齿近相等,长于萼筒(图 2-4);花艳丽,常紫色、白色、粉红色、红紫色、紫堇色及蓝色等;子房线形,花柱扭转。荚果线形有时稍弯曲,长5～7cm,宽 1～1.2cm,棕黄色,被短绒毛,内有种子约 8 粒;种子平滑,种皮白色,脐有褐斑,种脐为种子周长的 1/4,花果期 6～9 月。荚果互生微扁,百粒重一般在 10g以上,中熟(崔鸿宾,1984,1998)。

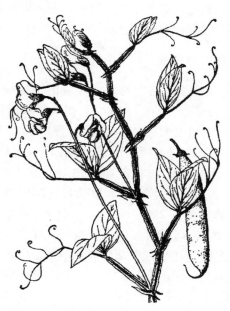

图 2-4　香豌豆植株形态(崔鸿宾,1998)

2.2　山黧豆属的生物学特性

2.2.1　山黧豆性状的遗传稳定性与变异性

对山黧豆属作物进行的杂交实验表明,该物种某些性状具有较强的遗传稳定性(Murti *et al.*,1964;Rao *et al.*,1964;Smartt,1984,1990;陈耀祖等,1992),如花的特征与颜色和籽粒性状与大小等性状的遗传力相对较大。但是山黧豆叶子形态、植株高矮和产量及 β-ODAP 的含量等性状则有惊人的变异,受多种因素的影响。根据山黧豆属分种检索表可见,其形态特征具有广泛的变异,特别是叶子形态学变异更大,顶端的复叶常常长有不同长度的卷须,叶形羽状叶、线性的披针叶等。花冠呈紫色、粉红、蓝色或白色等,而花的特征遗传性相对较稳定,豆荚上的斑纹和种子的大小及颜色等性状具有较高的遗传力,受环境条件而变化的范围比较小,因而在分类学上山黧豆主要是基于花的颜色、豆荚上的斑纹和豆粒大小与颜色等特征进行分类。但花的颜色与其地理分布居群相关,如花为蓝色的品系多集中在东南亚和埃塞俄比亚,白色和混色花的品系多出现在西方国家和加拿大群岛等地,我国种植的山黧豆品系多为白色和红色花(严则义等,2004)。

2.2.2　山黧豆的抗逆性与适应性

山黧豆引起人们的兴趣是因为它对恶劣环境的适应性,尤其是它的耐旱性。在印度,它生长的大部分地区海拔在 1300m;而在埃塞俄比亚,它则生长在年均降水量低于 1000mm,生长期温度幅度达 10~30℃,海拔 2500~3000m 的地区。山黧豆在如此高山及其干旱的条件下仍有较好的收成,以致在年降水量 380~650mm 的干旱地区、恶劣的气候条件和贫瘠的山坡土地上种植的山黧豆仍长势良好,尤其是气温在 10~25℃ 的环境下,生长繁茂,照样有较好的收成。据吕福海等(1990)报道,在我国年降雨量仅 200~400mm 的西北干旱山区、土壤水分仅 8%~10% 的情况下,山黧豆豆苗不会死亡,仍能收获一定子实。所以,在我国 20 世纪70 年代初,西北地区(尤其是甘肃省中部干旱区)极其干旱困难时期,当时连年干旱、粮食匮乏,抗旱耐贫瘠的山黧豆几乎成为这一特殊时期唯一有收成的作物,成为当地农牧民的救命粮,救了不少山区农牧民的性命,故有"救灾、救荒、救命"食物之称。

山黧豆被许多学者认为可能是人类历史上培育的抗逆性最强的豆类作物(Campbell,1997;Vaz Patto *et al.*,2006)。虽然有关山黧豆的记载大多与干旱气候联系在一起(Hanbury *et al.*,2000),但当人们在研究山黧豆抗旱性的同时,也惊奇地发现,山黧豆具有广泛的适应性。据报道,其抗逆性除了抗旱性以外,还具有耐涝、耐寒、耐酸、耐碱、耐病虫害、耐贫瘠等优良特性。山黧豆能忍受像埃塞俄比亚这样极其干燥的气候条件,同样也能忍耐像孟加拉那样常年雨水不断的条件,在耐涝方面它甚至可以与水稻相媲美(Abd El-Moneim *et al*.,1993)。研究人员可以在实验室用水培而不通气的情况下培养 2～3 个月直至收获种子(Lambein *et al*.,1994)。山黧豆较强的抗逆性及其对各种环境条件广泛的适应性,加上它的高蛋白质和高营养价值,又能固氮、改良土壤结构,是农作物倒茬与轮作的优良豆科作物。如在印度等东南亚地区和北非地区,人们常常将山黧豆与小麦等其他农作物混播套种,作为抵御不利气候条件可能给不同作物生长和生产带来重大影响的一种保险措施,不但提高了粮食作物产量、改善了土壤结构和生态环境,而且遇到雨水好的年景则小麦和饲料双丰收;如遇干旱水涝等不利条件,小麦歉收,山黧豆则仍有较好的收成,同时还可以为来年粮食作物丰产奠定肥田基础。利用它的耐涝及固氮特性与水稻套种也已被证明是一种有效的、值得推广的肥田措施(Abd El-Moneim *et al*.,1993)。另据报道,由于山黧豆作为一种耐旱、耐贫瘠、多用途的豆科作物,据澳大利亚地中海农业豆科作物中心估计,山黧豆作为多用途、适合于澳大利亚南部干旱气候地区的豆科作物种植,估计有 10 万～30 万 hm² 的潜在种植面积(Hanbury *et al*.,2000)。在印度作为人类的重要豆类食品和动物的主要饲料来源,种植面积则高达 200 万 hm²(陈耀祖等,1992)。西班牙的一些地区,山黧豆一直被作为家畜的饲料而广为种植,主要用于喂养马、牛、羊,有时也作为猪的饲料,种植面积达 57 万 hm²。另外,经过本课题组多年引种试验证明,山黧豆特别适宜于西北干旱、高寒、贫瘠的丘陵山区、黄土丘陵沟壑区种植,除重黏土外,砂土至黏性土均可生长,当然也适应于农业区,不仅是人类急待开发的植物蛋白质库、动物的优质饲料,也是极好的固氮换茬豆科植物,还是一种优质的绿肥,肥地效果甚佳,这对农业生产和改善本地区生态环境具有重要意义。

2.2.3　山黧豆的生育期与丰产性

　　山黧豆是牲畜的优良饲草,茎叶柔嫩,适口性好,叶量占到 60% 左右,不论作为青饲、干草还是青贮料,各类家畜都爱采食。收种后的秸秆、荚壳粉碎喂猪效果良好。因此,山黧豆被认为是一种潜在的、高产量、高营养的饲草作物。山黧豆的种植也以收获上述茎叶、子实、秸秆等为主要目的。

　　山黧豆的生长习性和豌豆相似,但其各方面抗逆性要强于豌豆,其抗旱性较豌豆、扁豆、蔓豆和箭苦豌豆都强,特别是在高寒而且干旱地区种植,产量较豌豆高且稳定。对土壤要求不甚严格,除不适于在重黏土上栽培外,在沙壤土、沙土、黏土、黄绵土和黄泥巴土壤上均能良好生长,特别是在一些较为贫瘠的沙土壤上能较春箭苦豌豆生长更好,如在河滩或湿地种植,只要排水条件良好,较湿润、肥沃的土壤,子实和干草均可获得高产。山黧豆的抗寒能力强则体现在只要种子在地温达到 2～4℃的条件下就能正常发芽生长,幼苗能耐－6～8℃的霜冻。在高寒地区一般 4 月上旬播种,播后在适宜条件下,经 6～7d 发芽,5 月初出苗;出苗后 30d 左右开始孕蕾,再过 5～10d 开始开花;在开花的同时,新的分枝开始形成,并形成新的花蕾,7 月初种子成熟,因此山黧豆的花期很长。从始花期到形成豆荚期间植株迅速增长,生育期的长短因气候、土壤等条件的影响,一般为 80～120d;开花时间每天大约在上午 10 时以后,傍晚 8 时以前闭合。山黧豆对≥10℃积温的要求是,从出苗到开花需 312℃,到种子成熟需 1067.2℃。在西北地区种植一般在 4 月中旬至 5 月初播种,5 月中旬出苗,6 月中旬现蕾与开花,6 月底结荚,8 月中旬种子成熟。如在内蒙古锡林浩特的物候期是:5 月 13 日播种,5 月 25 日出苗,5 月 27 日分枝,6 月 26 日现蕾,6 月 28 日开花,7 月 10 日结荚,8 月 9～15 日种子成熟。在甘肃武威地区栽培山黧豆是 4 月 5 日播种,4 月 22 日分枝,5 月 19 日现蕾,6 月 15 日开花,6 月 28 日结荚,8 月 19 日种子成熟(包兴国等,1995)。

据报道,通常情况下,山黧豆每公顷可收获籽粒 900～1500kg;在美国,经春化后种植的山黧豆,产量达到了 2000kg/hm²;在印度,山黧豆的产量平均每公顷 40kg 的播种量大约能收获 925kg 的豆子和 3.2t 的饲草;采取间种的方式,每公顷播种约 14kg 的情况下,能收获 300kg 豆子和 0.5t 干草。据报道,山黧豆的产量在甘肃省武威地区黄羊镇,三年平均亩产鲜草 1327.5kg,产子实 100.5kg;在宁夏回族自治区吴忠市盐池县亩产青草 339.7kg,子实 46.6kg;在太原市亩产青草 156.5kg,子实 69.5kg;在陕北,山黧豆大多种植在较贫瘠的坡地上,渭北则常把它播种在需倒茬和平整过的水平地上。在陕北、渭北和陕南,山黧豆生育期比豌豆长 20d 左右,亩产种子 125kg 左右。山黧豆根系上着生大量根瘤和根瘤菌,在初花期和盛花期山黧豆根瘤重是豌豆的 10 倍左右,山黧豆倒茬小麦平均亩产 212.4kg,与豌豆茬产量相近;因此它既是一种良好的饲料作物,也是一种良好的倒茬养地作物。如在优化的条件下,平均产籽量能达到 3187.5～3225kg/hm²,平均收获鲜草 26.4t;在加拿大,则有产籽量 5232kg/hm² 的报道。

2.3　山黧豆的化学成分与营养价值

2.3.1　山黧豆的高蛋白质和低脂肪含量

随着世界人口的日益增长和生活水平的提高,对食物营养价值的要求也随之增加,如何满足人类对食物质量的需求已经成为一个世界性的课题。因而作为高蛋白质含量、高营养价值的山黧豆受到人们的普遍关注。

山黧豆具有极丰富的营养价值,山黧豆的茎叶和种子中蛋白质含量分别高达 18.5%和 29.4%,其茎叶是优质高蛋白质青饲料,种子既可食用,也可作饲料,蛋白质水解产物含有哺乳动物所需的 17 种主要的氨基酸，是理想的植物蛋白质资源（甘肃省卫生防疫站等，1975；Abd El-Monerim and Cocks，1993；Campbell *et al.*，1994；Praveen *et al.*，1994；崔鸿宾，1998；White *et al.*，2002；严则义等，2004）。如 *L. sativus* 在不同产地其蛋白质平均含量分别为：孟加拉国 24%、智利 28%～29%、澳大利亚 26%、叙利亚 31%、埃塞俄比亚 25%、印度 29%～30%、西班牙 25%、加拿大 27% 等。从山黧豆与其他豆类作物对比实验中也表明：山黧豆种子中的蛋白质含量虽然低于羽扇豆，但高于紫花豌豆和蚕豆（表 2-2）；同时，山黧豆种子脂肪含量低，羽扇豆的脂肪含量也要明显偏高。从部分脂肪酸成分检测的结果表明，山黧豆中脂肪酸含量与通常食用豆类基本相近，只是亚油酸成分略高、油酸含量略低一些而已（表 2-3）（Hanbury *et al.*，2000）。

表 2-2　家山黧豆与紫花豌豆、蚕豆、羽扇豆的营养成分对比（%）

营养物质	家山黧豆							紫花豌豆	蚕豆	羽扇豆
	I	II	III	IV	V	VI	平均			
蛋白质	26.4	32.6	26.3	31.3	35.9	26.9	29.9	25.7	26.9	35.1
灰分	2.8	2.6	3.2	3.1	2.7	2.9	2.9	28	3.0	3.0
脂肪	1.7	5.3	0.7	1.0	1.2	0.8	1.8	1.2	1.4	6.5
粗纤维	6.0	8.3	5.5	10.0	5.3	5.9	6.8	6.6	9.4	16.8
木质素	—	—	—	—	1.5	0.8	1.2	0.6	—	0.9
淀粉	—	—	—	—	—	—	—	—	—	—
干物质	—	—	90.0	87.6	—	91.1	89.6	90.2	89.7	91.1

表 2-3　家山黧豆与紫花豌豆、蚕豆、羽扇豆油脂中脂肪酸组成对比（%）

脂肪	家山黧豆				紫花豌豆	蚕豆	羽扇豆
	I	II	III	IV			
豆蔻酸	0.6	—	0.8	0.5	0.3	0.5	0.1
棕榈酸	8.1	25	14.8	16.8	12.5	14.0	11.0
棕榈油酸	0.4	—	0.3	—	—	—	0.1
硬脂酸	13.8	2	7.5	4.6	12	23	3.7
油酸	58.3	1	16.7	18.6	25.1	21.0	33.5
亚油酸	67	56.0	38.9	42.3	45.0	37.1	—
花生酸	—	—	—	—	0.7	18	0.9
二十碳二烯酸	—	—	—	—	—	—	0.4
山嵛酸	0.4	痕量	—	—	—	0.9	1.9

脂肪酸：全部脂肪酸的 %。

2.3.2　山黧豆含多种维生素和氨基酸

山黧豆不仅蛋白质含量高、脂肪含量低,同时还含有胡萝卜素、维生素 B_1、维生素 B_2、维生素 B_6、维生素 C、维生素 H、维生素 B_3 和维生素 B_{11} 等人体所需的多种维生素。山黧豆中还含有多种氨基酸,其中天冬氨酸(aspartic acid,Asp)、谷氨酸(glutamic acid,Glu)和赖氨酸(lysine,Lys)含量都高于其他豆类,而甲硫氨酸(methionine,Met)和甘氨酸(glycine,Gly)含量稍低于其他豆类,但总体营养价值与其他食用豆类相似(表 2-4)。

表 2-4　家山黧豆与紫花豌豆、蚕豆、羽扇豆中氨基酸含量的对比

(单位：g/16g N)

氨基酸	家山黧豆								紫花豌豆	蚕豆	羽扇豆
	I	II	III	IV	V	VI	VII	平均			
胱氨酸	—	1.39	1.53	—	1.2	—	—	1.37	1.49	1.37	1.48
天冬氨酸	10.45	11.8	—	8.53	—	14.6	9.97	11.07	10.16	10.53	9.29
甲硫氨酸	—	0.82	1.00	0.24	0.6	0.61	0.59	0.64	0.85	0.78	0.72
苏氨酸	3.55	4.08	4.04	2.59	2.6	5.15	3.82	3.69	3.35	3.54	3.36
丝氨酸	4.75	4.73	—	—		5.08	4.40	4.74	4.13	5.04	4.85
谷氨酸	16.37	17.43	—	13.40	—	17.47	13.99	15.73	15.88	16.03	20.77
脯氨酸	—	4.00	—	3.07	—	4.42	3.50	3.75	4.24	3.82	4.28
甘氨酸	3.43	4.20	—	3.45	—	3.91	3.91	3.78	4.13	4.20	4.12
丙氨酸	3.62	4.53	—	3.20	—	2.19	3.92	3.49	4.00	4.17	3.19
缬氨酸	4.00	4.90	—	3.91	4.4	5.08	5.88	4.70	4.29	4.30	3.91
异亮氨酸	3.69	4.11	—	3.41	5.0	4.82	3.89	4.20	3.89	3.80	3.97
亮氨酸	5.76	6.90	—	5.93	6.6	8.60	6.42	6.70	6.54	7.27	6.61
酪氨酸	—	2.45	—	2.39	—	2.92	1.44	2.30	2.87	3.39	3.46
苯丙氨酸	—	4.49	—	3.26	4.2	3.89	2.95	3.76	4.17	4.12	3.65
赖氨酸	5.37	6.73	7.10	4.08	7.0	6.27	9.65	6.60	2.37	2.54	2.41
精氨酸	7.28	8.04	—	6.13	8.0	6.11	3.29	6.48	10.04	9.46	12.0
蛋白质	26.8	24.5	26.9	27.4	—	32.3	25.6	27.2	23.0	24.1	32.2

如按山黧豆的主要应用部分测定其营养成分。在山黧豆盛花期收割鲜草的营养价值,茎有如下结果(以干重计):粗蛋白质 17.3%、纤维素 36.6%、脂肪 4.47%、灰分 6.0%、P_2O_5 0.51%、CaO 1.08%(Duke,1981)。叶子有如下结果:水分 84.2%、粗蛋白质 6.1%、脂肪(乙醚提取)1.0%、糖类 7.6%、灰分 1.1%、Ca 0.16%、P 0.1%、Fe 7.3mg/100g、维生素 A(即胡萝卜素)6000IU/100g(Smartt,

1994)。在种子萌芽期,维生素含量都有不同程度的提高,尤其是叶酸、维生素 B_6、维生素 H 更是显著增加。此外,山黧豆种子中还含有 1.5％的蔗糖、6.8％的戊聚糖、3.6％的植酸钙镁、1.5％的木质素、6.69％的白蛋白、1.5％的醇溶谷蛋白、13.3％的球蛋白和 3.8％的谷蛋白及各种氨基酸,每 16g 氮元素所包含的基本氨基酸含量分别是精氨酸 7.85g、组氨酸 2.51g、亮氨酸 6.57g、异亮氨酸 6.59g、赖氨酸 6.94g、甲硫氨酸 0.38g、苯丙氨酸 4.14g、苏氨酸 2.34g、色氨酸 0.40g、缬氨酸 4.68g(Duke,1981;Williams *et al.*,1994;Hanbury *et al.*,2000)。

2.4　山黧豆栽培与田间管理

2.4.1　栽培技术

　　山黧豆的栽培技术和豌豆相似,其根系发达,生长较快,对整地和施肥要求较高,要求精细整地。对黑土层较薄的贫瘠地和保肥保水力差的沙地、石砾地等,在播种前应结合整地施入一定的有机肥和磷肥作底肥,每亩一般施入腐熟堆肥或厩肥 2000~2500kg,特别是苗期追施磷肥能促进开花和提早盛花期。

　　山黧豆幼苗的抗寒能力较强,当地温达到 2~4℃时种子即可发芽,所以山黧豆的适宜播种期在各地也稍有差别,西北地区 3~8 月均可播种。但早播是促进良好发育的必需条件,所以为了获得高产,应尽可能提前播种。一般来讲东北和西北是春播;在南方春、夏、秋均可播种;高寒地区宜在 4 月上旬进行播种;冬季不太寒冷的地区还可进行秋播,寄籽越冬。在甘肃省河西走廊 3 月下旬到 4 月上旬播种;内蒙古多在 5 月上、中旬播种。山黧豆可行点播、撒播、条播或穴播,通常以条播为最多,条播的行距 35~45cm,播深 3~4cm,每亩播种 3.5~4.5kg。播后镇压保墒,以利于种子出土保苗(包兴国等,1995)。

　　山黧豆根长可以达到 150cm 以上,其根系能在土壤中积累大量氮素;因此,它是禾谷类作物的良好前作,可与禾本科作物牧草混播。同时由于山黧豆在大田生产中易出现倒伏,轮作栽培种植山黧豆适宜与麦类、玉米、马铃薯等轮换倒茬或混播,不仅有利于减轻山黧豆的倒伏,还可相互促进生长,提高牧草的产量,使双方均获得增产效益,混播在栽培山黧豆之后种植燕麦可提高产量 25％。它对前作的选择并不十分严格,一般在中耕作物后种植比较合适。最好在秋翻地上种植,但它对春耕地的反应也较其他作物为好。在饲料轮作中,山黧豆适宜与大麦、燕麦、苏丹草、黑麦草等间种、混播。它与燕麦混播时比例为 15：1 或 2：1;与苏丹草混播,每亩栽培山黧豆为 7.5kg,苏丹草为 1~1.5kg。单播每公顷播种量 75~135kg,可收鲜草 15~22.5t;留种栽培每公顷播 45~60kg,收种后的茬地较肥(于精忠,1993;包兴国等,1995)。

2.4.2　田间管理

山黧豆是一种抗旱性很强的饲草作物,但过于干旱,产量也会降低,所以需要保持一定的土壤水分含量,但如果土壤水分过多,虽然能增加青草产量,但却不利于种子生产。因此,在干旱地区适时适量灌水对提高山黧豆的产量和品质是非常重要的。在干旱地区,结合施肥进行灌水十分重要。山黧豆的病害较少,其抗病虫害的能力较豌豆和春箭苦豌豆都强,目前仅发现黄叶病毒病、地下害虫、蚜虫和夜盗虫的危害,在潮湿多雨年份,易受锈病和褐斑病危害,但均可防可治,如为了防止虫害伤苗,可结合播种用锌硫磷对土壤进行处理等。山黧豆喜凉爽气候,不耐高温,春播过晚,后期如遇高温,则可能生长不良,生育期缩短,干草、子实和产量皆低。山黧豆在苗期,其幼苗生长发育相对缓慢,在此期间需要及时消灭杂草。

用作青饲可单播,宜在初花期收割。与禾本科牧草混播后,宜在禾本科作物抽穗前收割。如晒制干草宜在盛花期收割。一般亩产鲜草 2000～2500kg,干草含氮 2.27%～4.77%、磷酸 0.63%～1.06%、氧化钾 1.22%～3.18%。收种子宜在荚果变枯黄时收获,或者待 85% 以上的种子成熟时收获,一般亩产种子 90～160kg。

2.5　含 β-ODAP 的其他植物的生物学特性

2.5.1　猪屎豆

猪屎豆(*Crotalaria mucronata*),别名黄野百合、白马屎、野黄豆和猪屎青等。属豆科猪屎豆属(野百合属)(*Crotalaria*),该属含有多种猪屎豆,如响铃豆(*C. albida*)、大猪屎豆(*C. assamica*)、长萼猪屎豆(*C. calycina*)、头花猪屎豆(*C. capitata*)、线叶猪屎豆(*C. linifolia*)、野百合(*C. sessiliflora*)和光萼猪屎豆(*C. usaramoensis*)等。亚灌木状草本植物,株高约 1m,茎和枝上伏贴绒毛。三出复叶,中间小叶大,两侧小叶较小;总状花序,有花 20～50 朵,蝶形花冠,黄色花,成串生于植株顶端(图 2-5A),荚果圆柱状,幼时被毛,成熟后下垂,内有种子 20～30粒(图 2-5B)。

猪屎豆几乎全年开花,5～7 月为盛花期。它适应性强,既可在河床地和堤岸边生长,又可在干旱、多砂多砾的环境生长;既耐寒耐涝,又耐贫瘠,分布于低海拔山地、荒地、路边和河床堤岸等处,是非常常见的豆科植物;既可用于道路两旁边坡的景观栽培植物,美化环境,也可作为大田倒茬或绿肥植物。人们发现至少 13 种猪屎豆中含有神经毒素 β-ODAP。

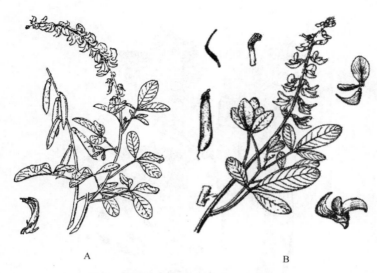

图 2-5　猪屎豆植株形态(崔鸿宾,1998)
A. 成串生于植株顶端的总状花序;B. 下垂的圆柱状荚果

2.5.2　金合欢

　　金合欢[*Acacia farnesiana*(L.)*willd*]系含豆科(*Fabaceae*)金合欢属(*Acacia*),约有 700 种,分布于全球热带和亚热带地区,尤以大洋洲和非洲的种类最多。中国引入栽培的有 16 种,种植于西南和东南部,其中有经济价值的是金合欢[*A. farnesiana*(L.)*willd*]和台湾相思(*A. richii* Gray),前者根和荚可作为黑色染料,花可作为制香水的原料;后者为荒山造林树种,木材可制器具,树皮含单宁可作为染料。此外,阿拉伯胶树[*A. Senegal*(L.)*willd*]和儿茶[*A. catechu*(L. f.)*willd*]可提取阿拉伯胶与制成儿茶浸膏,用于医药、印染和食品工业。金合欢属为乔木或灌木,叶为二回羽状复叶或叶片退化而叶柄变为扁平的叶状枝(phylloid),但在幼苗期仍可见原始状态的羽状叶,如台湾相思两性花,花序为腋生,单生或为圆锥花序式排列的头状花序。萼钟状或漏斗状,具齿;花瓣分离或合生,雄蕊多数,分离,突出;荚果长圆形或绒形,无节,扁平(图 2-6)。

　　早在 20 世纪 70 年代,Quereshi 等对金合欢种子萃取液,用标准的 ODAP 作为对照进行纸层析离子电泳和质子核磁共振(PMR)等一系列鉴定,结果表明金合欢萃取液中含 β-ODAP,并证明 β-ODAP 存在于 17 种金合欢的种子中,其含量都在 0.25% 以上。随后 Evans 等又发现 21 种金合欢树叶含高精氨酸、2-哌啶酸和4-羟基哌啶酸,各自含量为 0.01%~0.2%(鲜重)。种子中含有 α,β-二氨基丙酸(α,β-diaminnopropionic acid,DAP)、α-氨基-β-乙酰氨基丙酸(α-amino-β-acetyl-

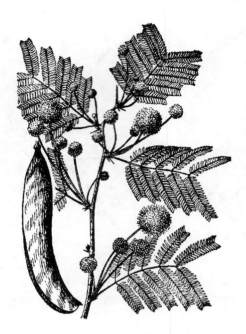

图 2-6　金合欢植株形态(崔鸿宾,1998)

aminopropionic acid,AAPA)和 α-氨基-β-草酰氨基丙酸(α-amino-β-oxalyl-amin-oropionic acid,ODAP)。由此进一步证实了金合欢属的一些种类都含有该神经毒素 β-ODAP。

2.5.3　三七

三七(*Panax notoginseng*)为五加科(*Araliaceae*)人参属(*Panax*),多年生草本植物(图 2-7A),茎直立,根茎短,掌状复叶,伞形花序,顶生,核果浆果状,种子1~3 粒(图 2-7B)。种后第三年秋采挖三七的根,根大而重,质坚者为优质产品。

三七含有人参皂苷和黄酮苷等,为珍贵中药材,具有显著的造血功能,可止血化瘀、消肿止痛,具良好的止血功效,可加强和改善冠状动脉微血管循环,是云南白药的主要成分。云南白药止血活性成分是三七素(dencichine),而 Kosuge 等(1981)发现三七素的化学结构与山黧豆毒素 β-ODAP 结构完全相同,即三七素正是 β-ODAP。可见 β-ODAP 不仅具有重要的生理作用,还是某些药物的重要成分(见本书第七章)。

图 2-7　三七的植株形态（见图版）

A. 云南生长一年的三七；B. 生长两年的三七，红色成熟浆果（赵菲佚拍摄）

2.5.4　人参

人参（*Panax ginseng*）为五加科（*Araliaceae*）人参属（*Panax*）植物，多年生草本。茎直立单生，茎高 40～60cm（图 2-8A），主根肉质，圆柱形或纺锤形，掌状复叶，伞形花序，顶生，浆果状核果，种子 2 粒，扁圆形（图 2-8B）。

图 2-8　人参的植株形态（见图版）

A. 植株形态特征（《中国植物志》）；B. 果实形态（中国数字植物标本馆）

人参是珍贵的中药材，以"东北三宝"之称驰名海内外，人参在我国药用与保健历史悠久。长期以来，由于过度采挖，资源枯竭，为此保护人参的自然资源具有特殊的重要意义。人参、西洋参（*Panax quinquefolius*）和三七同属五加科，但不同种，三者共同组成人参家族。人参中含有 30 余种人参皂苷，是人参生理活性的物质基础。另外，还含有挥发油、有机酸、含氮化合物、糖类和维生素等。Long 等（1996）报道，在人参、西洋参和朝鲜红参（*North Korean red ginseng*）中都含有 β-ODAP，人参种子和植株中 β-ODAP 和游离氨基酸含量见表 2-5（Kuo，2003）。

表 2-5　人参种子和不同年龄植株中 β-ODAP 和游离氨基酸含量

（单位：mg/g）

	种子	一年生整株	二年生		三年生		
			根	茎、叶	根	茎	叶、芽
天冬氨酸	0.124±0.007	0.527±0.018	0.335±0.013	0.547±0.062	0.607±0.006	0.193±0.018	0.861±0.074
β-ODAP	4.294±0.030	3.381±0.335	1.096±0.052	1.537±0.020	0.596±0.015	0.579±0.027	2.094±0.115
α-AAA	ND	0.117±0.004	0.157±0.011	0.194±0.031	0.086±0.012	0.215±0.023	ND
谷氨酸	0.327±0.021	0.374±0.016	0.270±0.005	0.213±0.048	0.230±0.008	0.293±0.018	0.380±0.020
丝氨酸	0.012±0.001	1.371±0.034	0.245±0.014	0.799±0.028	0.465±0.011	0.385±0.065	0.546±0.083
天冬酰胺	0.036±0.007	3.517±0.237	0.751±0.008	1.318±0.081	2.136±0.043	1.013±0.060	0.937±0.060
甘氨酸	0.019±0.002	0.085±0.005	0.058±0.005	0.112±0.008	0.142±0.005	0.107±0.060	0.163±0.015
谷氨酰胺	0.050±0.006	10.053±0.524	2.599±0.016	3.119±0.263	14.363±0.393	5.961±0.112	9.314±0.730
β-丙氨酸	ND	0.146±0.010	0.019±0.009	0.090±0.040	0.053±0.017	ND	ND
组氨酸	ND	0.176±0.017	ND	0.113±0.006	0.968±0.062	0.224±0.037	ND
牛磺酸	ND	0.092±0.003	0.241±0.044	0.128±0.030	0.221±0.045	0.047±0.011	0.169±0.019
瓜氨酸	ND	ND	ND	ND	ND	0.370±0.036	ND
精氨酸	0.573±0.001	3.257±0.104	9.104±0.297	1.437±0.059	9.572±0.284	1.196±0.032	7.966±0.276
苏氨酸	0.014±0.003	0.709±0.053	0.197±0.001	0.208±0.017	0.679±0.016	0.141±0.002	0.240±0.023
GABA	0.051±0.010	1.175±0.074	0.972±0.006	2.284±0.182	1.778±0.041	2.335±0.043	2.774±0.260
丙氨酸	0.205±0.017	1.258±0.074	1.448±0.023	0.973±0.049	2.720±0.694	1.741±0.067	2.197±0.367
脯氨酸	0.056±0.008	0.272±0.029	0.260±0.005	0.624±0.026	1.106±0.021	0.761±0.050	0.675±0.117
乙醇胺	0.082±0.008	0.800±0.096	1.030±0.031	0.985±0.049	0.557±0.052	0.664±0.096	0.826±0.095
酪氨酸	0.083±0.014	0.274±0.025	0.310±0.002	0.748±0.064	1.339±0.011	0.851±0.073	2.118±0.290
缬氨酸	0.011±0.013	1.422±0.042	0.416±0.03	0.650±0.027	0.623±0.040	0.512±0.042	0.631±0.019
异亮氨酸	0.014±0.004	0.939±0.038	0.233±0.012	0.426±0.019	0.654±0.027	0.309±0.013	0.574±0.038
亮氨酸	0.033±0.012	0.954±0.067	0.341±0.019	0.618±0.030	1.251±0.003	0.504±0.008	1.052±0.054
苯丙氨酸	ND	0.645±0.082	0.286±0.014	0.455±0.021	0.985±0.008	0.214±0.027	0.532±0.035
色氨酸	0.067±0.004	0.547±0.121	0.961±0.021	0.213±0.066	1.406±0.023	0.163±0.045	0.464±0.011
赖氨酸	0.041±0.004	1.011±0.024	0.589±0.015	0.254±0.033	0.682±0.019	0.061±0.009	0.322±0.044

注：一年生、二年生和三年生人参种子的神经活性氨基酸 β-ODAP、GABA 和其他游离氨基酸等（平均值±SD）溶于 70% 乙醇并被 HPLC 测定。

从表 2-5 可见，人参种子 β-ODAP 含量为（4.294±0.030）mg/g，即 0.43%，β-ODAP 占种子游离酸含量的 70%。人参一年生整株中 β-ODAP 含量为（3.381±0.335）mg/g；二年生的根中含（1.096±0.052）mg/g，茎、叶中含量为（1.537±0.020）mg/g；三年生的根含（0.596±0.015）mg/g，茎中含（0.579±0.027）mg/g，叶、芽含（2.094±0.115）mg/g。其他氨基酸，如精氨酸、谷氨酸和丙氨酸含量仅次于 β-ODAP。在一年生人参整株中谷氨酰氨含量为（10.053±0.524）mg/g；其次是天冬酰氨，含量为（3.517±0.237）mg/g，精氨酸含量为（3.257±0.104）mg/g。两年生的根中精氨酸含量高达 9.10mg/g，而谷氨酰氨在三年生的叶、芽中含（9.314±0.730）mg/g。

2.5.5　苏铁

苏铁（*Cycas revoluta*）又名凤尾蕉，苏铁科（Cycadaceae）苏铁属（*Cycas*）。裸子植物，常绿乔木，主干单一，不分枝，大型羽状复叶丛生于茎端，长达 0.5～2.4m，小叶厚革质而坚硬，羽纯条状，长 18cm，边缘反卷（图 2-9A）。雌雄异体，雌球花由多片羽状大孢子叶组成，黄褐色，边缘生胚珠；雄球花圆柱形，位于雄株顶端（图 2-9B）。在热带地区达到一定树龄后可每年 7～8 月开花，在温带地区不常开花。一般情况下，铁树 20～30 年开花一次，以后更长时间才开花一次，其种子卵圆形，成熟后呈朱红色。

A　　　　　　　　　　　　　　　　　　B

图 2-9　苏铁的植株形态（见图版）

A. 植株形态特征（《中国植物志》）；B. 花球形态特征（中国数字植物标本馆）

　　苏铁喜暖热湿润气候,不耐寒,在温带地区,如温度降至 0℃时极易受害。生长速度缓慢,寿命可达 200 余年。铁树原产热带,为优美观赏树种。茎内髓部富含淀粉,可供食用。种子含油和淀粉,可供食用和药用,有治痢疾、止咳和止血之功效。Pan 等(1997)发现其种子中含有多种氨基酸,并含有 β-ODAP。

参 考 文 献

包兴国,吕福海,刘生战,等. 1995. 山黧豆低毒品种的筛选及栽培利用技术研究. 草业科学,12(5):48~54

陈耀祖,李志孝,吕福海,等. 1992. 低毒山黧豆的筛选,毒素分析及毒理学研究. 兰州大学学报(自然科学版), 28(3):93~98

崔鸿宾. 1984. 中国山黧豆属植物志资料. 植物研究,4(1):36~60

崔鸿宾. 1998. 中国植物志　豆科. 北京:科学出版社:270~286

甘肃省卫生防疫站,甘肃省粮食局防治队,甘肃省农业科学院,等. 1975. 山黧豆中毒素分析与去毒方法的研究. 兰州大学学报(自然科学版),11(2):45~65

李映辉,周仁慧. 1983. 扁荚山黧豆栽培利用的研究. 中国土壤与肥料,5:37~38

吕福海,包兴国,刘生战. 1990. 山黧豆品种资源研究. 作物品种资源,33(3):17~19

严则义,邢更妹,王崇英,等. 2004. 家山黧豆及其毒素 ODAP 的研究. 西北植物学报,24(5):911~920

于精忠. 1993. 山黧豆的利用与栽培. 陕西农业科学,(6):35~36

Abd El-Monerim A M,Cocks P S. 1993. Adaptation and yield stability of selected lines of *Lathyrus* spp. under rainfed conditions in west Asia. Euphytica,66(1~2):89~97

Campbell C G,Mehra R B,Agrawal S K,*et al*. 1994. Current status and future research strategy in breeding gresspea (*Lathyrus sativus*). Euphytica,73(1~2):167~175

Campbell C G. 1997. Grass pea. *Lathyrus sativus* L. promoting the conservation and use of underutilized and neglected crops. 18. Institute of Plant Genetics and Crop Plant Research,Gatersleben/Intemational Plant Genetic Resources Institute,Rome,Italy,42~43

Duke J A. 1981. Handbook of legumes of world economic importance. New York:Plenum Press;199~265

Hanbury C D,White C L,Mullan B P,*et al*. 2000. A review of the protential of *Lathyrus sativus* L. and *Lathyrus cicera* L. grain for use as animal feed. J Animal Feed Science and Technology,87:1~27

Jackson M T,Yunus A G. 1984. Variation in the grass pea(*Lathyrus sativus* L.) and wild species. Euphytica, 33(2):549~559

Kay D E,Institute T P. 1979. Food legumes. TPI Crop and Product Digest,3:26~47

Kosuge T,Yokota M,Ochiai A. 1981. Studies on antihemorrhagic principles in the crude drugs for hemostatics. II. On antihemorrhagic principle in Sanchi Ginseng Radix. Yakugaku Zasshi,101(7):629~632

Kuo Y H,Ikegami F,Lambein F. 2003. Neuroactive and other free amino acids in seed and young plants of *Panax ginseng*. Phytochemistry,62:1087~1091

Lambein F,Haquea R,Khana J K,*et al*. 1994. From soil to brain:Zinc deficiency increases the newrotoxicity of *Lathyrus sativus* and may affect the susceptibility for the motornewzone disease neurolathyrism. Toxicon,32(4):461~466

Long Y C,Ye Y H,Xing Q Y. 1996. Studies on the neuroexcitotoxin beta-N-oxalo-L-alpha,beta-diaminopropionic acid and its isomer alpha-N-oxalo-L-alpha,beta-diaminopropionic acid from the root of Panax species. Int J Pept Protein Res,47(1~2):42~46

Mannetje L,O'Connor K F,Burt R L. 1980. The use and adaptation of pasture and fodder legumes // Summerfield R J,Bunting A H. Advances in legume science. Kew,Richmond:Royal Botanic Garden:537~551

Murti V V S,Seshadri T R,Venkitasubramanian T A. 1964. Neurotoxic compounds of the seeds of *Lathyrus sativus*. Phytochemistry,3(1):73~78

Pan M,Mabry T J,Cao P,*et al*. 1997. Identification of nonprotein amino acids from cycad seeds as N-ethoxycarbonyl ethyl ester derivatives by positive chemical-ionization gas chromatography mass spectrometry. J Chromatogr A,787(1~2):288~294

Praveen S,Joharl R P,Mehta S L. 1994. Cloning and expression of OX-DAPRO degrading genes from soil microbe. J plant Biochem Biotechnol,3:25~29

Rao S L N,Adiga P R,Sarma P S. 1964. The isolation and characterization of β-N-Oxalyl-L-α,β-diaminopropionic acid: a neurotoxin from the seed of *Lathyrus sativus*. Biochemistry,3(3):432~436

Smartt J. 1984. Evolution of grain legumes:1. Mediterranean pulses. Expl Agr,20(4):275~296

Smartt J. 1990. Grain legumes:Evolution and genetic resources. Landon:Cambridge University Press:190~200

Vaz Patto M C,Fernández-Aparicio M,Moral A,*et al*. 2006. Characterization of resistance to powdery mildew (*Erysiphe pisi*) in a germplasm collection of *Lathyrus sativus*. Plant Breeding,125(3):308~310

Vaz Patto M C,Skiba B,Pang E C K,*et al*. 2006. *Lathyrus* improvement for resistance against biotic and abiotic stresses:from classical breeding to marker assisted selection. Euphytica 147(1~2):133~147

White C L,Hanbury C D,Young P, et al. 2002. The nutritional value of *Lathyrus sativus* and lupinus angustifolius grain for sheep. Anim Feed Sci Technol,99(1/4):45~64

Williams P C,Bhatty R S,Deshpande S S,*et al*. 1994. Improving nutritional quality of cool season food legumes // Muehlbauer F J,Kaiser W J. Expanding the Production and use of cool season food legumes. Binghamton:Food Products Press:113~129

第 3 章　山黧豆毒素（β-ODAP）的提取及合成

自 20 世纪 60 年代，Rao 等从山黧豆种子中鉴定出毒素 β-ODAP 以来，人们相继建立了一些提取 β-ODAP 的方法，并从其他一些药用植物也分离到 β-ODAP。在此基础上，许多学者探讨该毒素的化学合成与生物合成途径，这是因为 β-ODAP 合成途径的研究对化学和生物学均具有重大意义。通过化学合成可进一步验证其结构的正确性，同时可合成制备较大量的 β-ODAP，为其毒理作用、生理作用和药理作用等诸方面的研究奠定物质基础。当然，β-ODAP 生物合成途径的研究更是核心且重要的环节，因为只有了解 β-ODAP 生物合成的途径和参与合成过程中一些关键酶的性质与结构等，才有可能采用相应技术控制或改变其合成途径，以降低最终产物 β-ODAP 的积累，抑或以其关键酶克隆相应的基因，通过基因工程手段敲除基因或转基因以筛选低毒或无毒山黧豆新品系，或创造新的种质资源，为育种提供新的原材料。然而，迄今有关山黧豆 β-ODAP 的生物合成途径许多细节尚未完全阐释。为此，本章只是介绍山黧豆 β-ODAP 的提取方法和理化性质，以及化学合成与生物合成途径的初步研究成果，为今后深入的研究奠定基础。

3.1　β-ODAP 的提取

3.1.1　山黧豆中 β-ODAP 的提取

印度学者 Rao 等（1964）第一次从家山黧豆（*Lathyrus sativus* L.）中分离提取并鉴定了 β-ODAP。具体方法为：山黧豆粉加水于 60～65℃萃取，然后加乙醇使其浓度达 75%，搅拌后过滤，滤液减压浓缩，再分别用乙醚及氯仿各萃取一次。提取液上阳离子交换柱，用水洗脱，纸层析跟踪洗脱，合并含 β-ODAP 的洗脱液。减压浓缩后，用丙酮沉淀，用热水纯结晶，产率约 0.5%。

与 Rao 等（1964）报道几乎同时，Murti 等（1964）从山黧豆种子中分离出了包括 β-ODAP 和高精氨酸在内的 4 个与茚三酮显色阳性氨基酸。他们则用乙醚回流山黧豆粉，除去脂溶性物质后，残渣用 30%乙醇液萃取。合并萃取液，过滤，浓缩。圆形纸层析（3 种溶剂系统，正丁醇：丁酮：水＝2：2：1；水饱和苯酚；正丁醇：乙酸：水＝4：1：5），检出 4 个与茚三酮显色的呈阳性氨基酸。浓缩液上阳离子交换柱，弃去最初的有色洗脱液，进一步用蒸馏水洗脱得到与茚三酮显红紫色斑点的洗脱液。浓缩后，加入乙醇于冰箱中析出结晶，用 50%乙醇重结晶两次，得

β-ODAP,产率约 0.1%。

可以看出,以上两种提取 β-ODAP 的方法中,第一种方法产率较高,而第二种方法操作较简便。以此为基础,后来不同学者采用不同的方法从山黧豆及同属种中获得了高产和高纯的 β-ODAP,他们的方法各具特色,在此也有必要作一简单介绍。Bell 等(1966)从山黧豆属的宽叶山黧豆(*L. latifolius*)种子中分离 α,γ-二氨基丁酸的两个草酰基衍生物时,也同时分离到了 β-ODAP。他们通过索氏抽提器用丙酮除脂及色素后,用 50%乙醇振荡萃取,减压浓缩,过阳离子交换柱后,再过阴离子交换柱,先用 0.1mol/L 乙酸洗脱出碱性氨基酸和中性氨基酸,当乙酸的浓度增至 0.4mol/L 时流出物中检测出弱酸性的 α,γ-二氨基丁酸衍生物,继续洗脱则痕量的 β-ODAP 流出。将洗脱物冻干并用 50%乙醇溶液重结晶得到主要含 β-ODAP 的结晶物。

1977 年,Harrison 从山黧豆粉提取得到 α-ODAP 及 β-ODAP 混合物,经进一步分离得到 α-ODAP 及 β-ODAP。首先将山黧豆粉用 50%乙醇抽提,滤渣进行二次提取,合并滤液蒸去乙醇,再减压浓缩至浆状,重新溶于水中,过阳离子交换柱,当样品液全部进入柱后,用 0.062mol/L 乙酸溶液洗脱,茚三酮显色检测洗脱液,当出现 ODAP 时,收集、浓缩、冻干,电泳鉴定为 α-ODAP 及 β-ODAP 的混合物。然后,将上述冻干的 ODAP 样品用吡啶水溶液溶解,用 11mol/L 的 HCl 调节至 pH 为 1.3 后,上 Zeo karb 225 阳离子交换柱。柱子事先用 1mol/L 吡啶-乙酸缓冲液转型,并用 0.035mol/L 吡啶-乙酸缓冲液(pH2.3)平衡。用水洗脱,经纸层析及电泳检测含 α-ODAP 和 β-ODAP 的收集物分别冻干,残渣加水并滴加吡啶溶解(pH 4.5)脱色,调 pH 为 2,丙酮沉淀,得 α-ODAP 的产率为 0.085%,β-ODAP 的为 0.484%。Harrison 方法的优点是在分离纯化 ODPA 的同时,可以将它的两个同分异构体很好的分开。

另外,也可利用重金属沉淀法来分离纯化 β-ODAP。如 Davis 等(1990)利用 β-ODAP 与 Cu^{2+} 离子形成不溶于水的络合物从而开发出了提取高产率 β-ODAP 的方法。山黧豆粉加入 50%乙醇溶液,室温静置过夜,过滤后,加 1mol/L 的 Cu_2SO_4 溶液,生成绿色沉淀,将沉淀溶于少量水中,室温静置 24h,形成较纯净的 β-ODAP 与 Cu^{2+} 的络合物,产率约 0.5%。

3.1.2　猪屎豆中 β-ODAP 的提取

从山黧豆中分离纯化出 ODAP 后,人们很快发现猪屎豆属许多种的种子中也含有 ODAP。1968 年,Bell 在研究猪屎豆属(*Crotalaria*)中两种植物(*C. incana* L. 及 *C. mucronata* Desv)的毒性时首先发现了 ODAP。它们的种子萃取物中除了生物碱外还存在茚三酮显色阳性,且与山黧豆毒素 ODAP 具有相同二维层析图谱的物质,通过纸层析(6 种溶剂系统)、离子电泳、洗脱、酸水解,得一种产物为

α,β-二氨基丙酸(α,β-diaminopropionic acid,DAP),而另一产物经碱性高锰酸钾与铁氰化钾-硫酸亚铁铵试剂反应鉴定为草酸(oxaliate)。说明该物质为山黧豆毒素β-ODAP。Quereshi 等(1977)用 70%乙醇溶液振荡萃取猪屎豆种子粉 24h,离心,浓缩上清液,采用 Bell 离子交换法同样分离纯化得到大量的 ODAP。后来人们发现,ODAP 存在于猪屎豆属(*Crotalaria*)13 个种的种子中。其中有 5 个种(*C. barkae* Schweinf.、*C. incana* L.、*C. mauensis* Bak. f.、*C. polysperma* Kotschy、*C. quartiniana* A. Rich.)ODAP 的含量大于 0.25%;8 个种(*C. burkeana* Benth.、*C. doniana* Baker、*C. glauca* Willd.、*C. glaucifolia* Baker、*C. lotoides* Benth.、*C. pallida* Ait.、*C. phylloba* Harms、*C. simulans* Milne-Redh.)的含量低于 0.25%,然而该属的另外 50 个种中却没有检测到 ODAP。

3.1.3　金合欢中 β-ODAP 的提取

在山黧豆属及猪屎豆属植物中发现 ODAP 后,人们随后分析检测了豆类中其他科属植物的种子中这种氨基酸的分布情况。发现在金合欢属(*Acacia*)的 17 个种中也存在 ODAP,而且含量均大于 0.25%。这 17 个种是 *A. albida* Delile、*A. ataxacantha* DC.、*A. catechu*（L.）Willd.、*A. confusa* Merr.、*A. coulteri* Benth、*A. erubescens* Welw. ex Oliv、*A. ferruginea* D C、*A. galpinii* Burtt Davy、*A. hamulosa* Benth.、*A. mellifera*（Vahl）Benth subsp. *detinens*（Burch.）Brenan、*A. modesta* Wall、*A. nigrescens* Oliv、*A. polyacantha* Willd. subsp. *campylacantha*（A. Rich）Brenan、*A. rovumae* Oliv、*A. senegal*（L.）Willd、*A. venosa* Hochst. ex Benth、*A. welwitschii* Oliv. subsp. *Delagoensis*（Harms）Ross & Brenan。但是该属的其他 54 个种中却未检出 ODPA。

参考山黧豆中提取 ODAP 的方法,用 70%乙醇萃取金合欢属植物 *Acacia modesta* 种子粉,经浓缩、离子电泳、洗脱,重结晶同样得到了 ODAP,与标准 ODAP 进行纸层析、离子电泳及质子核磁共振(PMR)光谱鉴定,发现它们是同一种氨基酸,经化学水解、分离也得到 α,β-二氨基丙酸及草酸,即 ODAP 酸水解的两个产物。这些结果进一步证实金合欢中确实存在 ODAP(Quereshi *et al*.,1977)。

在多种含 ODAP 的豆类种子中,人们早就发现还有一种非蛋白质游离氨基酸为高精氨酸。Evans 等(1979)发现 21 种金合欢属(*Acacia*)树叶含有高精氨酸、2-哌啶酸及 4-羟基哌啶酸,其含量由 0.01%到 0.2%不等(鲜重);同时在金合欢属种子中还发现 ODAP 的酸水解产物之一——α,β-二氨基丙酸(α,β-diaminopropionic acid,DAP),以及结构类似物——α-氨基-β-乙酰氨基丙酸(α-amino-β-acetyl-aminopropionic acid, AAPA)和 α-氨基-β-草酰氨基丙酸(α-amino-β-oxalyl-aminopropionic acid,ODAP)。实验证明这些物质对飞蝗(*Locusta migratoria*)等害虫有较强的抑制作用。

　　该属中 ODAP 的提取测定方法为：叶子研碎后，加 70％乙醇振荡，离心，上清液过阳离子交换柱，先用水洗，再用 2mol/L 的 NH_4OH 洗脱。蒸干除氨，残渣再溶于 70％乙醇溶液。用二维纸层析检测，展开液为：①n-BuOH：HOAc：H_2O = 12：3：5(V/V)；②PhOH：H_2O = 4：1(W/V)。喷洒 0.05％茚三酮-甲醇溶液，剪取斑点，用茚三酮-乙醇溶液显色，沸水浴之后，冷却。加 50％乙醇稀释，以合成的 ODAP 为标品，在 1h 内比色测定(570nm)。

3.1.4　三七中 β-ODAP 的提取

　　三七(*Panax notoginseng*)为名贵中药材，Takuo 等(1981)在研究三七止血活性成分时发现其化学结构恰好是 β-ODAP，并将其命名为三七素(dencichine)。提取鉴定方法为：三七粉加甲醇，室温抽提，上清液离心、减压蒸馏得残渣。残渣加水再溶解，室温萃取，上清液离心、减压浓缩得水溶物，加正丁醇和水的等比例混合物进行逆流分配后，水相溶液凝胶过滤，用水洗脱，分段收集，再通过离子交换，得到的活性组分用水重结晶，结晶经结构鉴定为 β-ODAP。经 6mol/L 的 HCl 水解，产物为 α，β-二氨基丙酸。Xie 等(2007)用稍微简便的方法也从三七中提取了 β-ODAP，其方法为：三七干粉加甲醇于 40～50℃萃取 3 次(除去皂甙等其他活性成分)，过滤，残渣风干后用水萃取，减压浓缩，用正丁醇萃取(进一步除去皂甙)，水相离子交换，0.05mol/L 的 NH_4OH 洗脱，浓缩，丙酮沉淀，水重结晶，得 ODAP 纯品。

3.1.5　人参中 β-ODAP 的提取

　　中药名贵补药人参(*Panax ginseng*)与三七同为五加科植物。它们不但形态相似，在化学组成上也极为相像，在游离氨基酸组成中，人参也含有 ODAP。提取过程一般为：人参粉加水，于 4～8℃振荡萃取(同时以三七作为对照)，离心、过滤、上阳离子交换柱，收集使茚三酮显色部分，过阴离子柱交换，先用水洗脱，再用 30mmol/L 的 HCl 洗脱吸附的酸性氨基酸，分步收集，浓缩，冻干得 β-ODAP 及 α-ODAP 混合物。该混合物再经阴离子交换柱层析(AECC)分离，分别冻干，得 β-ODAP 及 α-ODAP 纯品(Long *et al.*，1996；Kuo *et al.*，2003)(表 3-1)。元素分析证明，两个化合物不含金属、硫、磷及卤素，并具有相同的 C、H、N、O 元素成分，HPLC 及氨基酸分析证明它两给出相同的酸水解产物。

表 3-1　人参根的不同部分 β-ODAP 及 α-ODAP 含量分布(干重％)(Kuo et al.,2003)

人参品种	产地	β-ODAP		α-ODAP	
		方法 1	方法 2	方法 1	方法 2
人参	吉林	0.29	0.31	<0.01	<0.01
人参	吉林吉安	0.40	0.41	<0.01	<0.01
三七	云南	0.43	0.42	0.03	0.03
三七	广西	0.41	0.42	0.01	0.03
红参	朝鲜	0.03	0.02	<0.01	<0.01
红参	吉林吉安	0.12	0.09	<0.01	0.01
	北美洲	0.02	0.01	<0.01	<0.01
人参根茎	吉林吉安	0.76			
人参主根	吉林吉安	0.16			
人参须根	吉林吉安	0.52			

从表 3-1 可以看出:①与三七相似,人参也含有比较高的 β-ODAP,尤其在根茎(rhizome)中(0.76％),但主根部分含量甚低(0.16％);②西洋参含 β-ODAP 相对较低(0.02％),朝鲜红参(red ginseng)的含量则更低,说明红参用蒸汽预处理过程中 β-ODAP 被分解;③所有新鲜人参属植物的萃取液中几乎不含可检测的 α-ODAP,说明在天然物质中仅含 β-ODAP 而 α-ODAP 很可能是在分离操作中人为产生的。

3.1.6　苏铁中 β-ODAP 的提取

Pan 等(1997)以 N-乙氧甲酰乙酯(N-ethoxycarbonyl ethyl ester,ECEE)作为衍生化试剂,用气相色谱-质谱法(GC-MS),对苏铁类(Cycad)植物中 9 个种的种子进行了游离氨基酸的分析。结果表明,这些植物的种子中的游离氨基酸可多达51 种(表 3-2),而且发现其中 2 种含有 ODAP。提取方法为:粉碎的苏铁种子用70％乙醇于室温萃取,浓缩液上阳离子交换柱,首先用水洗脱,以便除去有机酸及糖;然后用 0.5mol/L 的氢氧化铵溶液以便洗脱出全部氨基酸,将此洗脱液用旋转蒸发器予以浓缩,加甲醇使绝大部分蛋白质氨基酸沉淀,离心除去沉淀,真空干燥上清液,进行衍生化及 GC-MS 分析测定后,进一步纯化即得纯的 β-ODAP。

表 3-2 列出了 9 种苏铁类植物种子中蛋白质及非蛋白质氨基酸与 ECEE 衍生物的检出结果,可以看出仅在 *M. communis* 及 *M. moorei* 两种苏铁中含有β-ODAP。

表 3-2　苏铁类种子中蛋白质及非蛋白质氨基酸含量(包括 β-ODAP)(Pan *et al.*,1997)

	C. angulata	*C. revoluta*	*C. rumphii*	*Dioon edule*	*Macrozamiacommunis*	*M. morei*	*Zamia fischeri*	*Z. furfuracea*	*Z. integrifolia*
γ-氨基丁酸	+	+	+	+	+	+	+	+	+
β-丙氨酸	+	+	+	+				+	
β-氨基丁酸		+				+			+
哌啶酸	+	+		+	+	+	+	+	+
α-氨基己二酸	+	+		+	+	+	+		
N-甲基天冬氨酸	+	+				+			
ε-乙酰氨基己酸				+					
β-N-甲基氨基-丙氨酸	+	+	+	+					
α,γ-二氨基丁酸	+								
β-ODAP					+	+			
δ-N-草酰氨基丙氨酸		+							
苏铁苷	+	+	+						

3.2　山黧豆毒素 β-ODAP 的理化性质

3.2.1　β-ODAP 的物理性质

β-ODAP 易溶于水,溶液呈酸性,0.1mg/ml 溶液 pH 为 2.4。水中重结晶可得白色晶体,在低倍显微镜下呈柱形,X 射线衍射图谱显示有 3 条最高丰度的晶面间距为 4.09Å、3.39Å 和 3.19Å。元素分析(按 $C_5H_8O_5N_2 \cdot 1/2\ H_2O$ 计算):理论值为 C=32.43,H=4.86,N=15.14;实测值为 C=33.40,H=4.87,N=15.03。

红外光谱呈现下列特征峰:3290cm^{-1}(NH 与 OH 伸展),3050cm^{-1}(NH$^+$ 伸展),1690cm^{-1}(—COOH 中 C＝O 伸展),1620cm^{-1}(仲酰胺中 C＝O 伸展),1590cm^{-1}(—CO—中 C＝O 伸展),1500cm^{-1}(氨基酸 NH$_3$ 变形),1350cm^{-1}(—CO$_2$—离子振动),1220cm^{-1}(—C—O 振动),705cm^{-1}(氢键缔合仲酰胺 NH 变形)。

紫外光谱(UV)β-ODAP 的 λ_{max}=213.0nm;α-ODAP 的 λ_{max}=196.0nm。

核磁共振 ^1H 谱(^1H NMR)为(500MHz)(Py-d5/D$_2$O=6/4)。β-ODAP δ(ppm):4.03(^1H,dd),4.19(^1H,dd),4.39(^1H,dd)。α-ODAP δ(ppm):3.70(^1H,dd),3.85(^1H,dd),4.83(^1H,dd)。

核磁共振 ^{13}C 谱(^{13}C NMR)为(125MHz)(Py-d5/D$_2$O=6/4)。β-ODAP δ(ppm):

42.0、56.6、167.0、167.9、173.6。α-ODAP δ（ppm）：43.2、54.1、166.9、167.0、175.1，两个饱和碳及三个羰基碳均显示单峰。

高分分辨电子轰击质谱（High-resolution EI-MS）结果显示 β-ODAP 与 α-ODAP具有相同的分子式——$C_5H_8N_2O_5$，均显示$[M+1]=177.055$。

熔点（melting point，m.p.）或分解点（decomposition point）：β-ODAP 的 m.p. 为 196～200℃（分解点）；α-ODAP 的 m.p. 为 154～156℃，分解点是 196～200℃。α-ODAP 及 β-ODAP 的熔点在不同文献中有些差异，可能与样品的纯度不同有关。

旋光度（optical rotation）：β-ODAP$[\alpha]_D^{20}=-25.6°$（c=0.4，H_2O）；α-ODAP$[\alpha]_D^{20}=-38.9°$（c=0.4，H_2O）。α-ODAP 及 β-ODAP 旋光度在不同文献中有些不一致，可能与在酸性溶液中的稳定性有关（Long et al.，1996；兰州大学等，1975）。

3.2.2 ODAP 的两个异构体 α-ODAP 及 β-ODAP

早在 1964 年，Rao 等及 Murti 等两个研究小组几乎同时从山黧豆中分离并鉴定出了山黧豆毒素 β-N-草酰基-α，β-二氨基丙酸（β-N-oxalyl-L-α，β-diaminopropionic acid，β-ODAP），也叫 β-N-草酰氨基丙氨酸（β-N-oxalylaminoalanine，BOAA），并发现具有 α-ODAP 及 β-ODAP 两个异构体（图 3-1）。毒理学研究表明 β-ODAP 具有神经毒性，而 α-ODAP 是无毒的。

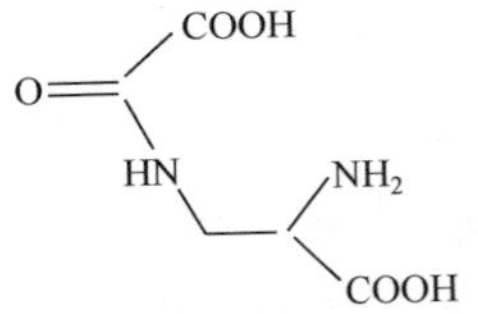

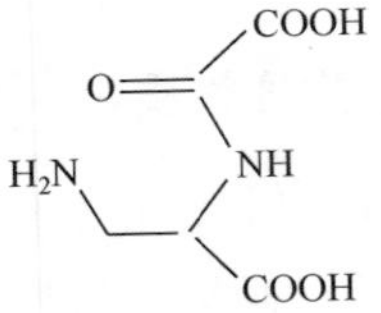

图 3-1   β-ODAP 与 α-ODAP 的化学结构

3.2.3 β-ODAP 的稳定性

Bell 等（1966）发现在乙醇溶液中 β-ODAP 缓慢地向其异构体α-ODAP转化并达到平衡，在加热情况下这种异构化更易进行。加热 β-ODAP 的 D_2O 溶液，通过 ^1H NMR发现在 30h 内 β-ODAP 缓慢转化为 α-ODAP 并达到 3∶2（β∶α）的平衡状态，同时发现纯 α 的 D_2O 溶液在同样条件下异构化为相同的平衡点则需更长时间（100h）（Abegaz et al.，1993）。de Bruyn 等（1994）及 Khan 等（1993）也分别通过 NMR 及 HPLC 方法研究了 ODAP 的热异构化。

Long 等（1996）将 0.3mg/ml 的 β-ODAP 溶液，用 0.2mol/L 的 HCl 或 0.2mol/L 的 NaOH 溶液于 0℃分别调 pH 为 2、4、5、7 及 11，并置于不同温度的水

浴中加热时,表 3-3 显示出在不同 pH 及温度下,HPLC 测定 β-ODAP 的浓度转化情况。

表 3-3　不同 pH 及温度条件下 β-ODAP 的转化率(%)(Long *et al.*,1996)

pH	2				4				5				7				11			
时间/min	1	20	200	800	1	20	200	800	1	20	200	800	1	20	200	800	1	20	200	800
0℃	0.8	1.8	2.6	—	0.0	0.0	0.0	0.0	0.0	0.0	0.0	0.0	0.0	0.0	0.0	0.0	1.9	3.2	23.4	—
15℃	1.5	2.1	10.6	—	0.0	0.0	0.2	0.0	0.0	0.0	0.0	0.0	0.0	0.0	0.0	0.0	4.2	20.5	27.2	—
74℃	9.9	48.5	—						8.5	37.5	—		22.6	26.2	—		—			

从表 3-3 可以看出,在 0℃ 及 pH4~7 时,β-ODAP 溶液贮存 1 个月浓度稳定不变,在 15℃ 及 pH7 时也很稳定。但是在 74℃ 及 pH7 时是不稳定的,可在 20min 内约有 1/3 转化为 α-ODAP。在低温,无论是在酸性还是碱性溶液中,β-ODAP 也是不稳定的。因此,酸和碱是该异构化反应的催化剂。实验表明,β-ODAP 及 α-ODAP 在干燥状态比在水溶液中更加稳定。

水溶液中通过加热使有毒的 β-ODAP 向无毒的 α-ODAP 异构体转变的热异构化反应可在一定程度上降低山黧豆毒素 β-ODAP 的含量。de Bruyn 等(1994)报道 α-ODAP 与 β-ODAP 之间的平衡浓度,在室温时为 30:70,在 55℃ 时为 35:65,而在 55~60℃ 时为 40:60。利用毛细管电泳技术(Zhao *et al.*,1999a,1999b)测定 β-ODAP 溶液在不同 pH 及温度时热异构化的平衡浓度比、速度常数(k_1 及 k_{-1})及活化能等动力学参数,并用该法研究 ODAP 的两个异构体在不同 pH 及不同温度的热异构化动力学性质。实验证明:ODAP 水溶液 α-ODAP 及 β-ODAP 的浓度比随溶液 pH 的升高而降低,随溶液温度的升高而增大。例如,在 75℃,pH 为 3 时恒温 24h 后,二者浓度之比可达 2:3。

3.2.4　β-ODAP 及 α-ODAP 的互变动力学

Long 等(1996)为了研究 β-ODAP 的互变动力学,分别配制 0.3mg/ml 的 β-ODAP 水溶液,用 0.2mol/L 的 HCl 或 0.2mol/L 的 NaOH 溶液调其 pH 分别为酸性(pH=2)、中性(pH=7)及碱性(pH=11),置于 20℃ 水浴中加热转化。通过阴离子高压液相色谱(AEHPLC)每 15min 监测一次 β-ODAP 及 α-ODAP 的浓度变化,这些数据可用来计算 β-ODAP 对 α-ODAP 的转换速度常数(k_1),α-ODAP 对 β-ODAP 的转换速度常数(k_2),以及二者互变的平衡常数(K,$K=k_1/k_2$)。

图 3-2 说明 α-ODAP 的浓度[α]对 β-ODAP 的浓度[β]的比率[α]/[β]与时间的变化。可以看出,[α]/[β]的比率在异构化的开始阶段快速增加,在异构化进行后其比率保持恒定,最终达到平衡状态。在碱性溶液中[α]/[β]达到平衡,要比酸性溶液中快,但在平衡时,其比值在碱性溶液中要比酸性溶液中小。

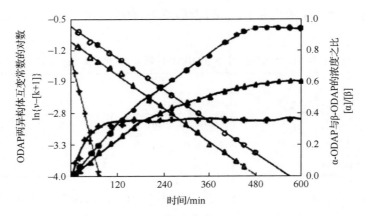

图 3-2　不同 pH 时 α-ODAP 与 β-ODAP 的浓度之比[α]/[β]及 ln{v−[k+1]}
对时间的变化(Long *et al*.,1996)

"+"、"△"、"○"、"◆"、"▲"和"●"分别代表 pH=11,pH=7,pH=2,pH=11、
pH=7 和 pH=2 时两值的变化情况

3.2.5　β-ODAP 的互变机制

Bell 等(1966)及 Abegaz 等(1993)曾提出 β-ODAP 与 α-ODAP 通过杂环二(酰)氨基中间体 α,β-二酮哌嗪结构(α,β-diketopiperazine,DKP)作为热异构化中间体的机制(图 3-3)。

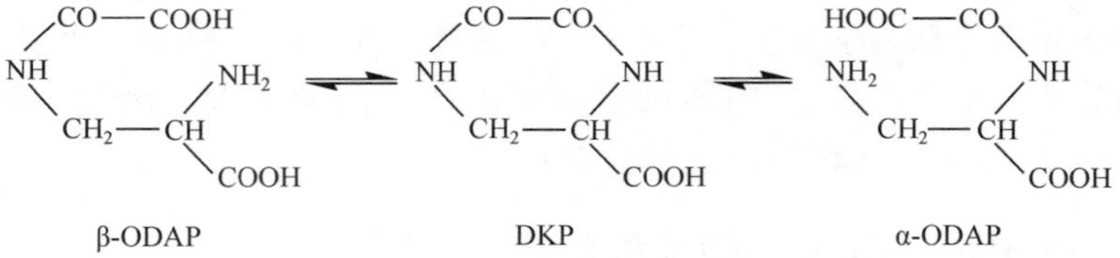

图 3-3　β-ODAP 与 α-ODAP 通过杂环二(酰)氨基中间体热异构
化机制(Abegaz *et al*.,1993;Bell and O'Donovan,1966)

众所周知,六元环二(酰)氨基中间体,即 α,β-二酮哌嗪结构,是一个稳定的化合物,应该通过分析技术检测到,但是 de Bruyn 等(1994)曾试图通过 NMR 及 HPLC 检测到该中间体,可未发现任何证据证明它的存在,说明 DKP 是该异构化中间体的可能性不大。为此,1997 年 Belay 等指出该五元环中间体完全在分子内形成,与任何酸、碱、水无关。从而提出通过不稳定的五元环状结构的中间体——2-羟基咪唑烷-2,4-二羧酸(2-hydroxy-imidazolidine-2,4-dicarboxylic acid)的互换机制(图 3-4)似乎是合理的。

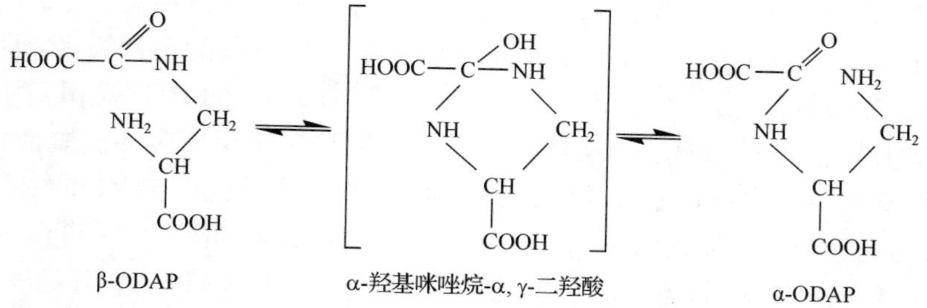

图 3-4　β-ODAP 与 α-ODAP 通过不稳定的五元环中间体热异构化机制(Belay *et al*.,1997)

3.3　山黧豆毒素的合成

3.3.1　山黧豆毒素 β-ODAP 的化学合成

所谓化学合成,就是两种或两种以上物质,从分子态变成原子态后,原子重新组合成一种新分子物质。合成化学是有机化学、无机化学、药物化学、高分子化学、材料化学等学科的基础和核心。山黧豆毒素 β-ODAP 的化学合成具有极其重要的意义。一方面,通过几种化合物在一定条件下合成 β-ODAP,以便最终证明所提取、纯化的氨基酸是否是 β-ODAP,如上述提取方法中许多学者都进行了化学合成来证明所提取并纯化的氨基酸就是 β-ODAP。另一方面,通过化学合成可制备大量的该化合物以便进行毒性、生理、药理等诸多方面的实验研究。

下面分别介绍 6 种采用不同原料或反应条件合成 β-ODAP 的方法。

(1) 用 α,β-二氨基丙酸与氧化铜及草酸二甲酯为原料合成

Rao 等(1964)提出 β-ODAP 的提取方法的同时也介绍了其合成方法,利用 α,β-二氨基丙酸(α,β-diaminopropionic acid,DAP)与 CuO 在 pH 为 4.5～5.0 时生成络合物,再与草酸二甲酯反应引入草酰基,生成 β-ODAP(图 3-5),具体过程如下。

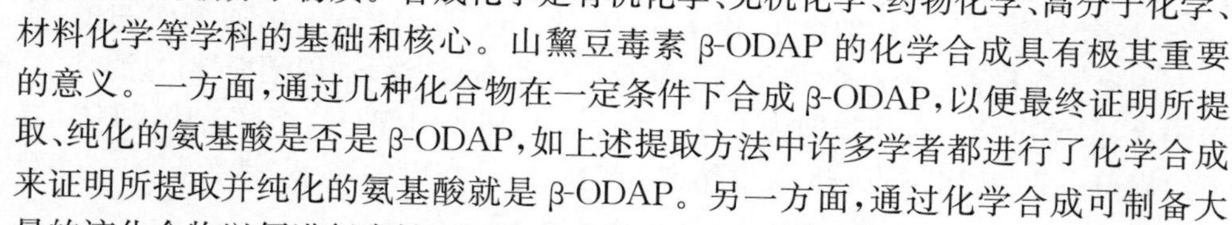

图 3-5　用 α,β-二氨基丙酸与 CuO 及草酸二甲酯为原料合成 β-ODAP(Rao *et al*.,1964)

DAP 的盐酸盐溶于水中,用 1mol/L 的 NaOH 调节 pH 至 4.5～5.0,加过量

的 CuO 温和煮沸 4~5h,离心,除去 CuO,含铜络合物的溶液在搅拌下加甲醇,在维持 pH 4.5~5.0 的情况下,在 40min 内加入草酸二甲酯的甲醇溶液,继续搅拌(pH4.5~5.0),后调 pH 至 8.2~8.5,加热水,用 1mol/L 的 HCl 调 pH 为 4.0,通入 H_2S,过滤,滤液过阳离子交换柱,水洗脱,收集与茚三酮反应的洗脱液,减压浓缩,加丙酮过量,搅拌,过滤,沉淀溶于水,再用丙酮沉淀,热水重结晶,即得 ODAP。其基本化学参数为 m. p. 为 206℃,$[\alpha]_D^{27} = -35.1°(c = 0.66, 4mol/L$ HCl),元素分析:按 $C_5H_8O_5N_2$ 计算,理论值(%)C=34.09,H=4.57,N=15.90;测定值(%)C=34.32,H=5.20,N=13.30。

(2) 用 α,β-二氨基丙酸与氧化铜及草酰单乙酯酰氯为原料合成

Mehta 等(1972)改进了 Rao 的方法,他提出用 α,β-二氨基丙酸与 CuO 及草酰单乙酯酰氯为原料合成 β-ODAP 的途径(图 3-6)。大致过程是:α,β-二氨基丙酸盐酸盐(DAP 的盐酸盐)溶于水中,用 1mol/L 的 NaOH 调 pH 至 4.5~5.0,加过量 CuO 温煮 4~5h,与 CuO 生成 DAP·Cu 络合物之后,将过量的草酰单乙酯酰氯的乙醚溶液滴入冷(0~5℃)DAP·Cu 络合物的 35% 甲醇液中,0℃搅拌升温至 30~40℃过滤,分离出含产物的水相,用 1mol/L 的 HCl 调 pH 至 4.0,通 H_2S 过滤,滤液上阳离子交换柱,水洗,收集与茚三酮反应的组分,浓缩,加丙酮搅拌,过滤,沉淀溶于水,丙酮沉淀。粗产物即为 ODAP(m. p. =160~180℃),产率 55%,TCL 层析给出单一茚三酮斑点,热水重结晶,产率 4%~10%,m. p. =204.5~206℃(分解)。

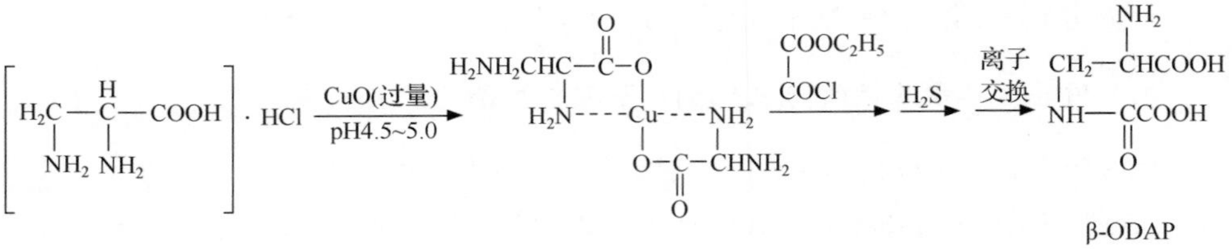

图 3-6 用 α,β-二氨基丙酸与氧化铜及草酰单乙酯酰氯为原料
合成 β-ODAP (Mehta *et al.*, 1972)

(3) 用草酸单乙酯酰氯与 L-β-氨基丙氨酸的铜络合物反应合成

1975 年,李裕林等重复 Rao 方法未得预期结果,提出用草酸单乙酯酰氯代替草酸二甲酯,改变反应在弱碱性(pH7~8)条件下与 L-β-氨基丙氨酸的铜络合物反应,获得预期产物 β-ODAP(图 3-7)。用水重结晶,熔点 203℃分解,与提取样品混合后熔点不降低,其红外吸收光谱及电泳结果均表明合成物与提取物为同一物质,整个合成路线如下。

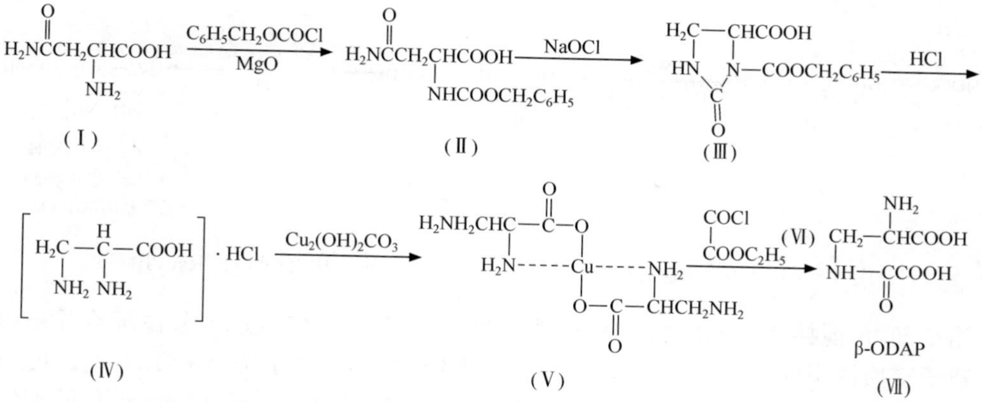

$$
\begin{array}{c}
\underset{(\text{I})}{\text{H}_2\text{NCCH}_2\text{CHCOOH}} \xrightarrow[\text{MgO}]{\text{C}_6\text{H}_5\text{CH}_2\text{OCOCl}}
\underset{(\text{II})}{\text{H}_2\text{NCCH}_2\text{CHCOOH}} \xrightarrow{\text{NaOCl}}
\underset{(\text{III})}{\text{(环状结构)}} \xrightarrow{\text{HCl}}
\end{array}
$$

图 3-7　草酸单乙酯酰氯与 L-β-氨基丙氨酸的铜络合物反应合成 β-ODAP(李裕林等,1975)

　　该法第一步,用天冬酰胺(Ⅰ)与氧化镁及苄氧甲酰氯反应生成 N-苄氧甲酰-L-天冬素(N-carbonbenzoxy-L-asparagine)(Ⅱ);第二步,N-苄氧甲酰-L-天冬酰胺(Ⅱ)与次氯酸钠溶液及氢氧化钠溶液反应生成产物(Ⅲ)再加 HCl 水解生成 L-β-氨基丙氨酸(L-β-amino-alanine)盐酸盐(Ⅳ);第三步,合成草酸单乙酯-酰氯(Ⅵ):由草酸二乙酯与乙酸钾反应生成草酸单乙酯-钾盐,再滴入氯化亚砜制得草酸单乙酯-酰氯(Ⅵ);第四步,L-β-氨基丙氨酸盐酸盐(Ⅳ)与碱式碳酸铜及氢氧化钠溶液反应生成 β-氨基丙氨酸与 Cu^{2+} 的络合物(Ⅴ)再加入草酸单乙酯-酰氯(Ⅵ)最终生成粗品 β-ODAP(Ⅶ)L-β-N-草酰氨基丙氨酸(L-β-N-oxalylaminoalanine)。

　　将上述反应液加水稀释,并滴加 2mol/L 盐酸调节 pH 至 3,通入 H_2S,离心除去硫化铜沉淀,然后将溶液通过强酸性离子交换树脂进行层析,以水冲洗。将茚三酮显反应阳性的各部分合并,减压浓缩,静置,得白色结晶的 β-ODAP(Ⅶ)纯品,用水重结晶后,电泳只得一个点,其 R_f 与提取样品相同,熔点 203℃(分解点),与提取样品混合后熔点不降低;比旋光 $[\alpha]_D^{17.5}=-25.7°$(c=0.132,4mol/L HCl),其红外吸收光谱与提取样品的红外吸收光谱也相同。元素分析表明其化学式为 $C_5H_8O_6N_2$,理论值(%)C＝34.10,H＝4.58,N＝15.91;测定值(%)C＝33.72,H＝4.77,N＝15.70。

　　(4) L-天冬氨酸与迭氮钠及草酸甲酯钾盐反应合成

　　1975 年,Rao 认为在 1964 年及 1972 年 Mehta 等所提出的合成 β-ODAP 的方法仅有理论意义,产率低而无制备价值。于是又提出用 L-天冬氨酸与迭氮钠及草酸甲酯钾盐反应的新合成方法(图 3-8)。

　　其过程为:100g L-天冬氨酸溶于 350ml 冷的 30% 发烟硫酸中,接着加入 400ml 干燥氯仿,在搅拌状态下缓缓加入 100g NaN_3,于 50～55℃搅拌回流 5h,冰

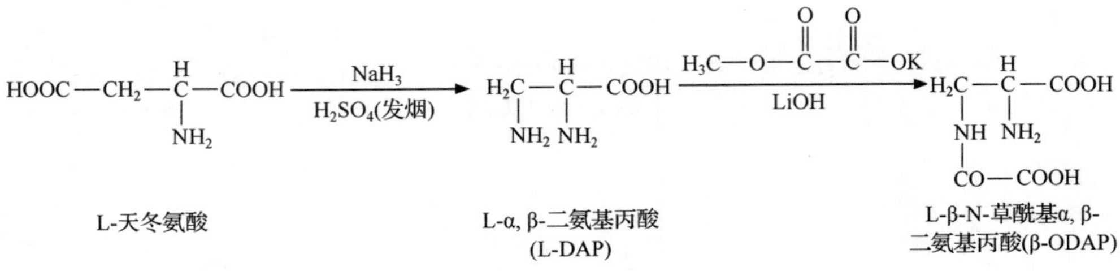

$$HOOC-CH_2-\overset{\overset{\displaystyle H}{|}}{\underset{\underset{\displaystyle NH_2}{|}}{C}}-COOH \xrightarrow[\text{H}_2\text{SO}_4(\text{发烟})]{\text{NaH}_3} H_2C-\overset{\overset{\displaystyle H}{|}}{\underset{\underset{\displaystyle NH_2}{|}}{C}}-COOH$$

图 3-8　L-天冬氨酸与迭氮纳及草酸甲酯钾盐反应合成 β-ODAP(Rao,1975)

浴冷却,再搅拌 2h,分出氯仿层,将黏稠物倒入 4kg 碎冰中,过强酸性苯乙烯系阳离子交换树脂柱,用 1000ml 0.5mol/L 的 HCl 冲洗,蒸馏水洗至中性,10％乙醇氨溶液洗脱,收集与茚三酮反应呈阳性部分,脱色,浓缩至 300ml,用 6mol/L 的 HCl 调节 pH 为 2.2～2.4,过滤沉淀,500ml 甲醇重结晶,过滤结晶,分别用 80％甲醇、甲醇、丙酮依次洗涤,干燥,得 85～92g 的 L-α,β-二氨基丙酸的盐酸盐。

取 60g L-α,β-二氨基丙酸的盐酸盐及 24g 氢氧化锂溶于 300ml 50％甲醇中,在搅拌下缓慢加入 108g 草酸甲酯钾盐,在 350ml 50％甲醇溶液中,搅拌反应 18h,过滤沉淀,依次用 50％甲醇、甲醇、丙酮淋洗,干燥,再溶解于 250ml 蒸馏水中,用 2mol/L 的 HCl 调节 pH 为 2.1～2.2,得白色无定形沉淀,依次用冰水、甲醇、丙酮洗涤,干燥,得 50～60g 的 L-β-N-草酰基 α,β-二氨基丙酸。其 m. p.＝206℃（分解）,$[\alpha]_D^{27}＝-28.8°$(c＝2.0,0.5mol/L HCl);元素分析值（按 $C_5H_8O_5N_2$ 计算）:理论值（％）C＝34.09,H＝4.57,N＝15.90;测定值（％）C＝34.22,H＝4.46,N＝15.68。

（5）L-天冬酰胺与对甲苯磺酰氯及草酰氯为原料合成

Haskell 等(1976)认为 Rao 等(1964)和 Mehta 等(1972)采用的由 α,β-二氨基丙酸(α,β-diaminopropionic acid,DAP)的铜络合物与各种草酸酯合成 β-ODAP 的方法产率低、原料成本高,而改用 Kjaer 的方法,以 L-天冬酰胺为原料,用对甲苯磺酰氯保护 α-NH$_2$,再经 Hofmam 降解,草酰氯酰化等步骤合成 β-ODAP 有许多优点(图 3-9)。

基本过程为:5.0g L-天冬酰胺（Ⅰ）及 5.0g MgO 悬浮于 100ml 水中,搅拌,水浴冷至 0℃,3h 内缓慢分步加入 9.5g 对甲苯磺酰氯（Ⅱ）,室温搅拌过夜,冰浴冷却,滴加浓 HCl 酸化 pH 至 2～3,滤去沉淀,乙醚萃取滤液,甲醇重结晶,得产物 N-(对-甲苯磺酰基)-L-α,β-天冬酰胺（Ⅲ）。45g NaOH 溶于 360ml 水中,冰浴至 0℃以下,滴加 20ml Br$_2$,另将 48g 上述制备的 N-(对甲苯磺酰基)-L-天冬酰胺（Ⅲ）溶于 135ml 10％的 NaOH 溶液,滴加到上述溶液中,迅速加热至 75℃,反应 15min,冷至室温,加浓 HCl 调节 pH 为 7,过滤,冷水洗涤,干燥得产物 28.2g,用

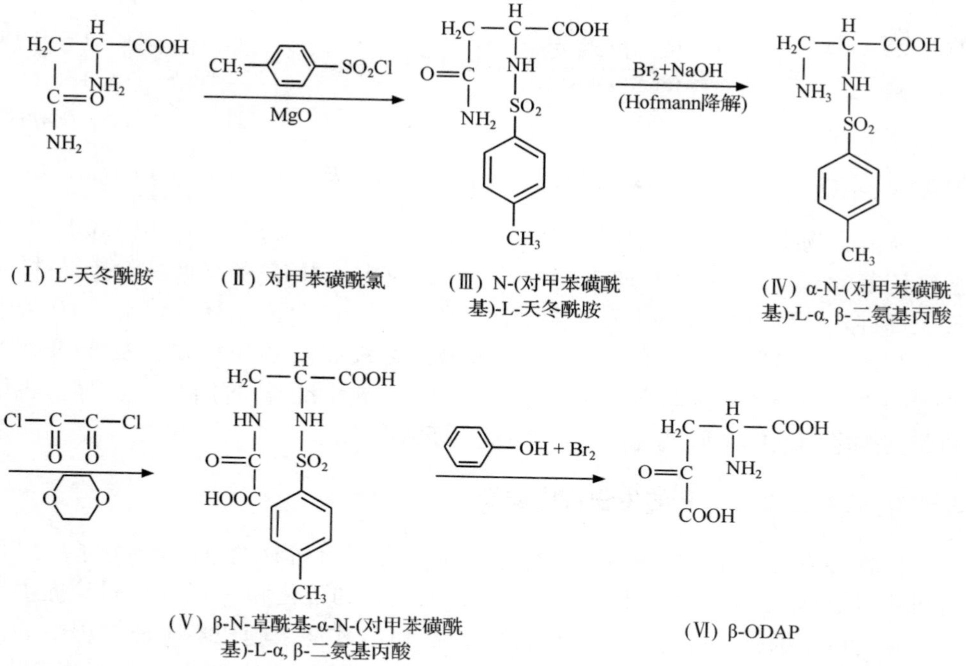

（Ⅰ）L-天冬酰胺　　（Ⅱ）对甲苯磺酰氯　　（Ⅲ）N-(对甲苯磺酰基)-L-天冬酰胺　　（Ⅳ）α-N-(对甲苯磺酰基)-L-α,β-二氨基丙酸

（Ⅴ）β-N-草酰基-α-N-(对甲苯磺酰基)-L-α,β-二氨基丙酸　　　　　（Ⅵ）β-ODAP

图 3-9　L-天冬酰胺与对甲苯磺酰氯及草酰氯为原料合成 β-ODAP(Haskell *et al.*,1976)

乙酸-水溶液重结晶得 α-N-(对甲苯磺酰基)-L-α,β-二氨基丙酸(Ⅳ)24.5g。

　　35ml 草酰氯溶于 400ml 干燥的二氧六环中,加入 25.8g 上述制备的化合物(Ⅳ),室温搅拌反应 6h,加入碎冰终止反应,浓缩反应液至油状物,真空干燥,加入二氯甲烷,析出晶体,过滤得产物 β-N-草酰基-α-N-(对甲苯磺酰基)-α,β-二氨基丙酸(Ⅴ)27.18g。取 5.9g 上述化合物(Ⅴ)及 5.2g 苯酚溶于 100ml 32% HBr/HAC 中,70℃反应 8h,冷至室温,加入 600ml 乙醚,过滤沉淀,乙醚洗涤,此沉淀溶于少量水中,过阳离子交换柱,先用 1000ml 水洗脱,再用 2.5%甲酸,收集使茚三酮呈阳性的洗脱液,冻干,得产物 β-N-草酰基-L-α,β-二氨基丙酸(β-ODAP)(Ⅵ)。

　　(6) α,β-二氨基丙酸盐酸盐及草酸二乙酯反应合成

　　Harrison 等(1977)报道从山黧豆中分离提取 β-ODAP 的同时,还提出用 DAP·HCl 及草酸二乙酯为原料,LiOH 饱和溶液调节 pH 为 10,合成 α-ODAP 及 β-ODAP 的混合物,再经离子交换分离得到 β-ODAP(图 3-10)。

　　将 DAP·HCl 溶于 18ml 水中,用 LiOH 饱和溶液调节 pH 为 10,激烈振荡下于 30℃、2h 内滴入 10ml 草酸二乙酯溶于 10.8ml 乙醇的溶液。反应进展情况可通过高压电泳检测,当反应完成时可通过 DAP 与茚三酮的显色强度作出判断,最

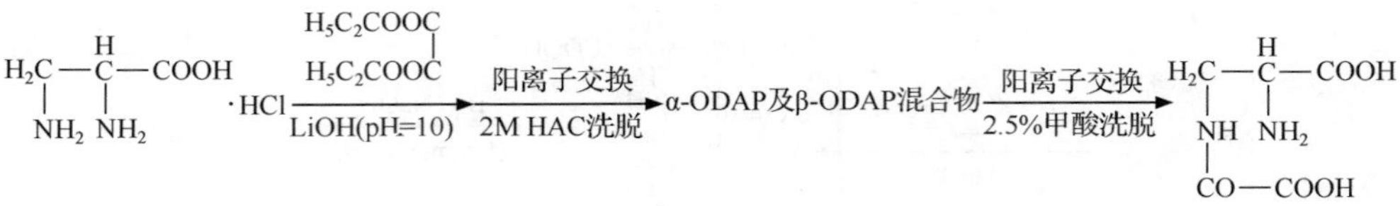

图 3-10　α,β-二氨基丙酸盐酸盐与草酸二乙酯合成 α-ODAP 及 β-ODAP(Harrison *et al.*,1977)

终反应混合物于 40℃真空浓缩至干,将残余物悬浮于 500ml 水中,用 LiOH 饱和溶液调节 pH 为 10,于 80℃加热 17h,溶液冷至室温,过阳离子交换柱除盐,待样品液全部进入柱后,用 0.2mol/L 乙酸溶液洗脱,每 10ml 收集 1 管,第 54～200 管中含有与茚三酮呈阳性反应的物质,冻干或减压浓缩得产物 α-ODAP 及 β-ODAP。二者的进一步分离可过阳离子交换柱,先用 1000ml 水洗脱,再用 2.5%甲酸,收集使茚三酮呈阳性的洗脱液,冻干,得产物 β-ODAP。

3.3.2　山藜豆 β-ODAP 的生物合成途径

生物合成是指在生物体内由小分子合成大分子有机物的过程,小分子可以是有机物,也可以是无机物。生物合成几乎都需要酶的催化和 ATP 或 GTP 提供能量。正是由于细胞中进行者大量的生物合成过程,才使细胞积累生命过程中的重要有机物如糖、脂、氨基酸和蛋白质及遗传物质核酸等。植物通常是初级生产者,其代谢除了包括通过光合作用由 CO_2 起始合成糖类的初生代谢外,还包含次生代谢,并由此合成产生一系列与初生代谢无直接关系的小分子有机物,如黄酮类、生物碱、氨基酸等。ODAP 是山藜豆等植物中的一种次生代谢产物,其生物合成过程远比化学合成复杂、高效。从分离纯化得到这种小分子氨基酸起,人们一直试图了解其生物合成途径和相关的酶类。

从结构看,β-ODAP 是 β 位草酰化的 L-α,β-二氨基丙酸(α,β-diaminopropionic acid,DAP),由此认识,人们对 β-ODAP 生物合成研究明显分为两个时期,1990 年之前,主要由 α,β-二氨基丙酸和草酰辅酶 A 合成 β-ODAP 的研究;1990 年之后,对于 DAP 来源的研究,发现 β-(异噁唑啉-5-酮-2-基)-L-丙氨酸[β-(isoxazolin-5-on-2-yl)-L-alanine,BIA]是 DAP 的前体,并认为 DAP 可能是一种短命的代谢中间物。

(1) 由 L-α,β-二氨基丙酸和草酰辅酶 A 合成 β-ODAP 的研究

早期认为 β-ODAP 的合成底物可能是草酸(oxalate)和 DAP。草酸由 ATP 提供能量被辅酶 A(CoA)活化形成草酰辅酶 A(oxalyl-CoA)后再参与反应,后者由草酰辅酶 A 合成酶催化。

$$草酸＋ATP＋辅酶 A \xrightarrow[\text{Mg}^{2+}]{\text{草酰辅酶 A 合成酶}} 草酰辅酶 A＋AMP＋PPi（焦磷酸）\quad I$$

$$草酰辅酶 A＋L\text{-}\alpha,\beta\text{-二氨基丙酸} \xrightarrow{\text{ODAP 合成酶}} β\text{-ODAP}＋辅酶 A \quad II$$

1966 年，Giovanelli 首先报道了豌豆草酰辅酶 A 合成酶。表 3-4 的数据表明草酰辅酶 A 合成酶同样存在于山黧豆幼苗中。实验基本过程为：种子萌发 96h 后用含 1mmol/L 谷胱甘肽（GSH）的 0.05mol/L 磷酸钾缓冲液抽提、离心、过 G-25 的葡聚糖凝胶柱，按下列方法进行分析羟肟酸酯的形成来确定草酰辅酶 A 合成酶是否存在，即：酶的粗提液与以 200mmol/L 磷酸钾为缓冲体系的反应液（含 ATP 20mmol/L，CoA 0.2mmol/L，GSH 10mmol/L，草酸钾 40mmol/L，MgCl$_2$ 10mmol/L，羟胺 800mmol/L，终体积为 3.0ml，pH7.5）一起温育（37℃）2h。加 1.0ml FeCl$_3$（在 1.3mol/L HCl 中含 20％FeCl$_3$ 及 6.6％三氯乙酸）终止反应。离心除去蛋白质沉淀，上清液比色测定生成的羟肟酸草酸酯。表 3-4 清楚表明山黧豆幼苗中确实存在草酰辅酶 A 合成酶。

表 3-4 山黧豆幼苗中草酰辅酶 A 合成酶分析（Giovanelli，1966）

反应条件	羟肟酸草酸酯/(μmol/L)
完全混合物（加热后的粗酶液）	3.3
完全混合物（缺 ATP）	0
完全混合物（缺 CoA）	0
完全混合物（缺 Mg^{2+}）	0.2
完全混合物（缺草酸）	0.5

在上述反应体系中，若加入 L-α,β-二氨基丙酸盐酸盐（DAP·HCl）一起温育，乙醚萃取，纸电泳分析上清液中产生的氨基酸成分。结果表明（表 3-5），山黧豆幼苗粗提液中存在 ODAP 合成酶，它能催化 DAP 与活化的草酸一起反应生成 ODAP。若反应体系中去除 CoA、ATP、草酸、Mg^{2+} 或 DAP 时则只能产生少量的 ODAP（Giovanelli，1966）。

表 3-5 山黧豆幼苗粗酶液中 ODAP 合成酶的分析（Giovanelli，1966）

反应条件	生成的 ODAP/(μmol/L)	消耗的 DAP/(μmol/L)
完全混合物	1.54	1.72
完全混合物（加热后的酶）	0.11	—
完全混合物（缺 ATP）	0.10	—
完全混合物（缺 CoA）	0.11	—
完全混合物（缺 Mg^{2+}）	0.20	—
完全混合物（缺草酸）	0.12	—
完全混合物（缺 DAP）	0.39	—

　　1967年,印度学者Malathi等用[14]C标记的草酸渗入实验进一步证明,草酸是ODAP合成的底物。实验过程是:100g山黧豆,在0.2毫居里(mCi)的[$^{14}C_2$]-草酸存在下萌发96h,乙醇抽提并分离纯化、重结晶ODAP,之后测定其总放射性及ODAP水解产物中的放射性,结果如表3-6所示,即ODAP分子中草酰基部分的碳原子被[14]C标记,也就是说,[$^{14}C_2$]-草酸渗入新合成ODAP分子的草酰基部分。

表3-6　[$^{14}C_2$]-草酸渗入实验各成分放射性强度分析(Malathi,1967)

ODAP	ODAP水解产物		反应液中的草酸
	草酸	二氨基丙酸	
440	432	0	398

注:以液体闪烁计数法测定每分钟每微摩尔分子的放射比活性。

　　为了证明上述反应,1970年,Malathi等对反应Ⅰ和Ⅱ中涉及的两个酶进行了部分纯化和酶学性质分析。实验过程是:山黧豆种子发芽96h后,用含1mmol/L谷胱甘肽(GSH)的0.05mol/L磷酸钾缓冲液(pH7.5)抽提、过滤、离心得粗酶液(1);粗酶液分别经(NH$_4$)$_2$SO$_4$沉淀、透析得上清液(2);磷酸钙凝胶(calcium phosphate gel)过滤得溶液(3);酸沉淀、0.35~0.55mol/L的(NH$_4$)$_2$SO$_4$、乙醇和丙酮沉淀得粗酶液(4);最后用生物胶(Biogel P200)洗脱得粗酶液(5)。表3-7列出了山黧豆草酰辅酶A合成酶及ODAP合成酶的纯化分析结果。可以看出,这两个酶随纯化方法的不同其活性也不同,如乙醇和丙酮沉淀法严重抑制ODAP合成酶的活性而对草酰辅酶A合成酶活性影响不大,生物胶P200洗脱馏分中对草酰辅酶A合成酶的纯化提高60多倍,回收率低说明该酶在储备时不稳定性,不可能通过羧甲基纤维素(CM-cellulose)或DEAE-纤维素柱纯化该酶。

表3-7　山黧豆草酰辅酶A合成酶及ODAP合成酶部分纯化分析(Malathi *et al.*,1970)

纯化步骤	蛋白质/mg	草酰辅酶A合成酶		ODAP合成酶		A/B
		总活性	比活性A	总活性	比活性B	
1. 粗酶液	1850.0	555.0	0.3	240.50	0.13	2.3
2. 0.4~0.6mol/L硫酸铵	333.5	402.0	1.2	83.7	0.25	4.8
3. 磷酸钙凝胶	182.6	328.6	1.8	62.08	0.34	5.3
4. 酸沉淀、0.35~0.55mol/L (NH$_4$)$_2$SO$_4$沉淀	11.4	99.2	8.7	13.34	1.17	7.4
乙醇沉淀	10.5	71.4	6.8	0.21	0.02	340.0
丙酮沉淀	9.6	51.8	5.4	0.48	0.05	108.0
5. 生物胶P200洗脱	1.1	21.0	19.1	7.86	7.15	2.7

　　在性质方面,草酰辅酶A合成酶与从豌豆中提取的相似,山黧豆来源的酶对

底物草酸、ATP 及辅酶 A 的米氏常数(Km)分别为 1.33mmol/L、1.20mmol/L 及 100μmol/L,从豌豆中纯化 6 倍而得的该酶 Km 分别为 2mmol/L、4mmol/L 及 70μmol/L。用生物胶 P200 过滤后得到的酶液来研究由草酰辅酶 A 和 DAP 合成 ODAP 的效率表明,粗酶液中蛋白质的浓度与 ODAP 生成量之间存在一定的关系,即低蛋白质浓度时两者呈线性关系;而较高浓度时,两者之间呈非线性关系(图 3-11),从反应速度来看,30min 内反应速率是线性的,且具有 7.4～8.0 较宽的 pH。ODAP 合成酶对草酰辅酶 A 及 DAP 的米氏常数 Km 分别是 0.45mmol/L 及 0.3mmol/L。

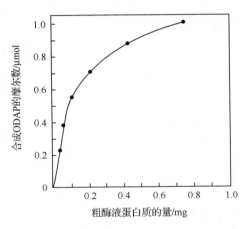

图 3-11　山黧豆幼苗粗酶液蛋白质浓度对 ODAP 合成的影响(Malathi *et al*.,1970)

　　本课题组也曾投入了较多的精力试图分离纯化草酰辅酶 A 合成酶及 ODAP 合成酶,以便进一步研究该酶的性质与功能,并克隆相应的基因,然后利用转基因技术以控制 ODAP 的生物合成。但在研究中发现 ODAP 生物合成酶表达量很低且极不稳定,易受环境因素的影响而失活,经多次反复纯化只获得少量的粗酶液,难于进一步纯化和鉴定。

　　虽然已证明 DAP 能被山黧豆幼苗酶抽提液草酰化而生成 ODAP,然而无论是从山黧豆还是从豌豆等豆类中至今未发现 DAP 的存在;因此,经过 DAP 合成 ODAP 的途径尚待进一步确认。

　　(2) 对 L-α,β-二氨基丙酸及前体物的研究

　　虽然没有从山黧豆和豌豆中分离纯化到 DAP,但从体外酶促反应清楚地表明,山黧豆组织抽提液可利用 DAP(DAPRO)合成 ODAP。基于这些事实,人们认为 DAP 可能是一种短命的代谢中间物,并可能在相关植物中存在其代谢前体。

　　早在 1976 年,Lambein 等从豌豆等豆科植物幼苗中分离得到一组 10 个含有

异噁唑啉-5-酮(isoxazolin-5-one)环的杂环化合物,其中一种称为 β-(异噁唑啉-5-酮-2-基)-L-丙氨酸[β-(isoxazolin-5-on-2-yl)-L-alanine,BIA]的化合物可经酸解或紫外(UV)光解生成 DAPRO。虽然在成熟的豌豆、山黧豆等许多豆类种子中未发现 BIA,但它在这两种豆苗中含量很高,可高达 2%,它的化学结构已通过化学合成得到证实。20 世纪 90 年代初,Lambein 科研小组在此基础上提出了 β-ODAP 生物合成的上游途径(图 3-12)。

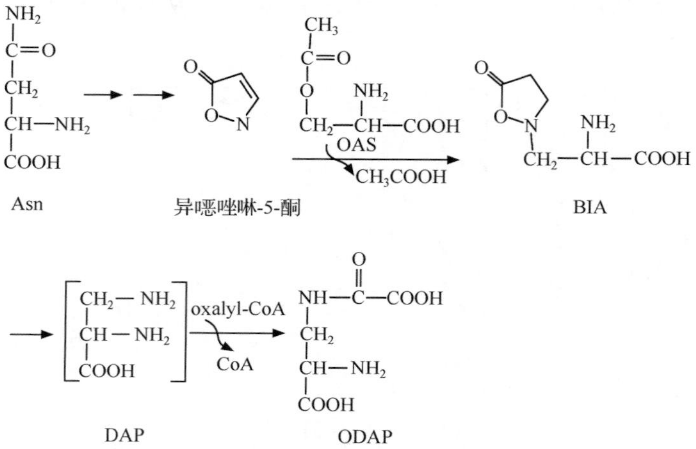

图 3-12 ODAP 合成中相关前体物的可能来源及合成途径(Lambein et al.,1990)

在这一途径中,天冬酰胺(asparagine,Asn)被认为是 β-ODAP 合成的起始物,Asn 环化形成短命的异噁唑啉-5-酮(isoxazolin-5-one),后者再与 O-乙酰丝氨酸(O-acetyl-serine,OAS)形成 β-(异噁唑啉-5-酮-2-基)—丙氨酸[β-(isoxazolin-5-one-2-yl)-alanine,BIA],BIA 开环形成短寿命的 L-α,β-二氨基丙酸(DAP 或 DAPRO)中间体,DAPRO 按 Malathi 认为的途径由草酰辅酶 A 合成酶及 ODAP 合成酶形成 ODAP(图 3-12)。

在图 3-12 所示的途径中,已经从山黧豆中部分纯化并确认了形成 BIA 及其开环形成 DAPRO 的两个酶。BIA 的合成酶其实是植物中的半胱氨酸(cysteine,Cys)合成酶(Cys synthase,CSase)(Ongena et al.,1993)。从山黧豆黄化苗中分离出的 CSase 有两个同工酶 CSaseA 和 CSaseB。如果反应底物为 Na_2S 和 OAS,它们均催化形成 Cys;而反应底物为异噁唑啉-5-酮和 OAS 时,则产物均是 BIA(图 3-13)。

CSaseA 存在于线粒体,而 CSaseB 存在于叶绿体中,虽然它们都能合成 BIA,但效率却非常低,分别是 Cys 合成效率的 0.07% 和 0.08%(表 3-8)。

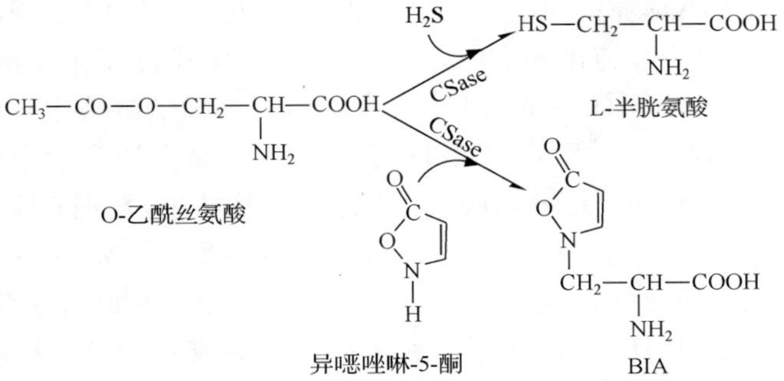

图 3-13　山黧豆半胱氨酸合成酶既可催化形成 L-半胱氨酸，
也可催化形成 BIA(Ongena *et al.*，1993)

表 3-8　山黧豆 CSaseA 和 CSaseB 同工酶体外催化形成不同产物的相对效率

(Ongena *et al.*，1993)

所形成的产物	CSaseA	CSaseB
L-半胱氨酸	100	100
β-异噁唑啉-5-酮-2-二氨基丙酸(BIA)	0.07	0.08
S-甲基-L-半胱氨酸	28.20	21.10
S-羧甲基-L-半胱氨酸	16.20	9.46
β-(吡唑-1)-L-丙氨酸	6.87	4.01
β-(3-氨基-1,2,4-三唑-1)-L-丙氨酸	2.52	2.02
β-(1,2,4-三唑-1)-L-丙氨酸	39.50	26.60
β-腈基-L-丙氨酸(BCA)	7.23	3.02

　　BIA 开环形成 DAPRO 的酶也被部分纯化。1999 年，Ikegami 等从 7～8d 的山黧豆幼苗中分离到了 BIA 开环酶，并用酶提取液在体外成功地催化了 BIA 开环形成 DAPRO 的反应。该酶在 30mmol/L Tris-HCl 缓冲液中最适 pH 为 9.0，即属碱性酶。在体外催化反应体系中，BIA 如果缺少酶提取液或将酶提取液在 100℃处理 15min 失活，均不能产生 DAPRO。而且从山黧豆属香豌豆 (*L. odorates*)(不含 β-ODAP)幼苗中用同样方法提取的酶不能催化 BIA 形成 DAPRO。Fe^{2+} 对 BIA 开环酶活性有促进作用，Ikegami 等发现反应体系中加入 2.4mmol/L 的 Fe^{2+}，酶催化速度提高大约 4 倍，但 Mg^{2+} 没有此作用。在 0℃条件下经过 25h，该酶仍保持 75％的活性，说明 BIA 开环酶耐低温。

　　Lambein 课题组分别以山黧豆幼苗(Lambein *et al.*，1990)、果荚(Kuo *et al.*，1994)和愈伤组织(Kuo *et al.*，1991)为材料，用 ^{14}C 标记的丝氨酸及 BIA 详细研究了由 BIA 合成 ODAP 的过程。现以用山黧豆幼苗为材料说明他们的实验过程：山黧豆种子在 L-[U-^{14}C]丝氨酸(L-[U-^{14}C]serine)溶液中吸胀并萌发 2d，发现放射性按预期地进入 BIA,同时也有少量进入 ODAP。自胚芽纯化的 BIA 其放射性高于来自子叶的,而自子叶纯化的 ODAP 放射活性要比来自胚芽的稍高些;当种子在 O-乙酰-[3-^{14}C]丝氨酸(O-acetyl-[3-^{14}C]serine,OAS)的溶液中吸胀时也得到类似的结果,但进入 BIA 及 ODAP 的量较低(表 3-9)。从上述实验中分离纯化标记的 BIA,并与种子一起如前培养,在纯化的游离氨基酸中,发现有 7%～14% 的放射性存在于 ODAP 中,如图 3-14 所示的纸电泳自显影图。将其中标记的 ODAP 纯化并水解,发现放射性标记存在于 DAP 中。但是子叶和胚芽生物合成 BIA 和 ODAP 的能力存在明显的差异;用 ^{14}C 标记的丝氨酸或 OAS 饲喂发芽 2d 后解剖分开的胚芽时,放射性可有效地进入 BIA 而不能进入 ODAP;当 ^{14}C 标记的 BIA 与发芽 2d 的分离胚芽一起培养时,该胚芽可吸收溶液里 50% 的放射性,但芽中氨基酸部分的放射性仅来源于 BIA 的放射性,分离到的 ODAP 并没有放射性。在同样条件下,用放射性溶液饲喂事先分离的子叶,则子叶能将溶液里 72% 的放射性吸收,纯化的游离氨基酸放射性除原来 BIA 自带的外,ODAP 也被标记了 6.5%。以上所有结果总结在表 3-9 中。

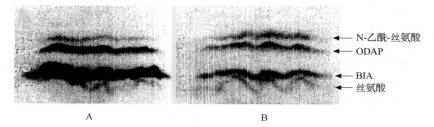

图 3-14　在[^{14}C]BIA 中发芽 2d 的山藜豆幼苗胚轴(A)及子叶(B)
中氨基酸自显影图(Lambein *et al*.,1990)

表 3-9　在 BIA 及 ODAP 中测得的放射性分布(Lambein *et al*.,1990)

[^{14}C]-化合物	总饲喂量 /(dpm×10^4)	材料	吸收/%	检测的 组织	BIA 中放 射性/%	ODAP 中放 射性/%
[U-^{14}C]-丝氨酸	2570	全种子	95.5	胚轴	28.6	1.48
				子叶	12.2	1.84
[U-^{14}C]-丝氨酸	740	胚轴	97.7	胚轴	7.3	0
[3-^{14}C]-OAS	520	全种子	98.8	胚轴	10.5	1.0
				子叶	14.2	1.43
[U-^{14}C]-OAS	1000	胚轴	99.0	胚轴	6.3	0
BIA	27	全种子	86.0	胚轴	63	7
				子叶	30	14
BIA	2.0	胚轴	51.0	胚轴	34	0
	1.5	子叶	72.0	子叶	16	6.5

　　由表 3-9 可以看出,在山黧豆萌发期,子叶和胚轴均能合成 BIA,但 ODAP 似乎是由子叶合成后运输到胚轴中去,胚轴单独无合成 ODAP 的能力。

　　令人不解的是:发芽 3d 的山黧豆幼苗的根、芽及子叶分别与[14C]BIA 暗处培养 6h,电泳后未见带放射性标记的 ODAP。由此,他们认为实验用材料的年龄很重要,或许在较老的组织中,BIA 被储备在液泡中使该次生代谢产物难于进一步代谢。总之,通过这一系列的实验,可以得出结论,在山黧豆幼苗中,BIA 是体内合成ODAP 的前体;在苗期,子叶是该合成的主要场所(表 3-9)。幼叶及成熟的种子含有高浓度的 ODAP,但未检测到 BIA;同样含有 ODAP 的猪屎豆及金合欢种子中也没有 BIA,为此,该研究组认为 BIA 可能也是一种短命中间代谢物(Lambein et al.,1990)。

　　由以上的一系列实验可以看出,尽管体外实验及放射性标记实验证明山黧豆组织的粗酶液可利用草酸、DAP、Ser、OAS 及 BIA 合成 ODAP,而且相关的一些酶也得到了部分纯化。但是,DAP 在山黧豆的所有组织中没有分离纯化出来,因为DAP 是一种很稳定的氨基酸,如果真的存在于相关组织中,应该能分离得到。另外,BIA 也只存在于山黧豆幼苗组织中,成熟的种子中并不存在。所有这些无法解释的现象促使人们思考 ODAP 在山黧豆中的合成可能比目前人们想象的更为复杂,需要人们在这些研究的基础上进一步作更详细的分析。

参 考 文 献

甘肃省卫生防疫站,甘肃省粮食防治队,甘肃省农业科学院等. 1975. 山黧豆毒素分析与去毒方法的研究. 兰州大学学报(自然科学版),11(2):45～65

李裕林,潘鑫复,黄文魁. 1975. 碱性氨基酸的局部酰化-L-β-N-草酰氨基丙酸的合成. 兰州大学学报,11(1):63～66

Abegaz B M,Nunn P B,Bruyn A D,et al. 1993. Thermal isomerization of N-oxalyl derivatives of diamino acides. Phytochemistry,33(5):1121～1123

Belay A,Moges G,Solomon T,et al. 1997. Therrmal isomerization of the neurotoxin β-oxalyl-L-α,β-Diaminopropionicacid. Phytochemistry,45(2):219～223

Bell E A. 1968. Occurrence of the neurolathyrogen α-amino-β-oxalylaminopropionic acid in two species of Crotalaria. Nature,218(5137):197

Bell E A,O'Donovan J P. 1966. The isolation of α- and γ-oxalyl derivatives of α,γ-diaminobutyric acid from seeds of Lathyrus latifolius,and the detection of the α-oxalyl isomer of the neurotoxin α-amino-β-oxalyl-aminopropionic acid which occurs together with the neurotoxin in this and other species. Phytochemistry,5(6):1211～1219

Davis A J,Nunn P B,O'Brien P,et al. 1990. Facile isolation,from L. sativus seed,of the neurotoxin β-N-oxalyl-L-α,β-diaminopropionic acid as the copper complex and sdudies of the coordination chemistry of copper and zinc with the amino acid in aqueous solution. Journal of inorganic Biochemistry,39(3):209～216

de Bruyn A,Becu C,Lambein F,et al. 1994. The mechanism of the rearrangement of the neurotoxin β-odap to α-odap. Phytochemistry,36(1):85～89

Evans C S, Bell E A. 1979. Non-protein amino acid of *Acacia* species and their effect on the feeding of *the acridids Anacridium melanorhodon* and *Locusta migratoria*. Phytochemistry, 18(11):1807~1810

Giovanelli J. 1966. Oxalyl-coenzyme a synthetase from pea seeds. Biochim Biophys Acta, 118(1):124~143

Harrison F L, Nunn P B, Hill R R. 1977. Synthesis of α- and β-N-oxalyl-L-α, β-diaminopropionic acids and their isolation from seeds of *Lathyrus sativus*. Phytochemistry, 16(8):1211~1215

Haskell B E, Bowlus S B. 1976. A new synthesis of L-2-amino-3-oxalylamino-propionic acid, the *Lathyrus sativus* neurotoxin. J Org Chem, 41(1):159~160

Ongena G, Sakai R, Itagaki F, et al. 1993. Biosynthesis of beta-(isoxazolin-5-on-2-yl)-L-alanine by cysteine synthase in *Lathyrus sativus*. Phytochemistry, 33 (1):93~98

Ikegami F, Yamamoto A, Kuo Y H, et al. 1999. Enzymatic formation of 2,3-diaminopropionic acid, the divect precursor of the neurotoxin β-ODAP in *Lathyrus sativus*. Biol Pharm Bull, 22(7):770~771.

Khan J K, Kebede N, Kuo Y H, et al. 1993. Analysis of the neurotoxin β-ODAP and its α-Isomer by precolumn derivatization with phenylisothiocyanate. Analytical Biochemistry, 208(2):237~240

Kuo Y H, Ikegami F, Lambein F. 2003. Neuroactive and other free amino acids in seed and young plant of *Panax ginseng*. Phytochemistry, 62(7):1087~1091

Kuo Y H, Khan J K, Lambein F. 1994. Biosynthesis of the neurotoxin P-ODAP in developing pods of *L. sativus*. Phytochemistry, 35(4):911~913

Kuo Y H, Lambein F. 1991. Biosynthesis of the neurotoxin β-N-oxalyl-L-α, β-diamino propionic acid in callus tissue of *Lathyrus sativus*. Phytochemistry, 30(10):3241~3244

Lambein F, Kuo Y H, Parijs R V. 1976. Isoxazolin-5-ones chemistry and biology of a new class of Plant products. Heterocycles, 4(3):567~593

Lambein F, Ongena G, Kuo Y H. 1990. β-isoxazoline-alanine is involved in the biosynthesis of the neurotoxin β-N-oxalyl-L-2,3-diaminopropionic acid. Phytochemistry, 29(12):3793~3796

Long Y Q, Ye Y H, Xing Q Y. 1996. Sdudies on the neuroexcitotoxin [beta]-N-oxalo-L-[alpha]-diomino-propionic acide and its isomer [alpha]-N-oxalo-L-[alpha, beta]-Diaminopropionic acid from the root of *Panax sprcies*. International Journal of Peptide Research, 47:42~46

Malathi K, Padmanaban G, Rao S L N, et al. 1967. Studies on the biosynthesis of β-N-oxalyl-L-α, β-diaminopropionic acid, the *Lathyrus sativus* neurotoxin. Biochim. Biophys. Acta, 141:71~78

Malathi K, Padmanaban G, sarma P S. 1970. Biosynthesis of β-N-oxalyl-L-α, β-diaminopropionic acid, the lathyrus Sativus neurotoxin. Phytochemistry, 9:1603~1610

Mehta T, Hsu A F, Haskell B E. 1972. Specificity of the Neurotoxin from *Lathyrus sativus* as an amino acid antagonist. Biochemistry, 11(22): 4053~4063

Murti V V S, Seshadri T R. 1964. Neurotoxic compounds of the seeds of *Lathyrus sativus*. Phytochemistry, 3:73~78

Pan M, Mabry T J, Cao P, et al. 1997. Identification of nonprotein amino acids from cycad seeds as N-ethoxycarbonyl ethyl ester derivatives by positive chemicalionization gas chromatography-mass spectrometry. Journal of chromatography A, 787:288~294

Quereshi M, Pilbeam J, Evans S, et al. 1977. The Neurolathyrogen, α-amino-β-oxalyl-aminopropionic acid in legume seeds. phytochemistry, 16:477~479

Rao S L N. 1975. Chemical synthesis of β-N-oxalyl-L-α, β-diaminopropionic acid and optical specificity in its neurotoxic action. Biochemistry, 14(23):5218~5221

Rao S L N,Adiga P R,Sarma,P S. 1964. The lsolation and characterization of β-N-Oxalyl- L-α,β-Diaminopro-
pionic acid: A neurotoxin from the seeds of *Lathyrus sativus*. Biochemistry,3(3):432~436

Takuo K,Masami Y,Akio O. 1981. Studie on antihemorrhagic principles in the crude drugs for hemostatics
Ⅱ. on antihemorrhagic principle in Sanchi Ginseng Radix. Yakugaku Zasshi,101(7):629~632

Xie G X,Qiu Y P,Qiu M F,*et al*. 2007. Analysis of dencichine in *Panax notoginseng* by gas chromatography-
mass Spectrometry With ethyl chloroformate derivatization. Journal of Pharmaceutical and Biomedical Anal-
ysis, 43:920~925

Zhao L,Chen X G,Hu Z D,*et al*. 1999b. Analysis of β-N-oxalyl-L-α,β-diamino-propionic acid and homoargin-
ine in *Lathyrus sativus* by capillary zone electrophoresis. J Chromatogr A,857:295~302

Zhao L,Li Z X,Li G B,*et al*. 1999a. Kinetics studies on thermal isomerization of β-N-oxalyl-L-α, β-diami-
napropionic acid by capillary zone electrophoresis. Phys. Chem. Chem. Phys,1:3771~3773

第4章　山黧豆毒素(β-ODAP)的定性分析

山黧豆毒素 β-ODAP 的发现、分离与鉴定的全过程都离不开相应实验技术的建立与创新。为了进一步研究该毒素的毒理作用、生理作用、药理作用、生物代谢机制、去毒方法及无毒或低毒山黧豆新品系选育等，就需要创建准确、快速而有效的技术，以鉴定该毒素在动、植物组织或器官中的含量动态变化。"工欲善其事，必先利其器"，因此，许多学者相继地创建了多种定性或定量的方法，以便迅速而准确地鉴定该毒素在山黧豆和相关动、植物中含量及其时空变化动态。这些技术不仅为山黧豆的各项相关研究奠定了基础，还促进与拓展了山黧豆的研究水平和研究领域。遵循这些技术的发展进程，本章首先集中地介绍 β-ODAP 的定性分析方法，如纸层析法(paper chromatography，PC)、薄层色谱法(thin layer chromatography，TLC)、分光光度法(spectrophotometry)和电泳(electrophoresis)技术等。尽管这些方法不能准确地对 β-ODAP 进行定量鉴定，尚无法区分 α-ODAP 与 β-ODAP异构体，但由于这些方法简便、易行、快速、有效且成本低廉，不但在山黧豆早期的研究中得到广泛应用，起着极其重要的作用，而且迄今这些方法仍然作为定量分析的基础和补充而继续得到广泛应用。

4.1　β-ODAP 物理参数的测定

4.1.1　水溶性

ODAP 能溶于水，水溶液呈酸性，0.1mg/ml 的溶液 pH＝2.4。

4.1.2　晶形

ODAP 水中重结晶后为白色晶体，在低倍显微镜下呈柱形，X 射线衍射图谱显示 3 条最高丰度晶面间距为 4.09Å、3.39Å、3.19Å。

4.1.3　熔点或分解点

不同文献报道 ODAP 的 m. p. 数据不一致，本课题组观察到当试样在室温下放置晾干，在开口毛细管中缓慢升温，则在 170℃附近(174～175℃分解或 206℃分解)分解；若样品经氯化钙或五氧化二磷恒温减压下干燥，在封口毛细管中迅速加热，则在 204～206℃分解。由热差分析图谱表明在 173.5℃有结晶水析出，在

193.5～204.8℃发生分解焦化。

另据报道,β-ODAP 的 m. p. 为 196～200℃(分解点),α-ODAP 的 m. p. 为 154～156℃,分解点为 196～200℃(α-ODAP 及 β-ODAP 的熔点在不同文献中有些差异,可能与样品纯度不同所致)。

4.1.4　旋光度

β-ODAP 的旋光度$[\alpha]_D^{20}=-25.6°$(c=0.4,H_2O),α-ODAP 的$[\alpha]_D^{20}=-38.9°$(c=0.4,H_2O)(α-ODAP 及 β-ODAP 旋光度在不同文献中有些不一致,可能与在酸性溶液中的稳定性有关)(Long *et al*.,1996;甘肃省卫生防疫站等,1975)。

4.1.5　元素分析

按 $C_5H_8O_5N_2 \cdot 1/2H_2O$ 分子式计算各元素理论值见表 4-1。

表 4-1　毒素 β-ODAP 分子的元素分析结果(甘肃省卫生防疫站等,1975)

数值	C	H	N
理论值	32.43	4.86	15.14
测定值	33.40	4.87	15.03

4.1.6　紫外光谱

β-ODAP 的最大紫外吸收 $\lambda_{max}=213.0nm$,而 α-ODAP 的 $\lambda_{max}=196.0nm$。

4.1.7　红外光谱

在红外区,ODAP 分子出现下列特征峰:3290cm^{-1}(NH 与 OH 伸展),3050cm^{-1}(NH^+ 伸展),1690cm^{-1}(COOH 中 C＝O 伸展),1620cm^{-1}(仲酰胺中 C＝O伸展),1590cm^{-1}(—CO—中 C＝O 伸展),1500cm^{-1}(氨基酸 NH_3 变形),1350cm^{-1}(—CO_2—离子振动),1220cm^{-1}(—C—O 振动),705cm^{-1}(氢键缔合仲酰胺 NH 变形)。与合成的 ODAP 红外光谱一致。

4.1.8　核磁共振[1]H 谱

用 100 兆周核磁共振仪测得的谱图—CH—及—CH_2—峰太靠近不易区别。用 250 兆周超导核磁共振仪多用六甲基二硅醚作外标,用三氟乙酸作溶剂则可辨出下列特征峰 τ 值(PPM):4.52(—CH_2)、5.02(—CH—)、8.02(—NH_3)及 9.07(—NH—)(表 4-2)。

表 4-2　毒素 β-ODAP 的 α-H 及 β-H 的 τ 值与有关化合物对比

化合物	τ 值		溶剂
	α-H	β-H	
β-ODAP	5.02	4.52	三氟乙酸
$HOOCCH_2NHCD_2CH_3$	3.77	—	氘化 DMS
$DOOCCH(CH_3)ND_2$	3.79	1.49	D_2O
$HOOCCH(CH_3)NHCOOH$	4.89	1.70	三氟乙酸

上表数据可以看出 ODAP 分子中 β-H τ 值向高场偏移,表明由于草酰氨基屏蔽所致。由此进一步证明 ODAP 的分子结构如图 4-1。

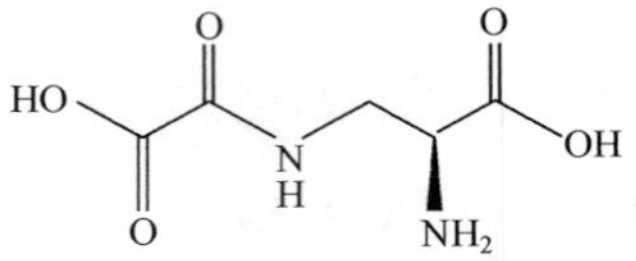

图 4-1　β-ODAP 的分子结构

此结构式由下述水解实验证明:将 100ml ODAP 与 2.4ml 4mol/L 盐酸混合。在封管中 100℃加热 2h,冷却后开管。水浴上蒸干,用乙醚研洗,溶于乙醚的为粗品草酸,不溶于乙醚的为 α,β-二氨基丙酸单盐酸盐。后者自水中重结晶后为白色晶体,熔点 225~227℃。按 $C_3H_3O_2N_2 \cdot HCl$ 分子式计算:N 理论值 19.94%,实测值 20.07%。红外光谱特征峰:$3100cm^{-1}$($NH_3^{\pm}$ 伸展),$1610cm^{-1}$ 及 $1560cm^{-1}$($铵盐 NH_3$ 变形),$1550cm^{-1}$($—CO_2^-$ 中 C=O 伸展),$1350cm^{-1}$($—CO_2^-$ 离子振动)。其红外光谱与合成样品的相同(甘肃省卫生防疫站等,1975)。

4.1.9　核磁共振[13]C 谱

ODAP 的 ^{13}C NMR 是在 2% 的 $NaOD/D_2O$ 中测定的,22.5MHz 用 $CDCl_3$(77.1)作为内标,光谱数据为:C_1 183.1、C_2 58.2、C_3 46.6、C_4 168.7*、C_5 168.0*(* 可能发生交换)。

在 2% 的 $NaOD/D_2O$ 中测定光谱可增强 ODAP 在最小体积 D_2O 中的溶解度。在 ODAP 光谱中还出现 δ60.4 及 45.48 两个另外的信号,这可能是因为 ODAP 的缓慢异构引起。即分别属于 α-异构体的 C_2 及 C_3。δ183.1、168.7、168.0,分别是羰基 C_1、C_4 及 C_5,这些碳原子未出现异构化的信号可能是因为强度低,也许是两异构体(图 4-2)相应碳的化学位移相同(Dutta,1965)。

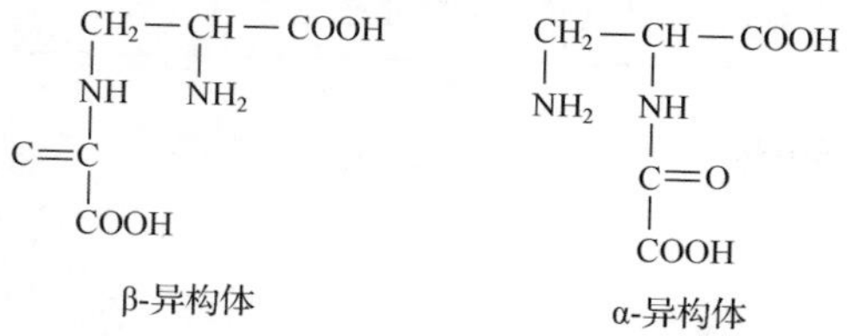

图 4-2　ODAP 的 α 及 β 两个异构体

4.1.10　高分分辨电子轰击质谱

β-ODAP 及 α-ODAP 具有相同的分子式——$C_5H_8N_2O_5$，均显示 $[M+1]$ $=177.055$。

4.2　化学显色法

4.2.1　Dutta 的色素分析

Dutta(1965)用一种化学方法检测是否在豆类面粉中掺入山黧豆的方法：分别取 10g 包括山黧豆在内的各种豆子，研碎，过 60 目筛，并于 100℃恒重。再分别取 5g 于锥形瓶中加入 100ml 的 0.75mol/L HCl，在蒸汽浴上加热回流 30min，冷却后过滤，测定滤液的（粉红）颜色强度，结果如下：含山黧豆的呈深粉红色，红色单位可计为 4.0；含豌豆的呈淡粉红色，红色单位仅为 0.4；含木豆的略显粉红，色太淡无法比较；而含其他豆类（菜豆、扁豆、鹰嘴豆等等）的几乎无色。

山黧豆的稀 HCl 提取液，只所以出现较明显的粉红色，可能是山黧豆种子中存在花青素的缘故。这里豌豆也显淡粉红色，为了进一步鉴定是否是山黧豆、豌豆粉，作者提出用三氯化锑试纸检验法，与其他豆子不同，豌豆含有较多的硫元素，能在发酵期间产生更多的 H_2S。因此，可利用这一特性区分豌豆和其他豆类，方法是：滤纸浸入 50ml 的 30%三氯化锑的稀盐酸溶液，室温干燥，该试纸可长期保存在具磨口玻璃塞的瓶中。于 300ml 锥形瓶中加 10g 豌豆粉（40 目）及 100ml 蒸馏水充分混合，锥形瓶的橡皮塞中心有一小孔（直径 6.5mm）覆盖一片三氯化锑试纸，锥形瓶于 37℃恒温 24h，试纸出现橘黄色斑点表明是豌豆粉，而其他豆子粉均不显此色。

在豌豆及其混合物中硫含量可以通过用 0.3g 在 100℃恒重样品和 30g 含硝酸钾（作为氧化剂）的溶融混合物的微量方法测定，结果见表 4-3。

表 4-3　　豌豆及其混合物中硫含量(Dutta, 1965)

样品	平均值/%	含量范围/%
豌豆	0.238	0.236~0.240
豌豆/山黧豆(75/25)	0.179	0.178~0.181
豌豆/山黧豆(50/50)	0.119	0.117~0.120
豌豆/山黧豆(10/90)	0.022	0.022~0.023

注:豌豆样为 10 个重复,豌豆与山黧豆混合样为 3 个重复,括号中为混合比例。

除了豌豆外,山黧豆与盐酸形成稳定的粉红色可与其他普通豆类加以区别。但是,在与豌豆的混合物中含 5% 山黧豆的样品的颜色强度是很明显的,甚至 3% 山黧豆与其他豆混合物的红色单位也是分别大于 0.4 及 0.1。

4.2.2　Babadur 的脂肪族邻二氨基化合物与氯化钴显色分析

Babadur 等(1970)发现脂肪族邻二氨基化合物与钴形成深粉红色的络合物。山黧豆中含有毒素 β-ODAP,当用 9mol/L 的盐酸萃取时,该毒素水解为 L-α,β-二氨基丙酸,可与氯化钴形成粉红色络合物,豌豆、木豆、扁豆等其他豆类无此反应。但是,若用低 pH 的缓冲液萃取时这些豆子可与氯化钴产生粉红色,这可能是由于除了 β-ODAP 以外的氮成分,当使用稀盐酸或低 pH 的缓冲液萃取时,山黧豆产生的粉红色比其他豆子深得多。所用的方法是:先配制氯化钴溶液,即 1g 氯化钴溶于 100ml 水中制备成 1% 氯化钴溶液;用到的两种缓冲液是 A(乙酸钠和乙酸缓冲液)及 B(氯化钾和盐酸缓冲液)。萃取 β-ODAP,即 5g 豆粉加入酸或缓冲液,静置 60min,过滤,待用。该滤液在 25℃ 静置 20h。取 1ml 滤液用水稀释至 10ml,读克莱特比色数据,取该溶液 7ml,加氯化钴溶液 2ml,室温静置 5min,进行克莱特比色计测定颜色强度(表 4-4)。

表 4-4　用 A 缓冲液(pH1.5)及 B 缓冲液(pH1.3)萃取后与氯化钴显色的比色结果

(Babadur *et al*., 1970)

豆类	10ml 缓冲液 A 及 B 萃取液的比色读数	7ml 缓冲液 A 萃取液和 2ml 氯化钴的比色读数	7ml 缓冲液 B 萃取和 2ml 氯化钴的比色读数
木豆	0	165	118
扁豆	0	56	92
山黧豆	0	195	163
菜豆	0	80	100
豌豆	0	90	100
空白	0	10	20

用 9mol/L 的 HCl 萃取豆子粉，加氯化钴溶液后出现很深的颜色，所以取 1ml 萃取液用水稀释到 10ml，然后比色、读数。取该溶液 7ml 加 2ml 氯化钴溶液，室温静置 5min，比色测定读数（表 4-5）。

表 4-5　分别用 6mol/L 及 9mol/L 盐酸萃取豆子加氯化钴溶液比色测定读数

(Babadur *et al.*, 1970)

豆类	6mol/L 盐酸萃取液		9mol/L 盐酸萃取液	
	10ml 酸萃取液比色读数	7ml 萃取液＋2ml 氯化钴溶液比色读数	10ml 酸萃取液比色读数	7ml 萃取液＋2ml 氯化钴溶液比色读数
木豆	1000	1000	340	400
豌豆	375	375	240	254
山黧豆	750	1000	550	650
菜豆	193	202	650	600
豌豆	630	520	620	630
空白	0	30	0	30

4.3　酶　　法

4.3.1　原理

酶分析法是利用酶的催化反应进行待测物测定的一类分析方法，测定时可采用多种检测技术（如光学、电化学、热分析等）。通过测定试样参与的酶催化反应中反应物的减少量或产物的增加量间接完成对酶活性或待测底物、辅酶、酶抑制剂、酶激活剂的测定。

按国际系统分类法，依据酶催化反应的类型，可将酶分为氧化还原酶、转移酶、水解酶、裂合酶、异构酶、连接酶六大类。在分析化学中使用最多的是氧化还原酶（oxidoredutase），其中最常见的是各种氧化酶（oxidase）和脱氢酶（dehydrogenase），氧化酶的催化反应通常利用溶液中存在的溶解氧作为反应的电子受体，其产物为 H_2O_2 或 H_2O（视酶的类型而定），在酶分析法中以产生 H_2O_2 的反应最为常见，其反应的通式可表示为

$$底物 + O_2 \xrightarrow{\text{氧化酶}} 产物 + H_2O_2$$

以此类反应为基础的酶分析方法，通常采用检测反应中 O_2 的消耗量或 H_2O_2 的生成量来完成。测定 H_2O_2 的测定通常采用电化学检测技术，H_2O_2 的检测常采用的方法是比色法、荧光法、化学发光法和电化学法。

4.3.2　Rao 的二氨基丙酸-氨裂合酶反应法

Rao 等（1974）提出用酶法测定山黧豆毒素 L-α,β-二氨基丙酸（L-α,β-diamino-propionic acid,DAP）的衍生物（β-N-oxalyl-L-α,β-Diamino-propionic acid,OXDAP 即 β-ODAP）的方法。基本思路是：OXDAP 通过阳离子交换层析及酸水解，产生的 DAP 通过二氨基丙酸-氨裂合酶测定，该法精确到 $5\mu g$。鹰嘴豆及木豆并不干扰该法。具体过程为：1g 豆类样品粉（100 目）加 100ml 的 70% 乙醇，室温静置过夜，过滤，再用 50ml 的 70% 乙醇淋洗残渣，合并滤液，水浴蒸干，加 5ml 水充分溶解，离心除去不溶物，上清液可以用纸层析鉴定（第一种方法）。也可取 1ml 上清液上阳离子交换柱，用 40ml 水洗，每管 2ml 收集洗脱液，加 0.5ml 的 2mol/L HCl，密封管并置于 110℃ 烘箱 2h，用 1～2mol/L 的 NaOH 中和水解液，稀释至 5ml，进行氨裂合酶反应测定 DAPRO（第二种方法）。

该分析反应混合物含有 $100\mu l$ 磷酸钾缓冲液（pH8.0），0.01mol 的 5-磷酸吡哆醛（pyridoxal 5-phosphate）及含有 $0.05\sim0.5\mu mol$ 的 DAP，最终体积 4ml。加 DAP-氨裂合酶使反应开始，在 37℃ 保温 45min。然后，在 2mol/L 的 HCl 溶液中加入 1ml 0.2% 的 2,4-二硝基苯肼。10min 后加入 2ml 的 2mol/L NaOH，在 520nm 处比色测定，与无活性酶的样品做空白对照。表 4-6 显示三种方法分析山黧豆样品的结果。乳酸脱氢酶分析（第三种方法）（LDH）法优于 2,4-二硝基苯肼法（比色法），因为后者有较高的空白值。

表 4-6　山黧豆样品的分析结果（Rao *et al.*,1974）

山黧豆品种	OXDAPRO(β-ODAP)量/(mg/100g)		
	层析法	乳酸脱氢酶分析(LDH)	比色法
10#	450±27	460±10.5	525±17
17#	406±38	510±5.2	541±9
24#	346±20	423±2.3	588±26
263#	456±32	508±32	546±13
638#	299±16	390±13	509±14
678#	347±18	313±10	514±31

4.4　纸层析法

4.4.1　原理

纸层析法（paper chromatography,PC）即纸色谱，是以滤纸作为载体，以构成滤纸的纤维素所结合水分为固定液，以有机溶剂为展开剂的色谱分析方法。构成滤纸的纤维素分子中有许多羟基，被滤纸吸附的水分中约有 6％与纤维素上的羟基以氢键结合成复合态，这一部分水是纸色谱的固定相。由于这一部分水与滤纸纤维素结合比较牢固，所以流动相既可以是与水不相混溶的有机溶剂，又可以是与水混溶的有机溶剂如乙醇、丙酮、丙醇等。流动相借毛细作用在纸上展开，与固定在滤纸纤维素上的水形成两相，样品依其在两相间分配系数的不同而相互分离，该分配系数的大小与化合物的分子结构有关。一般来说，纸层析属于正相分配色谱，化合物的极性大或亲水性强，在水中分配的量多，则分配系数大，在以水为固定相的纸层析中 R_f 值小；而极性小或亲脂性强的组分，则分配系数小，R_f 值大。

4.4.2　Nagarajan 的纸层析法

Nagarajan 等（1967）提出用纸层析法来鉴定并测定 ODAP 的方法。具体过程为：称取山黧豆粉 1g 于 100ml 有塞的锥形瓶中，加入 100ml 的 75％乙醇溶液浸泡过夜后，过滤于 100ml 蒸发皿中。在沸水浴上蒸发至干，再加入 10ml 的 10％异丙醇水溶液，过滤于有塞的锥形瓶中保存。此样品提取液可作定量及定性用。将该提取液进行纸层析，即 20μg 滴于新华层析滤纸上（28～30cm），卷成圆筒上行展开，展开剂为苯酚：水＝4：1(V/V)，展至距纸缘约 1cm 处取出吹干，喷新配制的 0.1％茚三酮-丙酮或乙醇溶液，吹干，于 100℃加热 5min，如在 R_f 值 0.08～0.1 处出现蓝紫色斑点即为阳性，而其他豆子并未出现类似的斑点。

该方法同 Duta（1965）的化学显色法测定花青素甙的方法比较，二者的灵敏度和专一性如表 4-7。

表 4-7　三种方检测绿豆与山黧豆混合物的灵敏度对比（Nagarajan，1967）

绿豆与山黧豆比例	Duta 法	纸层析法
90/10	+	+++
95/5	−	++
99/1	−	+
80/20	++	+++
70/30	+++	+++
60/40	+++	+++

从上表可以看出，纸层析法至少可检测混合物中含 1％的山黧豆，而 Duta 的花青素甙显色法对山黧豆来说并不专一。

4.4.3　Babadur 的纸层析法

Babadur 等（1970）提出以下定性鉴定及定量测定山黧豆毒素 β-ODAP 的方

法。具体方法为：1g 山黧豆粉加入 10ml 水及 0.1ml 1mon/L 的 HCl 溶液,摇荡
1h,过滤,取 0.01ml 滤液点于层析纸上(每个样品之间相距 2cm)。展开剂 A 为正
丁醇：乙酸：水(分别按 4：2：1 或 4：2：2 或 4：2：4 的体积比,先乙酸与正丁
醇混合后加水配制),展开剂 B 为苯酚：水(4：1 体积比)。层析 4h 后室温干燥,
在层析纸浸入 0.1% 茚三酮的丙酮溶液之前加入一滴吡啶,层析纸干燥后于 120℃
加热 5min,出现粉红斑点,用不同展开剂 ODAP 斑点的 R_f 值如表 4-8。

表 4-8　ODAP 在不同展开剂中的 R_f 值(Babadur,1970)

展开剂	R_f(样品)	R_f(标样)
正丁醇：乙酸：水＝4：2：1(A)	0.20	0.20
正丁醇：乙酸：水＝4：2：2(A)	0.30	0.34
正丁醇：乙酸：水＝4：2：4(A)	0.62	0.63
苯酚：水＝4：1(B)	0.08	0.08

通过比较层析图中 ODAP 与已知量的甘氨酸斑点的颜色强度(甘氨酸斑点色
的强度事先与 β-ODAP 标样进行了标准化)进行测定。

4.4.4　纸层析定性鉴定

甘肃省卫生防疫站等(1975)用纸层析对山黧豆毒素的定性检查,具体方法:称
取山黧豆粉 1g 于 100ml 有塞的锥形瓶中,加入 100ml 的 75% 乙醇溶液浸泡过夜,
过滤于蒸发皿中,在沸水浴上蒸发至干。再加入 10ml 的 10% 异丙醇水溶液,过滤
于有塞的锥形瓶中保存。此样品提取液可作定量及定性用。将该提取液进行纸层
析,取 20μl 点于新华层析滤纸上,卷成圆筒上行展开,展开剂为苯酚：水＝4：1
(V/V),展开至距纸缘约 1cm 处取出吹干,喷新配制的 0.1% 茚三酮-丙酮或乙醇
溶液,吹干,如在 R_f 值 0.08～0.1 处出现蓝紫色斑点即为阳性。通过检查山黧豆
及其他粮食(玉米、小麦、高粱、豌豆、红小豆、黄豆、绿豆、箭苦豌豆、黑豆),除山黧
豆外均未检出 ODAP。

4.4.5　纸层析扫描测定 ODAP

由于纸色谱-分光光度法定量山黧豆中 ODAP 时需将纸色谱显色后的斑点先
进行剪裁、洗脱,然后比色测定,操作手续繁琐、影响因素多、影响该方法的准确度
和重复性。李志孝等(1986)建立了 ODAP 的纸层析扫描测定方法。纸层析后,对
斑点直接进行扫描测定。实验证明,标准曲线在 0～12μg 是一条通过原点的直
线。称 1g 山黧豆粉于 150ml 锥形瓶中,加入 100ml 75% 的乙醇充分摇荡浸泡过
夜,取 50ml 滤液在水浴上蒸干,加入 10% 异丙醇水溶液 5ml 将残留物充分溶解,
取部分溶液过滤于一小锥形瓶中备用。分别吸取不同量的 ODAP 标准液及上述

制备的样品液点于同一滤纸上在展开剂(苯酚∶水＝4∶1)中上行法展开,吹干,100℃干燥 15min,喷洒新配制的二氯化锡-茚三酮试剂,100℃显色 30min。在岛津CS-910 型双波长扫描仪上进行扫描测定,制作标准曲线。

根据样品液的积分值,在标准曲线上查出相应 ODAP 的微克数。按下式计算样品中 ODAP 的含量。

$$ODAP\% = A \times \frac{C}{B \times D \times 10}$$

A,在标准曲线上样品积分值所对应 ODAP 的微克数;B,点样用提取液的微升数;C,样品提取液总量(ml);D,称取山黧豆的克数。

4.5　电　泳　法

4.5.1　原理

电泳法就是把带电荷的样品以点状或带状加在惰性支持介质如纸、醋酸纤维素、琼脂糖凝胶、聚丙烯酰胺凝胶等中,在电场的作用下,向其对应的电极方向按各自的速度进行泳动,使组分分离成狭窄的区带,用适宜的检测方法记录其电泳区带图谱或计算其百分含量的方法。常用以分离性质相似的物质,如各种氨基酸的分离。

纸电泳的仪器装置包括电泳槽及电泳仪两大部分。电泳槽是进行电泳的装置,其中包括铂电极(直径 0.5～0.8cm)、缓冲液槽、电泳介质的支架和一个透明的罩。常见的电泳槽有水平式和垂直式等。电泳仪是提供直流电源的装置,它能控制电压和电流的输出。电泳槽内的铂电极经隔离导线穿过槽壁与外接电泳仪电源相连,电源为具有稳压器的直流电源。纸电泳可分为低压电泳和高压电泳两类。低压电泳的电压一般为 100～500V,电流为 0～150mA;高压电泳的电压一般为500～10000V,电流为 50～400mA。

4.5.2　Bell 的电泳法鉴定山黧豆中非蛋白质氨基酸

Bell(1962)对 50 个山黧豆品种通过纸色谱及电泳法测定,发现了 10 多个与茚三酮反应的非蛋白质氨基酸类化合物。方法如下:①制备萃取液,100mg 种子粉加 1ml 乙醇及 1ml 的 0.1mon/L HCl 于室温萃取 17h,离心,上清液待分析。②纸色谱,一维纸色谱在 WhatmanⅠ滤纸点萃取液 0.05ml,用正丁醇、乙酸、二甲基吡啶等试剂配制的 7 种溶剂,下行法展开 40h,二维纸色谱用 0.25ml 萃取液,苯酚-氨展开 17h,再用二甲基吡啶展开 17h,0.2％茚三酮-丙酮液显色。③电泳,用WhatmanⅠ滤纸,缓冲液 A(甲酸∶乙酸∶水＝33∶148∶1819,V/V,pH1.9),缓冲液 B(乙酸：吡啶：水＝5：0.5：95，V/V，pH3.6)，缓冲液 C(乙酸：吡啶：水＝0.32：5：95，V/V，pH6.5)，水平电泳，电位差 75V/cm，30min 及 pH＝11.6，0.01mol 的碳酸钠，垂直电泳(5V/cm)17h。

表 4-9 列出了这些山黧豆中主要含有山黧豆素(lathyrine)及与茚三酮反应阳性化合物(暂时用字母表示)。1964 年，这些化合物的结构大部分得到测定，Bell (1964)通过纸色谱及电泳法的测定结果又将 53 种(含以前的 49 种)山黧豆按所含成分分成 5 组，表 4-9 列出了这些山黧豆中所含的氨基酸及有关化合物。

表 4-9　山黧豆种子萃取液中与茚三酮反应的化合物(Bell,1962)

组别	序号	山黧豆名	B₁	B₂	B₃	B₄	N₁	N₂	A₁	A₂	A₃	A₄	Lat	Arg
I	1	*L. alatus*	++						++					T
	2	*L. articulatus*	++						++					T
	3	*L. arvense*	++					T	++					+
	4	*L. setifolius*	++						+++					T
	5	*L. pannonicus*	++						++					T
	6	*L. ochrus*	++						++					T
	7	*L. clymenum*	++						++					T
	8	*L. sativ S*	++						T					T
	9	*L. megallanicus*	++						T					T
	10	*L quadrimarginatus*	++						T					T
	11	*L. cicera*	++						T					T
II	12	*L. sylvestris*		++				T		+	T			+++
	13	*L. latifolius*		++						+	T			++
	14	*L. heterophyllus*		++						+	T			++
	15	*L. gorgoni*		++						+	T			T
	16	*L. grandiflora*		++						+	T			+
	17	*L. cirrhosus*		++						+	T			+
	18	*L. rotunaifolius*		++				T		+	T			+
	19	*L. tuberosus*		++						+	T			+
	20	*L. multiflora*		++				T		+	T			+
	21	*L. undulotus*		++				+		++	T			+
	22	*L. aurantius*		++										T
	23	*L. luteus*		++										T
	24	*L. laeigutus sp. aureus*		++										T

续表

组别	序号	山黧豆名	B₁	B₂	B₃	B₄	N₁	N₂	A₁	A₂	A₃	A₄	Lat	Arg
III	25	*L. pratensis*	++										T	
	26	*Llaevigatus sp. occidental*	T										T	+
	27	*L. varius*	+										+	T
	28	*L. niger*	+										+	T
	29	*L. machrostachys*	+										+	T
	30	*L. japonicus*	+										++	T
	31	*L. aphaca*	+		+								+	T
	32	*L. sphaericus*	+		+								++	T
	33	*L. tingitanus*	+		+++								+++	T
	34	*L. cyanus*	+		++							T	++	T
	35	*L. alpestris*	+			+		++				T	T	
	36	*L. variegates*	+			+		++				T	T	
	37	*L. venetus*	+			+		++				TT		
	38	*L. inconspicuous*	+									TT		
	39	*L. incurvus*	++											+
IV	40	*L. recnus*	+++					+++				T		+
	41	*L. montanus*	+++					++						+
	42	*L. palustris*	++					+						
	43	*L. aureus*	+++					++						T
	44	*L. neurobolus*	++					+						T
	45	*L. nissolia*	++					+						T
	46	*L. roseus*					T							T
	47	*L. hirsutus*					+							T
	48	*L. odoratus*	+				+							T
	49	*L. pisiformis*	T											T
	50	*L. annuus*	T											T
	51	*L. angulatus*	T								+			T
	52	*L. lactiflorus*	T									+++		
	53	*L. venosus*	+											T

注：表中"＋"代表化合物的一定检出量，"＋＋＋"代表检出的最大量，"＋＋"代表的检出量介于前两者之间。"T"代表痕量，"TT"代表的检出量低于"＋"代表的检出量。表中各字母所代表的化合物分别是：A₁，α-氨基-β-草酰氨基丙酸（β-ODAP）；A₂，α-氨基-γ-草酰氨基丁酸；A₃，α-草酰氨基-γ-氨基丁酸；A₄，未鉴定；B₁，高精氨酸；B₂，α,γ-二氨基丁酸；B₃，γ-羟基高精氨酸；B₄，未鉴定；N₁，β-（γ-谷酰氨基）丙腈；N₂，未鉴定；Lat，山黧豆素（lathyrine）；Arg，精氨酸（argine）。第一组（序号 1～11）山黧豆含有毒素（A₁）β-ODAP；第二组（12～21）含有毒素 α,γ-二氨基丁酸的两个草酰衍生物（A₂及 A₃）。以下山黧豆国内已有记载，现列出中文名：*L. ochrus* 赭色香豌豆；*L. sativus* 家山黧豆；*L. latifolius* 宽叶香豌豆；*L. cicera* 扁荚山黧豆；*L. rotundifolius* 大花香豌豆；*L. tuberosus* 玫红山黧豆；*L. maritimus* 海滨山黧豆；*L. niger* 黑香豌豆；*L. aphaca* 叶轴香豌豆；*L. tngitanus* 坦尼尔香豌豆；*L. palustris* 欧山黧豆；*L. odoratus* 香豌豆。

另外,在 *L. odoratus* 及 *L. pusillus* 中还分离到骨性山黧豆中毒(osteolathrism)物质——(N_1)β-(γ-谷酰氨基)丙腈[β-(γ-glutamylamino)propionitrile]。

4.5.3 Nagarajan 的纸电泳法鉴定 β-ODAP

Nagarajan 等(1967)提出纸电泳法鉴定 ODAP:称取山黧豆粉 1g 于 100ml 有塞的锥形瓶中,加入 100ml 的 75%乙醇溶液浸泡过夜,过滤于蒸发皿中,在沸水浴上蒸发至干。再加入 10ml 的 10%异丙醇水溶液,过滤于有塞的锥形瓶中保存。

20μl 提取液点在 Whatman Ⅰ滤纸中心,在缓冲液(吡啶:乙酸:水=0.5:5:95)pH3.60,水平或垂直电泳(8V/cm)3h,滤纸于 100℃干燥 10min,喷 0.1%茚三酮-丙酮或乙醇溶液,吹干,于 100℃加热 5min,ODAP 蓝紫色斑点向阳极方向移动约 6cm。该斑点可喷如下制备的硝酸铜永久保存。1ml 硝酸铜饱和溶液、0.2ml 的 10%硝酸和 100ml 的丙酮,可使斑点变为橘红色。

4.5.4 Babadur 的纸电泳法鉴定 β-ODAP

Babadur 等(1970)介绍了纸电泳鉴定 β-ODAP 的方法,具体如下:取 20μl 提取液,大小合适滤纸条中心,进行水平或垂直式离子电泳,缓冲液为吡啶:乙酸:水=0.5:5:95,pH3.6,电压 8V/cm,3h 后滤纸条于 100℃烘干 10min,喷 0.1%茚三酮-丙酮溶液显色,山黧豆中的 β-ODAP(BOAA)从原点移向阳极大约 6cm。

4.5.5 山黧豆中 α-ODAP 及 β-ODAP 相对含量的电泳测定

为了探讨山黧豆中天然的 α-ODAP 及 β-ODAP 的相对含量,研究二者之间的相互转换的条件,李志孝等(1992)用电泳扫描法对国内 5 种毒素含量不同的山黧豆样品中 α-ODAP 及 β-ODAP 相对含量做了测定并简化了从山黧豆中分离二者的方法。具体方法为:①样品的制取。分别取山黧豆 3 份,每份约 1g,其中 1 份萌发 4d 后捣碎,另 2 份研成粉状后分别移入 3 支 50ml 具塞试管中,各加入 30ml 的 30%乙醇将萌发样液及其中 1 份未萌发粉样液放入冰箱(约 4℃)浸泡过夜,另 1 份在室温浸泡,次日把在冰箱的滤液立即冷冻干燥,而在室温提取的滤液在水浴蒸干,3 份样品均加入 2ml 10%异丙醇溶解、过滤,滤液于 4℃存放并及时进行电泳测定。②电泳。取 10~20μl 上述提取液点于新华层析滤纸条(28cm×3cm)上,在 DY-3A 型稳压稳流电泳仪及水平式电泳槽上进行电泳。缓冲液为甲酸:吡啶:水=4.0:0.3:95.7(V/V),300V 下电泳 4h,滤纸条风干后喷洒二氯化锡—茚三酮溶液,于 100℃显色 15min 可出现 2 个完全分开的紫色斑点,与标准样品对照,前一点为 β-ODAP,后一点为 α-ODAP。然后在岛津 910 型双波长扫描仪上进行线性扫描($\lambda_S = 590nm$, $\lambda_T = 720nm$)并由仪器直接给出二者的相对百分含量(表 4-10)。

表 4-10　5 种不同产地的山黧豆在萌发前后及不同提取温度时 α-ODAP 及 β-ODAP 相对含量(李志孝等,1992)

样品号	ODAP /%	未萌发								萌发 4d 后							
		室温提取		水浴蒸干		4℃提取		冻干		室温提取		水浴蒸干		4℃提取		冻干	
		α-ODAP	β-ODAP	α-ODAP	β-ODAP	α-ODAP	β-ODAP	α-ODAP	β-ODAP	α-ODAP	β-ODAP	α-ODAP	β-ODAP	α-ODAP	β-ODAP	α-ODAP	β-ODAP
1	0.85	19.5		80.5		4.8		95.2		24.6		75.4		6.9		93.1	
2	0.84	18.9		81.1		3.5		96.5		25.0		75.0		9.1		90.9	
3	0.47	24.6		75.4		8.3		91.7		19.9		81.1		7.2		92.5	
4	0.25	23.4		76.6		8.8		93.2		20.5		79.5		4.2		95.8	
5	0.65	24.0		76.0		4.6		95.4		26.8		74.2		3.7		96.3	
平均	0.61	22.1		77.9		6.0		94.4		23.4		77.0		6.2		93.7	

从表 4-10 数据可以看出,5 种不同来源的山黧豆样品中含有不同含量的 ODAP。在萌发前后不同温度时的提取液中 α 及 β 异构体的含量也不同。在 4℃ 提取,冷冻干燥后二者的相对含量为 1：1.57,而在室温提取水浴蒸干的条件下 α-异构体升高到 22.7。山黧豆的萌发过程可使 ODAP 的含量升高(表 4-11)。

表 4-11　3 号山黧豆样品在萌发时 ODAP 含量的变化(李志孝等,1992)

萌发天数/d	1	2	3	4	5	6
ODAP/%	0.469	0.507	0.655	0.674	0.662	0.614

这与 Malathi 等(1967)的观察结果一致,说明山黧豆中确实存在合成酶。但并未改变 α-ODAP 及 β-ODAP 的比例,说明在山黧豆中 α 及 β 异构体随温度处在不同的平衡状态。在低温条件下,消除了草酰基由 β-氨基向氨基的转移,可以认为 1：15.7 为 α 及 β 异构体在山黧豆中的天然比例。而 22.7：77.3 即 1：3.4 是在室温提取、水浴蒸干等条件下建立的平衡状态。为此可以设想,这一平衡状态如图 4-3 所示。

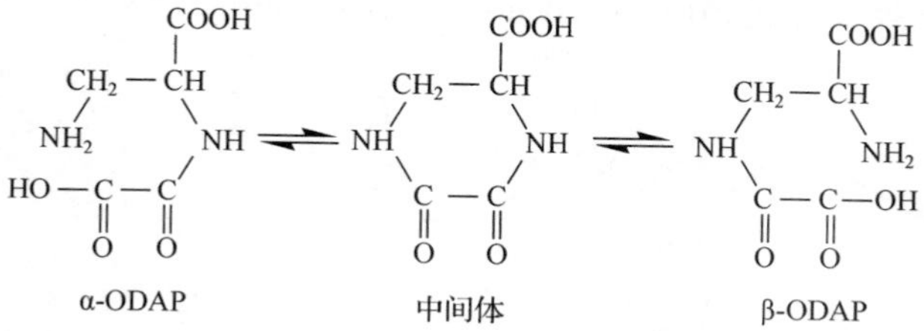

图 4-3　ODAP 两个异构体的互变平衡

实验证明,分离得到的 α-ODAP 及 β-ODAP 的水溶液分别于封管中 85℃加热 15min 后发现每一管中均产生相对应的另一异构体达 40%左右。说明存在上述的平衡过程。

4.6　分光光度法

4.6.1　原理

分光光度法(spectrophotometry),即比色分析法(colorimetric analysis),是通过测定被测物质在特定波长处或一定波长范围内光的吸收度,对该物质进行定性和定量分析的方法。在分光光度计中,将不同波长的光连续地照射到一定浓度的样品溶液时,便可得到不同波长相对应的吸收强度。如以波长(λ)为横坐标、吸收强度(A)为纵坐标,就可绘出该物质的吸收光谱曲线。利用该曲线进行物质定性、定量的分析方法,称为分光光度法,也称为吸收光谱法。用紫外光源测定无色物质的方法,称为紫外分光光度法;用可见光光源测定有色物质的方法,称为可见光光度法。它们与比色法一样,都以 Beer-Lambert 定律为基础。上述的紫外光区与可见光区是常用的。但分光光度法的应用光区包括紫外光区(200~400nm)、可见光区(400~760nm)、红外光区[2.5~25μm(按波数计为 400~4000cm)]。

4.6.2　Rao 的分光光度法测定 ODAP

Roth(1971)发现在碱性介质中,还原剂 β-巯基乙醇的存在下,邻苯二甲醛(o-phthalaldehyde,OPA)与大多数氨基酸反应得到具荧光的产物,其 $\lambda_{ex}=350$nm 和 $\lambda_{fl}=420$nm,而与 α, β-二氨基丙酸(α, β-diaminopropionic acid,DAP)的反应产物的荧光分别为 $\lambda_{ex}=359$nm 及 $\lambda_{fl}=425$nm。1978 年,Rao 发现 DAP 与 OPT 生成很强的黄色物质,其荧光强度与 DAP 浓度并不成比例,最大吸收波长为 420nm,且符合 Beer-Lambert 定律。这是因为 DAP 与邻苯二甲醛(o-phthalaldehyde,OPA)及巯基乙醇(mercaptoethanol)反应形成咪唑-异吲哚的黄色产物,即 1-硫代-2-烷基异吲哚加成物(1-alkylthio-2-alkylisoindole)(图 4-4)。

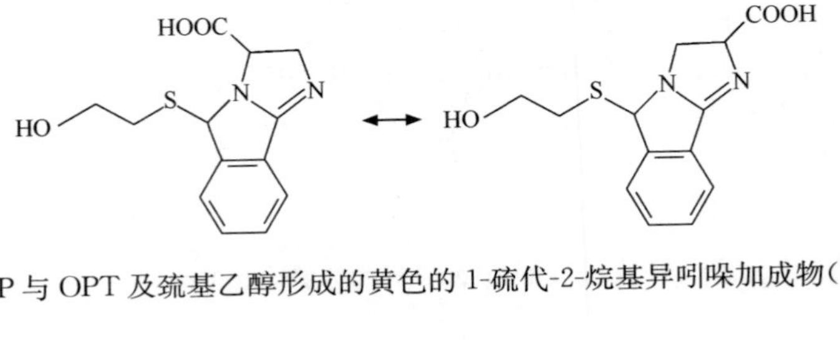

图 4-4　DAP 与 OPT 及巯基乙醇形成的黄色的 1-硫代-2-烷基异吲哚加成物(Roth,1971)

根据这一实验结果，创建了比色分析动植物组织中的 DAP 及其衍生物——山黧豆毒素 ODAP 的方法。其基本原理是毒素 ODAP 经碱水解生成 DAP，再与 OPT 试剂反应生成黄色产物，分光光度法测定。该方法由于设备简单、价格低廉、灵敏，特别适用于大量样品的筛选分析。因此，在其以后的 10 多年中，该法得到了广泛的应用。

用这种方法可对山黧豆种子或注射了 ODAP 老鼠组织中的 ODAP 代谢情况进行跟踪测定。方法是：山黧豆粉 10～20mg 用 60％乙醇振荡萃取 6h，取上清液测定。老鼠组织用 6％高氯酸（10～20ml/g）匀浆，4mol/L 的 KOH 中和、离心，取 50～100ml 萃取液 2 份，1 份加 0.2ml 的 3mol/L KOH 中和后沸水浴加热 30min，同样处理 10～100nmol 的 ODAP，冷至室温，加 2ml 的 OPT 试剂，30min 后于 420nm 测定吸收并做空白。表 4-12 示出各种豆子的萃取物在水解前与 OPT 并不显色，而只有山黧豆种子萃取液显色，加入 DAP 或 ODAP 于种子萃取液中测定其回收率是定量的。

表 4-12　种子萃取物水解后 ODAP 的测定（Roth，1971）

种子萃取物	加入物/nmol	吸收值	
		水解前	水解后
山黧豆 1	—	0.010	0.110
山黧豆 2	—	0.015	0.370
山黧豆 3	—	0.000	0.400
山黧豆 2	DAP(50)	0.450	0.810
山黧豆 2	ODAP(20)	0.010	0.540
菜豆	—	0.005	0.005
鹰嘴豆	DAP(50)	0.440	0.440

对老鼠经腹腔注射[14C]ODAP 后各组织中毒素含量的测定与其他方法测定进行比较。表 4-13 列出本法与茚三酮法、放射性测定进行了比较。由于 ODAP 并不被老鼠代谢，组织中测定的放射性可用于计算 ODAP 含量。可以看出本法与其他方法测定结果一致。

表 4-13　老鼠注射[14C]ODAP 后各组织毒素含量测定结果（Roth，1971）

组织	ODAP 测定/（μg/ml 萃取物）			ODAP 含量（湿重）/（μg/g）
	茚三酮法	放射性	OPT	
肝脏	75	73	74.4	509
肾脏	225	220	232	3663
脑	—	—	1.2	19
血	24	22	21	214μg/ml

4.6.3　对 Rao 光度法的改进

　　李志孝等(1987)及 Briggs 等(1983)对 Rao(1978)的分光光度法有所改进。现将这一方法简介如下:①制作标准曲线。取 $90\mu l$ 的 ODAP 标准液(2mg/ml)于一支 10ml 刻度试管中加 2ml 的 3.5mol/L KOH 溶液于沸水浴中加热水解60min,冷至室温后,用蒸馏水定容至 3ml,分别取上述不同量水解液于试管中,依次加入蒸馏水使每支试管定容至 1ml,然后加 OPT 显色剂各 2ml,在 40℃恒温60min,冷却后用 751 分光光度计(λ_{max}＝429nm)进行比色测定。以中 ODAP 的微克数为横坐标、以消光值(E)为纵坐标绘制标准曲线。②样品测定。精确称取约20mg 山黧豆粉,置于 10ml 具塞试管中,加 2ml 的 30%乙醇振荡混匀后浸泡过夜,过滤、收集部分滤液备用。取 A_0、A_1、A_2、A_3 四支刻度试管分别加上述三份提取液各 1ml 于 A_1、A_2、A_3 管中,在 A_0 管中也加其中任一提取液 1ml,然后在 A_0 管中加水 2ml,而在其余三支试管中加 2ml 的 3.5mol/L KOH 溶液,于沸水浴中加热60min 后冷至室温,用蒸馏水定容至 3ml,离心,分别取上清液各 1ml 于 B_0、B_1、B_2、B_3 四支试管中,各加 2ml OPT 显色剂,在 40℃恒温反应 60min,冷却后用分光光度计以 B_0 为空白,在 429nm 处测得消光值 E_1、E_2、E_3 取平均值,即为消光值 E。

　　根据样品消光值 E,在标准曲线上查得相应的 ODAP 微克数,可计算样品ODAP 的百分含量。

　　该法的缺点是没有选择性,因为无毒的 α-ODAP 也水解生成 DAP,所以该法不能区分无毒的 α-ODAP 及有毒的 β-ODAP 异构体,另外,萃取、水解及显色的时间较长,不能实现快速分析,OPT 法不能用于检测山黧豆在不同温度及 pH 条件下加工的山黧豆制品,这是 ODAP 的异构化使 β-ODAP 向无毒的 α-ODAP 转化的缘故。

　　该方法由于设备简单、价格低廉、灵敏,特别适用于大量样品的筛选分析。因此,在其以后的 10 多年中,在仪器分析法尚未广泛应用前,人们普遍使用该法测定植物或动物组织中 ODAP,对山黧豆及其毒素的研究发挥了重要作用。

4.6.4　纸色谱-分光光度法

　　甘肃省卫生防疫站等(1975)提出通过纸色谱-分光光度法测定山黧豆毒素ODAP 的方法:吸取 $20\mu l$ 山黧豆提取液,在滤纸上点样,展开剂是苯酚:水＝4:1,喷 0.05%茚三酮-丙酮溶液,吹干。将 ODAP 蓝紫色斑点剪下,在同一滤纸上剪下相同面积的空白滤纸作对照。将剪下的滤纸放入试管中加水 1ml,加柠檬酸缓冲液 2ml,加入 1ml 的 KCN-乙二醇甲醚-茚三酮溶液。在沸水浴上煮沸 15min 后取出冷却。加入 2ml 的 60%乙醇,振摇均匀,放置 5～10min,用分光光度计在波长 570nm 处比色测定。通过标准曲线,计算定量结果。

标准曲线的绘制：吸取不同量的标准溶液，同上法测定制得标准曲线。按下式计算样品中 ODAP 的含量。

$$ODAP\% = A \times \frac{C}{B \times D \times 10}$$

A，样品光密度查标准曲线所得 ODAP 的微克数；B，点样用提取液微升数；C，提取液毫升数；D，称取山黧豆克数。

鉴于提取液中含 ODAP 量较少，为了提高颜色强度减少误差。将 3 个点剪下放在一个试管内作为一个样品，其光密度除以 3 即为一个样的读数，空白也剪 3 块大小相同的滤纸。

标准曲线的绘制：吸取每毫升含 $500\mu g$ 的 ODAP 标准溶液 $10\mu l$、$20\mu l$、$40\mu l$、$60\mu l$、$80\mu l$，（即含 $5\mu g$、$10\mu g$、$20\mu g$、$30\mu g$、$40\mu g$）同时剪一块大小相同的滤纸放入试管中，加 1ml 蒸馏水作空白对照，测定方法同前。比色测得光密度，以 ODAP 含量为横坐标、光密度为纵坐标，画出标准曲线。山黧豆中 ODAP 定量结果见表 4-14。

表 4-14　不同产地山黧豆中 ODAP 的含量（甘肃省卫生防疫站等，1975）

样品名称	产地	测定份数	结果/(g/100g)	平均/(g/100g)
山黧豆	甘谷	10	0.54～0.90	0.71
山黧豆	榆中	5	0.62～0.76	0.69
山黧豆	武山	4	0.64～0.71	0.69
山黧豆	兰州大学校园	6	0.17～0.35	0.26
未成熟山黧豆	兰州大学校园	1	0.07	0.07
山黧豆的茎	兰州大学校园	3	0	0
山黧豆的叶	兰州大学校园	3	0	0

从测得结果看，甘谷、武山、榆中三地区中 ODAP 含量无明显差别，基本为 $0.5\sim1g/100g$，而在兰州大学校园中种植的山黧豆，其中 ODAP 含量明显较低，是否和水分土壤有关，还是山黧豆不够成熟之故，不十分清楚，未作深入调查研究。

4.6.5　荧光光度法测定 ODAP

物质分子吸收光子能量而被激发，然后从激发态的最低振动能级返回到基态时所发出的光称为荧光（fluorescence）。根据物质分子发射的荧光波长及其强度进行鉴定和含量测定的方法称为分子荧光分析法（molecular fluorometry），简称荧光分析法（fluorometry），其优点是测定灵敏度高和选择性好。一般紫外-可见分光光度法的检出限约为 $10^{-7}g/ml$，而荧光分析法的检出限可达到 $10^{-10}g/ml$ 或更高。

Roth（1971）研究发现，在碱性介质中，邻苯二甲醛能与氨基酸作用生成在

340/455nm 的荧光物质,可用于氨基酸的检测。同时指出 α,β-二氨基丙酸(α,β-diaminopropionic acid,DAP)与 OPT 在 pH9.5 时的反应产物具有 395/475nm 的荧光。但未进一步研究用荧光法测定 DAP。

李志孝等(1989)研究发现在 pH8 时,ODAP 的水解产物 DAP 及其他脂肪族邻二胺在巯基乙醇存在下,与 OPT 的反应产物在 470/530nm 具有很强的荧光,并在 0.01～1μg/ml 符合 Beer-Lambert 定律。在此条件下,其他氨基酸及非脂肪族邻二胺无干扰。于是建立了山黧豆毒素 ODAP 的荧光光度测定法。其灵敏度比分光光度法高。基本过程为:准确称取 10～20mg 山黧豆粉于 10ml 具塞试管中,加 5ml 的 30% 乙醇浸泡过夜,次日取 1ml 滤液于具塞试管中,加 2ml 的 3.5mol/L KOH 溶液于沸水浴中水解 1h,冷至室温后用稀 HCl 调 pH 约等于 8,然后转移到 10ml 容量瓶中,用缓冲液稀至刻度。取该溶液 1ml,加 2ml 的 OPT 于 5℃ 反应 8min,在荧光光度计上以 470/530nm 测相对荧光强度。从标准曲线查得 ODAP 的微克数,按下式计算山黧豆中 ODAP 的百分含量。

$$ODAP\% = \frac{5F}{m}$$

F 为称取山黧豆的毫克数,m 为标准曲线查得 ODAP 的微克数。

标准曲线制作:取 25μl 的 ODAP 标准液(1mg/ml)于 10ml 具塞试管中,加 2ml 的 3.5mol/L KOH 溶液于沸水浴中水解 1h,冷至室温后用稀 HCl 调 pH 约等于 8,转移到 5ml 容量瓶中并用缓冲液稀至刻度。分别取 D,L-丙氨酸等氨基酸及其他二胺类化合物样品液 1ml 于 10ml 具塞试管中,加 2ml 的 OPT,5℃ 反应 8min,在荧光光度计上以 470/530nm 测定相对荧光强度。

在上述实验条件下脂肪族邻二胺类化合物,如乙二胺、1,2-丙二胺等也与 OPT 反应生成强荧光物质,将干扰测定。实验证明,这类化合物(包括 DAP)在山黧豆中并不存在。而其他氨基酸在该条件下生成极弱的荧光产物,不会干扰测定。

4.7　薄层色谱法测定 ODAP

4.7.1　原理

薄层色谱法(thin layer chromatography,TLC)是一种微量、快速、简便的分离分析方法,按机制可分为吸附、分配、离子交换等;按薄层板的分离效率可分为经典薄层色谱法(TLC)和高效薄层色谱法(high performance thin layer chromatography,HPTLC)。应用最广泛的是吸附薄层色谱法,该法固定相是吸附剂如硅胶、氧化铝等,吸附剂均匀涂在玻璃、塑料或金属箔表面形成一薄层,称为薄层板。试样溶液点在薄层板的一端,在密闭的容器中用适当的溶剂——流动相(称展开剂)展开。此时,混合组分不断被吸附剂吸附,又被展开剂所溶解而解吸附,且随之向前移动,由于吸附剂对各组分具有不同的吸附能力,展开剂对各组分的溶解、解吸附能力也不相同,各组分在两相间发生连续不断地吸附、解吸附,从而产生迁移速度的差异,实现分离。通过喷洒显色剂或在紫外光下观察,可看到移动距离不等的斑点(或色带),根据斑点的位置和大小对组分进行定性和定量分析。下面介绍用TLC 测定山黧豆及其制品中 ODAP 的定性及定量测定法。

4.7.2　薄层层析法(TLC)鉴定豆制品中掺入的山黧豆

Paradkar 等(2003)报道了通过 TLC 定性及定量测定豆制品中掺杂山黧豆的方法。山黧豆因较廉价,常被掺杂到红豆(red gram,RG)及鹰嘴豆(chickpea,CP)等加工的食物中,用 TLC 方法快速检测 ODAP 以鉴定是否掺有山黧豆。方法如下。

1) 山黧豆与鹰嘴豆或红豆粉以不同比例,下列不同加工方法制作的食品作为实验样品。

Dhokla 食品:不同比例面粉混合物＋水＋乳酸菌发酵制得。

Dal 食品:不同比例面粉混合物＋水＋调料,压力锅烹饪＋水煮沸。

Bhajiya 食品:不同比例面粉混合物＋水＋调料,油炸。

Boondi 食品:不同比例面粉混合物＋水＋调料,漏入油锅炸。

Sev 食品:不同比例面粉混合物＋水＋调料,挤压成面条再油炸。

2) 标准曲线的制作:分别取 10μl 浓度为 0～20μg/10μl 的 ODAP 标准溶液点在薄层板(F$_{254}$硅胶铝板,10cm×10cm)上,干燥 5min 后放入含有展开剂(正丁醇:乙酸:水＝16:8:1)的层析缸中展开 1h。此时,溶剂前沿可达薄板顶端约 2cm,喷洒显色剂(0.1%茚三酮-丙酮溶液),105℃加热 5min 可显现 ODAP 斑点(Rf 为 0.16～0.18)。小心刮取相应斑点,加 4ml 的 75%乙醇液洗脱、过滤,测定光密度(540nm),以 ODAP 浓度为横坐标,以光密度为纵坐标绘制标准曲线。

3) 样品分析:掺有不同比例山黧豆用不同方法加工的豆类食品首先用石油醚(60～80℃)除去脂肪,干燥并捣碎为约 0.5mm 的粗粉。称取 1g 样品粗粉,加10ml 蒸馏水及 0.1ml 的 1mol/L HCl,摇匀、过滤,取 10μl 滤液点于薄层板上,接着按上述标准曲线的制作方法。

表 4-15 及表 4-16 分别示出鹰嘴豆(chickpea,CP)、红豆(red gram,RG)与山黧豆(*Lathyrus sativus* L.)粉以不同比例加工的样品中 ODAP 的可检测性。可以看出 TLC 法最低可检测出二者中最低含 10%的山黧豆。

表 4-15　鹰嘴豆(CP)与山黧豆(L)以不同比例加工的样品中 ODAP 的可检测性(Paradkar *et al*.,2003)

样品	鹰嘴豆(CP)/山黧豆(L)										
	0∶100	10∶90	20∶80	30∶70	40∶60	50∶50	60∶40	70∶30	80∶20	90∶10	100∶0
A	+	+	+	+	+	+	+	+	+	+	−
B	+	+	+	+	+	+	+	+	+	+	−
C	+	+	+	+	+	+	+	+	+	−	−
D	+	+	+	+	+	+	+	+	+	−	−
E	+	+	+	+	+	+	+	+	−	−	−
F	+	+	+	+	+	+	+	+	+	−	−
G	+	+	+	+	+	+	+	+	+	+	−

注：A,未加工混合粉；B,压力锅烹饪食品；C,Dal 食品；D,Bhajia 食品；E,Sev 食品；F,Boondi 食品；G,Dhokla 食品；"＋"有斑点；"－"无斑点。

表 4-16　不同比例的红豆(RG)与山黧豆(L)制品中 ODAP 的可检测性(Paradkar *et al*.,2003)

样品	红豆(RG)/山黧豆(L)										
	0∶100	10∶90	20∶80	30∶70	40∶60	50∶50	60∶40	70∶30	80∶20	90∶10	100∶0
A	+	+	+	+	+	+	+	+	+	+	−
B	+	+	+	+	+	+	+	+	+	−	−
C	+	+	+	+	+	+	+	+	+	−	−
D	+	+	+	+	+	+	+	+	−	−	−

注：A,未加工混合粉；B,压力锅烹饪食品；C,Dal 食品；D,Bhajia 食品；"＋"有斑点；"－"无斑点。

从表 4-17 可以看出,未加工的山黧豆粉中含有 ODAP 6.87g/kg。在 Sev 食品中 ODAP 含量降低最大,达 49%；而 Boondi 及 Bhajiya 食品次之,降低 37%；Dal 食品降低 25%；用压力锅加压烹饪与 Dhokla 食品则降低最少,仅为 13%。这与此前所报道的有关热加工山黧豆食品并不能完全消除 ODAP 的结果基本一致。

表 4-17　山黧豆的不同热加工食品中 ODAP 的含量(Paradkar *et al*.,2003)

食品名	加工后 ODAP 含量/(g/kg)	ODAP 含量的降低/%
未加工的山黧豆	6.87±0.10	0
压力锅烹饪食品	6.00±0.07	13
Dhokla 食品	6.00±0.07	13
Dal 食品	5.12±0.05	25
Bhajiya 食品	4.31±0.05	37
Boondi 食品	4.31±0.06	37
Sev 食品	3.50±0.03	49

实验证明,TLC 法对 ODAP 的最低检出量为 $0.5\mu g$,检测时间 2.5h,优于纸层析 36h,且 ODAP 斑点清晰,R_f值(0.46~0.48)重复性好。

4.7.3　TLC 测定山黧豆毒素

焦成瑾等(2007)通过薄层层析(TLC)发现山黧豆毒素 ODAP 与好几种常见氨基酸具有相同或相近的 R_f 值。直接用 TLC 分析其含量势必造成很大误差,而用阳离子交换柱对样品液进行简单分离,第一个洗脱出的 ODAP 再进行 TLC 分析,可得到准确的结果。方法简介如下:27 种氨基酸的标样用 0.1mol/L HCl 配成 1mg/ml 的溶液,点于硅胶薄层板,展开剂为正丁醇:冰醋酸:水(16:8:1),茚三酮显色,点样量 $2\mu l$,层析结果 R_f值见表 4-18。

表 4-18　27 种蛋白质氨基酸及山黧豆中的非蛋白质氨基酸的硅胶 G 薄层板上的 R_f 值
（$n=3$）（焦成瑾等,2007）

氨基酸	R_f值	氨基酸	R_f值
天冬氨酸	0.210 ± 0.005	赖氨酸	0.031 ± 0.003
苏氨酸	0.281 ± 0.001	组氨酸	0.034 ± 0.001
丝氨酸	0.216 ± 0.002	精氨酸	0.038 ± 0.004
谷氨酸	0.335 ± 0.012	天冬酰胺	0.159 ± 0.006
脯氨酸	0.181 ± 0.007	谷氨酰胺	0.164 ± 0.005
甘氨酸	0.206 ± 0.005	色氨酸	0.506 ± 0.002
丙氨酸	0.312 ± 0.005	高精氨酸	0.040 ± 0.005
半胱氨酸	0.350 ± 0.013	瓜氨酸	0.163 ± 0.007
缬氨酸	0.451 ± 0.011	2,3-二氨基丙酸	0.038 ± 0.006
甲硫氨酸	0.432 ± 0.014	BIA	0.040 ± 0.005
异亮氨酸	0.496 ± 0.009	ODAP	0.043 ± 0.007
亮氨酸	0.519 ± 0.015	胱氨酸	0.060 ± 0.005
酪氨酸	0.539 ± 0.018	鸟氨酸	0.026 ± 0.001
苯丙氨酸	0.502 ± 0.012		

从 R_f值可将氨基酸分为以下 3 类。A,R_f值在 0.312~0.539 的有以下 10 种:丙氨酸、谷氨酸、半胱氨酸、缬氨酸、甲硫氨酸、异亮氨酸、亮氨酸、苯丙氨酸、酪氨酸、色氨酸。B,R_f值在 0.159~0.281 的有 8 种:天冬酰胺、谷氨酰胺、瓜氨酸、脯氨酸、甘氨酸、天冬氨酸、丝氨酸、苏氨酸。C,R_f值在 0.026~0.060 的有 9 种:鸟氨酸、赖氨酸、组氨酸、精氨酸、高精氨酸、DAP、BIA、胱氨酸及 ODAP。

层析发现 ODAP 很难与这些氨基酸完全分离。为此,先通过离子交换分离,再进行 TLC 测定:50ml 种子抽提液上强酸性阳离子(H^+)交换柱,蒸馏水洗脱,分步收集，茚三酮检测流出情况，发现 ODAP 首先洗脱出来，经 HPLC 法鉴定确认为 ODAP（图 4-5）。

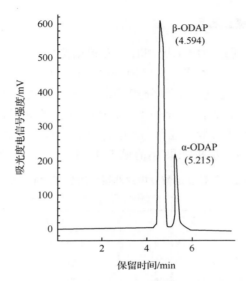

图 4-5　山黧豆种子游离氨基酸抽提样离子交换第一个分离物的洗脱收
集样 HPLC（焦成瑾等，2007）

所有第一个洗脱收集物与 ODAP 标样的保留时间一致：

β-ODAP 均为 4.594；α-ODAP 均为 5.215

结果说明山黧豆萃取液经阳离子树脂交换后首先洗出 ODAP，经浓缩、TLC 分离与其他氨基酸充分分开，该法操作简便、成本低适宜大量样品。

4.7.4　高效薄层色谱法测定山黧豆食品中 ODAP 的降解动力学

Tarade 等（2007）发现神经毒素 ODAP 具有相对的热稳定性，并对三种烹饪方法加工的山黧豆食品中 ODAP 的动力学降解进行了研究。研究过程如下。

样品的测定：1g 山黧豆粉分别在 10ml 的 pH4.0 及 pH9.2 的缓冲液中，不同时间（0~60min）、温度（60℃、80℃、90℃、100℃及 120℃）的条件下加热处理，取 $10\mu l$（0.02~0.7μg）标准溶液点于 GF_{254} TLC 薄层板，用展开剂正丁醇：吡啶：水（10：10：5）展开两次，喷洒 0.2% 茚三酮-丙酮溶液，120℃加热、显色 15min。通过光密度仪测定 Rf 约等于 0.21 的斑点（ODAP）。斑点的峰面积对应标准曲线，测定 ODAP 的含量。

表 4-19 列出了高效薄层色谱法测定山黧豆粉在 pH4.0（A）及 pH9.2（B）条件下加热（60~120℃）处理对 ODAP 含量的影响。

表 4-19　山黧豆粉在 pH4.0(A)或 pH9.2(B)下加热处理对

ODAP 含量(mg/g)的影响(Tarade et al.,2007)

时间/min	ODAP 含量/(mg/g)				
	60℃	80℃	90℃	100℃	120℃
15(A)	4.39±0.13	4.38±0.49	4.34±0.24	4.33±0.34	3.66±0.25
15(B)	4.41±0.10	4.33±0.20	4.29±0.18	4.14±0.10	3.79±0.24
30(A)	3.95±0.02	3.84±0.54	3.83±0.01	3.69±0.21	3.13±0.14
30(B)	4.04±0.25	3.96±0.04	3.85±0.35	3.56±0.19	3.46±0.08
45(A)	3.75±0.11	3.52±0.14	3.26±0.04	3.17±0.04	2.31±0.25
45(B)	3.79±0.02	3.23±0.03	3.17±0.52	3.11±0.30	2.60±0.03
60(A)	3.64±0.01	2.94±0.27	2.65±0.11	2.38±0.29	2.10±0.09
60(B)	3.42±0.10	2.97±0.02	2.47±0.29	2.28±0.53	2.24±0.14

　　山黧豆粉末中 ODAP 的起始含量为 4.5mg/g。从表 4-19 可看出,在等温 120℃、pH9.2 条件处理下 ODAP 降低了 54%。ODAP 对热相对稳定,但在碱性 介质(pH9.2)中的损失比在酸性介质(pH4.0)中大。

　　表 4-20 显示山黧豆粉中 ODAP 在 pH4.0 及 pH9.2 的速度常数及半衰期 ($T_{1/2}$,min)值。

表 4-20　山黧豆粉中 ODAP 在 pH4.0 及 pH9.2 的速度常数及半衰期

(Tarade et al.,2007)

温度 /℃	pH4.0		pH9.2	
	降解回归方程(R^2)	$T_{1/2}$/min	降解回归方程(R^2)	$T_{1/2}$/min
60	$y=-0.0041x+0.0161(0.931)$	169.02	$y=-0.0055x+0.0631(0.99)$	126.00
80	$y=-0.0086x+0.1065(0.98)$	80.58	$y=-0.0094x+0.1191(0.98)$	73.72
90	$y=-0.0109x+01479(0.99)$	63.58	$y=-0.0123x+017411(0.97)$	56.34
100	$y=-0.0132x+0.1889(0.98)$	52.50	$y=-0.0123x+0.1394(0.96)$	54.14
120	$y=-0.0132x+0.0071(0.96)$	52.90	$y=-0.0124x+0.0457(0.96)$	55.88

注:"R^2"为相关系数;"$T_{1/2}$"为半衰期,单位为 min。

　　半衰期[$T_{1/2}$(min)]指通过反应速率常数(0.693/min)计算出 ODAP 从起始 值降解 50% 所需要的时间。很明显,从表 4-20 数据可以看出 ODAP 的降解速率 随温度的升高而增加,在 pH4.0 时,由 60℃时的 0.0041/min 升高到 100℃时的 0.0132/min;在 pH9.2,由 60℃时的 0.0055/min 升到 100℃时的 0.0123/min。

　　表 4-21 列出了在不同 pH 条件下三种烹饪方法中山黧豆 ODAP 降解值及动 力学数据。数据表明 ODAP 在碱性介质中要比在酸性介质中更容易降解。这与

Long 等(1996)观察到的结果一致。

表 4-21　山黧豆粉在 pH4.0 及 pH9.2 不同烹饪法时 ODAP 的降解及动力学数据

(Tarade *et al*.,2007)

烹饪方法	时间/min	ODAP 含量/(mg/g)		速度常数 k/(min⁻¹)(R²)		$T_{1/2}$/min	
		pH4.0	pH9.2	pH4.0	pH9.2	pH4.0	pH9.2
压力锅烹饪	15	2.29±0.34	1.92±0.05	0.0170(0.99)	0.013(0.96)	40.76	53.30
	30	1.85±0.36	1.54±0.09				
	45	1.45±0.45	1.37±0.08				
	60	1.11±0.12	1.03±0.02				
开口锅烹饪	15	3.18±0.15	3.00±0.05	0.0121(0.94)	0.0112(0.96)	57.27	61.87
	30	2.50±0.45	2.68±0.17				
	45	2.38±0.23	2.06±0.04				
	60	1.83±0.23	1.87±0.01				
生态烹饪	15	3.45±0.50	3.62±0.07	0.0098(0.89)	0.0096(0.96)	70.71	72.18
	30	2.58±0.10	2.94±0.09				
	45	2.36±0.07	2.76±0.02				
	60	2.18±0.11	2.29±0.30				

注：表中数值为 3 份样品的平均值±标准差；所有山黧豆样品 ODAP 的初始含量均为(4.5±0.63)mg/g；"R^2"为相关系数；"$T_{1/2}$"为半衰期,单位为分钟。

参 考 文 献

甘肃省卫生防疫站,甘肃省粮食防治队,甘肃省农业科学院,等.1975. 山黧豆中毒素分析与去毒方法的研究. 兰州大学学报(自然科学版),11(2):45~65

李志孝,陈耀祖,张东辉.1989. 荧光光度法测定山黧豆毒素,分析化学,17(12):1090~1094

李志孝,蔡文涛,陈耀祖,等.1986. 山黧豆毒素-BOAA 纸层析扫描测定. 兰州大学学报(自然科学版,22(2):76~80

李志孝,蔡文涛,许主国,等.1987. 邻苯二甲醛比色测定山黧豆毒素. 兰州大学学报(自然科学版),23(2):130~132

李志孝,孟延发,张立,等.1992. 山黧豆中 α-及 β-草酰二氨基丙酸相对含量的电泳测定及分离. 兰州大学学报(自然科学版),28:89~92

焦成瑾,杨玲娟,雷新有,等.2007. 山黧豆毒素的薄层分离. 氨基酸和生物资源,29(4):76~80

Babadur K,Billa S P. 1970. Estimation of β-N-oxalyl,α,β-diamino propionic acid in *Lathyrus sativus*. Indian J Appl Chem,33(3):168~172

Bell E A. 1962. Associations of ninhydrin-reacting compounds in the seeds of 49 species of *Lathyrus*. Biochem J,83:225~229

Bell E A. 1964. Relevance of biochemical taxonomy to the problem of Lathyrism,Nature,203:378~380

Briggs C J,Parreno N,Campbell C G. 1983. Phytochemical assessment of *Lathyrus* species for the neurotoxin agent,β-N-oxalyl-L-α,β-diaminopropionic acid. Journal Medicinal Plant Reserch,47(3):188~190

Dutta A B. 1965. A Chemical method for the detection of Rhesari pulse (*Lathyrus sativus*). Jour. &. Proc. Inst,37:14~16

Long Y Q,Ye Y H,Xing Q Y. 1996. Sdudies on the neuroexcitotoxin [beta]-N-oxalo-L-[alpha]-diomino-propionic acid and its isomer [alpha]-N-oxalo-L-[alpha,beta]-diaminopropionic acid from the root of *Panax sprcies*. International Journal of Peptide Research,47:42~46

Malathi K,Padmanaban G,Rao S L N,*et al*. 1967. Studies on the biosynthesis of β-N-oxalyl-L-α,β-diaminopropionic acid,the *Lathyrus Sativus* neurotoxin. Biochim. Biophys. Acta,141:71~78

Murti V V S,Seshadri T R. 1964. Neurotoxic compounds of the seeds of *Lathyrus sativus*. Phytochemistry,3: 73~78

Nagarajan V,Mohan V S. 1967. A simple and specific method for detection of adulteration with *Lathyrus sativus*. Ind Jour Med Res,55(9):1011~1014

Paradkar M M,Singhal R S,Kulkarhi P R. 2003. Detection of *Lathyrus sativus* in processed chickpea-dnd red gram-based products by thin Layer Chromatography. J Sci Food Agric,83:727~730

Rao S L. 1978. A sensitive and specific colorimetric method for the Determination of α,β-diamino-propionic acid and the *Lathyrus satirus* neurotoxin. Anal Biochem,86:386~395

Rao D R,Hariharan K,Vijayalakshmi K R. 1974. A specific enzymatic procedure for the determination of neurotoxic components (derivatives of L-α,β-diaminopropionic acid) in *Lathyrus sativus*. J Agr Food Chem, 22(6):1146~1148

Rao S L N,Adiga P R,Sarma P S. 1964. The lsolation and characterization of β-N-Oxalyl- L-α,β-Diaminopropionic acid: A neurotoxin from the seeds of *Lathyrus stavus*. Biochemistry,3(3):432~436

Roth M. 1971. Fluorescence reaction for amino acids. Anal. Chem,43:880~882

Tarade K M,Singhal R S,Jayram R V,*et al*. 2007. Kinetics of degradation of ODAP in *Lathyrus sativus* L. flour during food processing. Food Chemistry,104:643~649

第 5 章　山黧豆毒素(β-ODAP)的定量分析

为了配合山黧豆相关领域的研究,本课题组改进和创建了许多定量检测山黧豆毒素(β-ODAP)的技术,如高效液相色谱法(high performance liquid chromatography,HPLC)、毛细管区带电泳(capillary zone electrophoresis,CZE)、流动注射分析法(flow injection analysis,FIA)及气相色谱-质谱分析(gas chromatography-mass spectrometry,GC-MS)等定量分析技术,运用这些技术不仅精确而有效地鉴定了 β-ODAP 的理化性质、结构、α-ODAP 与 β-ODAP 异构体和两者互变机制,并对不同基因型的山黧豆、不同自然分布的山黧豆居群和不同方法加工处理的山黧豆制品中 β-ODAP 含量,蛋白质氨基酸和非蛋白质氨基酸种类及性质等进行了较为系统的鉴定与研究,发表了一系列 SCI 收录文章,受到同行广泛关注。这些成果不仅为 β-ODAP 化学合成和生物合成的研究提供了重要参数和信息,还为研究该毒素的代谢、毒理作用和生理作用,以及加工去毒的方法与遗传育种等奠定了基础。为此,本章以本课题组研究成果为主线介绍山黧豆毒素定量分析的程序与结果,并为山黧豆毒素的深入研究建立了技术平台。

5.1　高效液相色谱法(HPLC)

5.1.1　原理

高效液相色谱(high performance liquid chromatography,HPLC),是用高压输液泵将具有不同极性的单一溶剂或不同比例的混合溶剂、缓冲液等流动相泵入装有固定相的色谱柱,经进样阀注入待测样品,由流动相带入柱内,在柱内各成分被分离后,依次进入检测器进行检测,从而实现对试样的分析。这种方法已成为化学、生物化学、医学、工业、农业、环保、商检和法检等学科领域中重要的分离分析技术,是分析化学、生物化学和环境化学工作者必不可少的工具。

由于 HPLC 的检测器一般是吸收范围为 $190\sim365nm$ 的紫外检测器,通常具有紫外吸收的基团在 254nm 处对紫外线有较强的吸收,因此,常用的紫外检测器基本上都选用 254nm。有机化合物中 σ 键在紫外光及可见光区无吸收,而 π 键能吸收紫外光。芳香化合物的紫外吸收要比单官能团中的 π 键(如羰基和羧基)强得多,对于包括 ODAP 在内的这些挥发性差、极性强、具有生物活性、热稳定性差、无紫外吸收的大多数脂肪族氨基酸来说显得有点无能为力。为此,必须进行衍生化。

　　衍生化就是用通常方法不能直接检测或检测灵敏度低的物质与某种试剂(衍生化试剂)反应,使之生成具有紫外吸收的芳香化合物。按衍生化的方式可分柱前衍生和柱后衍生。柱前衍生是将被测物转变成可检测的衍生物后,再通过色谱柱分离。这种衍生可以是在线衍生,即将被测物和衍生化试剂分别通过两个输液泵送到混合器里混合并使之立即反应完成,随之进入色谱柱;也可以先将被测物和衍生化试剂反应,再将衍生产物作为样品进样;还可以在流动相中加入衍生化试剂。柱后衍生是先将被测物分离,再将从色谱柱流出的溶液与反应试剂在线混合,生成可检测的衍生物,然后导入检测器。按生成衍生物的类型又可以分成紫外-可见光衍生、荧光衍生、拉曼衍生和电化学衍生等。

　　迄今为止,通过衍生化进行 HPLC 法分析山黧豆毒素 β-ODAP 的方法已有许多文献报道。综览这些文献,可以看出,目前应用于山黧豆毒素 β-ODAP 最多的衍生化试剂是:邻苯二甲醛(o-phthalaldgehyde,OPA)、9-芴基甲氧基碳酰氯(qfluorenylmethyoxycarbonyl chloride,FMOC)、异硫氰酸苯酯(phenylisothiocyanate,PITC)、丹酰氯(dansyl-Cl)、6-氨基喹啉基-N-羟基丁二酰亚胺氨甲酸酯(6-aminoquinolyl-N-hydroxysuccinimidyl carbamate,AQC)、2,4-二硝基氟苯(DNFB 2,4-dinitrofluorobenzene)及对硝基苄氧基碳酰氯(P-nitrobenzyloxycarbonyl chloride,PNZ-Cl)等。现分述如下。

5.1.2　邻苯二甲醛(OPA)衍生化法

（1）概述

　　邻苯二甲醛(o-phthalaldehyde,OPA)衍生法很早由 Roth(1971)提出作为传统茚三酮显色方法分析氨基酸的一种替代手段。由于其灵敏度比茚三酮法高出 10 倍,最初作为一种柱后衍生剂,后来才作为柱前衍生剂使用,Simons 等(1976)测定了其衍生化反应产物的结构,其衍生反应原理(Jones *et al*.,1983)如图 5-1 所示。

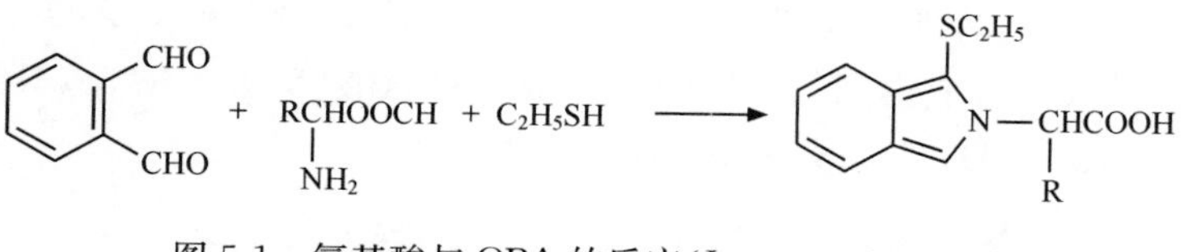

图 5-1　氨基酸与 OPA 的反应(Jones *et al*.,1983)

　　OPA 在 β-巯基乙醇存在下,一级氨基酸迅速反应生成可产生荧光的 α-硫代-β-烷基异吲哚加成物,在紫外区有较强的吸收。它既可做高灵敏荧光检测($\lambda_{ex}=340nm$,$\lambda_{fl}=455nm$),又可做一般的紫外吸收检测。紫外及荧光检测的线性范围分别为 10～200pmol 及 0.8～15pmol,OPA 本身不干扰分离与检测,不必除去过量试剂,色谱图基线比较平稳,图 5-2 为 OPA 衍生法测定蛋白质水解液中各种氨基酸的经典色谱图。

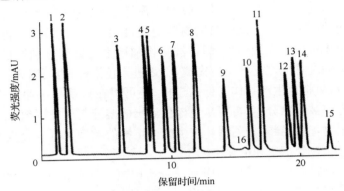

图 5-2　OPA 法蛋白质水解色谱图（Jones *et al.*，1983）

1. 天冬氨酸；2. 谷氨酸；3. 丝氨酸；4. 甘氨酸；5. 苏氨酸；6. 组氨酸；7. 丙氨酸；8. 精氨酸；9. 酪氨酸；
10. 缬氨酸；11. 甲硫氨酸；12. 异亮氨酸；13. 苯丙氨酸；14. 亮氨酸；15. 赖氨酸；16. 半胱氨酸

OPA 柱前衍生反相 HPLC 法比传统柱后衍生有更高的分辨率和灵敏度。多数氨基酸检测极限为 0.5pmol（信噪比为 2.5∶1），只有组氨酸和赖氨酸的检出限较高，分别为 2.5pmol 和 3.5pmol。OPA 法蛋白质水解液氨基酸检测的变异系数一般为 2%～3.4%（CV），生理体液中氨基酸的检测变异系数为 4%～7%，酪氨酸和组氨酸的大些，为 8%～10%。

（2）测定具有 ω-N-草酰基的二元氨基酸

Euerby（1989）为了研究具有 ω-N-草酰基的二元氨基酸（ω-N-oxalyl diamino acid）类物质的药理及生物学性质（图 5-3），提出了使用 OPA 试剂衍生化，HPLC 法测定这类物质的方法。其中 β-ODAP（1a）及 r-N-草酰-L-α，γ-二氨基丁酸，（r-N-oxalyl-α，β-diaminobututyric acid，L-γ-ODAB，2a）是存在于山黧豆中的两个天然产物。其 D 型异构体，即 β-N-草酸-D-α，β-二氨基丙酸（1b），r-N-草酸-α，γ-二氨基丁酸（即 2b）是人工合成得到的。同时还合成了鸟氨酸（δ-OORN，3a，3b）和赖氨酸（ε-OLYS，4a，4b）的 D 和 L 型 ω-N-草酰衍生物。

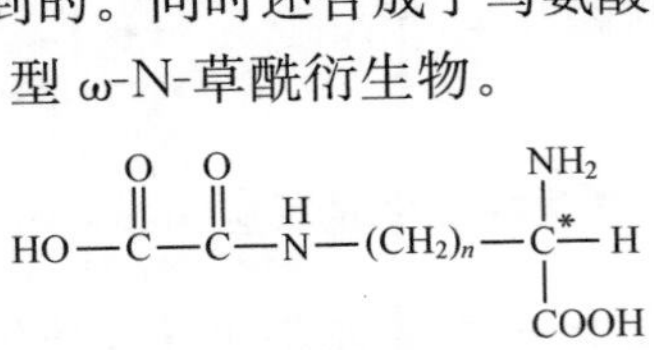

$$HO-\overset{O}{\underset{}{C}}-\overset{O}{\underset{}{C}}-N-(CH_2)_n-\overset{NH_2}{\underset{COOH}{\overset{|}{C^*}}}-H$$

图 5-3　ω-N-草酰基的二元氨基酸的结构（Euerby，1989）

1a（n=1，L 型）；1b（n=1，D 型）；2a（n=2，L 型）；2b（n=2，D 型）；3a（n=3，L 型）；
3b（n=3，D 型）；4a（n=4，L 型）；4b（n=4，D 型）

图 5-4A 显示 β-ODAP、γ-ODAB、δ-OORN 及 ε-OLYS 这些 ω-N-草酰-二氨基

酸的 L 和 D 型对映体与 OPA 试剂衍生化物的色谱图,可以看出,各个对映体可在 50 多分钟内完全、有效地分离。该方法对所有 ω-N-草酰化合物来说其保留时间和峰高的变异系数均分别小于 0.72% 和 1.2%,在 0.2~1.0nmol 浓度,峰高与浓度之间显示良好线性关系。

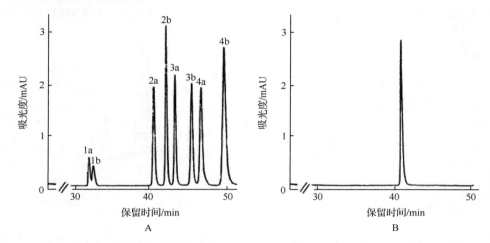

图 5-4　β-ODAP、γ-ODAB、δ-OORN 及 ε-OLYS 的 ω-N-草酰-二氨基酸的 L 和 D 型对映体与 OPA 试剂衍生化物的色谱图(Euerby,1989)

A. ω-N-oxalyldiamino acid 标准混合物,其中 1a=L-β-ODAP;1b=D-β-ODAP;2a=L-γ-ODAB;2b=D-γ-ODAB;3a=L-δ-ODAB;3b=D-δ-ODAB;4a=L-ε-OLYS;4b=L-ε-OLYS。

B. 从 Lathyrus latifolius 分离的 L-γ-ODAB

图 5-4B 示出了 β-ODAP、γ-ODAB、δ-OORN 及 ε-OLYS 这些 ω-N-草酰-二氨基酸的 L 和 D 型对映体与 OPA 试剂衍生化物的色谱图。

(3) OPA 衍生化 HPLC 测定 β-ODAP

Thippeswamy 等(2007)报道用邻苯二甲醛(OPA)衍生化,反相 HPLC 测定 β-ODAP 的方法。过程为:山黧豆粉(60 目)加入磺基水杨酸(sulfosalicylic acid)(3%,W/W)在(25±2)℃搅拌萃取,离心(4℃)。膜过滤上清液,待用。OPA 溶于甲醇的衍生化试剂(每日新鲜配制)加到 0.4mol/L 硼酸钠缓冲液(pH10.5)中,再加入 β-巯基乙醇。取 10μl 样品萃取液与等量的 OPA 试剂于(25±2)℃保温反应 2min 后待进行 HPLC 分析。同法,分别衍生化各含 2.5mmol/L 的 β-ODAP、天冬氨酸(Asp)及谷氨酸(Glu)标准溶液及 α-ODAP 和二氨基丙酸(DAP)。三个标准氨基酸(Asp、β-ODAP 及 Glu)得到良好分离。保留时间(Rt)分别为 12.8min、13.6min 和 14.3min)。通过 10 次测定 β-ODAP 的保留值,表明该法的标准偏差(SD)为 ±0.078%,变异系数(CV)为 0.68%,说明在给定的萃取、贮藏条件下

β-ODAP十分稳定,无异构化产物 α-ODAP 存在。该法简单、快速、准确,最低检测线达(3.5±0.1)ppm。

图 5-5 显示山黧豆与鹰嘴豆粉萃取物的色谱图。表明 β-ODAP(Rt=13.6min)是山黧豆中重要的氨基酸,而鹰嘴豆不含 β-ODAP。用磺基水杨酸萃取[(7.6±0.05)mg β-ODAP/g]比乙醇萃取法[(6.1±0.05)mg β-ODAP/g]萃取率既快又高。

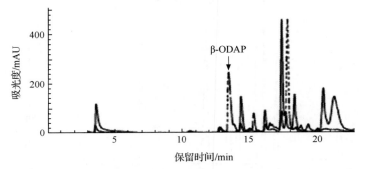

图 5-5 山黧豆与鹰嘴豆粉萃取物与 OPA 衍生物的色谱图(UV=340nm)
(Thippeswamy et al.,2007)

图 5-6 显示山黧豆与鹰嘴豆(chickpea)混合物中分别含 0%、0.1%及 0.01%

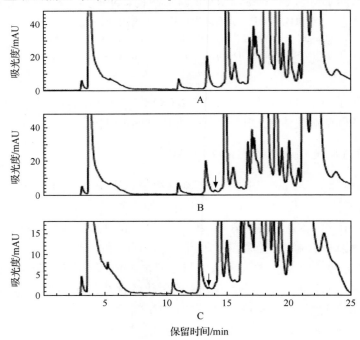

图 5-6 山黧豆与鹰嘴豆萃取物与 OPA 衍生物的色谱图(Thippeswamy et al.,2007)
A. 鹰嘴豆;B. 1%山黧豆;C. 0.1%山黧豆(箭头所指为 β-ODAP)

山黧豆的萃取物与 OPA 衍生物的色谱图。可以看出，β-ODAP 的含量分别为 0、35.31μg/g 和 3.55μg/g。这一检测技术相当于可从 1000 粒混合豆中检出 1 粒山黧豆（相当于 3.66ppm 的含量）。可见该法灵敏、可靠。

该法的灵敏度通过掺入鹰嘴豆粉中 β-ODAP 的回收率测定。实验测得山黧豆中 β-ODAP 的含量为 0.75mg/100g。掺入鹰嘴豆中的山黧豆分别为 0.1%、1%、5%（w/w），而测得的 β-ODAP 回收率为（98.7±0.8）%（$n=5$）。这些数据说明该法对于食品中是否掺入山黧豆、研究低毒山黧豆品种及测定中草药——人参中的 β-ODAP 提供了较为快速、灵敏的方法。

（4）OPA 衍生化 HPLC 测定豆类食品中掺入的山黧豆

Misra 等（2009）用 OPA 柱前衍生化 RP-HPLC 测定掺有山黧豆的加工食品中 β-ODAP 的含量。山黧豆由于价廉、味美在印度常常加工为各种小吃，更多的是其掺和在鹰嘴豆、绿豆、红豆等豆类面粉中通过油炸、烘烤或发酵加工的食品中。由于山黧豆含有毒素 β-ODAP，因此这种掺假是违法的，相关部门很有必要检测其中的 β-ODAP 来鉴定掺入山黧豆的量。此前，ODAP 的测定常用 Rao（1978）的分光光度法，其缺点是不能区分有毒的 β-ODAP 及无毒的 α-ODAP，Misra 等的方法可克服这一缺点。人们早已认识到加热可加速 β 型向 α 型的热异构化，这一现象同样存在于食品的加工过程中。

图 5-7 为 β-ODAP、α-ODAP 及 DAP 标样与 OPA 衍生物的色谱图，两个异构体完全分离。该法用于对豆类食品中 β-ODAP 检测。

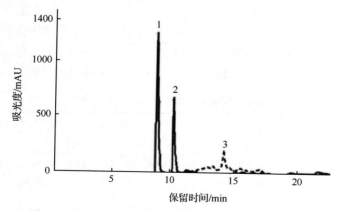

图 5-7　OPA 标样衍生物的色谱图（Misra *et al.*，2009）

1. β-ODAP；2. α-ODAP；3. DAP

图 5-8 显示山黧豆及鹰嘴豆萃取物与 OPA 衍生物的色谱图，鹰嘴豆图谱中缺失 β-ODAP 及 α-ODAP 峰，说明可作为空白对照。山黧豆粉中 β-ODAP 的测定结

果为(5.26 ± 0.11)mg/g，α-ODAP 为 1.25mg/g，占 ODAP 总量的 19.2%，这与报道的 α-ODAP 的天然丰度 16%～18%一致（Chen et al.，2000）。

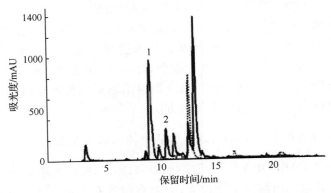

图 5-8　山黧豆（—）及鹰嘴豆（---）萃取物与 OPA 衍生物的色谱图（Chen et al.，2000）

1. β-ODAP；2. α-ODAP

　　实验发现，掺有山黧豆的食物油炸后，残油中可检出 β-ODAP。可能油炸是个脱水过程，油炸时水气从食品急速进入油中，紧接着蒸发，将 β-ODAP 留在油中。掺假炒熟食中 β-ODAP 可降低(50 ± 2)%（表 5-1）。Akalu 等（1998）证明山黧豆粉在 110℃炒 30min 可降低 β-ODAP 14%，随着增加时间及升高温度其含量可降 82%。发酵并蒸熟的食品中 β-ODAP 也可降低到大约 42%（表 5-1，图 5-9）。发酵的时间及介质的 pH 对 β-ODAP 含量的影响可通过在一定间隔时间取样进行测定，结果表明，前 4h β-ODAP 含量呈线性下降，随后趋于平缓，变化不大（图 5-9）。发酵期间，pH 由 4.5 降至 4.0。β-ODAP 含量的降低可能是被用作乳酸菌的基质或是低 pH 下的催化水解，为此，将 β-ODAP 在 pH4.5 及 pH7.0 保温 12h 后测其含量，证明没有变化，说明乳酸菌把 β-ODAP 作为碳氮源基质，降低了毒素含量。

表 5-1　不同烹饪加工对 β-ODAP 的降解

山黧豆与鹰嘴豆混合物		热加工后残余 β-ODAP/（mg/g）		
山黧豆/%	β-ODAP/（mg/g）	炒	发酵＋蒸	炸
100	5.270 ± 0.110	2.560 ± 0.002	2.130 ± 0.020	1.510 ± 0.020
50	2.640^a	1.300 ± 0.160	1.270 ± 0.050	0.470 ± 0.010
25	1.320^a	0.710 ± 0.040	0.690 ± 0.040	0.300 ± 0.010
15	0.790^a	0.410 ± 0.010	0.320 ± 0.002	0.130 ± 0.001
1	0.053^a	0.020 ± 0.006	0.020 ± 0.002	0.010 ± 0.001

a：混合物中 β-ODAP 的理论含量（5 次测定的平均值）。

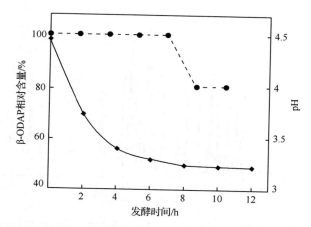

图 5-9 乳酸发酵对 β-ODAP 含量的影响(Akalu,1998)

◆表示残留的 β-ODAP;●表示 pH 变化

由以上实验可以看出,用 OPA 柱前衍生化,HPLC 测定 β-ODAP,方法灵敏,需样品量少并能区分 α 及 β 异构体,该法可测定样品中低至 0.01mg/g β-ODAP,可方便的测定豆制食品中掺入的山黧豆含量。

5.1.3 9-芴基甲氧基碳酰氯(FMOC)衍生化法

（1）概述

9-芴基甲氧基碳酰氯(9-fluorenylmethyoxycarbonyl chloride,FMOC)是合成多肽的氨基保护基。它与带有伯及仲氨基的氨基酸反应生成具有荧光(也有紫外吸收)的衍生物,可用于反相 HPLC 分离分析。使 FMOC 成为氨基酸分析中一个新型的柱前衍生剂,该方法由 Einarsson 等(1983)提出的(图 5-10)。

图 5-10 氨基酸与 FMOC 的反应(Einarsson *et al*.,1983)

FMOC 与氨基酸反应迅速,室温下约 30s 即可完成,反应产物稳定。在 4℃避光条件下可贮存 13d 之久,在酸性条件下也可稳定 30h 以上。反应有很高的灵敏度,检测极限为 1pmol(信噪比为 25∶1),可与 OPA 法相媲美。色谱分离有很好的分辨率和分离度,FMOC 法最大的优点是不受样品基质的干扰(如盐分)。图 5-11 为 FMOC 法对蛋白质水解液中氨基酸的分析色谱图。

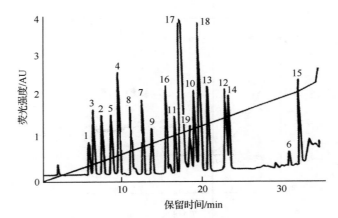

图 5-11　FMOC 法蛋白质水解色谱图（图中斜线表示梯度洗脱曲线）(Einarsson *et al*. ,1983)

1. 天冬氨酸;2. 谷氨酸;3. 丝氨酸;4. 甘氨酸;5. 苏氨酸;6. 组氨酸;7. 丙氨酸;8. 精氨酸;9. 酪氨酸;
10. 缬氨酸;11. 甲硫氨酸;12. 异亮氨酸;13. 苯丙氨酸;14. 亮氨酸;15. 赖氨酸;16. 脯氨酸;
17. Fmoc-OH;18. 正-缬氨酸;19. 氨

（2）FMOC 衍生化 HPLC 测定动物组织中的 ODAP

　　Kisby 等(1989)针对比色分析法的低灵敏度及 OPA-DAP 衍生物的不稳定性，提出了用 FMOC 衍生化，反相 HPLC 分析、荧光检测，测定植物和动物组织中的 ODAP。FMOC-ODAP 衍生物的合成反应由 Carpino 等(1972)提出，反应机制如图 5-12 所示。

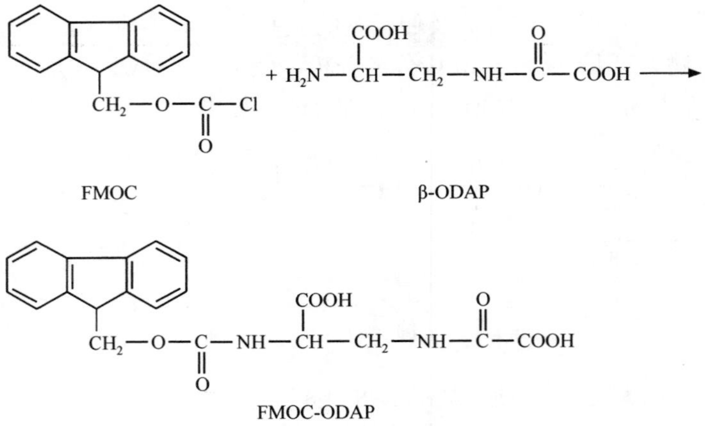

图 5-12　ODAP 与 FMOC 的反应(Carpino *et al*. ,1972)

　　具体过程为:样品液（或标样液）中加入硼酸缓冲液(0.025mol/L,pH9.6)、丙酮、2,5-二氨基戊酸（内标）及 FMOC 的丙酮溶液(0.01mol/L,当日配制),10min

后加入正己烷与乙酸乙酯(1:1)溶液,旋动、进样、梯度线性洗脱(从乙腈:乙酸盐缓冲液 31:69 到 48:52,经过 19min,然后非线性洗脱从 48:52 到 70:30 持续 19～22min,然后线性洗脱从 70:30 到 31:69 经过 22～30min,流速 1.0ml/min,荧光检测,激发波长 254nm,发射波长 315nm)。后来,Geda (1993)和 Kisby 等 (1989)对该法进行了一些改进。ODAP-FMOC 保留时间为 8.4min,DAP-FMOC 为 12.3min,而未反应的 FMOC 的保留时间为 48.4min。该法的缺点是没有选择性,不能区分无毒的 α-ODAP 及有毒的 β-ODAP 异构体。

5.1.4　异硫氰酸苯酯(PITC)衍生化法

（1）概述

Biolingmeyer 等(1984)完善了用异硫氰酸苯酯(phenylisothiocyanate,PITC)分析氨基酸的方法。其反应机制如图 5-13 所示。

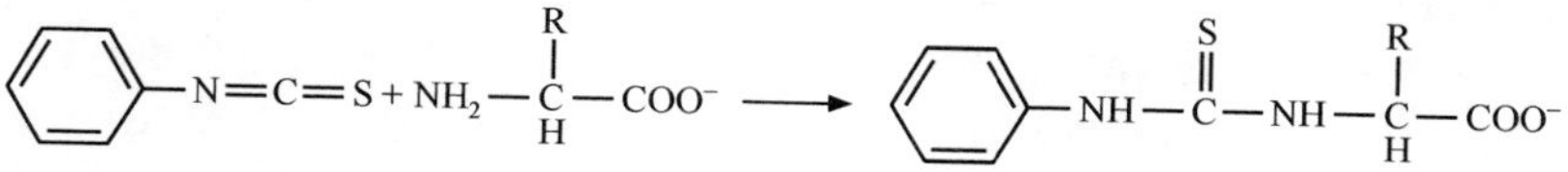

图 5-13　氨基酸与 PITC 的反应(Biolingmeyer *et al*.,1984)

PITC 作为柱前衍生剂,可以和一、二级氨基酸反应,在室温下仅 10min 即可完成,反应产物在原来氨基酸结构上引入苯环产生紫外吸收,使得能用紫外检测器(254nm)检测。一般来说,PITC-氨基酸衍生物结构稳定,在室温下放置数小时,泳箱中放置数周后分析,都可得到良好结果。图 5-14 是采用 PITC 衍生 HPLC 法分析蛋白质水解液中氨基酸的色谱图。

PITC 柱前衍生反相 HPLC 分析法有很好的分辨率和短的分析时间,目前该法已广泛用于生物材料,饲料及食品分析中(Calcull *et al*.,1991)。但 PITC 法具有 3 个劣势:第一,氨基酸衍生时需要真空干燥,以除去过量试剂,使得很难实现操作全部自动化;第二,PITC-氨基酸衍生物不具有荧光,不能给出高的灵敏度,检测极限为 50pmol,仅为 OPA 和 FMOC 法的 1/50;第三,PITC 易于降低柱的寿命,在有保护柱的情况下,一根色谱柱可满意地分析 800 个 FMOC、700 个 OPA 和 500 个 dansy-Cl 衍生物,而尽管在严格的真空净化和样品制备条件下,也只能分析 150 个 PITC 样品。

（2）PITC 衍生化测定山黧豆中 β-ODAP 及 α-ODAP

1993 年,Khan 等首先把 PITC 法应用于山黧豆中 β-ODAP 及 α-ODAP 异构体的测定。随后于 1994 年,该研究小组对其进一步改进(Khan *et al*.,1994)。过程为:标准氨基酸(20nmol)或样品液真空干燥,残渣溶于由甲醇:水:三乙胺

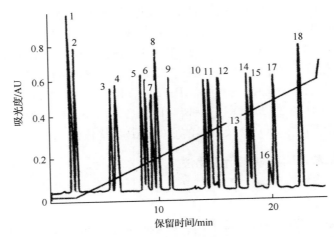

图 5-14　PITC 法蛋白质水解色谱图（图中斜线表示梯度洗脱曲线）（Biolingmeyer *et al.*，1984）
　　1. 天冬氨酸；2. 谷氨酸；3. 丝氨酸；4. 甘氨酸；5. 苏氨酸；6. 丙氨酸；7. 脯氨酸；8. 组氨酸；
　　　9. 精氨酸；10. 酪氨酸；11. 缬氨酸；12. 甲硫氨酸；13. 半胱氨酸；14. 异亮氨酸；
　　　　　15. 亮氨酸；16. 氨；17. 苯丙氨酸；18. 赖氨酸

（2：2：1，$V/V/V$）组成的缓冲液中，真空干燥，再加入衍生化试剂（甲醇：水：三乙胺：异硫氰酸苯酯＝7：1：1：1，$V/V/V/V$，每日新鲜配制），室温静置反应20min，过量试剂真空除去，离心 10min，再经 $0.45\mu m$ 微孔膜过滤即可进样分析。流动相溶剂 A 为 0.1mol/L 的乙酸铵（每两日新鲜制备）；溶剂 B 为 0.1mol/L 的乙酸铵（溶剂为乙腈：甲醇：水（46：10：44，$V/V/V$）。两缓冲液用冰乙酸调 pH至 6.5，过 $0.22\mu m$ 过滤膜，通氦气除气泡。图 5-15 为发芽 3d 的山黧豆幼苗（除去子叶）中游离氨基酸-PITC 衍生物的色谱图。

（3）PITC 衍生化测定不同产地山黧豆中的 β-ODAP 及其他氨基酸

　　Fikre 等（2008）用 PITC 柱前衍生化 HPLC 法分析了不同地区、不同基因型的山黧豆中 β-ODAP 及其他游离和蛋白质氨基酸。简介如下：①样品的制备。山黧豆粉加入 70％乙醇（V/V）及烯丙基甘氨酸（D,L-allylglycine）（$100\mu mol/ml$）（内标），4℃静置过夜，离心，残渣再用 70％乙醇萃取，合并上清液并于 45℃浓缩，进行衍生化。②蛋白质氨基酸样品的制备。豆粉盛于安瓿中，加入 6mol/L 的 HCl、0.01％β-巯基乙醇、$100\mu l$ 正亮氨酸（内标）（$100\mu mol/ml$），放安瓿于干冰中5～8min，使混合物冻结，抽真空后 110℃水解 18h。离心水解液，45℃蒸干上清液，加水再蒸干两次以除去 HCl，残渣加水溶剂，离心，取上清液衍生化。③PITC衍生化及 HPLC 分析。取样品于微型离心管，45℃抽干，加入缓冲液（甲醇：水：三乙胺＝2：2：1），抽干，加 PITC 衍生化试剂（甲醇：水：三乙胺：异硫氰酸苯

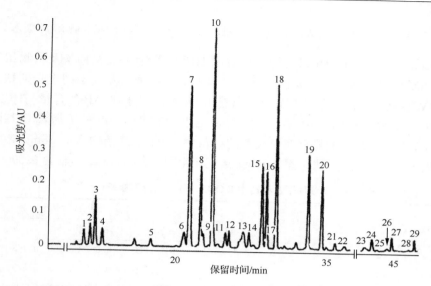

图 5-15　山黧豆 3d 龄幼苗（除去子叶）中游离氨基酸和毒素与 PITC
衍生物的色谱图（Khan *et al.*,1994）

1. 天门冬氨酸；2. 2-氰乙基异恶唑啉-5-酮；3. -ODAP；4. 谷氨酸；5. -氨基己二酸；6. 丝氨酸；7. 天门冬酰
胺；8. 甘氨酸；9. 谷氨酰胺；10. 高精氨酸；11. 组氨酸；12. 精氨酸；13. 苏氨酸＋r-氨基丁酸；14. 丙氨
酸；15. 高丝氨酸；16. β-异恶唑啉-5-酮-2-二氨基丙酸（BIA）；17. 山黧豆素；18. 2-(3-氨基-3-羧丙基)异恶
唑啉-5-酮；19. 酪氨酸；20. 烯丙基甘氨酸（内标）；21. 缬氨酸；22. 蛋氨酸；23. -氨基丙腈；24. 异亮氨酸；
25. 亮氨酸；26. 二氨基丙酸；27. 2,4-二氨基丁酸＋苯丙氨酸；28. 色氨酸；29. 赖氨酸

酯＝7∶1∶1∶1）室温反应 20min，离心、干燥。加入缓冲液（0.1mol/L 乙酸铵，
pH6.5），离心，上清液经微孔膜（0.45μm）过滤，取 20μl 衍生化样品，在 Waters625
型色谱仪分析，梯度洗脱。表 5-2 列出了不同产地收集的山黧豆中游离氨基酸的
含量，发现在所有样品中高精氨酸含量最丰富（0.68%～0.80%），也最稳定，这是
山黧豆最独特的。β-ODAP 是山黧豆中第二个含量高的游离氨基酸，但不同样品
含量变化很大。除了高精氨酸、β-ODAP 外，其他游离氨基酸像天冬酰胺、谷氨酸、
精氨酸及天冬氨酸等具有较低的含量。

表 5-2　不同产地山黧豆种子中游离氨基酸（干重%）

氨基酸	埃塞俄比亚 D. Zeit	埃塞俄比亚 Gonder	印度	中国	波兰	加拿大 LS82046	加拿大 LS87124
高精氨酸	0.68±0.11	0.78±0.16	0.79±0.05	0.68±0.20	0.80±0.32	0.74±0.10	0.69±0.15
β-ODAP	0.35±0.11	0.28±0.09	0.54±0.06	0.38±0.13	0.18±0.09	0.02±0.01	0.02±0.01
天冬酰胺	0.04±0.01	0.08±0.04	0.03±0.02	0.07±0.03	0.15±0.06	0.06±0.05	0.03±0.01
精氨酸	0.05±0.07	0.03±0.02	0.06±0.04	0.04±0.01	0.03±0.01	0.03±0.01	0.01±0.00
天冬氨酸	0.02±0.02	0.03±0.03	0.04±0.04	0.04±0.01	0.04±0.01	0.02±0.01	0.01±0.00
谷氨酸	0.03±0.03	0.08±0.06	0.03±0.03	0.04±0.02	0.08±0.02	0.04±0.01	0.04±0.02

（4）PITC 衍生化分析人参种子及植物组织中 β-ODAP 及其他游离氨基酸

Kuo 等（2003）通过 PITC 衍生化后用 HPLC 测定了人参种子及植物组织中的 β-ODAP 及其他游离氨基酸。表 5-3 列出了人参种子及其不同生长期秧苗中 β-ODAP及其他游离氨基酸含量。可以看出，人参种子 β-ODAP 的含量与印度、埃塞俄比亚及孟加拉国等山黧豆中的含量相近。β-ODAP 占种子游离氨基酸的70％左右。β-ODAP 同样存在于人参的秧苗中，一年生全苗中含 3.38mg/g；二年生的根中含 1.09mg/g，幼芽含 1.54mg/g；三年生的茎含 0.58mg/g，根含 0.59mg/g。

表 5-3　　人参种子及秧苗中 β-ODAP 及其他游离氨基（干重％）

氨基酸	种子	一年生人参	二年生人参		三年生人参	
			根	茎、叶	根	茎
天冬酸	0.124±0.007	0.527±0.018	0.335±0.013	0.547±0.062	0.607±0.006	0.193±0.018
β-ODAP	4.294±0.030	3.381±0.335	1.096±0.052	1.537±0.020	0.596±0.015	0.579±0.027
谷氨酸	0.327±0.021	0.374±0.016	0.270±0.005	0.213±0.048	0.230±0.008	0.293±0.018
丝氨酸	0.012±0.001	1.371±0.034	0.245±0.014	0.799±0.028	0.465±0.011	0.385±0.065
天冬酰胺	0.036±0.007	3.517±0.237	0.751±0.008	1.318±0.081	2.136±0.043	1.013±0.060
甘氨酸	0.019±0.002	0.085±0.005	0.058±0.005	0.122±0.008	0.142±0.005	0.107±0.016
谷氨酰胺	0.050±0.006	10.053±0.524	2.599±0.016	3.119±0.263	14.363±0.393	5.961±0.112
β-丙氨酸	—	0.146±0.010	0.019±0.009	0.090±0.040	0.053±0.017	
组氨酸	—	0.176±0.017	—	0.113±0.006	0.96±0.062	0.224±0.037
牛磺酸	—	0.092±0.003	0.241±0.004	0.128±0.030	0.221±0.045	0.047±0.011
瓜氨酸	—	—	—	—	—	0.370±0.036
精氨酸	0.573±0.001	3.257±0.104	9.104±0.297	1.437±0.059	9.572±0.284	1.196±0.032
苏氨酸	0.014±0.003	0.709±0.053	0.197±0.001	0.208±0.017	0.679±0.016	0.141±0.002
丙氨酸	0.205±0.017	1.258±0.074	1.448±0.023	0.973±0.049	2.720±0.694	1.741±0.067
脯氨酸	0.056±0.008	0.272±0.029	0.260±0.005	0.624±0.026	1.106±0.021	0.761±0.050
乙醇胺	0.082±0.008	0.800±0.096	1.030±0.031	0.985±0.049	0.550±70.052	0.664±0.096
酪氨酸	0.083±0.014	0.274±0.035	0.310±0.002	0.748±0.064	1.339±0.011	0.851±0.073
缬氨酸	0.011±0.013	1.422±0.042	0.416±0.009	0.650±0.027	0.623±0.040	0.512±0.042
异亮氨酸	0.014±0.004	0.939±0.038	0.233±0.012	0.426±0.012	0.654±0.027	0.309±0.023
亮氨酸	0.033±0.012	0.954±0.067	0.341±0.019	0.618±0.026	1.251±0.003	0.504±0.008
苯丙氨酸	—	0.645±0.082	0.286±0.003	0.455±0.021	0.985±0.008	0.214±0.027
色氨酸	0.067±0.004	0.547±0.121	0.961±0.021	0.213±0.066	1.406±0.023	0.163±0.045
赖氨酸	0.041±0.004	1.011±0.024	0.589±0.015	0.254±0.033	0.682±0.019	0.061±0.009

注："—"表示未检出。

另一种非蛋白质氨基酸 γ-氨基丁酸含量较低。其他非蛋白质氨基酸如 α-氨基己二酸、β-丙氨酸、牛磺酸、瓜氨酸及乙醇胺在某些样品中含量较低。

一般来说，种子中游离蛋白质氨基酸的含量是很低的，人参中精氨酸、谷氨酸、丙氨酸的含量仅次于 β-ODAP，在二年生的根中精氨酸含量最多，而谷氨酸在芽中最丰富。在三年生的根中谷氨酸最多，连同精氨酸占总游离酸的 55%，茎中占 38%，叶芽中占 50%。

5.1.5　丹磺酰氯衍生化法

(1) 概述

丹磺酰氯(dansyl-Cl)，也称 5-二甲氨基萘磺酰氯(5-dimethylamino naphthalene sulfonyl chloride)，原是检测一、二级氨基酸的著名荧光试剂，衍生化方法最初是由 Tapuhi 等(1981)提出，生成 dansyl-氨基酸衍生物可用于反相 HPLC 分析(图 5-16)。

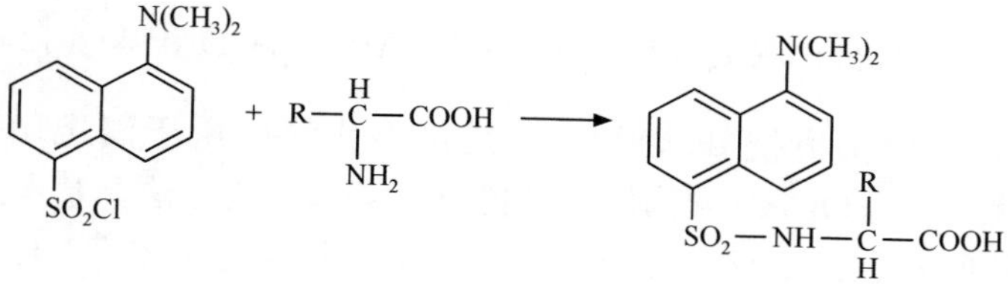

图 5-16　氨基酸与 dansyl-Cl 的反应(Tapuhi *et al.* ,1981)

dansyl-Cl 衍生方法比较简单，尽管一些报道说衍生物产率决定于 dansyl-Cl 与氨基酸比例，但经 Tapuhi 等(1981)改变一些条件后，解决了这一问题，最适合的比例一般为 5:1～10:1。dansyl-Cl 与氨基酸的反应时间比较重要，在室温及避光条件下需 35min 左右，反应产率与反应时间关系很大，且温度升高也可加速产物转化，但不可超过 60℃，否则 dansyl-Cl 会发生水解，使产物转化率降低。图 5-17 为 dansyl-Cl 法测定氨基酸标准色谱图。dansyl-Cl 法已经广泛用于生物化学(Linares *et al.* ,1998)、制药(Laucam *et al.* ,1995)及食品工业(Sanz *et al.* ,1996)。

dansyl-Cl 分析氨基酸的优点是：①衍生物较稳定，一般可放置 12～24h。②dansyl-胱氨酸衍生物线性关系良好。它是以上柱前衍生法中唯一可定量测定生理体液中胱氨酸的方法。但 dansyl-Cl 法也有缺点：①反应时间必须严格掌握。②衍生物对紫外光相当敏感，回收率往往很低。③易生成多级衍生物，如赖氨酸、组氨酸、酪氨酸和胱氨酸均生成二级衍生物。

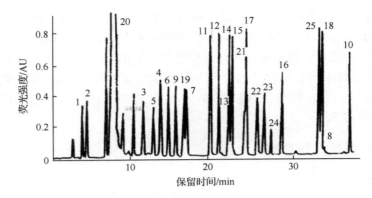

图 5-17　dansyl-Cl 法氨基酸标准色谱图（Tapuhi *et al*.，1981）

1. 天冬氨酸；2. 谷氨酸；3. 丝氨酸；4. 甘氨酸；5. 苏氨酸；6. 丙氨酸；7. 脯氨酸；8. 组氨酸；9. 精氨酸；
10. 酪氨酸；11. 缬氨酸；12. 甲硫氨酸；13. 半胱氨酸；14. 异亮氨酸；15. 亮氨酸；16. 氨；17. 苯丙氨酸；
18. 赖氨酸；19. 牛磺酸；20. 丹酰氯水解物；21. 色氨酸；22. 胱氨酸；23. 甘氨酸＋半胱氨酸；
24. 丙氨酸＋半胱氨酸；25. 鸟氨酸

（2）dansyl-Cl 衍生化测定山黧豆毒素 α-ODAP 及 β-ODAP 和其他游离氨基酸

Xing 等（2001）报道把 dansyl-Cl 试剂衍生化法应用于测定山黧豆毒素 β-ODAP 及其无毒的 α-ODAP 异构体和其他游离氨基酸的方法。基本过程如下：取山黧豆粉样品加 30％乙醇摇匀，超声振荡 30min，电磁搅拌 2h，离心分离，上层液经 0.22μm 微孔膜过滤。取 100μl 样品抽提液或氨基酸标准液，真空抽干后加入 Li_2CO_3（用 HCl 调 pH 至 9.5）及 dansyl-Cl 试剂（4mg/ml，0.015mol/L），混匀后于 60℃加热 25min，取样 20μl 进行 HPLC 分析。

图 5-18 为氨基酸标样（含 α-ODAP 及 β-ODAP、高精氨酸等其他氨基酸）及山黧豆提取液与 dansyl-Cl 衍生化物的 HPLC 图。该方法对 α-ODAP 及 β-ODAP 的检测线为 2～3ng，平均回收率为 98％，相关系数为 $r>0.999$。可以看出该方法可以将山黧豆样品中的游离氨基酸及毒素 α-ODAP 和 β-ODAP 很好地分离分析。

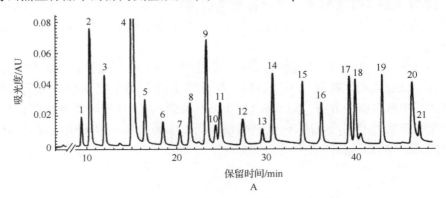

A

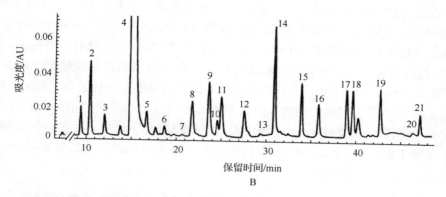

图 5-18　标准氨基酸(A)与山黧豆种子萃取物(B)和 dansyl-Cl 衍生物的
HPLC 色谱图(Xing *et al*., 2001)

1. 甘氨酸；2. β-ODAP；3. α-ODAP；4. Dansyl-Cl；5. 天冬氨酸；6. 丝氨酸；7. 谷氨酸；8. 苏氨酸；
9. 丙氨酸；10. 组氨酸；11. 精氨酸；12. 半胱氨酸；13. 脯氨酸；14. 缬氨酸；15. 高精氨酸；
16. 亮氨酸；17. 甲硫氨酸；18. 赖氨酸；19. 异亮氨酸；20. 酪氨酸；21. 苯丙氨酸

5.1.6　6-氨基喹啉基-N-羟基丁二酰亚胺氨基甲酸酯(AQC)衍生化法

(1) 概述

Cohen 等(1993)合成了一种能与一、二级胺或氨基酸快速反应的衍生化试剂为 6-氨基喹啉基-N-羟基丁二酰亚胺氨基甲酸酯(6-aminoquinolyl-N-hydroxysuccinimidyl carbamate, AQC)，该化合物可与胺、氨基酸形成一种稳定的不对称尿素衍生物，特别适用于氨基酸的 HPLC 分析，反应机制如图 5-19 所示。

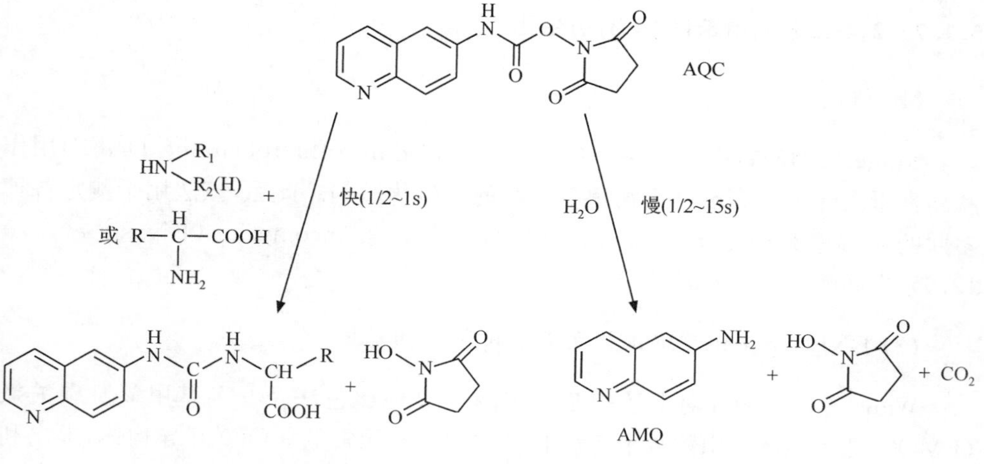

图 5-19　氨基酸或一级胺与 AQC 的反应(Cohen *et al*., 1993)

该化合物与氨基酸(或一、二级胺)一步快速形成一种稳定的不对称尿素衍生物,该荧光衍生物的激发波长为250nm,发射波长为395nm,在35min内用C18柱可将全部衍生物得到分离,AQC在形成氨基喹啉(AMQ)过程中被消耗,形成的AMQ具有不同于任何衍生物的光谱特性。因此不会影响氨基酸的定性和定量。在2.5~200mmol/L的浓度对所有水介氨基酸具有良好的线性关系。检测线从苯丙氨酸的40飞摩尔(fmol)到胱氨酸为800fmol。目前,AQC衍生化试剂已在许多研究和工业领域,如生物化学、生物技术、诊断学、神经生物学及质量控制领域,广泛地应用于氨基酸、多肽、蛋白质的分析(Velazquez *et al.*,1995;Steven *et al.*,1994;Sandra *et al.*,1995)。

(2) AQC衍生化测定山黧豆毒素β-ODAP和α-ODAP及其他氨基酸

Chen等(2000)将该试剂应用于山黧豆毒素β-ODAP及α-ODAP异构体及其他游离氨基酸的测定,具体方法是:取样品加30%乙醇,超声波振荡30min后,电磁搅拌2h,离心(15 000×*g*)15min,通过0.22μm微孔膜过滤,取10μl样品萃取液或氨基酸标准(含内标2-氨基丁酸,ABA)溶液于试管中,加70μl 0.2mol/L硼酸钾缓冲液(pH8.8),再加20μl AQC的乙腈溶液于55℃加热10min。HPLC色谱仪由Waters model 600E泵、ACCQ-Tag C18(4μm)柱(15cm×0.39cm)、柱加热器及2487型双波长吸收检测器(254nm)构成,梯度洗脱。图5-20为α-ODAP和β-ODAP及其他非蛋白质氨基酸标准溶液(A)与山黧豆种子提取液(B)同AQC试剂的衍生化的HPLC色谱图。从图中可以看出毒素β-ODAP与无毒α-ODAP其保留值分别为3.85min及6.07min,并且与其他的氨基酸得到良好分离。Moges(2004)认为该衍生物在室温容易分解。

5.1.7　2,4-二硝基氟苯(DNFB)衍生化

(1) 概述

Sanger(1945)首次将2,4-二硝基氟苯(2,4-dinitrofluorobenzene,DNFB)用作胰岛素蛋白(protein insulin)游离氨基酸的衍生化试剂。此后,该法用于测定各种多肽的末端序列(Porte *et al.*,1948),以及新霉素(neomycin)(Kiyoshi *et al.*,1979)、牛磺酸(Chen *et al.*,1994)等。

(2) DNFB衍生化测定山黧豆毒素β-和α-ODAP

Wang等(2000)针对上述邻苯二甲醛(OPA)比色法及9-芴基甲氧基碳酰氯(FMOC)法不能区分山黧豆中有毒的β-ODAP及无毒的α-ODAP异构体,提出利用2,4-二硝基氟苯(DNFB)试剂衍生化(图5-21),反相HPLC测量山黧豆毒素β-

ODAP 及其异构体 α-ODAP，以及高精氨酸等其他游离氨基酸的方法。

色谱系统由 Waters 600E 泵、Cartridge C18(5μm)柱、柱加热器、2487 型双波

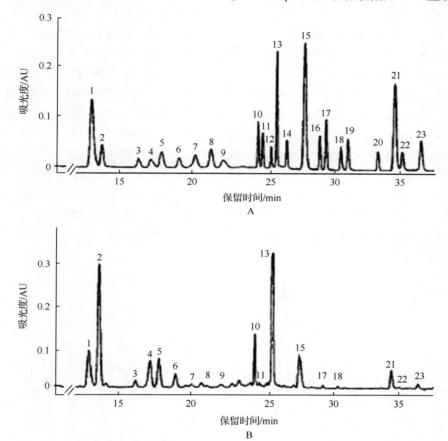

图 5-20　氨基酸标样（A）和山黧豆种子萃取物（B）与 AQC 衍生物的
HPLC 色谱图（Chen *et al.*, 2000）

1. AMQ；2. β-ODAP；3. 天冬氨酸；4. α-ODAP；5. 丝氨酸；6. 谷氨酸；7. 甘氨酸；8. 组氨酸；9. 氨；
10. 精氨酸；11. 苏氨酸；12. 丙氨酸；13. 高精氨酸；14. 脯氨酸；15. 2-氨基丁酸（内标）；16. 胱氨酸；
17. 酪氨酸；18. 缬氨酸；19. 甲硫氨酸；20. 赖氨酸；21. 异亮氨酸；22. 亮氨酸；23. 苯丙氨酸

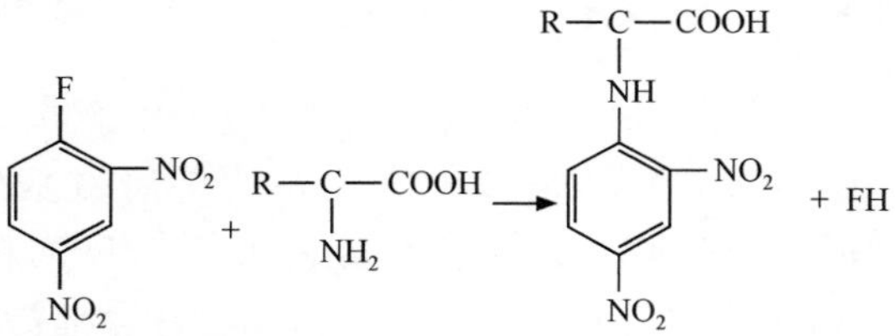

图 5-21　氨基酸与 DNFB 的反应（Wang *et al.*, 2000）

长吸收检测器（设定在 360nm）组成，Millennium 32 软件。流动相 A 是由 0.03mol/L 的 K_2HPO_4 及 1%的二甲基甲酰胺（DMF）水溶液（V/V）并用冰乙酸调节 pH 为 5.60。流动相 B 为乙腈，在使用前，流动相均需通过 $0.45\mu m$ 膜过滤并除去气体。二元梯度洗脱，柱温 26℃，流速 1.0ml/min。制样过程为：取样品，加 30%乙醇，摇动并超声振荡 30min，电磁搅拌 2h 后离心（15 000×g）15min。取 1ml 山黧豆样品萃取液或含 ODAP 等其他氨基酸的标准溶液，真空干燥后加入 $100\mu l$ 0.5mol/L 的 $NaHCO_3$ 溶液溶解，然后加入 $100\mu l$ DNFB 衍生化试剂（100mg 的 DNFB 溶解于 10ml 乙腈，每日新鲜配制）混匀，于 60℃加热 30min。冷至室温，加入 0.01mol/L 的 KH_2PO_4 溶液，旋动几秒钟，取 $20\mu l$ 进行分析。

图 5-22 为 β-ODAP 及其他非蛋白质氨基酸与 DNFB 形成的 20 个衍生物的色谱图。毒素 β-ODAP 与无毒 α-ODAP 分别在 2.3min 及 2.5min 最先出峰，包括高精氨酸在内的其他 18 个游离氨基酸与 DNFB 的衍生物也得到良好的分离。实验证明：ODAP 与 DNFB 在 60℃的衍生化反应可在 30min 后可达到最大值。之后发生缓慢水解，产率有所降低。衍生化试剂 DNFB 的摩尔浓度应大于 ODAP 的 20 倍，反应可达完全。

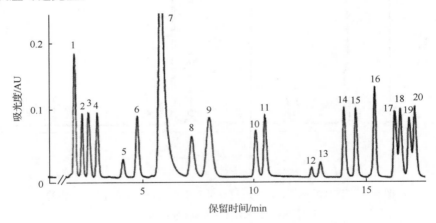

图 5-22　β-ODAP 及其他氨基酸与 DNFB 形成的衍生物的色谱图（Wang *et al.*，2000）
1. β-ODAP；2. α-ODAP；3. 天冬氨酸；4. 丝氨酸；5. 谷氨酸；6. 精氨酸；7. DNB-OH；8. 组氨酸；
9. 高精氨酸；10. 苏氨酸；11. 丙氨酸；12. 脯氨酸；13. 半胱氨酸；14. 酪氨酸；15. 缬氨酸；
16. 甲硫氨酸；17. 赖氨酸；18. 异亮氨酸；19. 亮氨酸；20. 苯丙氨酸

图 5-23 表示山黧豆种子和叶子萃取物与 DNFB 衍生物的色谱图。可以看出，高精氨酸及 β-ODAP 和 α-ODAP 是种子中主要的游离氨基酸。α-ODAP 及 β-ODAP 在 60～250nmol 呈线性关系，相关系数均大于 0.999，检测线为 10mmol。该法的最大优点是 β-ODAP 及 α-ODAP 与 DNFB 的衍生物最先流出，可大大节省时间。缺点是该试剂有毒，操作中应戴防护手套。

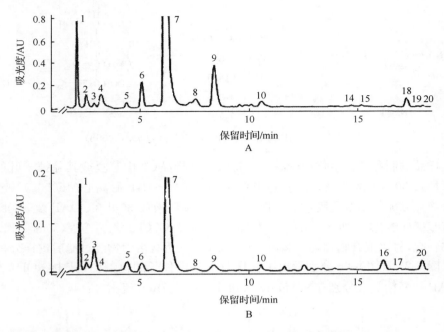

图 5-23　山黧豆种子(A)和叶子(B)萃取物与 FDNB 衍生物的色谱图(Wang *et al*.,2000)

各峰号代表物同图 5-22

5.1.8　对硝基苄氧基碳酰氯(PNZ-Cl)衍生化法

(1) 概述

对硝基苄氧基碳酰氯(P-nitrobenzyloxycarbonyl chloride,PNZ-Cl)最初由 Carpenter 等(1952)等在多肽化学中用作于氨基酸保护剂。目前,PNZ-Cl 试剂在分析化学中已广泛应用于 HPLC 中分析氨基酸、生物胺的衍生化试剂(Kirschbaum *et al*.,1999)。

(2) PNZ-Cl 衍生化测定山黧豆中 β-ODAP 及 α-ODAP 和高精氨酸

Yan 等(2005b)首次将对硝基苄氧基碳酰氯(PNZ-Cl)试剂应用于山黧豆中毒素 β-ODAP 及其异构体 α-ODAP 和高精氨酸等其他游离氨基酸的分析(图 5-24)。

洗脱溶剂(A)为 0.1mol/L 乙酸钠缓冲液(pH4.4);(B)为乙腈,梯度洗脱程序为:27.5％的 B(0～2min),27.5％～65％的 B(2～5min),65％～75％的 B(5～16min),75％～80％的 B(16～20min),80％～100％的 B(20～24min),100％的 B(24～27min),100％～27.5％的 B(27～30min)。然后将柱用 7.5％的 B 平衡 12min。紫外检测 260nm,柱温 40℃,流速 1.0ml/min。

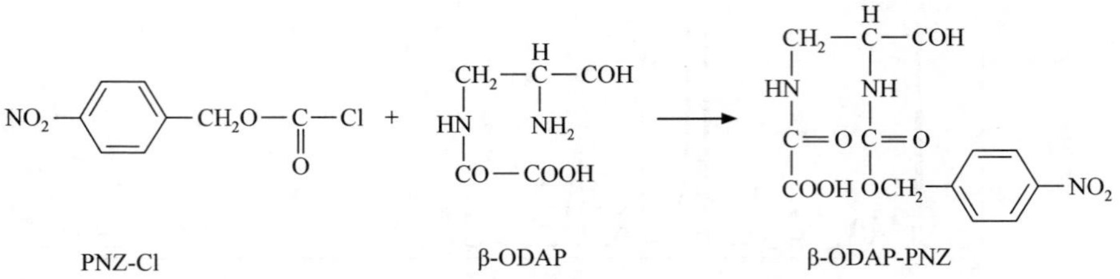

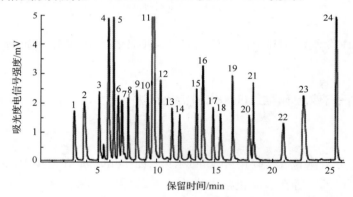

图 5-24　ODAP 与 PNZ-CI 的反应(Yan *et al*.,2005b)

样品的制备及衍生化:准确称取;粉状干燥样品(如山黧豆或其除掉子叶的幼苗),加入 30％乙醇溶液,摇匀,超声振荡 1h,在 22～24h 后离心(15000g)10min,上清液经 0.45μm 微孔膜过滤。取 50～51μl 萃取液或 30μl β-ODAP 及 α-ODAP 等氨基标样混合物,加 0.5μmol/L 的 NaHCO₃ 及 PNZ-Cl 的乙腈溶液(50mmol/L)混合在一起,将该混合物摇匀并超声 2min(室温)。所有衍生物经过滤后进样分析。

图 5-25 及图 5-26 分别示出了标样及山黧豆种子的色谱图,其中 β-ODAP、α-ODAP 和高精氨酸分别在 9.8min、20.0min 及 28.7min 流出。

图 5-25　氨基酸标准混合物与 PNZ-Cl 衍生物的 RP-HPLC 色谱图(Yan *et al*.,2005b)

1. 天冬氨酸;2. 丝氨酸;3. 精氨酸;4. 高精氨酸;5. 谷氨酸;6. 甘氨酸;7. 苏氨酸;8. 丙氨酸;9. 脯氨酸;
10. 一取代酪氨酸;11. PNZ-OH;12. 甲硫氨酸;13. 未知物;14. 缬氨酸;15. 苯丙氨酸;16. β-ODAP;
17. 色氨酸;18. 异亮氨酸;19. 组氨酸;20. 半胱氨酸;21. 赖氨酸;22. α-ODAP;
23. 二元取代酪氨酸;24. PNZ-Cl

该方法具有以下优点:衍生化可在室温,2min 内完成,操作快速,定量。适合于处理大量样品,PNZ-Cl 试剂对光,空气稳定,可在冰箱贮存几个月。

(3) PNZ-Cl 衍生化测定山黧豆中生物胺及 α-ODAP 和 β-ODAP

Yan 等(2005a)提出使用高氯酸(0.2mol/L)萃取样品,利用 PNZ-Cl 试剂衍生化、HPLC 同时测定山黧豆样品中 5 种生物胺及 α-ODAP 和 β-ODAP 等各种氨基

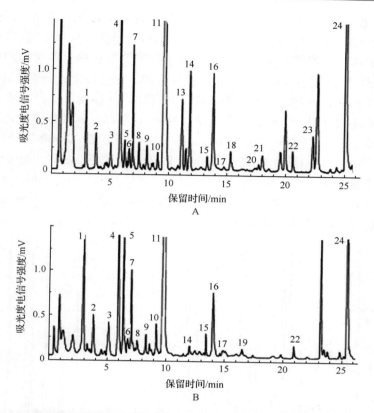

图 5-26　山黧豆种子萃取物(A)及幼苗萃取物(B)与 PNZ-Cl 衍生化物的 RP-HPLC
色谱图(Yan *et al*.，2005b)

各峰号代表物同图 5-25

酸的方法。用高氯酸稀溶液可同时萃取生物胺和氨基酸，较好地抑制了 α-ODAP
及 β-ODAP 之间在操作过程中的异构化。

多胺(即生物胺)(polyamine，PA)是生物体内一种内源活性物质，在植物细胞
内尤其在山黧豆的幼苗中含有较多的多胺类物质(Ramakrishna *et al*.，1975)，主
要包括腐胺(putrescine，Put)、精胺(spermine，Spm)、尸胺(cadverine，Cad)、亚精
胺(spermidine，Spd)及鲱精胺(agmatine，Agm)等。大量研究结果表明，PA 具有
促进细胞生长、分化和增殖及延缓衰老等作用，PA 可能是一类新植物激素，或可
能是类似 cAMP 的"第二信使"，调节植物的生理代谢及生长发育。本课题组对山
黧豆的研究表明(邢更生等，2000)，在水分胁迫下，几种 PA 含量会发生规律性变
化，随着胁迫时间延长，山黧豆幼苗叶片中腐胺、亚精胺和精胺含量逐渐增加，特别
是精胺(Spm)增加显著，同时 β-ODAP 逐渐积累。在水分胁迫的同时，加入腐胺
(Put)使得 Put 及 Spd 含量显著增加，但对 Spm 含量影响不大，对 ODAP 含量影

响也较小,加入 α-二氟甲基精胺(DFMA)可显著抑制 Put、Spd 和 Spm 的积累,同时也抑制了 ODAP 的积累,可见水分胁迫对山黧豆幼苗叶片中多胺,特别是 Spm 含量的增加和 ODAP 的积累密切相关。对 β-ODAP 及这些主要生物胺的测定方法简介如下:干燥山黧豆粉,新鲜的豆苗或发芽的山黧豆在冷的研钵及适当体积的 0.2mol/L 的 HClO$_4$ 溶液,于 4℃研磨萃取 1h 后离心(15 000×g)收集上清液待用。检测流动相 A 为 0.1mol/L 乙酸钠缓冲液(pH4.6),流动相 B 为乙腈。洗脱程序如下:20%~28%的 B(0~3min),28%~50%的 B(3~25min),50%~100%的 B(25~35min),100%的 B(35~40min),100%~20%的 B(40~48min),此后用 20%的 B 平衡 12min。紫外检测 260nm,柱温 40℃,流速 1.0ml/min。在该洗脱条件下,β-ODAP、α-ODAP 和高精氨酸分别在 12.1min、17.5min 及 4.8min 流出,其他 17 种氨基酸及 5 种多胺也都进行了良好的分离(图 5-27)。

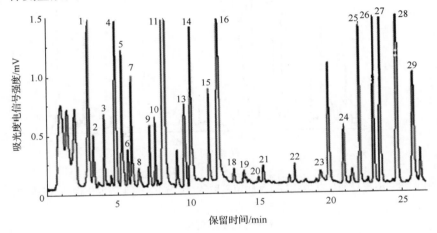

图 5-27　山黧豆幼苗用高氯酸溶液萃取物与 PNZ-Cl 试剂衍生物的
HPLC 色谱图(Yan *et al*.,2005a)

1. 天冬氨酸;2. 丝氨酸;3. 精氨酸;4. 高精氨酸;5. 谷氨酸;6. 甘氨酸;7. 苏氨酸;8. 丙氨酸;9. 脯氨酸;
10. 取代酪氨酸;11. PNZ-OH;12. 蛋氨酸(图中未显示)13. 未知物;14. 缬氨酸;15. 苯丙氨酸;16. -ODA;
17. L-色氨酸(图中未显示)18. 异亮氨酸;19. 组氨酸;20. 半胱氨酸;21. 赖氨酸;22. -ODAP;23. 二元取
代酪氨酸;24. 鲱精胺;25. 精胺;26. 腐胺;27. 尸胺;28. PNZ-Cl;29. 亚精胺

5.2　毛细管电泳(CZE)法测定 β-ODAP

5.2.1　原理

　　毛细管电泳(capillary electrophoresis,CE)是近来发展最快的分离和分析技术之一。自 1989 年出现第一批商品仪器之后,仅数年内,因 CE 广泛用于无机物、

有机物、医药、食品及生命科学各领域对多肽、蛋白质、酶、核苷酸、DNA 序列等的
分离和分析,加上 CE 具有高灵敏度、高分辨率、高速度、用样量少、成本低和易于
自动化等优点,从而迅速发展,是当前最活跃的分离领域之一。

　　CE 的优点之一是只需要简单的仪器,图 5-28 是基本的 CE 仪器示意图,CE
由高压电源(0~30kV)、两个缓冲液储液槽、一根 30~100cm 石英毛细管柱和检测
器组成。这个基本装置与其他部件(如进样器、温度控制、程序控制、部分收集和计
算机)组成现代的 CE 仪器。

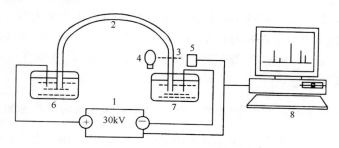

图 5-28　毛细管电泳示意图
1. 高压电源;2. 毛细管;3. 检测窗口;4. 光源;5. 光电倍增管;6. 进口缓冲液;
7. 出口缓冲液;8. 信号记录处理系统

　　CE 的石英毛细管柱,在 pH>3 的情况下,其内表面带负电,与缓冲液接触时
形成双电层。在高压电场作用下,形成双电层一侧的缓冲液由于带正电而向负极
方向移动,从而形成电渗流。同时,在缓冲溶液中,带电粒子在电场作用下,以各自
不同速度向其所带电荷极性相反方向移动,形成电泳。带电粒子在毛细管缓冲液
中的迁移速度等于电泳和电渗流的矢量和。各种粒子由于所带电荷多少、质量、体
积及形状不同等引起迁移速度不同而实现分离。

　　用一台 CE 仪器,可实现不同毛细管分离模式,如毛细管区带电泳(capillary
zone electrophoresis,CZE)、毛细管凝胶电泳(capillary gel electrophoresis,CGE)、
毛细管等速电泳(capillary isotachophoresis,CITP)等许多种。

　　毛细管区带电泳(CZE)是目前 CE 中应用广泛的一种模式,在 CZE 中由于带
电物质电泳淌度存在着差异,进而速度有差异,从而实现相互分离。目前用于山黧
豆毒素分析的多是毛细管区带电泳。

5.2.2　CZE 测定山黧豆中 β-ODAP 及其他物质

(1) CZE 测定山黧豆毒素 β-ODAP

　　Arentoft 等(1995)提出用毛细管区域电泳测定山黧豆毒素 β-ODAP 的方法,
其过程为:①样品的制备。粉状样品加 12.84mmol/L 马尿酸的二甲亚砜(DMSO)

溶液(内标),加 60%乙醇摇动 45min,离心 10min,上清液经微孔膜过滤,备用。②毛细管区带电泳。毛细管电泳仪为 Hewlett-Packard 3DCE、带有二极管阵列检测器及 HP 3DCE 化学工作站处理软件。毛细管为未涂层的熔融石英管(48.5cm ×50μm),有效长度为 40cm,在毛细管柱上装有紫外检测器(195nm)。电泳分析在恒压(25kV)、恒温(40℃)的 20mmol/L 的 Na_2HPO_3 缓冲液(pH7.8)中进行,在每次分析前用 0.1mol/L 的 NaOH 及电解液分别运行 2min 及 3min。每运转分析 3 次应补足电解液。

毛细管区带电泳法(CZE)可将山黧豆毒素 β-ODAP 与无毒的 α-ODAP 得到分离,样品的制备及整个分析操作简单、快速、方便。每个样的分析过程约 9min,试剂(缓冲液)、材料(毛细管)等保证了整个分析的低成本,这些优点,使该法适用于对大量样品的筛选分析。

(2) CZE 法测定山黧豆 α-ODAP 及 β-ODAP 及其他游离氨基酸

Zhao 等(1999)报道用毛细管区域电泳(CZE)法测定山黧豆中 α-ODAP 和 β-ODAP 及其他游离氨基酸的含量。样液经毛细管阳极端通过流体静压力注入毛细管,由 Maxima 820 型色谱工作站采集数据。在分析前应分别用 0.5mol/L 的 NaOH、蒸馏水及分离用缓冲液各洗涤 1min 以使毛细管条件化。称取干燥的粉状样品,加 30%乙醇,摇荡 24h,离心,上清液直接注入毛细管。缓冲液由 0.10mol/L 的 $Na_2B_4O_7$ 及 0.10mol/L 的 Na_2SO_4 溶液混合加水稀释而成,用 H_3PO_4 调节所需 pH。

图 5-29 示出 ODAP 标样的 CZE 图。在水溶液中由于异构化 ODAP 总是 α-ODAP 及 β-ODAP 的混合物。图 5-30 及图 5-31 分别为山黧豆苗及叶萃取物的 CZE 图。

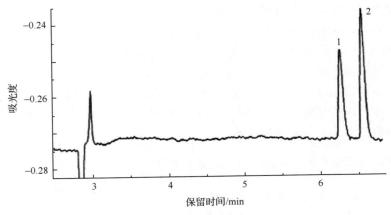

图 5-29　ODAP 标样的 CZE 图(Zhao *et al*.,1999)

1. α-ODAP;2. β-ODAP

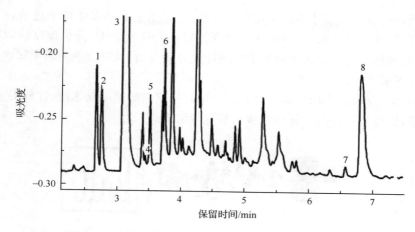

图 5-30　山黧豆苗萃取物的 CZE 图(Zhao *et al*.,1999)

1. 高精氨酸;2. 精氨酸;3. 乙醇(溶剂);4. 丙氨酸;5. 甘氨酸;6. 苯丙氨酸;7. α-ODAP;8. β-ODAP

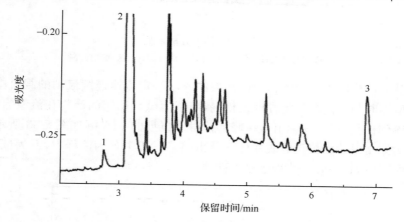

图 5-31　山黧豆叶萃取物的 CZE 图(Zhao *et al*.,1999)

1. 精氨酸;2. 乙醇(溶剂);3. β-ODAP

5.3　流动注射分析法(FIA)

5.3.1　原理

流动注射分析法(flow injection analysis,FIA)是利用具有流速的试剂流容量测定,即用聚四氟乙烯管代替烧杯和容量瓶,通过流动注射进行分析的方法。用恒流泵使检测试剂流过内径为 0.5～1mm 的聚四氟乙烯管,在中途有注入部件(注样阀)注入微升量试样,使其在混合圈中反应。检测器采用装有流通池的分光光度计、荧光光度计、原子吸收分光光度计和离子计等。还可根据需要在末端连接反应圈,以提高反压力。流动注射法具有以下优点:①测量在动态条件下进行,反应条件和分析操作能自动保持一致,结果重现性好。②耗氧量少,分析速度快,特别适合于大批量样品分析。③不仅易于实现连续自动分析,且可方便地用于比色、离子电极、原子吸收分析。

图 5-32 为基本的 FIA 系统,构造十分简单,它由载流驱动系统、注样器或注样阀、反应器、流通式检测器和信号读出装置等组成。

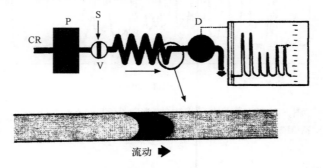

图 5-32　FIA 分析系统
CR. 载流与试剂;P. 泵;S. 试样;V. 注样阀;D. 流通式检测器

当装入注样阀中一定体积的试样被注入以一定流速连续流动的载流中后,在流经反应器时与载流在一定程度上相混,与载流试剂反应的产物在流经流通式检测器时得到检测,记录仪读出为一峰形信号。典型的 FIA 峰如图 5-33 所示,一般以峰高为读出值绘制校正曲线并计算分析结果。图中 S 为注样点,T 为试样在系统中的留存时间,一般为数秒至数十秒钟。

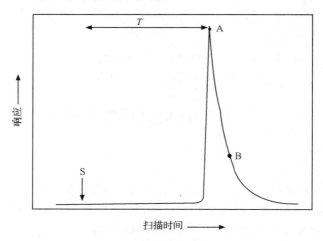

图 5-33　FIA 记录峰
S. 注样点;T. 留存时间;A. 峰顶读出位;B. 峰坡读出位

5.3.2　FIA 结合酶测定 β-ODAP

由于酶具有对底物的高度专一性的催化效率,利用酶对特定化合物进行识别和含量测定,就是酶法分析技术。20 世纪 70 年代后期,人们将酶法分析与固定化酶及自动化测定技术结合在一起构建成各种酶传感器(enzyme sensor),使酶法分析实现了自动化、连续化。酶传感器一般是由固定化酶和电化学装置(电极)组合构建而成,所以又称酶电极(enzyme electrode)。其工作原理是将固定化酶与底物发生特异性反应所产生的化学信号转换成电信号,从捕捉到的电位、电流和电导等变化定量分析该种化学物质。

Moges 等(1994)使用固定的谷氨酸氧化酶(glutamate oxidase,GlOD)、过氧化氢酶(catalase)及辣根过氧化物酶(horseradish peroxidase,HRP)通过 FIA 测定山黧豆毒素 β-ODAP。谷氨酸氧化酶对 β-ODAP、谷氨酸及天冬氨酸的选择性是基于分子中共同含有一个末端羧基(图 5-34)。

图 5-34　β-ODAP 与 L-谷氨酸的结构(Moges *et al.*,1994)

在 GlOD 存在下,β-ODAP 被氧化生成 H_2O_2、NH_3 及相应的 α-酮酸(β-N-oxalyl-α-keto-β-aminopropionic acid,即 α-keto acid)(图 5-35)。

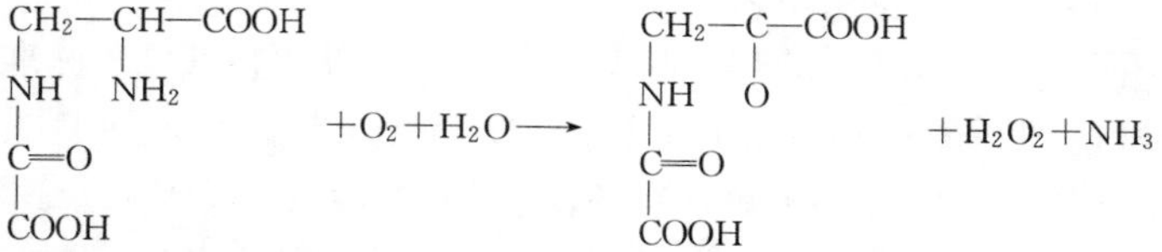

图 5-35　GlOD 催化下 β-ODAP 的氧化(Moges *et al.*,1994)

通过研究该氧化还原酶的催化动力学并与谷氨酸及天冬氨酸进行对比,发现对 β-ODAP 反应速率慢得多,仅是谷氨酸的 0.8%,而稍高于天冬氨酸。由于该酶比较昂贵、反应速度又慢,显然使用溶解酶是不实际的,也是很不经济的。由此 Yao 等(1993)报道用固定化谷氨酸氧化酶(GIOD)通过流动注射法测定谷氨酸。用该方法可成功测定 β-ODAP 的含量。

图 5-36 为测定 β-ODAP 的流动注射装置,两个 HPLC 输液泵分别提供缓冲液载流及试剂。

该装置依次分别由固定的谷氨酸氧化酶(GIOD)、过氧化氢酶(catalase)、GIOD 及辣根过氧化物酶 4 个反应器组成。在第 1 反应器中样品中的谷氨酸被氧

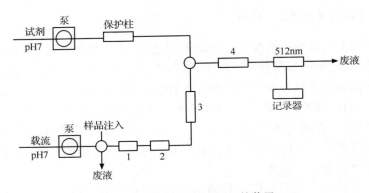

图 5-36　FIA 测定 ODAP 的装置

1. 谷氨酸氧化酶反应器(20μl);2. 过氧化氢酶反应器(20μl);

3. 谷氨酸氧化酶反应器(250μl);4. 辣根过氧化物酶反应器(20μl)

化为 H_2O_2,接着在第 2 反应器中被还原破坏,以消除底物中谷氨酸的干扰,与此同时,也有少量 β-ODAP 被破坏,但绝大部分 β-ODAP 在第 3 个反应器中被 GIOD 氧化为 H_2O_2,然后在第 4 反应器中被 HRP 生成可用光度计检测的红色醌亚胺。

　　用此法测定 ODAP 的基本过程为:山黧豆粉用 0.1mol/L 的磷酸缓冲液(pH7)于室温(<25℃),磁搅拌 1~2h,离心,萃取液用微孔膜过滤。蛋白质及其他大分子物质用超滤膜(截去相对分子质量大于 1000)或离心(4000r/min)除去。为了消除谷氨酸的干扰,在 FIA 实验装置中设置了预反应器,在 500μmol/L 谷氨酸的存在下测定了 ODAP 的回收率。证明该方法是有效的,该方法回收率平均相对误差为 2.8%,相对标准偏差为 1.24%(n=5)。

　　该方法还可测定 ODAP 的热异构化。100μmol/L 的 ODAP 标准溶液在 80℃保温 10min 可达到平衡;而 400μmol/L 需要 40min,当温度升到 90℃平衡时间几乎减少一半。在保温之后的 ODAP 平衡混合物中 α:β=38:62。这与之前 Khan 等(1993)与 Abegaz 等(1993)报道的数据相一致。实验证明,该方法对毒素 β-ODAP 具有选择性。

5.4　气相色谱-质谱分析 β-ODAP

5.4.1　原理

　　气相色谱法(gas chromatography,GC)是以惰性气体为流动相的色谱法。载气由高压气瓶提供,进入色谱柱经检测器流出色谱仪。待流量、温度及基线稳定后,样品注入气化室气化了的样品被载气带入色谱柱。样品中各组分在固定相和载气间分配,按分配系数大小的顺序依次带出色谱柱。检测器将各组分的浓度(或质量）转变为电压的变化记录下来得到色谱图，可进行定性及定量分析。按色谱柱的粗细可分为填充柱色谱及毛细管柱色谱两种。由于毛细管气相色谱法中柱内径细（小于 1mm）、柱长，分离效率更高，目前已成为 GC 中最广泛使用的一种手段。

　　质谱法（mass spectrum，MS）是采用一定手段使被测样品分子产生各种离子，通过对离子质量和强度的测定来进行分析的一种方法。基本过程为：将气化样品导入离子源，样品分子在离子源中被电离成分子离子，分子离子进一步裂解，生成各种碎片离子。离子在电场和磁场综合作用下，按照其质荷比（m/z）的大小依次进入检测器检测，记录各离子质量及强度信号即可得到质谱图。质谱法已成为一种重要的分析方法，可精确测定物质的分子质量、确定物质的分子式、根据各种离子解析分子结构、鉴定化合物等。其特点是灵敏度高，样品用量少（微克级），能同时提供物质的分子量、分子式及部分官能团的结构信息，响应时间短，分析速度快，能与各种色谱法进行在线联用。

　　气相色谱-质谱联用（gas chromatography-mass spectrometry，GC-MS）：由于气相色谱分离的高效率、难定性，而质谱法在鉴定方面高灵敏、快速度的特点，二者的联用可发挥各自的长处，可以很好地解决复杂化合物的分离及分析问题。目前，二者连接的"接口"问题早已解决，通过"接口"将色谱分离后的每一组分直接送入质谱进行分析。如今 GC-MS 是最成功的联用仪器，使用广泛。

5.4.2　用氯甲酸乙酯（ECF）衍生化气相测定 ODAP

（1）GC-MS 联用测定三七中的 ODAP 及其他氨基酸

　　Xie 等（2007）提出了用氯甲酸乙酯（ethyl chloroformate，ECF）为衍生化试剂，GC-MS 法定量测定三七（*Panax notoginseng*）中的 β-ODAP 及其他 21 种氨基酸的方法。基本过程为：三七干粉加甲醇于 40～50℃萃取，过滤，残渣风干后用水于40～50℃萃取三次，合并滤液，减压浓缩，用正丁醇萃取三次，合并水相并除去溶剂，加水并经超声溶解后转移至 25ml 容量瓶中，待用。取待测样品液加 2-氯苯丙氨酸（L-2-chlorophenyl-alanine）（内标）于一带螺帽的玻璃管中，加入乙醇、吡啶及氯甲酸乙酯，摇匀，超声 30s，加入氯仿，旋摇 30s。静置分层后吸取下层有机相，加无水硫酸钠干燥，待 GC-MC 分析。

　　图 5-37A 及 B 分别表示 GC-MS 方法测定标准氨基酸及三七水提取液的色谱图。表明 β-ODAP（也称三七素）与其他氨基酸标样与 ECF 的衍生物在 GC-MS 得到良好分离。根据氨基酸标样 ECF 衍生物的保留时间和质谱，提取液中 β-ODAP及其他氨基酸可分别得到鉴定。

　　实验表明，ECF 试剂对测定 β-ODAP 及其他氨基酸是可供选择的衍生试剂，GC-MS 法具有时间短、灵敏度好的优点。

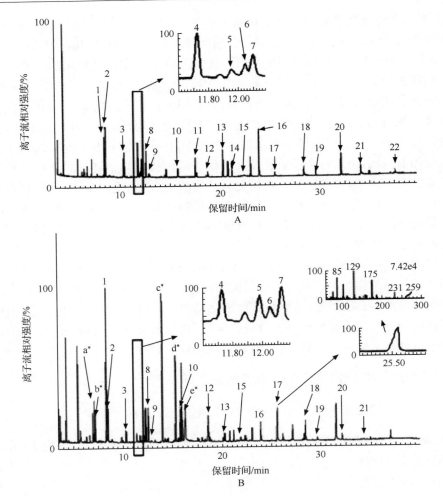

图 5-37　标准氨基酸(A)及三七水提取液(B)的色谱图(Xie *et al*. , 2007)

1. 丙氨酸；2. 甘氨酸；3. 缬氨酸；4. 亮氨酸；5. 丝氨酸；6. 异亮氨酸；7. 苏氨酸；8. 脯氨酸；9. 天冬酰胺；
10. 天冬氨酸；11. 甲硫氨酸；12. 谷氨酸；13. 苯丙氨酸；14. 半胱氨酸；15. 谷氨酰胺；16. 氯代苯丙氨酸；
17. β-ODAP；18. 赖氨酸；19. 组胺；20. 酪氨酸；21. 色氨酸；22. 胱氨酸；a*. 琥珀酸；
b*. 富马酸；c*. 苹果酸；d*. γ-氨基丁酸；e*. 柠檬酸

（2）GC-MS 法鉴定苏铁类植物中 β-ODAP

1997 年，Pan 等提出用 ECF 的衍生物 N-乙氧甲酰乙酯（N-ethoxycarbonyl ethyl ester，ECEE）通过 GC-MS 法对苏铁类（cycad）植物种子中所含的 β-ODAP 及其他氨基酸进行鉴定的方法（方法及结果见第 3 章 3. 1. 6）。

对 52 种标准蛋白质和非蛋白质氨基酸的 ECEE 衍生物进行 GC-MS 分析，结果表明，这些氨基酸得到很好的分辨，大多数 ECEE 衍生物的基峰是 $[M+1]^+$。

其中 β-ODAP-ECEE 衍生物的相对分子质量 176，$[M+1]^+$ (m/z)305，，基峰 (m/z)305，主要碎片峰 259、333 及 345。

图 5-38 为苏铁 *M. moorei* 种子提取物中各种氨基酸-ECEE 衍生物的色谱图。

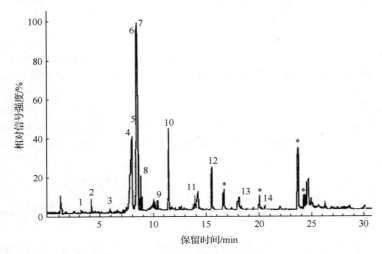

图 5-38　苏铁 *M. moorei* 种子提取物中各种氨基酸-ECEE 衍生物的色谱图(Pan *et al*.，1997)

1.γ-氨基丁酸；2. 丙氨酸；3.β-氨基丁酸；4. 谷氨酸；5. 丝氨酸；6. 苏氨酸；7. 脯氨酸；8.2-哌啶酸；

9.α-氨基己二酸；10. 天冬氨酸；11.N-甲基天冬氨酸；12. 苯丙氨酸；13. 谷氨酰胺；

14.β-ODAP；＊. 未检出峰

图 5-39 示出苏铁 *M. moorei* 种子提取物中 β-ODAP-ECEE 衍生物的质谱图。图中碎片裂解方式、峰的相对强度与标样一致。

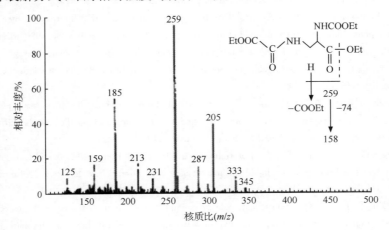

图 5-39　苏铁 *M. moorei* 种子提取物中 β-ODAP 与 ECEE 衍生物的

质谱图(Pan *et al*.，1997)

β-ODAP-ECEE 的质谱图在右上角，示碎片裂解方式

参 考 文 献

刑更生,周功克,李志孝,等. 2000. 水分胁迫下山黧豆多胺代谢与 β-N-草酰-L-α,β-二氨基丙酸积累相关性研究. 植物学服,42(10):1039~1044

Abegaz B M,Nunn P B,Bruyn A D,et al. 1993. Thermal isomerization of N-oxalyl derivatives of diamino acides. Phytochemistry,33(5):1121~1123

Akalu G,Johansson G,Nair B M. 1998. Effect of processing on the content of β-N-oxalyl-α,β-diaminopropionic acid (β-ODAP) in grass pea (Lathyrus Sativus) seeds and flour as determined by flow ingection analysis. Food Chemistry,62(2):233~237

Arentoft A M K,Greirson B N. 1995. Analysis of 3-(N-oxalyl)- 2,3- diamino-propanoic acid and its α-isomer in grass pea (Lathyrus sativus) by capillary zone electrophoresis. J Agric Food Chem,43:942~945

Biolingmeyer B A,Cohen S A,Tarvin T L. 1984. Rapid analysis of amino acids using precolumn derivatization. J Chromatography,336:93~104

Carpenter F H,Gish D T. 1952. The application of P-nitrobenzyl chloroformate to deptids Synthesis. J Am Chem Soc,74:3818~3821

Carpino L A,Ham G Y. 1972. The 9-fluorenylmethyoxy carbonyl amino-protecting group. J org Chem,37:3404~3409

Chen X,Wang F,Chen Q,et al. 2000. Analysis of neurotoxin 3-N-oxalyl-2,3-diaminopropionic acid and its α-isomer in Lathyrus sativus by high-performance liquid Chromatography with 6-aminoquinoly-N-hydroxylsuccinimidyl cabanate (AQC) derivatization. J Agric Food Chem,48(8):3383~3386

Chen Z L,Xu G,Specht K,et al. 1994. Determination of taurine in biological sample by reversed-phase liquid chromatography with dinitrofluorobenzene. Analytica Chimica Acta,296:249~253

Cohen S A,Michaud D P. 1993. Synthesis of Fluorescent derivatizing reagent,6-aminoquinolyl-N-hydroxysuccinimidyl carbamate,and its application for the analysis of hydrolysate amino acid via high-pefermance liquid chromatography. Analytical Biochemistry,211:279~287

Einarsson S,Josefsson B,Lagerkvist S. 1983. Diterminafion of aminoacid with 9-fluorenylmethy chlorofomate and reverse-phase high-performance liquid chromatography. J Chromatography,282:609~618

Euerby M R. 1989. Resolution of neuroexcitatry non-protein amino acid enantiomers by high-preformance liguid chromctography utilising pre-column derivatisation with O-phthalaldehyde chiral thiols. Journal of chromatography,466:407~414

Fikre A,Korbu L,Kuo Y H,et al. 2008. The contents of the neuro-excitatory amino acid β-ODAP(β-N-oxalyl-L-α,β-diaminopropionic acid),and other free and protein amino acids in the seeds of different genotypes of grass pea (Lathyrus sativus L.),Food Chemistry 110:422~427

Geda A,Briggs C J,Venkataram S. 1993. Determination of the neurolathyragen β-N-oxalyl-L-α,β-diaminopropionic acid using high-Performance liquid chromatography with fluorometric detection. J Chromatography,635:338~341

Jones B N,Gilligan J P. 1983. O-phthalaldehyde precolumn derivatization and reverse-phase high-performance liguid chromatography of polypeptide hydrolysates and phisiological fluids. J Chromatography,266:471~482

Khan J K,Kebede N,Lambein F,et al. 1993. Analysis of the neurotoxin β-ODAP and its α-isomer by precolumn derivatization with phenylisothiocyanate. Analytical Biochemistry,208:237~240

Khan J K, Kuo Y H, Kebede N, et al. 1994. Determination of non-protein amino acids and toxins in *Lathyrus* by high-performance liquid chromatography with precolumn phenylisothiocyanate derivatization, J Chromatogr. A, 687:113~119

Kirschbaum J, Meier A, Bruckner H. 1999. Determination of biogenic amine in fermented beverages and vinegars by Pre-column derivatization with para-nitrobenzyloxycarbonyl chloride (PNZ-Cl) and reversed-Phase LC. Chromatographia, 49:117~124

Kisby G E, Roy D N, Spencer P S. 1989. A sensitive HPLC method for detection of beta-N-oxalylamino-L-alanine in Lathyrus sativus and animal tissue. //Spencer P S, Fenton M B. (Eds). The grass pea: Threat and promise. Proceedings of the International Network for the Improvement of *Lathyrus sativus* and the eradication of Lathyrism. New York: Third World Medical Foundation:133~138

Kiyoshi T, John F G, Willam Van M, et al. 1979. Normal-phase high-performance liquid chromatographic determination of neomycin sulfate derivatide with 1-fluoro-2, 4-dinitrobenzene. J Chromatography, 175:141~152

Kuo Y H, Ikegami F, Lambein F. 2003. Neuroactive and other free amino acids in seed and young plant of *Panax ginseng*. Phytochemistry, 62:1087~1091

Laucam C A, Roos R W. 1995. Normal phase high-performance liquid chromatographic method with dansylation for the assay of pipcrazine citrate in dosage forms. Journal of liquid chromatography, 18 (16): 3347~3357

Linares R M, Ayala J H, Afonso A M, et al. 1998. Rapid microwave-assisted dansylation of biogenic amines analysis by high-perfomance liquid chromatography. Chromatography A, 808:87~93

Misra R, Martin A, Gowda L R. 2009, Detection of 3-N-oxalyl-L-2, 3-diamino-propanoic acid in thermally processed foods by reverse phase high performance liquid chromatography. Journal of Food Composition and Analysis, 22:704~708

Moges G, Johansson G. 1994. Flow Injection assay for the neurotoxin β-ODAP using an immobilized glutamate oxidase reactor with prereactors to eliminate glutamate interferences. Anal Chem, 66:3834~383

Moges G, Wodajo N, Gorton L, et al. 2004. Glutamate oxidase advances the selective, bioanalytical detection of the neurotoxic amino acid β-ODAP in grass pea: A decade of progress, Pure Appl. Chem. , 76 (4): 765~775

Pan M, Mabry T J, Cao P, et al. 1997. Identification of nonprotein amino acids from cycad seeds as N-ethoxy-carbonyl ethyl ester derivatives by positive chemicalionization gas chromatography-mass spectrometry. Journal of chromatography A, 787:288~294

Ramakrishna S, Radhakantba A P, 1975. Amine Levels in *Lathyrus sativus* Seedling during development, Phytochemistry, 14:63~68

Porte R R, Sanger F. 1948. The free amino groups of haemoglobins. Biochem J, 42:287~294

Roth M. 1971. Fluorescence reaction for amino acids. Anal Chem, 43:880~882

Sandra A L, Rodney L L. 1995. Determination of 2-oxohistidine by amino acid analysis. Analytical Biochemistry, 231:440~446

Sanger F. 1945. The free amino groups of lisulin. Biochem J, 39:507~515

Sanz M A, Castillo G, Hernandez A. 1996. Isocratic high-performance liquid chromatographic method for quantitative determination of lysine, histidine and tyrosine in foods. Journd of chromatography A, 719: 195~201

Simons S S,Johnson D F. 1976. The structure of fluorescent aduct formed in the reaction of o-phthalaldehyde and thiols with amines. Journal of the American Chemical Society,98:7098~7099

Steven A,Cohen K M,de Antonis. 1994. Application of amino acid derivatization with 6-aminoquinolyl-N-hydroxysuccinimidyl carbamate analysis of feed grains,intravenous solution and glycoproteins. J Chromatography A,661:25~34

Tapuhi Y,Schmidt D E,Lindner W,et al. 1981. Dansylation of amino acids for high-performance liquid chromatography analysis. Anal. Biochem,115:123~129

Thippeswamy R,Martin A,Gowda L R. 2007. A reverse phase high performance liquid chromatography method for analyzing of neurotoxin β-N-oxalyl-α,β-diaminopropionic acid in legume seeds. Food chemistry, 101:1290~1295

Velazquez C,Bloemendal C,Sanchis V,et al. 1995. Derivation of fumonisins B1 and B2 with 6-aminoquinolyl N-hydroxysuccinimidyl carbamate. J Agrie Food Chem,43:1535~1537

Wang F,Chen X,Chen Q,et al. 2000. Determination of neurotoxin 3-N-oxalyl-2,3-diaminopropionic acid and non-protein amino acids in Lathyrns sativus by precolumn derivatization with 1-fluoro-2,4-Dinitro-benzene. Journal of Chromatography A,883:113~118

Xing G M,Wang F,Cui K R,et al. 2001. Assay of neurotoxin β-ODAP and non-protein amino acids in Lathyrus sativus by high-performance liquid chromatography with dansylation. Anal. Letters,34(15): 2649~2657

Yan Z Y,Jiao C J,Wang Y P,et al. 2005a. A method for th simultaneous determination of β-ODAP,α-ODAP homoarginine and polyamines in Lathyrus sativus by liquid chromatography using a new extraction procedure. Analytica Chimica Acta,534:199~205

Yan Z Y,Wang Y P,Jiao C J,et al. 2005b. High-performance liquid chromatographic analysis of neurotoxin β-N-oxalyl-α,β-Diamino-propionic acid(β-ODAP),its nonneurotoxic isomer α-ODAP and other free amino acid in lathyrus sativus. Chromatographica,61:231~236

Yao T,Kobayashi M I,Wasa T. 1993. Flow injection methods for determination of L-glutmate using glutamate decarboxylase and glutamate dehydrogenase reactors with spectrophotometric detection. Anal Chim Acta,231:121~124

Zhao L,Chen X G,Hu Z D,et al. 1999. Analysis of β-N-oxalyl-L-α,β-diaminopropionic acid and homoarginine in Lathyrus sativus by capillary zone electrophoresis. J Chromatogr A,857:295~302

第6章 山黧豆毒素(β-ODAP)的代谢模式

新陈代谢(metabolism)是活细胞中所有化学变化的总称,而且几乎每一变化都是在相关酶催化下有序进行的反应。由此可见,细胞代谢不仅是动态的,也是一切生命的基础。也就是说,生物体内每时每刻都有新的物质被合成,又有一些物质不断被分解,这就是新陈代谢。显然,它的反应包含合成代谢(anabolism)和分解代谢(catabolism)。前者是指小分子合成大分子过程,该过程需要能量的供给;后者是指大分子分解为小分子的过程,这一过程可产生能量。可见代谢是化学物质和能量转化过程。此外,合成代谢和分解代谢各有其自身途径,是由不同酶催化的,因此这些反应被称为相对独立的单向反应(opposing unidirectional reaction)。在山黧豆的个体发育过程中,其毒素 β-ODAP 亦呈现时空代谢模式(temporal and spatial metabolic pattern),并受其内因和外因多种因素的影响。但 β-ODAP代谢的有关分子机制和代谢途径及与细胞内大分子之间的关系迄今仍然知之甚少。为此,本章仅依据本课题组这些年研究结果集中讨论山黧豆个体发育过程中,不同发育期和不同器官中 β-ODAP 的代谢动态及影响 β-ODAP 代谢的内外因素,并探讨 β-ODAP 代谢可能的生理生化机制等,旨在为今后深入的研究奠定基础。

6.1 毒物的代谢转化

6.1.1 代谢转化的方式

(1) 代谢转化的概念

化学毒物通过不同途径进入机体后,经过多种酶催化而发生一系列生物化学变化并形成一些分解产物或衍生物的过程称为称为代谢转化(metabolic transformation)或生物转化(biotransformation)。所形成的分解产物或衍生物称为代谢物(metabolin)或代谢中间产物(metabolic intermediate)。大多化学毒物经生物转化后毒性降低或消失,这称为生物解毒(biodetoxification)或生物失活(bio-inactivation),也称代谢减毒(metabolic detoxification)。但有些化学毒物所形成的代谢物毒性增强,称为生物活化(bioactivation)或代谢活化(metabolic activation),亦称致死性合成(lethal synthesis)。显然,各种化学毒物的毒性除了与自身的理化性质相关外,还与该化学毒物在体内的代谢过程密切相关。各种化学毒物在机体内的生物转化方式具有多样性和连续性。化学毒物生物转化最重要的场所是肝脏。此外在肺、肾脏、心脏、血浆、胃肠道、脑、胎盘、皮肤、甲状腺和肾上腺等肝外组织也具有一定的代谢能力,统称为肝外代谢或肝外生物转化。

（2）代谢转化的反应

1）氧化反应（oxidation）是化学毒物最常见和有效的代谢途径之一,氧化反应可分为:微粒体混合功能氧化酶系（microsomal mixed function oxidase system, MFOS）催化的氧化反应。MFOS 的特异性低,进入体内的各种化学物几乎都要经过这一氧化反应转化为氧化产物。MFOS 主要存在于肝细胞内质网中,此种氧化反应的特点是需要一个氧分子参与,其中一个氧原子被还原为 H_2O,另一个与底物结合而使氧化的化合物分子上增加一个氧原子,故称此酶为混合功能氧化酶或称微粒体单加氧酶（microsomal monooxygenase）,简称单加氧酶（monooxygenase）,亦称羟化酶（hydroxylase）。该酶系组成十分复杂,主要包括:细胞色素 P-450 依赖性单加氧酶、细胞色素 b-5 依赖性单加氧酶、还原型辅酶Ⅱ（NAPDH）、细胞色素 P-450 还原酶和还原型辅酶Ⅰ细胞色素 b-5 还原酶等。MFOS 催化的氧化反应主要有:羟化（hydroxylation）,如巴比妥的侧链可被羟化形成羟基巴比妥;苯经此反应氧化为苯酚;苯胺可氧化为对氨基酚或邻氨基酚（图 6-1B）。环氧化（epoxidation）是化学物的两个碳原子之间与氧原子之间形成环氧化物（图 6-1A）:

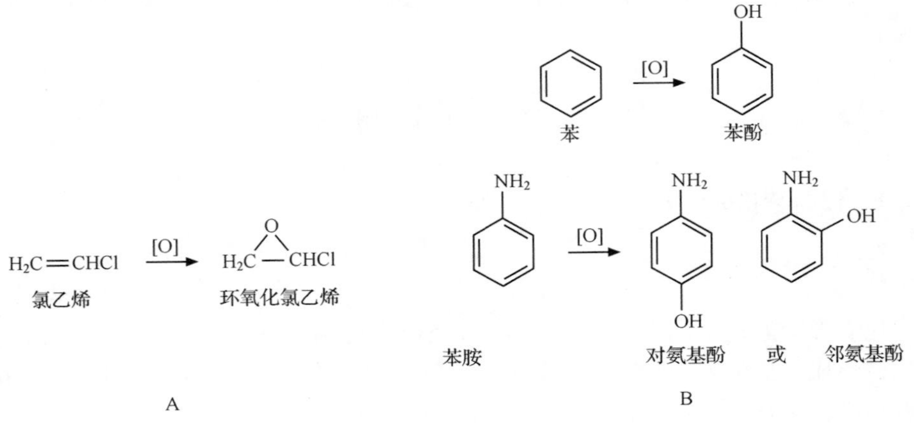

图 6-1 羟化反应

这些环氧化物多不稳定,可继续分解。有些环氧化物可与生物大分子共价结合而诱发突变或癌变。S-氧化（S-oxygenation）和 N-羟化（N-hydroxylation）,前者多发生在硫醚类化合物（thioether）,氧化产物为亚砜（sulfoxide）,亚砜可继续氧化为砜类（sulfone）（图 6-2A）。后者发生在化学毒物的氨基（—NH_2）上的一个氢与氧的结合反应(图 6-2B)。

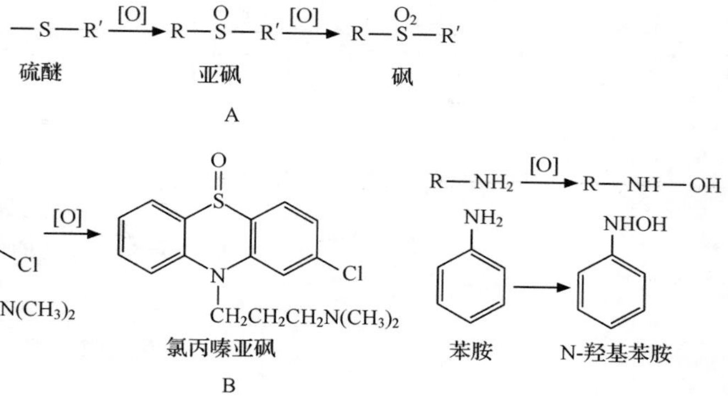

$$—S—R' \xrightarrow{[O]} R—\overset{O}{\underset{}{S}}—R' \xrightarrow{[O]} R—\overset{O_2}{\underset{}{S}}—R'$$

硫醚　　　　　　亚砜　　　　　　砜

A

氯丙嗪 $\xrightarrow{[O]}$ 氯丙嗪亚砜

$$R—NH_2 \xrightarrow{[O]} R—NH—OH$$

苯胺　　　　N-羟基苯胺

B

图 6-2　S-氧化反应(A)与 N-羟化反应(B)

脱烷基(dealkylation)反应是指氮、氧、硫原子上带有烷基的化学毒物被氧化脱去一个烷基形成羟烷基化学物,或继续分解产生醛或酮类(图 6-3)。

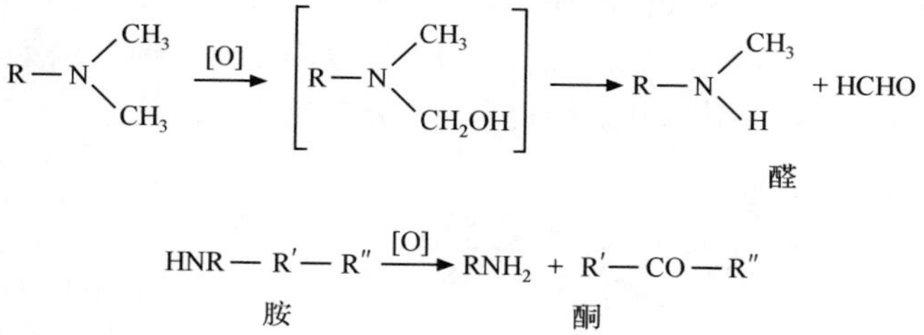

$$R—N\begin{smallmatrix}CH_3\\CH_3\end{smallmatrix} \xrightarrow{[O]} \left[R—N\begin{smallmatrix}CH_3\\CH_2OH\end{smallmatrix}\right] \longrightarrow R—N\begin{smallmatrix}CH_3\\H\end{smallmatrix} + HCHO$$

醛

$$HNR—R'—R'' \xrightarrow{[O]} RNH_2 + R'—CO—R''$$

胺　　　　　　　酮

图 6-3　脱烷基反应

在 MFOS 催化的氧化反应中还有脱硫反应(desulfurization)和氧化脱卤反应(oxidative dehalogenation)等。氧化反应另一类是非微粒体酶催化的反应,在线粒体、胞液和血浆中的某些非特异性酶,如醇脱氢酶(alcohol dehydrogenase)、醛脱氢酶(aldehyde dehydrogenase)和胺氧化酶(amine oxidase)等催化具有醇、醛、酮功能基团的化学毒物的氧化反应。

2) 还原反应(reduction)是氧化反应的逆反应。在肝脏、肾脏和肺细胞微粒体中多种酶可催化含羰基、含氮基团、含硫基团和含卤素基团的化学毒物的还原反应。羰基还原反应(carbonyl group reduction),醛类和酮类可分别被还原成伯醇和仲醇:RCHO(醛) $\longrightarrow$ RCH$_2$OH(伯醇);RCOR(酮) $\rightarrow$ RCHOHCH(仲醇)。含氮基团还原反应,如硝基还原反应(nitroreduction)和偶氮还原反应(azoreduction),前者在硝基还原酶的作用下先形成中间代谢产物亚硝基化学毒物,最后还原为相应的胺类化学毒物(图 6-4A);后者在偶氮还原酶的催化下发生还原反应,如水杨酸偶氮磺胺嘧啶还原形成磺胺嘧啶(图 6-4B)。

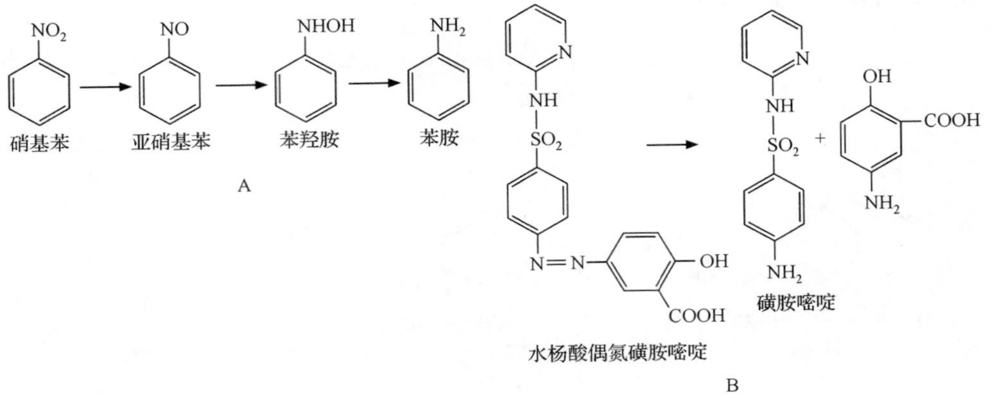

图 6-4　含氮基团反应

A. 硝基还原反应；B. 偶氮还原反应

含硫基团还原反应是由硫氧还蛋白依赖性酶催化，先被氧化成三硫磷亚砜，在一定条件下又可被还原成三硫磷（carbophenothion）（图 6-5）。含卤素基因还原反应是由 NADPH 细胞色素 P-450 还原酶催化。如四氯化碳在体液该酶催化形成三氯甲烷自由基（CCl$_3$），引起肝脏结构破坏、脂肪变性与环死。

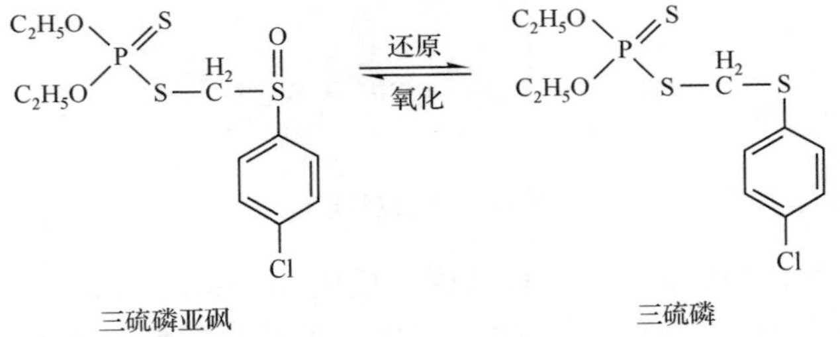

图 6-5　含硫基团还原反应

3）水解反应（hydrolysis）是在水解酶的催化下，化学物与水发生反应而引起化学物分解的过程。根据反应性质和反应机制可将水解反应分为酯类水解反应和酰胺类水解反应。酯类水解反应是酯类化学毒物在酯酶催化下而发生水解生成酸类和醇类化学物的过程。

$$RCOOR' \xrightarrow{\text{酯酶}} RCOOH + R'OH$$

酰胺类水解反应是酰胺类化学毒物经酰胺酶催化水解成酸和胺类化学物的过程。

$$RCONHR' \xrightarrow{\text{酰胺酶}} RCOOH + RNH_2$$

水解脱卤反应（hydrolytic dehalogenation）是脂肪族化学毒物分子中与碳原子相连的卤素原子通过酶促作用，从碳链上脱落的过程。如 DDT 在生物转化过程中形成 DDE 的过程就是典型的脱卤反应(图 6-6)。

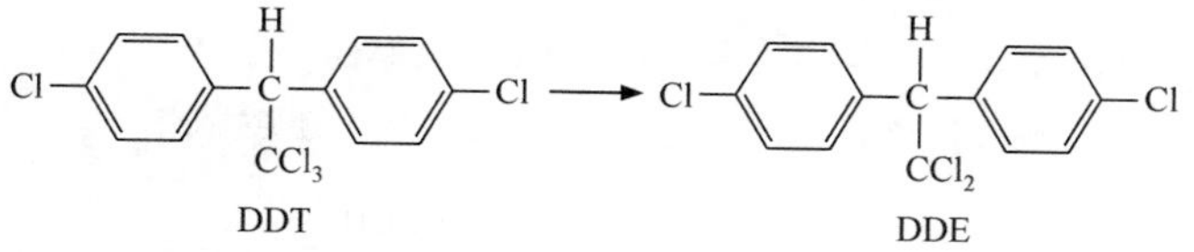

图 6-6　DDT 的水解脱卤反应

　　环氧化物的水化反应(hydration of epoxid)是指含有不饱和双键或三键的化合物在相应酶和催化剂作用下,与水分子化合的反应,或称水合反应。最简单的水合反应是乙烯与水结合生成乙醇的反应:$H_2C{=}CH_2 + H_2O \longrightarrow CH_3CH_2OH$。机体内一些外源化学毒物经水合成反应而增强毒性,有的则毒性降低或解毒。

　　4) 结合反应(conjugation reaction)是指进入体内的外源化学毒物在代谢过程中与某些其他内源性化学物或基因发生的生物合成反应,形成的产物称为结合物(conjugate)。前面介绍的氧化、还原和水解反应往往使外源化学毒物分子上具有羟基、羧基、氨基、环氧基等极性基团,这称为第一相反应(phase Ⅰ reaction)。第一相反应产生的极性基团极易与具有极性基团的内源性化学物发生结合反应,这称为第二相反应(phase Ⅱ reaction)。一般而言,化学毒物经过第一相反应后,其原有的生物活性或毒性有一定程度降低或丧失。再经第二相反应,其理化性质和生物活性发生进一步变化,特别表现在极性的增强和水溶性的提高,因而易于从体内排出和毒性的降低,可见结合反应是某些化学毒物在机体内解毒的重要方式之一。该反应中需要辅酶和转移酶的参与,并消耗能量。结合反应的类型有以下几种。

　　葡萄糖醛酸结合,几乎所有的哺乳动物和大多数脊椎动物体内均可发生此类结合反应。葡萄糖醛酸的来源是体内糖类的正常代谢产物。糖类代谢生成的尿苷二磷酸葡萄糖(uridine diphosphate glucose,UDPG),UDPG 被氧化形成的尿苷二磷酸葡萄糖醛酸(uridine diphosphate glucuronic acid,UDPGA)是葡萄糖醛酸的供体,在葡萄糖醛酸转移酶(glucuronyl transferase)的催化下,可与外源化学物或其代谢物的羟基、氨基和羧基等基团结合,反应产物是高度水溶性的 β-葡萄糖醛酸苷(β-glucuronide),易于从尿和胆汁排泄(图 6-7)。

　　硫酸结合外源化学毒物经第一相反应形成羟基、氨基和羧基等与活化形式的硫酸盐结合而产生硫酸酯。内源硫酸来源于含硫氨基酸的代谢产物,但必须先经腺苷三磷酸(ATP)活化成为 3′-磷酸腺苷-5′-磷酰硫酸(3′-phosphoadenosine- 5′-phosphosulfate,PAPS),PAPS 是硫酸结合反应的供体在磺基转移酶(sulfotransferase)的催化下与醇类、酚类或胺类结合生成硫酸酯。在多数情况下,化学毒物与硫酸结合后毒性减弱或消失,如苯酚和苯胺与硫酸的结合反应(图 6-8)。

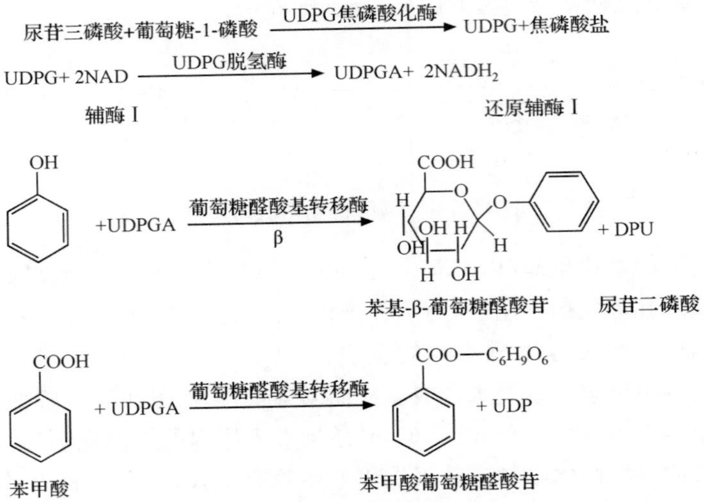

尿苷三磷酸+葡萄糖-1-磷酸 —UDPG焦磷酸化酶→ UDPG+焦磷酸盐

UDPG+ 2NAD —UDPG脱氢酶→ UDPGA+ 2NADH₂

辅酶 I　　　　　　　　　　　　　　　　　　还原辅酶 I

苯基-β-葡萄糖醛酸苷　　　尿苷二磷酸

苯甲酸　　　　　　　　　　　　　　苯甲酸葡萄糖醛酸苷

图 6-7　外源化学物与葡萄糖醛酸结合反应

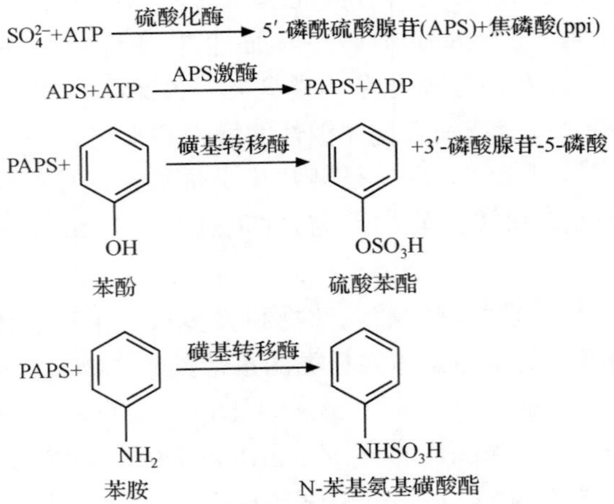

SO₄²⁻+ATP —硫酸化酶→ 5′-磷酰硫酸腺苷(APS)+焦磷酸(ppi)

APS+ATP —APS激酶→ PAPS+ADP

苯酚　　　　　　　　　硫酸苯酯

苯胺　　　　　　　　　N-苯基氨基磺酸酯

图 6-8　酚类与硫酸的结合反应

　　但也有外源化学毒物经此反应后毒性反而提高的。谷胱甘肽结合是在谷胱甘肽-S-转移酶(glutathione-S-transferase,GST)的催化下,环氧化物卤代芳香烃、不饱和脂肪烃类和有毒金属等均能与谷胱甘肽(glutathione,GSH)生成谷胱甘肽结合物而解毒,因此 GST 在毒理学中具有重要意义(图 6-9)。

　　氨基酸结合反应的本质是肽式结合,如苯甲酸与谷氨酸结合而形成马尿酸而排出体外,这是苯甲酸的一种主要解毒反应(图 6-10)。

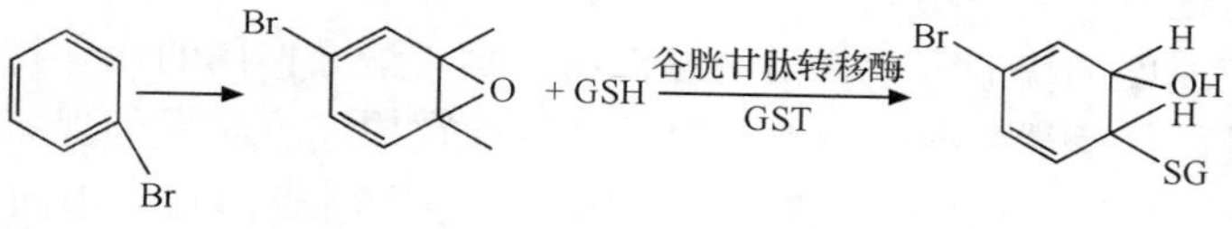

图 6-9 溴化物与谷胱甘肽结合反应

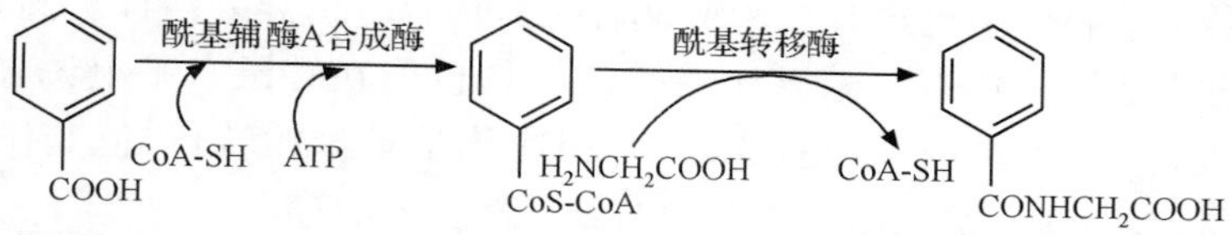

图 6-10 苯甲酸与谷氨酸结合反应

乙酰基结合是在乙酰基转移酶和乙酰辅酶 A 作用下,含伯胺、羟基或巯基的化学毒物与乙酰基的结合反应,这是化学毒物的主要生物转化途径,可使氨基活性作用减弱,从而有利于解毒,硝基苯和磺胺药的解毒多属此类反应(图 6-11)。

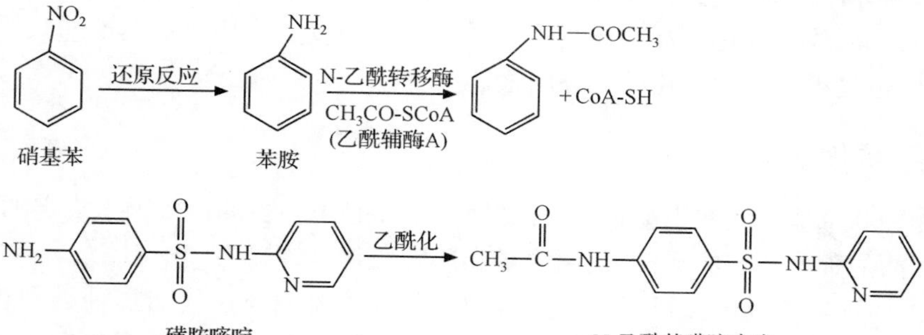

图 6-11 化学毒物与乙酰基的结合反应

甲基结合是在甲基转移酶(methyltransferase)的催化下,将活化的甲基转移至含羟基、巯基和氨基的酚类、硫醇类和胺类化学毒物中,这种结合反应也称甲基化作用(methylation)。甲基化一般是一种解毒反应,许多胺类化学毒物与甲基结合后毒性降低或消失。

6.1.2 影响化学毒物代谢转化的因素

(1)化学因素

在动物或人体内各种化学毒物的代谢转化反应其实质是各种酶催化完成的,

而多种因素对这些酶类的功能和活力产生影响。凡能使一种酶活性增强或含量增加和催化反应速度加快的现象称为诱导作用。具有诱导作用的化学物称为诱导物或激活物。凡能使酶活性减弱或含量降低和催化反应速度减慢的现象称为抑制作用,具有抑制作用的化学物称为抑制物。具有诱导作用或抑制作用的化学物种类很多,而且其作用机制各不相同。

1) 诱导作用机制。如多环芳烃类诱导物中的 2,3,7,8-四氯二苯二噁英(TC-DD)进入机体靶器官或组织后与受体蛋白结合,并进入细胞核作用于识别位点,调节转录并翻译编码细胞色素 P-448 或细胞色素 P-450,诱导酶活性提高,从而加速外源化学毒物的转化速率。苯巴比妥类诱导物也能在转录水平上诱导 P-450 的 mRNA 含量增加,促进 P-450 酶的活性,加速化学毒物的转化,但其作用机制与 TCDD 不同,迄今尚未发现该类诱导物的专一性受体的存在。

2) 抑制作用机制。根据抑制作用的性质不同而分为可逆性抑制作用和不可逆性抑制作用,前者的抑制物称为可逆性抑制物,后者则称为不可逆性抑制物。抑制物种类繁多,作用机制各不相同,但可归纳为几种方式:直接作用于细胞色素 P-450 酶系,影响蛋白质的生物合成、降低生物转化反应中必需的辅助因子和结合剂的含量等,从而使某些化学毒物在机体内的代谢速度降低,而在血液中浓度增高,对机体的毒性增强。总之,许多中毒性疾病的发病和治疗机制都与酶的诱导和抑制作用有关,故研究化学毒物代谢酶的诱导与抑制及其作用机制具有重要的毒理学意义,也是影响生物转化的关键因素。

(2) 遗传因素

物种和个体之间在生物转化上的差异,主要是由各自的遗传因素决定的,表现在体内酶的种类和酶的活性、代谢途径和速度变化等。

1) 物种差异,从代谢酶层次分析,物种差异主要表现在代谢酶种类和代谢酶活力不同。前者是指某种代谢酶的有无,从而使同一种外源化学毒物在不同种机体内的代谢情况完全不同。后者是虽然不同物种都具有催化某种生物转化反应的酶类,但其活力不同,因而使同一外源化学毒物在不同种类机体中的半衰期不同。

2) 个体差异,外源化学毒物在生物转化中的个体差异主要表现为某些代谢酶活力不同,一般不是某种酶类的有或无,而是同一种外源化学物在不同个体中代谢速率差异显著。

(3) 生理因素

机体发育的不同时期、肝肾功能状态和雌雄不同的个体等都会影响外源化学毒物在机体中的转化。

1) 年龄。机体随着年龄增长,某些代谢酶活力也随之变化。初生和未成年机体中微粒体酶功能尚未完全发育成熟,成年后达到高峰,然后又逐渐下降,进入老年又减弱,故生物转化功能在初生、未成年和老年时期均较成年时期低。凡经代谢转化后毒性降低或消失的外源化学物,在初生、未成年和老年机体的毒性作用将有所增强;反之,经代谢转化后毒性增强的化学物,在初生、未成年和老年机体中的毒性较成年机体弱。

2) 性别。雌雄两性哺乳动物对外源化学物的生物转化存在性别差异,这主要是由性激素决定的。在多数情况下,雄性个体的代谢转化能力和代谢酶活力均高于雌性个体。经代谢转化后毒性降低或消失的外源化学物对雌性个体的毒性作用较雄性动物高;反之,转化后毒性增强的外源化学物对雄性个体的毒性作用较强。

3) 昼夜节律(circadian rhythm 或 day-night rhythm)。机体在每日不同时间的生物转化能力不同,一般认为这种差异与内分泌功能的昼夜节律相关。如大鼠在一日的黑暗阶段对外源化学物的生物转化速率较高,在照明阶段则下降。细胞色素 P-450 单加氧酶活力也呈现昼夜差异。在每日 12h 黑暗和 12h 照明的条件下饲养动物,生物转化的昼夜节律就更加明显。

(4) 环境因素

环境中存在多种因素对机体内酶或辅酶的合成与催化外源化学物的生物转化过程产生影响。

1) 化学毒物的结构与性质。化学毒物的生物学活性与其化学结构、理化性质、纯度和剂量等密切相关。有些化学物的结构与毒性效应相关,如山黧豆β-ODAP是有毒的,而 α-ODAP 则无毒。决定有机磷化学毒物的生物活性是 5 价磷原子,但四周任何基因的改变都会影响磷的亲核性,其毒性也不相同。理化性质如脂水分配系数、电离度、挥发性、分散度和分子质量等不仅影响其吸收和分布,还影响其转化和排泄。

2) 饮食营养状况。蛋白质缺乏时,微粒体细胞色素 P-450 单加氧酶和微粒体NADPH-细胞色素 P-450 还原酶活力降低,N-脱甲基反应和羟化反应减弱,某些外源化学物葡萄糖醛酸结合反应也减少,使生物转化速度降低。膳食中多不饱和脂肪酸不足或过多均可引起肝脏细胞色素 P-450 单加氧酶活力下降,从而影响有关外源化学物氧化反应和转化速度。维生素 A、维生素 E、维生素 C 缺乏可引起细胞色素 P-450 单加氧酶活力下降。无机盐成分缺乏也可影响细胞色素 P-450 单加氧酶活力。

3) 代谢饱和状态。机体吸收毒物后,随毒物在体内浓度的升高,单位时间内代谢酶对毒物催化代谢所形成的产物量也增大,但当毒物达到一定值时,其代谢过程中所需的基质可能被耗尽,或者参与代谢的酶催化能力不能满足其需要,这样单位时间内的代谢产物量就不再随毒物浓度升高而增加,这种代谢过程达到饱和的现象称为代谢饱和(metabolic saturation)。在这种情况下,一些外源化学物的代谢转化途径发生改变。

6.2　山黧豆个体发育过程中 β-ODAP 的时空代谢模式

6.2.1　山黧豆不同发育期的 β-ODAP 代谢动态

尽管 β-ODAP 的发现已有 50 多年的历史,但人们一直关注它在种子中的含量变化,而在植株其他组织中的含量变化研究得比较少。1994 年,Addis 等用纸电泳、薄层层析和分光光度法综合检测了山黧豆不同生长时期和不同组织中总的 ODAP 含量情况。发现 ODAP 积累的两个高峰时期分别在种子成熟期和种子萌发期。他们采用的这些方法精度都比较低,而且不能区分 α-ODAP 或 β-ODAP 两种异构体,所分析的组织材料也不全面。为了追踪山黧豆植株发育过程中毒素 β-ODAP 含量的变化情况,Jiao 等(2006)用高效液相色谱法更详细地系统分析了山黧豆生长发育不同时期和不同组织中 β-ODAP 的积累情况(图 6-12)。结果表明,β-ODAP 积累主要发生在萌发 6d 左右的幼苗中,含量可达原来种子的 2~3 倍。随着幼苗的生长,β-ODAP 在叶及其他组织中的含量逐渐下降,至营养生长旺盛时

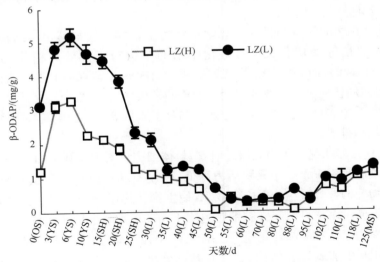

图 6-12　山黧豆品种 LZ(H) 和 LZ(L)发育过程中不同组织中 β-ODAP 积累动态变化情况
LZ(H)和 LZ(L)为同一品种,但前者种子来源于肥沃土壤,后者种子来源于贫瘠土壤。试验时两种种子共同种植于肥沃土壤中。植株共生长 125d 成熟。OS、YS、SH、L、MS 分别表示播种前种子、幼苗、苗、叶和收获后种子,数字表示播种后的天数;β-ODAP 的含量以干重计算。每一数值为 3 次重复测量的平均值,竖棒代表平均值的标准误

期,如生长 60d 时,其含量在叶中大概是幼苗时期的 20/1～30/1,甚至低至用其他方法如邻苯二甲醛分光光度法基本检测不到各组织中的 β-ODAP。种子成熟时期、幼叶及发育的种子又开始积累 β-ODAP,但积累程度远小于幼苗时期(图 6-12)。发育种子 β-ODAP 积累的高峰在其发育的中后期(Hussain *et al*.,1997)。

6.2.2　山黧豆植株不同器官中 β-ODAP 代谢动态

β-ODAP 并不是在所有山黧豆组织中大量积累,在有些组织如根瘤中几乎测不到它的存在(Jiao *et al*.,2006)。在种子萌发积累高峰时期,β-ODAP 主要积累在幼苗的地上部分或叶中,茎和根中含量相对较少,子叶中含量则更少。萌发 3d 的苗中,ODAP 的含量是所有游离氨基酸中最高的,可达 3.2mg/g(鲜重),其次分别是高丝氨酸(2.84mg/g)、天冬氨酸(1.81mg/g)、组氨酸(1.67mg/g)、谷氨酸(1.64mg/g)、赖氨酸(1.30mg/g)(Lambein *et al*.,1992)。在种子发育过程中,种子含毒量随成熟程度而慢慢增加,而接近成熟时其含量又有所下降(王亚馥等,1990;Hussain *et al*.,1997),果荚皮中的含量也随着种子成熟逐渐降低(Addis *et al*.,1994;Jiao *et al*.,2006)。而在山黧豆的所有衰老组织中均检测不到 ODAP(Addis *et al*.,1994;Jiao *et al*.,2006)。许多学者认为 ODAP 易在幼嫩组织中积累,但也不尽然。至少 15d 之前的山黧豆苗中,上部幼叶 β-ODAP 含量显著小于下部成熟叶的含量;而营养生长旺盛时期,如生长 60d 时,虽然幼叶和成熟叶中 β-ODAP 含量已非常低,但幼叶中的含量却明显高于成熟叶中的含量(Jiao *et al*.,2011a)。进一步研究发现,β-ODAP 含量与组织中的活性氧(reactive oxygen species,ROS)水平呈负相关,尤其在幼嫩组织中。

山黧豆种子毒性的高低是相对的。同一品种在贫瘠环境中收获的种子比适宜环境中收获的种子 β-ODAP 含量要高(图 6-12),如同样是 LZ 系列的山黧豆品种,LZ(L)种子来源于兰州榆中县山区,而 LZ(H)种子来源于兰州大学生物园试验田。由图 6-12 可以看出这两批种子的 β-ODAP 含量明显不同,前者高而后者低。但是在兰州大学生物园试验田中收获时,前者种子中的含毒量大幅下降了,含量几乎与后者的相近了。这一现象在陈耀祖等(1992)所进行的低毒山黧豆筛选试验中更加普遍。他们研究发现,在 3 年的引种试验中,来源于全国各地的 65 个品种在同一试验田里生长时,绝大多数第 1 年收获的种子含毒量与原产地(全国不同地区)的相比,大幅下降;第 2、3 年进一步下降,但幅度明显减小并趋于平稳。造成这一现象的原因文中虽然没有进一步的解释,但 Jiao 等(2006)从他们的试验结果推测可能与试验田施用氮和磷肥有关,虽然气候、年份等也会对种子的毒性高低产生影响(Hanbury *et al*.,1999)。总之,在确定山黧豆是高毒品种还是低毒品种时,需要注意,试验要在同一田中进行,而且要尽量考虑使土壤的营养条件是最适的。

6.3　调控 β-ODAP 代谢的因素

6.3.1　基因型与相关酶

　　β-ODAP 在幼苗和种子中积累的程度显著受基因型影响。对低毒品系的栽培试验发现,毒素 β-ODAP 在种子中的含量随生长环境而发生显著变化,使低毒品系难以大范围推广。在 β-ODAP 的生物合成过程中,人们已发现的酶有 β-(异噁唑啉-5-酮-2-基)-L-丙氨酸[β-(isoxazoline-5-on-2-yl)-L-alanine,BIA]合成酶和草酰辅酶 A 合成酶。1993 年,日本学者 Orgena 等发现 BIA 合成酶其实是半胱氨酸合成酶(cysteine synthase,CSase),并对山黧豆 CSase 的家族酶进行了分离纯化,同时测定了合成 BIA 效率。他们从山黧豆的幼苗和叶片中分离纯化到了 2 个该家族的成员酶,即存在于线粒体中的 CSaseA 和存在于叶绿体中的 CSaseB。这两种酶的许多性质与其他植物的同工酶很相似,但合成 BIA 的效率却异常低,分别是 Cys 合成效率的 0.07% 和 0.08%。

　　Malathi 等(1967)将 α,β-二氨基丙酸、草酸及 CoA 等加入到山黧豆来源的酶提取液中检测到了 ODAP,由此得出 α,β-二氨基丙酸(DAP)可与草酰辅酶 A 缩合形成 ODAP。但 Misra 等(1981)通过测定 22 种山黧豆整个发育过程中草酰辅酶 A 合成酶的活性,发现这种被认为是 ODAP 生物合成过程中的关键酶,其活性随植株的发育逐渐降低,并没有出现与 ODAP 积累相对应的高峰,而且其活性与山黧豆的品种及影响 ODAP 含量的微量元素处理之间没有相关性,甚至高含量 ODAP 的品种比低含量的品系表现为更低的酶活性。只是在研究 ODAP 生物合成的过程中,人们至今未发现或纯化到 ODAP 合成酶,即 DAP 与草酰辅酶 A 缩合形成 ODAP 的酶。

6.3.2　微量元素与大量元素

　　Misra 等(1981)最早报道微量营养元素对种子中 ODAP 含量有影响。他们用 0.5ppm 硝酸钴和 20ppm 的钼酸铵对盛花期山黧豆进行叶面喷施后,不管是低毒品种还是高毒品种其种子的 ODAP 含量都下降了。Jiao 等(2006)用水培方法也发现,如果营养液中缺乏钼元素,则生长 7d 和 15d 的苗中 β-ODAP 含量明显上升,而根中只有处理 7d 的才有明显的升高。

　　Lambein 等(1994)详细研究了锌和铁对山黧豆种子 β-ODAP 含量的影响。他们用水培的方法给山黧豆苗供应不同水平的锌和铁元素,然后收获种子分析毒素的含量,结果发现当营养液中缺锌或铁过量时,种子中的 β-ODAP 含量成倍增加。后来在山黧豆的愈伤组织中也证实了缺锌的这种增毒效应(Haque *et al*.,2011)。

Hussain 等(1997)田间试验和水培相结合发现,供应磷肥如 KH_2PO_4 可影响植株对土壤中锌元素的吸收,使低毒或高毒品种的苗和种子中锌含量降低,同时毒素 β-ODAP 水平升高。Jiao 等(2006)在水培苗中也发现缺锌使生长 7d 的山黧豆苗和根中的 β-ODAP 显著增加。

其他微量元素如硼、锰等也被证实可明显影响山黧豆毒素 β-ODAP 的水平。

Haque 等(1997)发现水培时,Hoagland 营养中的硼水平增加 1 倍,则收获的山黧豆种子中毒素 ODAP 的水平也增加 1 倍;若锰的水平增加 1 倍,则收获的山黧豆种子中,低毒品系 LS 8246 的毒素含量增加 1 倍,而高毒品系 LS 8507 的毒素水平同增加 4 倍。Jiao 等(2006)的缺硼、缺锰试验进一步证实了 Haque 等的结果,但两元素的缺乏对苗和根的效应略有不同。

微量营养元素对植物的生长及生理生化活动有显著的影响,并进而影响某一成分的代谢,也许大量营养元素对此影响更大。自从发现微量元素对山黧豆毒素有影响之后,人们很快发现有些大量营养元素对毒素 ODAP 的影响也很显著(Jiao et al.,2011b)。当减少 Hoagland 营养液中氮、镁或钾的浓度时,水培收获的山黧豆种子毒素 ODAP 合成显著升高(Kebede et al.,1994)。他们进一步的试验表明,当营养液中的氮、镁、钙或钾减少一半时,氮和镁的减少使种子中 β-ODAP 含量增加 1 倍,钾的减少使种子中 β-ODAP 合成量增加 3 倍,而钙的减少使种子其含量增加 4 倍。但是当进一步减少这些营养元素时,种子中的毒素含量变化不大甚至有所减少。

缺乏大量营养元素对山黧豆营养组织中的毒素含量也有明显的影响。Jiao 等(2006)对氮、磷、钾、钙、镁或硫的 6 种缺素试验表明,除了镁或硫的缺乏对山黧豆幼苗地上部分和根 β-ODAP 含量没有明显影响外,氮、磷、钾或钙的缺乏对幼苗中 β-ODAP 合成代谢均有一定的促进作用。在这些营养元素中,缺氮影响最大,而且只在缺氮时,处理 7d 和 15d 的幼苗地上部分和根中毒素水平均表现出显著的升高($P<0.01$)。

由以上分析可以看出,不同营养元素对山黧豆毒素 β-ODAP 合成影响不同,锰、锌、钾、钙等元素对种子中 β-ODAP 合成影响比较显著,而氮元素对营养组织,如叶中 β-ODAP 合成影响最大。

6.3.3　干旱胁迫与盐碱胁迫

山黧豆最突出的一个优良农艺性状是耐干旱,而 β-ODAP 又是一种游离氨基酸,因此很早人们推测 β-ODAP 积累可能与植株耐干旱有关。事实证明,生长季节的干旱的确促进种子中毒素合成代谢的升高,但反过来,β-ODAP 的积累可能有助于植株耐旱却证据不足(Jiao et al.,2011a)。但 Haque 等(1992)曾报道水分胁迫可使山黧豆种子中的毒素水平加倍,Hussain 等(1997)以高毒品种(Jamalpur)

和低毒品种(LS 8603)为材料首先用盆栽控制水分的方法分析了两个不同品种种子 β-ODAP 含量对干旱的反应。发现随着盆中土壤持水量由 75.5% 降至 13.9%，高毒"Jamalpur"种子毒素含量由 0.685% 升至 0.931%；低毒"LS 8603"种子毒素含量由 0.068% 升至 0.170%。由此看出似乎低毒品种毒素积累比高毒品种对干旱更敏感。他们同时也检测了低毒品种叶子中的脯氨酸含量从 33.0mg/100g 升高到 117.2mg/100g，说明山黧豆与其他植物相似，脯氨酸以较大积累幅度来响应水分胁迫。随后他们在孟加拉 Agrivarsity 地区对照田和 Godagari 地区干旱田（只有 6% 的含水量）里进一步研究了土壤干旱对种子毒素的影响。发现低毒"LS 8603"种子毒素含量对照田为 0.170%，而干旱田 0.268%；高毒品种的对照田里是 0.724%，干旱田里为 1.202%。可见，田间试验与盆栽试验结果相似，即干旱可使种子毒素积累增加，但低毒品种积累幅度明显大于高毒品种。

盐碱环境比干旱环境更复杂，因为植物除了面临水分胁迫，还会受到过量盐离子的毒害。对于在盐碱环境下生长的山黧豆，至今研究和报道较少。在含有 NaCl 的培养基中，Haque 等(2010)给山黧豆愈伤组织喂饲 β-ODAP 的前体 BIA，发现 BIA 不容易渗入到 β-ODAP 中，随着盐浓度的升高，渗入越困难。这说明在高盐情况下 β-ODAP 的生物合成会受到抑制。据 Haque 等(2011)报道，山黧豆是中度耐盐植物，在盐碱含量高的土壤或海滨地带生长的山黧豆，其种子中 β-ODAP 的含量随盐含量的升高而降低，但盐分升高到一定程度时种子含毒量又反而会增加(Haque et al.,1996；Hussain et al.,1997)。然而用甘露醇或聚乙二醇代替 NaCl 而产生的渗透胁迫中，种子或苗中 β-ODAP 含量却一直呈上升趋势(Ongena et al.,1989)。可以看出，NaCl 除了产生渗透胁迫外，对山黧豆植株的某些代谢或至少对 β-ODAP 合成过程产生了直接或间接的影响。

6.3.4 金属离子与稀土元素

土壤中除了植物生长必需的矿质营养元素外，还存在一定数量的非营养金属离子，这些离子由于人类的活动有时过量存在，对植物的生长会产生不利的影响，如镉(Prasad,1995)、铝(Delhaize et al.,1995；Ma et al.,2001)等。另外，以各种形式存在的稀土元素近年来被证明对植物的生长却有一定的益处。山黧豆对环境中的铝具有一定的抗性，而且铝的存在对 β-ODAP 的代谢也有一定的影响。据 Haque 等(2011)报道，液体培养基中的山黧豆愈伤组织，Al^{3+} 的存在可以大大促进由 BIA 向 β-ODAP 的转化，其效果远远超过锰、硼、钴等离子。在水培条件下，山黧豆植株不但可以于根部积累一定量的镉离子，而且这种积累可促进 β-ODAP 合成代谢(Hussain et al.,1997)。用稀土元素铈来处理山黧豆幼苗，发现这种稀土元素不但可以降低 β-ODAP 的含量，而且还能明显提高山黧豆植株的抗旱性(Xiong et al.,2005)。镉和铝对植物的生长来说都是有毒的金属离子，近年来在一些地区土壤和水体中含量升高污染环境。山黧豆植株对它们的反应都涉及 β-ODAP 含量的升高,显然这是胁迫的结果。相反,个别稀土元素在低浓度对植物有明显的促进作用已经为许多试验所证实(何跃君等,2005)。稀土元素铈可减轻山黧豆幼苗的干旱胁迫症状,说明一定浓度的稀土对山黧豆的生长是有益的,它同时降低了毒素 β-ODAP 的积累从另一个侧面进一步说明 β-ODAP 积累与山黧豆抗旱呈正相关关系。

6.3.5　根瘤菌与微生物

大多数豆类植物的一个重要营养特征是根部能与土壤中的特定根瘤菌共生形成根瘤。在根瘤中,根瘤菌通过还原空气中的分子氮(N_2)为其宿主提供铵态氮(NH_4^+),而豆类植物则为共生的根瘤菌提供光合产物。根瘤菌的浸染一般发生在豆类植物幼苗生长的早期,涉及一系列重要的信号传导过程和共生双方的分子对话(Fisher et al.,1992),导致豆类植物的根部发生一些重要的形态改变和生理反应(曾定,1987)。与山黧豆共生的根瘤菌和豌豆的根瘤菌在分类上属同一族(Young,1996),也就是说,这一族的根瘤菌既可以使山黧豆结瘤,也可以使豌豆结瘤。山黧豆耐贫瘠环境的一个重要原因是它具有比较强的结瘤能力,初步研究(焦成瑾,2005;Jiao et al.,2011a)表明:β-ODAP 能增强山黧豆根瘤菌的结瘤能力,尤其在贫瘠环境下,尽管高浓度的 β-ODAP 对根瘤菌的生长有抑制作用,而低浓度对其仅有轻微的生长促进作用。

由于已经证明缺氮很明显的促进山黧豆叶子 β-ODAP 的积累(Jiao et al.,2006;Jiao et al.,2011a),因此,Jiao 等(2011a)详细分析了接种根瘤菌后山黧豆幼苗中 β-ODAP 的含量变化,结果表明,在根瘤菌存在的情况下,萌发生长 5d 的山黧豆幼苗中 β-ODAP 含量下降了约 1/3,而并不是当初预期的升高,但根中的含量则与对照没有明显的差异。对这一现象进一步研究(Jiao et al.,2011b)发现,β-ODAP 含量下降可能与根瘤菌浸染而导致幼苗中活性氧(ROS)水平的升高有关,从而揭示出 β-ODAP 的积累与 ROS 之间存在某种负相关。

虽然人们对 β-ODAP 在山黧豆中的合成过程有所了解,但对于其降解途径一无所知(Yan et al.,2006),而研究并分离能降解 β-ODAP 的酶或基因对于培育无毒或低毒山黧豆品种非常重要。随着世界范围内对山黧豆研究的逐步深入,这一领域终究会被人们完全了解。目前在人们还未分离到山黧豆体内 β-ODAP 降解酶的情况下,有些学者另辟蹊径,一方面利用不同来源的微生物能够分解 β-ODAP 的特性来进行种子食用前的发酵脱毒(Kuo et al.,2000);另一方面从环境中筛选和分离能够降解 β-ODAP 的微生物,以便纯化得到相关酶及基因(Sachdev et al.,1995)。

6.4　β-ODAP 代谢的生理生化机制

6.4.1　β-ODAP 的生物转化与代谢途径

迄今人们对山黧豆中 β-ODAP 的生物合成过程还不完全清楚,但从它的含量变化可知,其代谢是有规律的。β-ODAP 的规律性积累说明其积累过程与植株的某些生理过程密切关联。将二者联系起来分析有助于探讨 β-ODAP 代谢过程的生物学意义。在山黧豆的生长早期,β-ODAP 以合成代谢为主,特别在幼嫩组织中大量积累,而后随着生长发育进程而下降,到种子成熟过程又开始积累。β-ODAP 的合成与分解在幼苗时期最为明显。虽然人们对 β-ODAP 的生物合成途径有比较深入的研究(见本书第 3 章),但有关 β-ODAP 分解的代谢途径人们一无所知。从生物合成途径可知,β-ODAP 的前体物 BIA 的合成与半胱氨酸的合成竞争同一底物 O-乙酰丝氨酸(图 6-13),因此,在机体大量需求半胱氨酸的情况下,BIA 的合成必然受到抑制,从而使 β-ODAP 的合成减少。

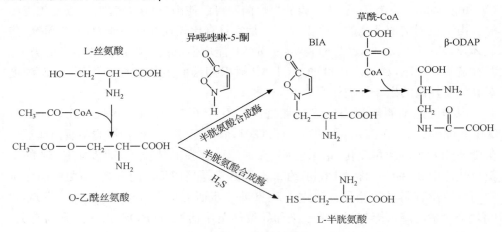

图 6-13　半胱氨酸合成酶催化合成半胱氨酸和 BIA

6.4.2　植株中氮和氮转移与 β-ODAP 代谢

在营养生长时期,缺氮比缺乏其他必需营养元素更明显的促进 β-ODAP 在幼嫩组织中的合成代谢。由此 Jiao 等(2006,2011a)提出 β-ODAP 积累的生理机制可能与衰老组织中氮素营养向幼嫩组织转移有关,而且 β-ODAP 本身很可能作为富氮有机物在衰老组织中合成以后再转移到幼嫩组织中去的。

对于大多数植物来说,正常生长时体内氮元素的转移及再利用是频繁而重要的(Masclaux-Daubresse *et al*.,2010)。在这些转移中,两个规模较大、较集中的转移应该是植株接近衰老时,大量营养物质从衰老的叶子向幼嫩组织、发育中的种子或其他贮藏组织的转移及种子在萌发时营养物质从种子子叶或胚乳等组织向胚根和胚芽的转移。栽培山黧豆是一年生草本豆类,上述的两个大规模的氮转移再利用对于种子的成熟和幼苗的发育非常重要。β-ODAP 作为一种氨基酸伴随这两个过程明显积累说明它的合成在氮转移再利用过程中加强了,也就是说,在氮元素的回收再利用过程中可能积累了合成 β-ODAP 的大量前体物质。由 β-ODAP 的可能生物合成途径可知,至少涉及 3 个类型的有机物与 β-ODAP 的合成密切相关:异噁唑环前体(可能是天冬氨酸)、丝氨酸和草酸。山黧豆中天冬氨酸和丝氨酸在氮回收再利用时浓度明显增加,而草酸的来源目前还不得而知。β-ODAP 的形成可能有助于植株避免草酸等含量升高而产生毒害,同时又可以高效率的转运氮元素(因为 1 分子 β-ODAP 含 2 个氮元素)。

氮元素或氮营养的回收再利用和它在"源"和"库"器官中的转移不完全相同,前者涉及生物大分子物质如蛋白质和核酸等的降解,而后者主要是光合器官(如成熟的叶,即"源"器官)中同化的氮(通常以氨基酸的形式)供应给幼嫩组织或其他"库"器官(如幼叶、根等),不涉及大分子物质的降解过程,因而这些过程中可能很少有 β-ODAP 合成底物之一草酸之类的有机物形成。这或许可以解释为什么山黧豆生长旺盛时期幼叶等组织中 β-ODAP 含量非常之低的现象(Jiao *et al*.,2011b)。

研究发现,山黧豆在各类胁迫下会促进 β-ODAP 合成代谢(Jiao *et al*.,2011a)。为了寻找各种胁迫使 β-ODAP 积累的共同内在生理机制,Jiao 等(2011b)首先检测了山黧豆高、低毒不同品种幼苗时期叶子中 β-ODAP 与活性氧(ROS)——超氧阴离子($O_2^{\cdot-}$)和过氧化氢(H_2O_2)的含量情况,结果发现低毒品种叶中 $O_2^{\cdot-}$ 和 H_2O_2 的含量显著高于高毒品种,而 β-ODAP 的含量则相反。在同一山黧豆品种中,β-ODAP 含量不同的叶片也发现了类似的现象,即 β-ODAP 的含量与 $O_2^{\cdot-}$ 和 H_2O_2 的水平呈负相关。由于 $O_2^{\cdot-}$ 和 H_2O_2 是许多胁迫条件最易产生的小分子,Jiao 等(2011b)推测干旱等胁迫引起的 β-ODAP 含量波动可能与 $O_2^{\cdot-}$ 和 H_2O_2 的水平波动相关联。通过用胁迫激素 ABA、吡啶(pyridine,NADPH 氧化酶抑制剂,抑制 $O_2^{\cdot-}$ 的产生)和氨基三唑(AT,过氧化氢酶抑制剂,使 H_2O_2 含量升高)处理完整植株和离体叶片,最终证明山黧豆组织 β-ODAP 与 $O_2^{\cdot-}$ 和 H_2O_2 水平呈负相关(Jiao *et al*.,2011b)。

β-ODAP 与 ROS (主要指 $O_2^{\cdot-}$ 和 H_2O_2)呈负相关可能的解释是:植物组织中 ROS 水平升高时会促使细胞合成一系列抗氧化剂,其中比较重要的是谷胱甘肽合成的增加,而它的合成无疑消耗大量的半胱氨酸(Cys)(Meyer *et al*.,2005)。由 β-ODAP 的合成途径可知,β-ODAP 前体物——BIA 的合成与 Cys 的合成共用同一类底物——O-乙酰丝氨酸(图 6-13)。这样 Cys 大量合成势必使 BIA 的合成相应减少,从而导致 β-ODAP 积累下降。但是在许多研究中,ROS 胁迫却使 β-ODAP 积累增加了(Jiao *et al.*,2011a),这似乎是矛盾的。其实,在 β-ODAP 与 ROS 的关系研究中,其负相关主要体现在幼嫩组织中。当植株遭遇胁迫时,一般成熟叶片中 ROS 会升高,而幼叶中 ROS 会相应下降,这样胁迫的结果,成熟叶片中 β-ODAP 含量会下降,而幼叶中的会升高,且升高的幅度很明显(Jiao *et al.*,2011b)。许多研究者在分析受胁迫植株的 β-ODAP 含量时,并不将成熟叶片和幼嫩叶片分开进行分析,而更多的情况是下部的成熟叶和上部的幼嫩叶混合在一起测定毒素含量。因而会得出 ROS 与 β-ODAP 水平升降是相平行的结论。另外,从表面看,在 β-ODAP 与 ROS 的关系中,没有涉及氮营养的转移及再利用,其实不然。在许多受胁迫的植株中,ROS 的升高会加速下层叶片和中层叶片的衰老。一个明显的例子是 ABA 喷施处理的试验,可以看到,只要下层叶片由于 ABA 处理开始衰老变黄时,幼叶中 β-ODAP 一定会显著增加(Jiao *et al.*,2011b)。大量试验表明,许多胁迫,如干旱、营养缺乏等可以诱发植株细胞、器官、组织和整体不同水平层次的衰老(Munné-Bosch *et al.*,2004;Lim *et al.*,2007;Patel *et al.*,2007)。在缺氮的水培处理中,山黧豆幼苗下层的叶片颜色明显比较浅,说明叶片已开始衰老,叶绿素开始降解,同时植株中的 β-ODAP 含量明显增加了,而且缺氮的处理对增毒的效应是所有缺素处理中最显著的(Jiao *et al.*,2006)。

　　总之,胁迫促使山黧豆植株 ROS 水平的升高,而 ROS 进一步诱导植株不同水平层次的衰老发生。此时,在幼嫩组织如幼叶中,ROS 水平不但比较低,而且还接受来自衰老叶片中转运出来的一系列大分子降解物。这样一方面在这些组织中有比较充足的 β-ODAP 前体物;另一方面由于 ROS 比较低,合成 Cys 的压力不大(因为对谷胱甘肽等抗氧化剂的需求小),O-乙酰丝氨酸更多的被转化为 BIA,从而有利于 β-ODAP 的合成积累。

6. 4. 3　β-ODAP 代谢底物和中间产物

　　目前认为的 β-ODAP 生物合成途径中,前体 BIA 已经鉴定,但人们至今未检测到 BIA 的合成底物——异噁唑啉-5-酮和开环分解产物——α,β-二氨基丙酸。由此人们推测它们可能是短寿命中间物,然而在其他山黧豆品种中分离出了 α,β-二氨基丙酸。因此,β-ODAP 的生物合成是否真的来源于这些中间物有待进一步的研究。在豌豆幼苗中,BIA 的含量很高,但并不进一步转变为 β-ODAP,至于是否有其他代谢途径,人们也不得而知。

参 考 文 献

陈耀祖,李志孝,吕福海,等. 1992. 低毒山黧豆的筛选、毒素分析及毒理学研究. 兰州大学学报(自然科学

版),28:93～98

何跃君,薛立. 2005. 稀土元素对植物的生物效应及其作用机理. 应用生态学报,16(10):1983～1989

焦成瑾. 2005. 山黧豆毒素 β-ODAP 的积累及其生物学意义的研究. 兰州:兰州大学硕士学位论文

王亚馥,徐庆,陆卫,等. 1990. 山黧豆胚胎发育过程中 ODAP 和一些大分子物质含量的变化. 植物学通报,
　　7:37～41

曾定. 1987. 固氮生物学. 厦门:厦门大学出版社:116～212

Abegaz B M,Nunn P B,Bruyn A D,et al. 1993. Thermal isomerization of N-oxalyl derivatives of diamino
　　acides. Phytochemistry,33（5）:1121～1123

Addis G,Narayan R K J. 1994. Developmental variation of the neurotoxin,β-Noxalyl-L-α,β-diaminopropionic
　　acid(ODAP) in *Lathyrus sativus*. Ann Bot,74:209～215

Belay A,Moges G,Solomon T,et al. 1997. Therrmal isomerization of the neurotoxin β-oxalyl-L-α,β-Diamin-
　　opropionicacid. Phytochemistry,45(2):219～223

Bell E A,O'Donovan J P. 1966. The isolation of α- and γ-Oxalyl derivatives of α,γ-diamino-butyric acid from
　　seeds of *Lathyrus latifolius*,and the detection of the α-oxalylisomer of the neurotoxin α-amino-β-oxalyl-
　　aminopropionic acid which occurs together with the neurotoxin in this and other species. Phytochemistry.
　　5:1211～1219

de Bruyn A,Becu C,Lambein F,et al. 1994. The mechanism of the rearrangement of the neurotoxin β-ODAP
　　to α-ODAP. Phytochemistry,36:85～89

Delhaize E P,Ryan R. 1995. Aluminum toxicity and tolerance in plants. Plant Physiol 107:15～321

Duffey S S,Stout M J. 1996. Antinutritive and toxic components of plant defense against insects. Arch Insect
　　Biochem,32:3～37

Fisher R F,Long S R. 1992. Rhizobium-plant signal exchange. Nature,357(25):655～660

Gupta Y P. 1987. Anti-nutritional and toxic factors in food legumes:a review Plant Foods for Human Nutri-
　　tion. Plant Food Hum Nutr,37:201～228

Hanbury C D,Siddique K H M,Galwey N W,et al. 1999. Genotype environment nteraction for seed yield and
　　ODAP concentration of *Lathyrus sativus* L. and *L. cicera* L. in Mediterranean type environments.
　　Euphytica,110:45～60

Haque R,Kebede N,Kuo Y H,et al. 1997. Effects of aluminium(Al^{3+}) and micronutrients boron(B^{3+})and
　　manganese(Mn^{2+})ions on the level of the neurotoxin ODAP and of other free amino acids in *Lathyrus sati-
　　vus seeds*. //Haimanot R T,Lambein F. 1995. Lathyrus and Lathyrism:A Decade of Progress. Addis Aba-
　　ba,111～112

Haque R,Hussain M,Lambein F. 1992. Effect of salinity on the neurotoxin β-ODAP and other free amino
　　acids in *Lathyrus sativus*(abstract). The 2nd Lathyrus/Lathyrism Conf,Addis Ababa,Dec,p 21

Haque R M D,Kuo Y H,Lambein F,et al. 2011. Effect of environmental factors on the biosynthesis of the
　　neuro-excitatory amino acid β-ODAP (β-Noxalyl-L-α,β-diaminopropionic acid) in callus tissue of *Lathyrus
　　sativus*. Food Chem Toxicol,49（3）:583～588

Hussain M,Chowdhury B,Hoque R,et al. 1997. Effect of water stress,salinity,interaction of cations,stage
　　of maturity of seeds and storage devices on the ODAP content of *Lathyrus sativus* // Tekle Haimanot R,
　　Lambein F. *Lathyrus* and Lathyrism a Decade of Progress. Belgium:University of Ghent:107～110

Jiao C J,Jiang J L,Ke L M,et al. 2011a. Factors affecting β-ODAP content in *Lathyrus sativus* and their pos-
　　sible physiological mechanisms. Food Chem Toxicol,49:543～549

Jiao C J,Jiang J L,Ke L M,*et al*. 2011b. β-ODAP accumulation could be related to low levels of superoxide anion and hydrogen peroxide in *Lathyrus sativus* L. Food and Chemical Toxicology,556~562

Jiao C J,Xu Q L,Wang C Y,*et al*. 2006. Accumulation pattern of toxin β-ODAP during lifespan and effect of nutrient elements on β-ODAP content in *Lathyrus sativus* seedlings. J Age Sci,144: 369~375

Kebede N,Haque R,Kuo Y H, *et al*. 1994. Influence of nutrient supply on the toxicity of *Lathyrus satives*. Abstract Fourth Joint Symposium VVPF and KNBV. Acta Bot Neerl. 43,295

Kuo Y,Bau H M,Rozan P,*et al*. 2000. Reduction efficiency of the neurotoxin β-ODAP in low-toxin varieties of *Lathyrus sativus* seeds by solid state fermentation with Aspergillus oryzae and Rhizopus microsporus var chinensis. J Sci Food Agric,80: 2209~2215

Lambein F,Haque R,Khan J K,*et al*. 1994. From soil to brain: zinc deficiency increases the neurotoxicity of *Lathyrus sativus* and may affect the susceptibility for the motorneurone disease neurolathyrism. Toxicon, 32: 461~466

Lambein F,Khan J K,Kuo Y H. 1992. Free amino acids and toxing in *Lathyrus sativus* seedlings. Planta Med, 58:380~381

Lambein F,Kuo Y,Kusama-Eguchi K,*et al*. 2007. 3-N-oxalyl-L-2,3-diaminopropanoic acid,a multifunctional plant metabolite of toxic reputation. Arkivoc,ix: 45~52

Lim P O,Nam H G. 2007. Aging and senescence of the leaf organ. J Inorg Biochem,50 (3): 291~300

Long Y C,Ye Y H,Xing Q Y. 1996. Studies on the neuroexcitotoxinβ-N-oxalo-L- α-diominopropionic acide and its isomer α-N-oxalo-L-α, β-Diamino-propionic acid from the root of Panax sprcies. Int J Pept Res Ther,47(1/2): 42~46

Ma J F ,Ryan P R,Delhaize E. 2001. Aluminium tolerance in plants and the 502 complexing role of organic acids. Trend Plant Sci,6: 273~278

Malathi K,Padmanaban G,Rao S L N,*et al*. 1967. Studies on the biosynthesis of β-N-oxalyl-L-α, β-diaminopropionic acid,the *Lathyrus Sativus* neurotoxin. Biochim Biophys Acta,141: 71~78

Masclaux-Daubresse C,Daniel-Vedele F,Dechorgnat J,*et al*. 2010. Nitrogen uptake,assimilation and remobilization in plants: challenges for sustainable and productive agriculture. Ann Bot,105: 1141~1157

Meyer A J,Hell R. 2005. Glutathione homeostasis and redox-regulation by sulfhydryl groups. Photosynth Res,86: 435~457

Misra B k,Barat G K. 1981. Effect of micronutrients on β-N-oxalyl-2-α, β-diamino propionic acid level and its biosynthesis in *Lathyrus sativus*. J plant Nutr,3(6): 997~1003

Munné-Bosch S,Alegre L. 2004. Die and let live: leaf senescence contributes to plant survival under drought stress. Funct Plant Biol,31: 203~216

Murti V V S,Seshadri T R. 1964. Neurotoxic compounds of the seeds of *Lathyrus sativus*. Phytochemistry, 3: 73~78

Ongena G,Kuo Y H,Lambein F. 1989. Drought tolerance and neurotoxicity of *L. sativus* seedlings. Arch Int Physiol Biochim,98: 17

Ongena G,Sakai R,Itagaki F,*et al*. 1993. Biosynthesis of beta-(isoxazolin-5-on-2-yl)-L-alanine by cysteine synthase in *Lathyrus sativus*. Phytochemistry,33 (1): 93~98

Padmajaprasad V,Kaladhar M,Bhat R V. 1997. Thermal isomerization of β-Noxalyl-L-α, β-diaminopropionic acid,the neurotoxin in *Lathyrus sativus* during cooking. Food Chem,59: 77~80

Patel K G,Rao T V R. 2007. Effect of simulated water stress on the physiology of leaf senescence in three genotypes of cowpea (*Vigna unguiculata* (L.) *Walp*). Indian Journal of Plant Physio,12：138～145

Prasad M N V. 1995. Cadmium toxicity and tolerance in vascular plants. Environ Exp Bot,35：525～545

Rao S L N,Adiga P R,Sarma P S. 1964. The Isolation and characterization of β-N-Oxalyl-L-α,β-Diaminopropionic acid：A neurotoxin from the seeds of *Lathyrus stavus*. Biochemistry,3(3)：432～436

Roy D N,Spencer P S. 1991. Lathyrogens // Cheeke,P. R. ,Toxicants of plant origin . Volume Ⅲ proteins and amino acids. Florida：CRC press,Inc Boca Raton：170～201

Sachdev A,Sharma M,Johari R P,*et al*. 1995. Characterization and cloning of ODAP degrading gene from a soil microbe. J Plant Biochem Biotechnol,4：33～36

Spencer P S,Ludolph A,Dwivedi M P,*et al*. 1986. Lathyrism：evidence for role the neuroexcitatory amino acid BOAA. Lancet,2：1066～1067

Vaz Patto M C,Skiba B,Pang E C K, et al. 2006. *Lathyrus* improvement for resistance against biotic and abiotic stresses：from classical breeding to marker assisted selection. Euphytica,147：133～147

WangX F,Warkentin T D,Briggs C J,*et al*. 1998. Trypsin inhibitor activity in field pea (*Pisum sativum* L.) and grass pea (*Lathyrus sativus* L.). J Agric Food Chem,46：2620～2623

Wittstock U,Gershenzon J. 2002. Constitutive plant toxins and their role in defense against herbivores and pathogens. Curr Opin Plant Biol,5：1～8

Xiong Y C,Xing G M,Li F M,*et al*. 2005. Europium (Eu^{3+}) improve drought tolerance but decrease the ODAP level in grass pea (*Lathyrus Sativus* L.) seedlings. J Rare Earths,23：502～507

Yan Z Y,Spencer P S,Li Z X,*et al*. 2006. *Lathyrus sativus* (grass pea) and its neurotoxin ODAP. Phytochemistry,67：107～121

Young J P W. 1996. Phylogeny and taxonomy of rhizobia. Plant Soil,186：45～52

Zenk M H. 1996. Heavy metal detoxification in higher plants：a review. Gene,179：21～30

Zhao L,Chen X G,Hu Z D,*et al*. 1999b. Analysis of β-N-oxalyl-L-α,β-diaminopropionic acid and homoarginine in *Lathyrus sativus* by capillary zone electrophoresis. J Chromatogr A,857：295～302

Zhao L,Li Z X,Li G B,*et al*. 1999a. Kinetics studies on thermal isomerization of β-N-oxalyl-L-α,β-diaminapropionic acid by capillary zone electrophoresis. Phys Chem Chem Phys,1：3771～3773

第 7 章　山藜豆毒素(β-ODAP)的毒理作用

自然界赋予许多植物合成一些对其他生物有毒害的化学物质的遗传能力。探讨这些植物中有毒物质对人和动物产生毒害的毒理作用将有助于寻找中毒的诊断指标、提出有效的解毒方法、开发特效解毒药物。随着分子生物学和相应技术的发展,对毒物作用机制的研究已从器官水平和细胞水平进入到亚细胞水平和分子水平。化学毒物以各种不同机制损害靶器官的细胞,导致形态和功能的可逆或不可逆的改变,表现出各种各样的中毒症状,以致细胞或个体死亡。要深入认识这些有毒成分所引起的危害,必须在分子水平上探究毒物分子与生物体细胞内大分子之间的相互作用,毒物分子如何与细胞中受体结合,从而导致细胞信号传递的改变等,最终阐述化学毒物中毒机制并建立解救和预防措施,设计与开发对靶生物具有特效的解毒药物。因此有关毒物毒理作用的研究,不但具有重要的理论意义,而且更具有重大应用前景。然而至今对许多毒物,特别是山藜豆中有毒成分的神经性中毒症和骨质性中毒症的分子机制仍然知之甚少,因而无法提供有效的特异性解毒药物,致使山藜豆中毒成为不可逆的症状,导致终生残疾。本章仅将前几年所做的动物山藜豆中毒试验结果和人中毒后的表现作综述报道,最后探讨山藜豆中毒的可能分子机制,为今后深入的研究提供线索。

7.1　毒物与毒性

7.1.1　毒物

(1) 毒物的概念

扰乱机体正常代谢的一种物质称为毒物(toxicant 或 poison)。毒物可以是固体、液体或气体,它与机体接触或进入机体后,由于其本身固有的结构与特性可与机体发生各种反应,干扰机体的正常代谢过程,引起暂时性或永久性功能或器质性损伤,甚至危及生命。不过毒物是一个相对的概念,它与非毒物之间并无绝对界限。实际上,在特定的条件下,几乎所有的外源化学物(xenobiotics)都具有损害机体的潜力。如在鸡饲料中添加药物马杜霉素的浓度为 5mg/kg 的条件下,可预防雏鸡的球虫病,这时马杜霉素则为药物;而当在其饲料中添加该药物浓度为 6mg/kg 时,就会抑制鸡的生长;当达到 9～10mg/kg 时就会引起中毒而成为毒物。同样,植物中合成的对人类或动物有伤害的化合物,其毒性也是相对而言的。如豆科植物,含山黧豆在内,具有极高的营养价值,这些食用或饲用植物是全球食用蛋白质的一个重要来源,为保证人类健康和营养作出了重大贡献。只是这些豆科植物分别合成蛋白酶抑制剂、外源凝集素、生氰糖苷、抗维生素因子、金属结合物和有毒氨基酸等(见本书第 8 章)。它们对人畜的毒性也是当人或动物长期而不断地大量摄食这些植物或其产品后才表现相应的中毒症状,包括生长停滞、食物消化率下降、甲状腺肿大、胰脏肥大、肝脏受损和下肢瘫痪等。山黧豆中毒(lathyrism)通常发生在大灾大旱之年,其他粮食歉收或颗粒无收的情况下,抗旱抗逆的山黧豆仍有较好的收成,故当地农牧民只能大量食用山黧豆。山黧豆虽然可以解决饥荒,但却引起人畜神经性中毒或骨质性中毒,导致下肢不可逆性瘫痪而成为终生残疾。由此证明,要区别一种外源化学物是有毒或无毒不仅与其结构和特性有关,更重要取决于机体与之接触的剂量与途径。正如对早期毒理学(toxicology)学科的发展作出了杰出贡献的 Paracelusus 明确提出剂量概念,指出所有物质都是有毒的,只是依剂量不同来区分是药物还是毒物。

(2) 毒物的分类

1) 由活的机体产生的一类生物学因子,特称为毒素(toxin)。它是一类特异的、可鉴定的毒物,多为蛋白质或氨基酸,具有特定的生物学性质,是由微生物、高等植物或动物产生的。毒素根据其来源分为植物毒素(phytotoxin)、动物毒素(zootoxin)、霉菌毒素(mycotoxin)和细菌毒素(bacterial toxin)等。细菌毒素又可分为内毒素(endotoxin)和外毒素(exotoxin)。一种毒素在确定其化学结构和阐明其特性后,往往按它的化学结构重新命名。如山黧豆毒素按其结构称为 β-N-草酰-L-α,β-二氨基丙酸(β-N-oxalyl-L-α,β-diaminopropionic acid,β-ODAP)和 α,γ-二氨基丁酸(α,γ-diamino-butylate)。

2) 化学合成物,目前人们经常接触和使用的化学物有几万种,如食品添加剂、着色剂、调味剂、防霉剂和防腐剂等毒物,药用和医用中化学物毒物,环境中各种污染毒物,日用化妆品、洗涤用品、家庭卫生防虫杀虫剂化学物毒物,工业化学物生产原料、辅料和生产过程中产生的中间体、副产品、杂质和废弃物等毒物,农用化学物有关的毒物,包括农药、化肥、除草剂、植物生长调节剂和瓜果蔬菜保鲜剂等有关化学物毒物。当然这些毒物还可以按化学结构、理化性质、毒作用的性质、毒性的级别、作用的靶器官和毒作用机制等进行分类,可根据具体情况选择分类的方法。

7.1.2　毒性

(1) 毒性的概念

外源化学物对生物体易感部位造成伤害的能力称为毒性(toxicity),也称毒

力。一种化学物对机体损伤作用愈大,则其毒性愈高,各种化学物的毒性大小主要取决于:

1) 结构决定毒性。同一类化合物由于其结构不同而形成有毒或无毒,如山黧豆中 β-ODAP 与 α-ODAP,两者是同分异构体,结果前者有毒,后者无毒(图 7-1)。又如 CH_4 不具致癌性,而 CH_3Cl、CH_3Br、CH_3I 都具有致癌性。

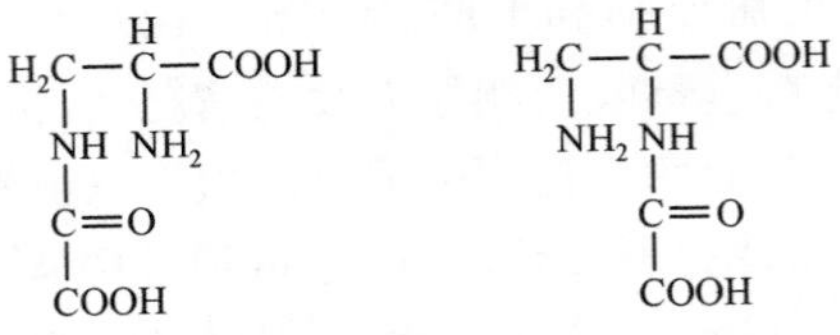

$$H_2C-\underset{H}{\overset{H}{C}}-COOH$$
$$\underset{NH}{|}\ \underset{NH_2}{|}$$
$$\underset{C=O}{|}$$
$$\underset{COOH}{|}$$

β-ODAP

$$H_2C-\underset{H}{\overset{H}{C}}-COOH$$
$$\underset{NH_2}{|}\ \underset{NH}{|}$$
$$\underset{C=O}{|}$$
$$\underset{COOH}{|}$$

α-ODAP

图 7-1　β-ODAP 和 α-ODAP 的结构

2) 剂量确定毒性。毒性较高的化学物的较小剂量或浓度即可对机体造成一定的伤害,而毒性较低的化学物则需较高的剂量或浓度才呈现毒性作用。因为"有毒"和"无毒"是相对的,所以化学物的毒性大小也是相对的,只要达到一定的剂量水平,所有的化学物均具有毒性,如低于某一剂量时又都不具有毒性。

3) 染毒方式影响毒性。如染毒途径是通过静脉染毒时化学物直接入血,吸收系数为 1,即完全吸收,通常表现其毒性最高。一般情况下相同剂量的同一种化学物以不同途径染毒,其毒性大小顺序为静脉注射>腹腔注射>经呼吸道>肌肉注射>经消化道>经皮肤。另外染毒时间和染毒频率也与毒性相关。因为节律活动是生命的基本特征之一,人和动物的许多正常生理功能和疾病的病理过程都呈现昼夜节律性变化,这称为生理节律(physiological rhythm)。而化学物的毒性也随染毒时间不同而发生改变,这称为时间毒性(chronotoxicity),显然它是以生理节律,即生物钟(biocloch)为基础的。为此评价化学物的毒性时,除了要统一各种试验条件外,还要对染毒时间规范化。同时对同一剂量的某种化学物,如果是一次全部给予动物时可引起严重中毒,若分 3 次给予,可能只引起轻微的毒作用,而分 10 次给予可能不引起任何毒效应。这是因为机体在染毒间隔时间内,将该化学物代谢为无毒产物或排出体外,也可能将毒物对机体造成的损伤进行一定的修复(见本书第 6 章)。对于具体化学物而言,染毒的间隔时间短于其生物半衰期(biological half-life),那么进入机体的毒物量大于其消除量,则易于积累而引起中毒;反之,如染毒的时间间隔长于生物半衰期,就不易引起中毒。

(2) 剂量与毒性

各种化学物毒性大小都不相同,有些化学物只在采食大剂量后才引起人或动物中毒,而有些化学物极少量就能使机体中毒死亡。为了判定外源化学物的毒性大小、毒性作用特点和比较不同毒物的毒性，通常用毒性参数——"剂量"来评价。剂量（dose）是指给予机体的或机体接触的外源化学物的数量，通常以单位体重的机体接触外源化学物数量（mg/kg 体重）或机体生存环境中化学物的浓度（mg/m³ 空气，mg/L 水）来表示。毒理学（toxicology）中常用的剂量概念有以下几种。

1）致死剂量（lethal dose，LD），指某种外源化学物引起机体死亡的剂量。根据群体中个体死亡率不同而将致死剂量又分为：绝对致死量（absolute lethal dose，LD_{100}），是指外源化学物引起受试动物全部死亡的最低剂量；半数致死量（half lethal dose，LD_{50}）又称致死中量（median lethal dose），指引起一群个体 50% 死亡的剂量。LD_{50} 是评价外源化学物毒性大小最主要参数，也是对不同化学物进行急性毒性分级的基础标准。外源化学物毒性大小与 LD_{50} 呈反比，即毒性愈大，LD_{50} 的值愈小；反之，LD_{50} 的值愈大。山黧豆的 β-ODAP 毒性试验结果表明，β-ODAP 腹腔注射小白鼠 LD_{50} 为 748.86mg/kg，雏鸡腹腔注射 LD_{50} 为 694.93mg/kg（刘绪川等，1989）。最低致死剂量（mininal lethal does，MLD 或 LD_{01}）是指引起一群个体中个别个体死亡的最低剂量，低于此剂量则不能导致机体死亡。最大耐受量（maximal tolerance dose，MTD 或 LD_0）是指在一群个体中不引起死亡的某化学物的最高剂量。

2）半数效应剂量（median effective dose，ED_{50}）是指外源化学物引起机体某项生物效应发生 50% 改变所需的剂量。如以某种酶活性作为效应指标，整体试验可测得抑制酶活性 50% 时的剂量（ED_{50}）。离体试验可测得抑制该酶活性 50% 时的化学物浓度，称为半数抑制浓度（median inhibition concentration，IC_{50}）。

3）中毒阈剂量（toxic threshold level），或称最小有作用剂量（minimal effect level，MEL）或中毒阈值（toxic threshold value），指外源化学物按一定方式或途径与机体接触时，在一定时间内使机体产生不良效应的最低剂量。最小有作用浓度则指环境中某种化学物可引起机体开始出现某种损害作用所需的最低浓度。确切地说，MEL 不是有作用剂量或浓度，而应称为观察到的最低作用剂量（lowest observed effect level，LOEL）或观察到的最低有害作用剂量（lowest observed adverse effect level，LOAEL）。中毒阈剂量又分为急性阈剂量与慢性阈剂量，前者是与化学毒物一次接触所得；后者则为长期反复多次与化学毒物接触所得。

4）未观察到作用剂量（no-observed effect level，NOEL）或称最大无作用剂量（maximal no-effect level，MNEL），指外源化学物在一定时间内按一定方式或途径与机体接触后，采用最为灵敏方法和观察指标而未能观察到对机体产生任何损害作用的最高剂量，为此也称未观察到损害作用剂量（no-observed adverse effect level，NOAEL）。显然 MEL 与 NOEL 是两个相邻的毒性参数，低于 MEL 就是NOEL；在 NOEL 的基础上，稍增加剂量即可达到 MEL。

5）日许摄入量（acceptable daily intake，ADI）与最高容许浓度（maximal

allowable concentration，MAC），指人类终生每日随同食物、饮水和空气摄入的某一外源化学物不引起任何损伤作用的剂量。ADI 是根据该化学物的 NOEL 来制定。但要注意的是化学物的 NOEL 是动物试验的结果，而人与动物的敏感性不同，加之人群中个体之间差异大，将有限的实验动物（laboratory animal）数据外推到大量的接触人群等，将动物数值换算为人类的数值时，需要有一个安全系数。

（3）毒性作用的类型

毒性作用（toxic effect）是指外源化学毒物本身或代谢产物在靶组织或靶器官达到一定剂量并与生物大分子相互作用，引起机体不良反应或有害的生物学效应。毒性作用的特点是动物机体接触化学毒物后，表现出各种生理生化功能障碍，应激能力下降、维持机体的稳态能力降低和对环境中的各种有害因素易感性增高等。根据毒性作用特点，发生时间和部位以及机体对化学毒物的敏感性等而分为几种类型。

1）局部毒性作用（local toxic effect）与全身毒性作用（systemic toxic effect）。前者是指某些外源化学物对机体接触部位直接造成的损伤作用，如强酸、强碱对皮肤的烧灼、腐蚀作用，吸入刺激性气体引起呼吸道黏膜损伤等。后者是指外源化学物被机体吸收入血后随血循环分布到全身而呈现毒性作用，如一氧化碳引起机体全身性缺氧。但全身毒性作用也并非引起所有的组织器官损伤，其作用点往往只限于一个或几个组织器官，即靶组织器官，如一氧化碳对血红蛋白有极强的亲和力，故引起全身缺氧，但其中对氧敏感的中枢神经系统损伤最为严重。全身毒性作用靶组织器官多涉及中枢神经系统（centre nervous system，CNS），尤其是大脑，其次是循环系统和造血系统以及肝脏、肾脏、肺实质性脏器。多位学者研究结果也证明山黧豆中 β-ODAP 这种非蛋白质的兴奋性氨基酸（excitatory amino acid，EAA）在机体内经过血脑屏障（blood-brain barrier，BBB）选择性滞留于神经组织，伤害靶器官 CNS，而诱发一系列神经性山黧豆中毒（lathyrism）症状（刘绪川等，1989；Chase et al.，2007；Jammulamadaka et al.，2011）。

2）速发毒性作用（immediate toxic effect）与迟发毒性作用（delayed toxic effect）。前者指某些外源化学物与机体接触后在短时间内引起的毒性作用，如硫化氢和氰化物等的急性中毒。后者是指一次或多次接触某种化学物后，经过一定时间间隔才呈现毒性作用，如致癌性化学毒物一般在初次接触后 10～20 年才会出现肿瘤；又如有机磷农药三邻甲苯磷酸酯（TOCP）引起动物急性中毒恢复后 8～14d 又显示一些迟发神经毒性作用。山黧豆中毒也属于迟发神经毒性效应（Lakshaman et al.，1974）。

3）可逆毒性作用（reversible toxic effect）与不可逆毒性作用（irreversible toxic effect）。前者是指机体停止接触外源化学毒物后，造成的损害逐渐恢复。这通常是机体接触外源化学物的剂量较低、接触时间短、损伤轻时,在脱离接触后机体的损伤会自行恢复。后者是指机体停止接触外源化学物后损伤不能恢复,有的甚至进一步发展加重。如山黧豆中毒就是不可逆的毒性作用,化学物的致突变和致癌作用也是不可逆的毒性作用。化学物的毒性作用是否可逆还与受损伤组织或器官的再生能力相关。肝脏的再生能力较强,故大多数肝损伤是可逆的;相反,中枢神经系统的损伤多数是不可逆的。山黧豆中毒症状成为不可逆的毒性作用正是CNS 受到损伤所致(Warren *et al*.,2004)。

4)变态反应(allergic reaction)与特异体质反应(idiosyncratic reaction)。前者指机体对外源化学物产生的一种病理性免疫反应,也称过敏性反应(anaphylactic reaction)。引起这种过敏性反应的外源化学物称为过敏原(allergen)。过敏原可以是完全抗原,也可以是半抗原。许多外源化学物为半抗原,当其进入机体后与内源性蛋白质结合形成完全抗原,从而继发抗体形成。当再次接触该外源化合物后,即可引发抗原抗体反应,产生典型的变态反应症状。由于外源化学物所致的过敏性反应在低剂量下即可发生,故难以观察到剂量—反应关系。但对特定的个体而言,变态反应的强弱与剂量有关,如对花粉过敏反应强度与空气中花粉浓度有关。此外,变态反应也是一种有害的毒性反应,有时仅有皮肤症状,有时却可引起严重的过敏性休克以致死亡。特异性体质反应是指某些有先天性遗传缺陷的动物个体对某些外源化学物表现出异常的反应。如有些患者在接受标准剂量的琥珀酰胆碱后,呈现持续的肌肉松弛和窒息症状,因为这类患者血浆中缺乏假胆碱酯酶(pseudocholine esterase),因而对该药物无降解能力。又如先天性缺乏NADH——高铁血红蛋白还原酶的人对亚硝酸盐和其他能引起高铁血红蛋白症的化学物质异常敏感。

7.2　毒物的生物转运

7.2.1　毒物生物膜转运

(1)生物转运概念

每种化学毒物都能通过一个或多个途径进入体内,被机体吸收进入血液,经血液循环分布到全身各组织器官,毒物在转运至靶器官(target organ)中通常发生代谢或化学结构的变化,即生物转化(biotransformation)或称代谢转化(metabolic transformation)(见本书第 6 章)。代谢物和部分未经代谢的原形化学毒物贮存在生物体内,或通过不同途径从体内排泄出来。机体对毒物的吸收、分布和排泄具有类似的机制,都是反复通过生物膜的过程,统称为生物转运(biotransport)。

（2）毒物生物膜转运方式

已知生物膜的结构与功能，它对内外源化学毒物具有选择性通透功能，毒物的生物膜转运有两种方式。

1）被动转运（passive transport），是一种顺浓度梯度的跨膜运输，运输过程中不消耗能量。如简单扩散（simple diffusion）和滤过作用（filtration）等。

2）特殊转运（special transport），是生物膜对毒物的转运起主动作用，其转运过程中要有载体或运载系统参与，它是逆浓度梯度进行的物质转运，该转运过程需要消耗能量。如主动转运（active transport）、易化扩散（facilitated diffusion）、吞噬作用（phagocytosis）、胞饮作用（pinocytosis），吞噬和胞饮作用合称胞吞作用（endocytosis）或吞排作用（cytosis）。

7.2.2　毒物的吸收途径

毒物经过各种途径通过机体生物膜而进入血液的过程称为吸收（absorption）。一般情况下，外源化学毒物进入体内的主要途径有消化道、呼吸道、皮肤及胎盘吸收。但在毒理学研究中多采用腹腔、皮下、肌肉和静脉注射的方法使机体染毒。

（1）消化道吸收

经消化道吸收是外源化学毒物进入机体的主要途径。人类和动物的山黧豆中毒就是经消化道吸收其毒素。化学毒物通过胃肠道时多以被动扩散方式吸收，而且在进入体循环前要通过肝脏代谢，从而可能减少经体循环到达靶器官组织的化学毒物数量，或减轻毒性效应，这称为肝脏首过效应（hepar first pass effect）。许多因素影响外源化学毒物经消化道吸收，如消化道中多种酶和菌类可使某些化学物转化成新的物质而改变其毒性；化学毒物的溶解度和分散度及粒径大小都影响胃肠道吸收；胃肠道内容物种类和数量、排空时间及蠕动状态等都可能影响消化道对化学毒物的吸收。

（2）呼吸道吸收

经呼吸道吸收的化学毒物不经门静脉血液进入肝脏，故未经过肝脏的生物转化过程而直接进入体循环分布至全身。空气中的化学毒物主要从呼吸道侵入机体，从鼻腔到肺泡。整个呼吸道的不同部位由于结构不同，对化学毒物的吸收状况各异，愈到深部面积愈大，化学毒物停留时间愈长，吸收量愈大，因此气源性化学毒物经呼吸道是以肺泡吸收为主，经肺泡吸收速度迅速，仅次于静脉注射。肺泡对气态毒物的吸收主要通过简单扩散的方式，其吸收速度受多种因素的影响。如肺泡和血液中该气态毒物的浓度差愈大,吸收愈快;该气体的血/气分配系数(blood/gas partition coefficient)愈大,则愈易被吸收进入血液;溶于生物膜脂质物质吸收速度取决于脂/水分配系数,非脂溶性物质的吸收速度则主要受相对分子质量大小的影响;颗粒毒物的吸收主要受颗粒大小的影响等(沈建忠,2002)。

(3) 皮肤吸收

经皮肤吸收主要是通过表皮,其次是通过皮肤附件,如毛囊、汗腺和皮脂腺吸收。由于皮肤附件只占皮肤表面积的 0.1%~1%,所以后者吸收不如前者重要。外源化学毒物通过表皮吸收的主要方式是简单扩散,同样也受很多因素的影响。一般而言,脂溶性化学毒物可直接通过角质层皮肤吸收;脂和水都溶的化学毒物可经皮肤迅速吸收;溶于脂而难溶于水的化学毒物经皮肤吸收量相对较少。不同种属的动物表皮通透性不同,可能与其角质层厚度有关。表皮损伤可促进化学毒物吸收,其他影响通透性因素还有表面活化剂的应用、化学毒物的浓度、动物的年龄、多剂量重复染毒和接触的表面积等(孟紫强,2003)。

7.2.3　毒物的分布与贮存

(1) 毒物的分布

分布(distribution)是指化学毒物被吸收进入血液和体液后,通过各种组织间的细胞膜屏障分布到全身各组织器官的过程。同一种化学毒物或不同的化学毒物在机体内各组织器官的分布都是不均匀的,其分布量主要取决于该化学毒物与血浆或组织蛋白的结合率、透过细胞膜的能力和相应组织的血流量。在化学毒物分布的开始阶段,血流量愈丰富的器官,分布的化学毒物愈多,起始浓度高,如肝脏。但随时间延长,其分布受到化学毒物与组织器官亲和力的影响而形成再分布(redistribution)。因此,化学毒物在体内组织器官的起始分布取决于血流量。而最终分布取决于该化学物与组织器官的亲和力。此外,影响化学毒物在体内分布不均匀的另一个重要因素是在体内特定部位存在的、对外源化学物运转有阻碍作用的体内屏障(barrier)。主要的屏障有血脑屏障(blood-brain barrier)和胎盘屏障(placental barrier)。前者对外原化学物的渗透性小,对毒物进入中枢神经系统(central nervous system,CNS)有阻止作用,能使许多在血液中浓度很高的化学毒物不会进入大脑;后者是阻止一些外源毒物由母体透过胎盘进入胚胎,保护胎儿正常生长发育。还有血-视网膜屏障(blood-retina barrier)和血-睾屏障(blood-testis barrier)等可以保护这些器官减少或免受外源化学毒物的损害。

(2) 毒物贮存

贮存(storage)是指进入体内的化学毒物大部分与血浆蛋白或体内各组织成

分结合,积聚在特定的部位。有的化学毒物对其贮存部位可直接发挥毒性作用,那么该部位称为靶部位或靶器官(target organ)。有的外源化学毒物在体贮存部位为非毒性作用部位,则该部位称为这一化学毒物的贮存库(storage depot)。外源化学毒物在体内贮存方式主要有以下几种。

1) 与血浆蛋白结合贮存。进入血液中的外源化学毒物可与血液中蛋白质结合,与蛋白质结合的化学物不易透过细胞膜进入靶器官产生毒性作用,对化学物的转运、转化、再分布和排泄也有影响,从而使血浆蛋白成为化学毒物的贮存库。不同的化学物与血浆蛋白结合能力不同,这种结合大多是可逆的非共价结合,血浆中结合型化学物与游离型化学物一般维持动态平衡。

2) 与机体其他组织成分结合贮存。肝脏和肾脏的细胞中含有特殊的结合蛋白,如肝细胞中一种配体蛋白(ligandin)可与多种化学物结合而进入肝脏。肝脏、肾脏既是许多化学物的贮存库,也是代谢转化和排泄的重要器官。

3) 脂溶性化学物多贮存在脂肪组织中,骨骼组织也是某些化学毒物的贮存库。正常情况下从贮存库释放量很低,一般对机体不会造成毒害作用。但大量化学毒物的积累对机体具有潜在危害性,一旦突然大量释放,将有可能对机体产生持续的慢性毒性,甚至急性毒性作用。

7.2.4　毒物的排泄

化学毒物及其代谢物由体内向体外转运的过程称为毒物的排泄,是生物转运的最后一个环节。排泄的主要途径是经肾脏随尿液排出和经肝分泌胆汁混入粪便排出。某些化学物也可随汗液、乳液、唾液、泪液和胃肠道的分泌物等排出。挥发性化学毒物还可经呼吸道排出。

(1) 肾脏排泄

肾脏是外源化学毒物及其代谢物排泄的主要器官,其排泄机制是肾小球被动滤过、肾小管重吸收和肾小管主动转运或称肾小管排泄。初出生的幼儿由于肾脏功能发育不全,不能有效地排除化学毒物,故其毒性反应比成年人重。

(2) 肝脏排泄

经肝脏随胆汁排泄,肝、胆系统也是排泄化学毒物的主要途径。来自胃、肠、血液所携带的化学毒物通过门静脉进入并流经肝脏再进入全身循环。化学毒物在肝脏先经生物转化所形成的代谢产物部分可被肝脏细胞直接排入胆汁。随胆汁进入小肠的化学物,一部分随粪便排出;另一部分进入肠肝循环(enterohepatic circulation)。这是指有些脂溶性的、易被吸收的化学物或其代谢产物可在小肠中重新被吸收,并通过门静脉循环重新回到肝脏,这一过程使化学毒物在体内的生物半衰期延长从而增强毒性作用。

（3）呼吸道排泄

一些气体和挥发性物质其主要排泄途径是呼吸系统。其排除速率取决于该类化学物在血液中的溶解度、呼吸频率和流经肺部的血流量。

（4）乳汁排泄

有些化学物可通过简单扩散进入乳汁，并随乳汁排出。化学毒物可经乳汁由母体传给婴儿，也可由牛乳传给人或幼畜体内，从而对人和幼畜产生潜在的危害。特别是按单位体重计算，婴儿通过乳汁摄入的毒物量往往大于一般人群，因而危害性更为严重。

（5）消化道排泄

消化道排泄是经口摄入而未被胃肠道吸收的化学毒物可随粪便排泄；或当化学物在体液中达到平衡，且为脂溶性可通过细胞膜，它们通过简单扩散方式转移到消化道排泄。此外，还有些化学毒物通过简单扩散方式经毛发、羽毛、鸟类的卵、皮脂腺和汗腺等排泄。经卵排泄中，极性化学毒物及其代谢物多出现在蛋清中，而亲脂性化学毒物及其代谢物主要在蛋黄内。显然此种排泄途径不仅给幼禽的生存造成一定的危害，而且如食用含外源化学毒物残留的禽蛋将使人受到伤害（沈建忠，2002）。

7.3　山黧豆毒素的毒性鉴定

7.3.1　山黧豆毒素

（1）山黧豆中毒症

山黧豆中毒（lathyrism）是发生在人类和动物中的一种疾病，这种疾病是食用山黧豆引起的。在欧洲、非洲和印度等地区屡有发生，尤其是在干旱灾害之年，农作物歉收或枯死时，当地农牧民就改种抗旱、抗逆性强的山黧豆属的豆类作物，于是人们大量食用它，虽然挽救了千百万宝贵的生命，但使大量劳动力，特别是青壮年患山黧豆中毒症。据报道，仅印度在 1975 年患山黧豆中毒症的 15～41 岁男性患者就有 10 余万病例。20 世纪 70 年代初，我国甘肃省大面积遭受严重旱灾，一些农作物大量减产，甚至绝收，而荒地种植的山黧豆仍有较好的收成，几乎是唯一的救灾、救命食物，为此人们，特别是青壮年劳动力长期大量食用这些豆类，同样导致成百上千人患山黧豆中毒症，至今仍留下后遗症。主要表现在下肢神经麻痹、足跟不易抬起、走路时只能走小步而且摇摆不稳,严重者则下肢完全瘫痪以致死亡。

（2）山黧豆毒素成分

鉴定与分离人类或动物山黧豆中毒症的致病因子,结果发现可分为两大类。

1）神经性山黧豆中毒(neurolathyrism),其有毒成分在不同品种中分别为 α,γ-二氨基丁酸(α, γ-dimino-butylate)、β-氰基-L-丙氨酸(β-L-cyanophenylalanine),β-N-草酰-α,β-二氨基丙酸(β-N-oxalyl-α,β-dimino-propionic acid,β-ODAP)(图 7-2A)。

2）骨质性山黧豆中毒(osteolathyrism),其有毒成分在不同品种中分别为 β-氨基丙腈(β-aminoproluonitrrile,BAPN)和 β-(N-γ-谷氨酰)-氨基丙腈[β-(N-γ-glutamyl)-aminopropionitrile](图 7-2B)。

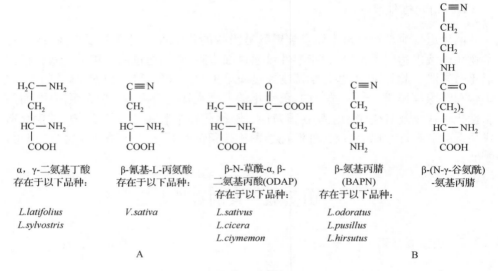

图 7-2　山黧豆毒素成分的结构

A. 神经性山黧豆中毒成分的结构;B. 骨质性山黧豆中毒成分的结构

7.3.2　山黧豆毒素的毒性动物试验

（1）毒性试验的基本概念

1）一般毒性与特殊毒性。这两者是相对而言的,前者是指外源毒物在一定剂量、一定接触时间和一定接触方式下,对实验动物机体产生总体毒效应的能力称为一般毒性(general toxicity),又称一般毒性作用(general toxicity effect)或基础毒性(basic toxicity)。它是鉴定化学毒物毒性的基础,也是化学物安全性与危险性评价的重要组成部分。特殊毒性主要指致癌作用、致突变作用、生殖和发育毒性等。

2) 急性毒性试验(acute toxicity test)与慢性毒性试验(chronic toxicity test)。前者是指人或动物一次或于 24h 之内多次接触外源化学物后,在短期内所发生的毒性效应,包括致死效应,它是一般毒性研究的主要内容之一。后者是指人或动物长期,以致终生反复接触低剂量的化学物所产生的毒性效应。在这两者之间还有亚急性毒性(subacute toxicity)(指 30d 喂养试验和染毒 2 周至 30d 的试验所观察到的毒性反应)和亚慢性毒性(subchronic toxicity)(指人或动物连续较长时间接触较大剂量的化学物所出现的中毒效应)。

3) 体内试验(in vivo test)与体外试验(in vitro test)。前者是以整体动物用相应化学物采用一定方式进行急性或亚急性等毒性鉴定。后者则是采用实验动物某器官、组织或细胞在离体条件进行相应的毒性鉴定。本研究多采用整体实验动物为模型的体内试验(刘绪川等,1989)。

4) 实验动物的选择。实验动物(laboratory animal)是指经人工培育、对其携带微生物实行控制、遗传背景明确、来源清楚,可用于科学研究的动物。在毒理学研究中,选择合适的实验动物对于获得准确、可靠的研究结果具有重要意义。实验动物物种(species)选择的基本原则是选择对外源化学物的毒性反应与代谢特点和人类接近的物种,选择自然寿命不太长的物种,选择易于饲养和实验操作的物种,选择经济并易于获得的物种,根据这些原则本研究所用的实验动物有小白鼠、雏鸡、猪、绵羊和驴等进行山黧豆毒素的毒性鉴定。

(2) 动物试验的材料与方法

1) ODAP 纯品的制备。山黧豆粉通过乙醚回流萃取、减压浓缩、热水重结晶,获得 β-草酰氨基丙氨酸,其分子结构式为 $C_5H_8O_3N_2 \cdot 1/2H_2O$,ODAP 呈白色结晶粉末,能溶于水,水溶液呈酸性,熔点在 170℃左右。

2) 实验动物选用。昆明远交系小白鼠,体重 18～24g;大白鼠系断奶 Wistar 品系;鸡为 3 日龄来航雏鸡;以刚断奶的巴草杂种仔猪作为杂食动物的代表;1 岁甘肃土种驴作为马属动物代表;5 月龄甘肃细毛羊作为反刍动物的代表(刘绪川等,1989)。

3) 急性毒性试验。采用山黧豆有毒成分 ODAP 纯品进行动物试验。给药后计算 3 日内的动物死亡数,然后按公式求得 ODAP 的半数致死量(LD_{50}),同时观察记录动物急性中毒的临床症状。动物死亡后进行病理解剖学和病理组织学检查。慢性毒性试验(包括致癌试验):饲料中以豌豆代替山黧豆作为对照组,而试验组则以不同比例的山黧豆替代豌豆。饲喂时间为 6～12 个月。试验期间根据情况分别观察摄食量、饮水和粪便的变化,定期称重;大动物则定期记录脉搏、呼吸和体温临床变化。血液学检查：包括红细胞、白细胞计数，血红蛋白测定，二氧化碳结合力测定，肌酐测定，尿素氮测定，谷氨酸丙酮酸测定，麝香草酚浊度测定，硫酸锌浊度测定，黄胆指数及凡登伯试验等。病理形态学检查：动物中毒死亡或扑杀后，立即进行病理剖检，尔后采集心脏、肝脏、脾脏、肾脏、胃、肠、睾丸或卵巢、脊髓和脑组织等，石蜡切片，HE 染色，肝脏还作了网状纤维染色和糖原染色，光镜下进行病理组织学检查。电镜观察：采集脊髓、脑、肝脏、肾脏组织，LKR-NOVAV 型超薄切片机切片、LKB2166 型自动染色机染色、日立 H600I 型电镜观察。

4）动物繁殖试验（包括致畸试验）。动物按各组特定饲料饲喂，成熟后，进行雌雄配对，跟踪两代繁殖试验观察。分别统计其受孕率、活产率、出生存活率及哺乳成活率。仔鼠 21d 断奶时，分别称重、测量尾长。致畸试验则在怀孕的敏感期给受试物，然后检查即出生胎鼠的生长发育、外形、骨骼和内脏各器官有无畸形。

（3）山黧豆毒性试验结果

1）急性毒性试验的结果。ODAP 对小白鼠腹腔注射的 LD_{50} 为 748.86mg/kg，$SD = 0.019mg/kg$；雏鸡腹腔注射的 LD_{50} 为 694.93mg/kg，$SD = 0.0354mg/kg$，95%可信限为 592.27～815.27mg/kg。小白鼠急性中毒最初表现为精神抑郁、运动失调，尾竖直向上呈"管状尾"，继而出现一肢或两肢麻痹。有的小白鼠表现截瘫、腰部塌陷、腹部着地、两后肢松弛外展或向后拖拉。死后剖检，肝脏、脾脏、肾脏多呈暗紫红色，死亡较晚的动物肝脏呈"槟榔肝"样变化。肝细胞发生不同程度的颗粒变性，肾小管上皮变性肿胀，脑血管轻度充血，脑神经细胞呈散在性变性，部分神经细胞核浓缩、破碎。雏鸡急性中毒表现精神萎顿，运动失调，呈企鹅样摇摆前进，有的表现两肢弯曲匍匐挣扎前进。尔后倒地，头后仰两肢向后伸直；呈"角弓反张"姿势；病理剖检，心室充满暗红色血液；肾脏呈暗红色；肝脏体积增大、色灰黄，切面呈"槟榔肝"样变化。病理组织学检查可见肝、肾细胞颗粒变性，脂肪变性及肝细胞核崩解、破碎、坏死，脑皮质毛细血管充血，小锥体细胞性变、坏死，胶质细胞增多。髓质中的神经细胞亦可见到性变坏死（刘绪川等，1989）。

2）慢性毒性试验的结果。小白鼠：系昆明杂交品种 120 只随机分为 6 组。第 1 组以豌豆代替山黧豆作对照组，第 2～5 组山黧豆在饲料中分别占 30%、50%、70%、85%，第 6 组的山黧豆则经水浸泡而除去浸出液脱毒，按 70%的比例调配。调配饲料加水搅拌压制烘烤成颗粒饲料备用。试验所用品种为高毒山黧豆，试验开始后，每周定期检查动物的临床表现，包括体重、饮食和摄食量。饲喂满 6 个月时，各组随机扑杀部分动物进行病理学检查。12 个月时扑杀其余全部小白鼠进行病理形态学检查。结果，各组动物摄食、饮水、粪便均正常，亦未发现异常临床表现。体重增长第 1～4 组之间无显著差异（$P > 0.05$），第 5 组差异显著（$P < 0.05$），第 6 组差异非常显著（$P < 0.01$）。病理剖检变化，第 1～3 组无明显异常变化；第 4

组肝脏轻度肿大,有"槟榔肝"样花纹,肾脏呈暗紫红色或灰黄色;第 5 组小白鼠体内脂肪蓄积较少,肝脏肿大,表面呈明显的"槟榔肝"样景象,肾脏色暗红,脾脏体积增大;第 6 组小白鼠营养状况较差,肝脏、肾脏和脾脏的病理变化与第 5 组相似。病理组织学检查第 4、5 组小白鼠肝细胞发生颗粒变性和空泡变性,并有散在的坏死和再生,坏死灶周围有较多的淋巴细胞浸润;肾小管上皮细胞有明显的变性和散在性坏死;大脑皮层锥体细胞散在性变性坏死,并可见"卫星现象"和"噬神经现象"。第 6 组小白鼠的肝脏、肾脏、心脏和大脑病理变化轻微或不显。动物体表及内脏器官未发现肿瘤样增生物生长,各组织器官细胞亦无癌变现象发生。试验表明,动物长期大剂量饲喂高毒山黧豆无致癌或促发肿瘤的作用。

大白鼠:系断奶 Wistar 品系 40 只,采用均衡随机法分为 4 组,对照组以豌豆代替山黧豆,其余 3 组山黧豆分别占总饲料的 30%、50%、70%,饲料调配混匀后加水搅拌压制烘烤成颗粒饲料备用。试验用山黧豆为高毒山黧豆。各组大鼠按特定饲料饲喂。每周定期检查动物的临床表现、体重、饮水和摄食量。试验满 6 个月时,每组扑杀 4 只(雌雄各半),其余到 12 个月时全部扑杀。检查项目有血液学、病理解剖学和病理组织学检查。动物在扑杀前用乙醚麻醉,心脏采血。结果各组动物摄食、饮水和粪便均正常,未发现异常临床表现,体重增长亦无明显差异($P>0.05$)。饲喂 6 个月血液学检查,大鼠白细胞总数、血红蛋白含量和硫酸锌浊度升高,胆固醇含量降低;饲喂 1 年后大鼠谷丙转氨酶和硫酸锌浊度升高,其他各项检查无明显异常。病理剖检变化,50%山黧豆组多数动物体内脂肪蓄积较少,肝脏轻度肿大,肾脏、脾脏色稍暗红。70%山黧豆组多数动物体内脂肪几乎耗尽,肝脏轻度肿大,部分动物肾脏切面呈紫红灰白相间。病理组织变化,50%山黧豆组,肝细胞轻度浊肿,肾脏淤血,部分肾小管上皮细胞发生颗粒变性,脑膜下和皮质中有散在的小灶性胶质细胞积聚。70%山黧豆组,肝细胞发生明显颗粒变性,个别肝细胞呈散在性坏死;肾小球毛细血管上皮增生,肾小管上皮颗粒变性和散在性坏死;大脑皮层神经细胞呈散在变性坏死,小胶质细胞明显增生。

绵羊:购进刚断奶的甘肃细毛羊(4 月龄)20 只,雌雄各半。健康观察 20d 后,随机分为 4 组。羔羊饲喂采用精饲料定量(每天 0.5kg),分上、下午两次单独饲喂,粗饲料(青干草)任意采食。对照组以豌豆代替山黧豆,其余 3 组分别以山黧豆按 30%、50%、70%的比例进行调配。试验用高毒山黧豆。整个试验期间,定期称重,检测体温、呼吸、脉搏,并观察其临床表现,每半月自颈静脉采血进行血液学检查。饲喂到 6 个月时,每组随机扑杀 2 只其余羊直到 256d 时扑杀,进行病理解剖学、病理组织学检查和电镜观察。结果表明,体温、脉搏、呼吸均数和体重增长无明显差异。肝功能检查,麝香草酚浊度和硫酸锌浊度差异显著($P<0.05$)和非常显著($P<0.01$)。肾功能检查,尿素氮略有升高。心电图检查,P、Q、R、S、T 波高度、时限无明显差异,P-R 间期、Q-T 间期、R-R 间期及心率均无明显变化。病理解剖

变化是肝脏轻度肿大、切面多汁湿润。肾脏不肿大或轻度肿大,外观呈灰红色或灰黄色,髓质稍暗红。肝细胞发生不同程度的颗粒变性,Disse 隙增宽,并可见散在的肝细胞坏死。Best 胭脂红糖原染色发现,随染毒剂量的增加和染毒时间的延长,肝糖原明显减少,肾小球毛细血管上皮增生,肾小管上皮细胞发生不同程度的颗粒变性。大脑皮层锥体细胞散在的变性坏死,并可见"卫星现象"和"噬神经现象"。电镜观察结果,大剂量组脑组织切片可见脑神经细胞核部分溶解,核质中可见灶性电子透明区,染色质浓聚成团块并集于核膜内面和分散于核质中,胞质中线粒体肿胀、嵴崩解、出现中等电子密度的絮状致密;神经髓鞘曲折,板层分离或结构破坏和膨出,呈颗粒变性;轴突内线粒体肿胀,周期膜崩解呈颗粒状。脊髓切片呈现部分神经细胞核溶解,胞质中线粒体肿胀、崩解,神经髓鞘曲折,板层分离。肝脏切片胞质外形不规则,表面有宽而浅的切迹;部分核质溶解呈电子透明,有的线粒体膜破裂,有的嵴崩解出现絮状电子致密,滑面内质网扩张呈电子透明的小泡。肾脏切片胞核中可见染色质浓聚边集和散在,细胞顶部为细致而紧密排列的微绒毛,顶部细胞质中可见顶部小管、顶部小泡和顶部大泡。

猪:购进断奶巴草杂种仔猪 6 头,健康观察 15d 后,采用均衡随机法分为对照组和试验组。每天每头按 0.5kg 精饲料分上、下午两次饲喂,饲料用开水冲烫后凉水调拌成糊状喂之。试验组所用山黧豆为引种筛选的低毒品种。按 80% 的比例调配饲料。整个试验期间,定期称重,检测体温、呼吸、脉搏,并观察其临床表现。饲喂 6 个月后,颈静脉采血进行血液学检查,同时扑杀所有猪只进行病理解剖学和病理组织学检查。试验结果表明,各组体温、呼吸、脉搏、体重及血液学和肝肾功能检查均无显著差异($P>0.05$)。病理解剖检查,仔猪营养良好,除肝脏、肺表面散在有大小不一的灰白色结节性病灶外,各实质器官和体腔脏器均未发现肉眼可见变化。病理组织学变化,肝细胞轻度颗粒变性;肾小球毛细血管上皮轻度增生,肾小管上皮细胞轻度颗粒变性;大脑皮层神经胶质细胞增多,并可见"卫星现象"和"噬神经现象"。

驴:用刚断奶的甘肃土种毛驴 6 头,健康观察 20d 后,采用均衡随机法分为对照组、50% 和 80% 低毒山黧豆组。精饲料按每天每头 1kg,分上、下午两次拌水定量单独饲喂,粗饲料(麦草)任意采食。整个试验期间,定期称重,检测体温、呼吸、脉搏,并观察临床表现。每半月自颈静脉采血进行血液学检查,饲喂 6 个月后,颈静脉放血扑杀进行病理学检查。试验结果表明,各组体温、呼吸、脉搏、体重及血液学和肝肾功能检查均无显著差异($P>0.05$)。病理解剖变化,除肝脏、肺表面散在有大小不一的灰白色结节或斑块外,各实质器官和体腔脏器均未发现明显中毒性解剖变化。病理组织学变化,大剂量组肝细胞颗粒变性,肝糖原轻度减少;肾小球毛细血管上皮增生,肾小管上皮细胞颗粒变性;其他脏器未见明显异常变化。

（4）山黧豆慢性毒性作用对小白鼠繁殖的影响

1）繁殖试验：选用昆明远交系断奶小白鼠 60 只，雌雄各半，健康观察一周后，均衡随机分为对照组、50％和80％高毒山黧豆组。经两代繁殖试验观察，各组小白鼠体重、饮食和临床表现无明显差异。F_0 代和 F_1 代小白鼠的受孕率、活产率、出生存活率及哺育成活率经卡方检验无明显差异。F_1 代和 F_2 代对照组仔鼠的体重、尾长均数略高于试验组，而窝仔鼠均数又略低于试验组。

2）致畸试验：选体成熟小白鼠 60 只，雌雄各半，分为对照组、50％和80％高毒山黧豆组，配对繁殖。同笼 2d 后，各组配给特定饲料。母鼠怀孕 20d 后脱臼致死，剖腹检查子宫内吸收胎、早死胎、迟死胎及活胎数。结果，试验组与对照组无差异，活胎鼠分别检查体表、骨骼和内脏器官，均未发现畸形表现。

（5）山黧豆毒性试验结果的讨论

Bell(1964)报道，49 种山黧豆属植物中经分析发现含有有毒氨基酸和相应化合物的达 12 种之多，但这些化合物不一定对所有动物都能引起中毒。报道较多的主要集中于两个方面，一是 ODAP 引起的"神经性山黧豆中毒"，二是由 BAPN 引起的"骨质性山黧豆中毒"。不同品种的山黧豆，含毒量不一致，利用含 ODAP 0.55％的山黧豆在小白鼠上进行慢性毒性试验，山黧豆占饲料比例高达 85％，连续饲喂 1 年后，临床表现虽无异常，但小白鼠的体重增长显著低于对照组，这也许反映了山黧豆毒性的一个方面。也有可能是由于饲料中山黧豆比例增高，虽可提供充足的蛋白质，但玉米、小麦麸皮等相应减少，使饲料中糖类、脂肪、矿物质、维生素等相应不足而影响到小白鼠的生长发育。至于小鼠慢性毒性试验中，饲料中含 70％山黧豆的两个组，一组不经任何处理，另一组的山黧豆采用水浸泡脱毒，两组的体重增长差异非常显著（$P<0.01$），脱毒组也显著低于对照组（$P<0.05$），这可能是用水浸泡虽可脱掉部分毒素，但大量水溶性营养成分也随之丢失，致使动物生长发育受到影响。在大鼠慢性毒性试验中发现，饲喂 50％山黧豆组，剖检时体内脂肪蓄积较少；70％山黧豆组，大多数大鼠体内脂肪几乎耗尽。据报道，禾本科谷粒中脂肪含量可直达 5％，而山黧豆子实中脂肪含量仅为 1.16％，大剂量山黧豆饲喂大鼠，虽可提供较多的蛋白质，但由于脂肪摄入明显不足，体腔脂肪蓄积减少甚至耗竭。是否与此有关，尚待进一步探讨。猪、驴的慢性毒性试验，采用筛选的低毒山黧豆（含 ODAP 0.25％），每日定量连续饲喂 180d 未见任何不良反应。绵羊慢性毒性试验中，高毒山黧豆占饲料比例达 70％，每日定量连续饲喂 256d，虽未出现临床症状，但病理组织学检查和电镜下超微结构观察，肝脏、肾脏、脑和脊髓切片，确有散在的病理性变化，说明 ODAP 确实影响到中枢神经系统，由于是散在发生，故临床上未能表现出神经性中毒症状。

Dhiman(1983)报道,日粮中山黧豆占30%饲喂吉赛小牛无任何不良作用。在印度也有人发现,ODAP含量低至0.2%的山黧豆可安全使用,因此,根据利用含ODAP 0.25%的山黧豆,在猪、驴上进行的慢性毒性试验结果,也可以证明这一点,即低毒山黧豆饲喂家畜基本上是比较安全的,如能与谷类饲料适当配合则更为安全,而且尚可弥补谷类饲料中赖氨酸之不足,对家畜生长发育更为有利。山黧豆中毒的发生,一般与山黧豆毒性大小、采食量的多少、持续时间长短和动物种类有关。同时也与动物的年龄有关,年幼动物对ODAP敏感,成年动物则耐受性强。通过鞘内途径授于成年猴ODAP时即出现症状,于是有人设想与成年动物存在的有效血脑屏障有关(Rao *et al.*,1967)。在推广应用低毒山黧豆时,为了避免中毒,建议适当考虑这些因素,确保安全。

为了安全利用山黧豆,有人企图借化学和物理诱变法培育低毒品种,有人采用过量的水煮豆子,然后把水弃去。有的采用水浸泡的方法去毒,有的则采取将去壳豆子浸在热水及在150℃加热20min的办法破坏毒物等。但遗憾的是没有一种方法能全部去除毒物。何况不论是冷水浸泡或加热处理等,均会使一些水溶性和忌热的营养物质丢失或破坏,直接影响到山黧豆作为食用和作为动物饲料的营养价值,这一方面有待进一步探讨。

7.4　山黧豆毒性作用的机制

7.4.1　外源化学毒物的毒性作用一般性机制

（1）毒物对生物膜的损伤作用与自由基产生

生物膜的稳定性对机体内的生物转运、转化、信息传递和维持内环境稳定性等都是极其重要的。许多化学毒物可引起膜成分的改变、膜通透性的改变,以致造成生物膜功能的损伤。最重要机制是化学毒物在机体内通过各种途径产生各类自由基(free radical),自由基与其他化学毒物发生反应又产生新的自由基,这种反应不断重复和扩展产生一系列自由基。它是可独立存在的含一个或一个以上的不成对电子的任何分子或离子,化学活性极高,而生物半衰期极短。膜蛋白和膜脂质是自由基攻击的重要靶分子。自由基与膜蛋白分子中某些敏感部位反应后使蛋白质氧化修饰,并产生一系列的其他自由基。由于很多膜蛋白是具有催化作用的酶,因此这类蛋白质的改变具有放大作用,引起一系列生物功能的改变或损伤。自由基与膜脂质接触,攻击多不饱和脂肪酸并从其碳链的亚甲基键($—CH_2—$)中夺取一个氢原子形成脂质自由基($L\cdot$),$L\cdot$与分子氧反应形成脂质过氧化自由基($LO_2\cdot$),从而使生物膜发生脂质过氧化(lipid peroxidation)。$LO_2\cdot$又可从邻近的脂肪酸分子中夺取氢原子使脂质过氧化继续进行,同时 $LO_2\cdot$ 夺取氢后生成脂质过氧化物($LOOH$)。$LO_2\cdot$ 也可从氢供体中夺取氢,从而防止脂质过氧化发生。$LOOH$ 可再氧化为 $LO_2\cdot$ 或还原为烷氧自由基($RO_2\cdot$),后者又可从另一不饱和脂肪中夺取氢原子,再次启动脂质过氧化作用,其中 $LO_2\cdot$ 夺取氢后可形成醇(LOH)。$LOOH$ 和 $LO_2\cdot$ 经一系列反应生成小分子终产物,如丙二醛(MAD)和其他醛、酮、醚、醇和烃类(图 7-3)。研究结果也表明,β-ODAP 的毒性作用与生物膜损伤密切相关(Zhou *et al*.,2001)。证明,在水分胁迫下可促进 β-ODAP 的积累,提高山黧豆的抗逆性也与自由基对生物膜损伤降低有关(Xing *et al*.,2001)。另外,ABA 促进 β-ODAP 的积累与游离精胺水平密切相关(Xiong *et al*.,2006)。同时证明,β-ODAP 的代谢与草酸含量相关,并与生物膜损伤程度密切相关(Zhang *et al*.,2005)。

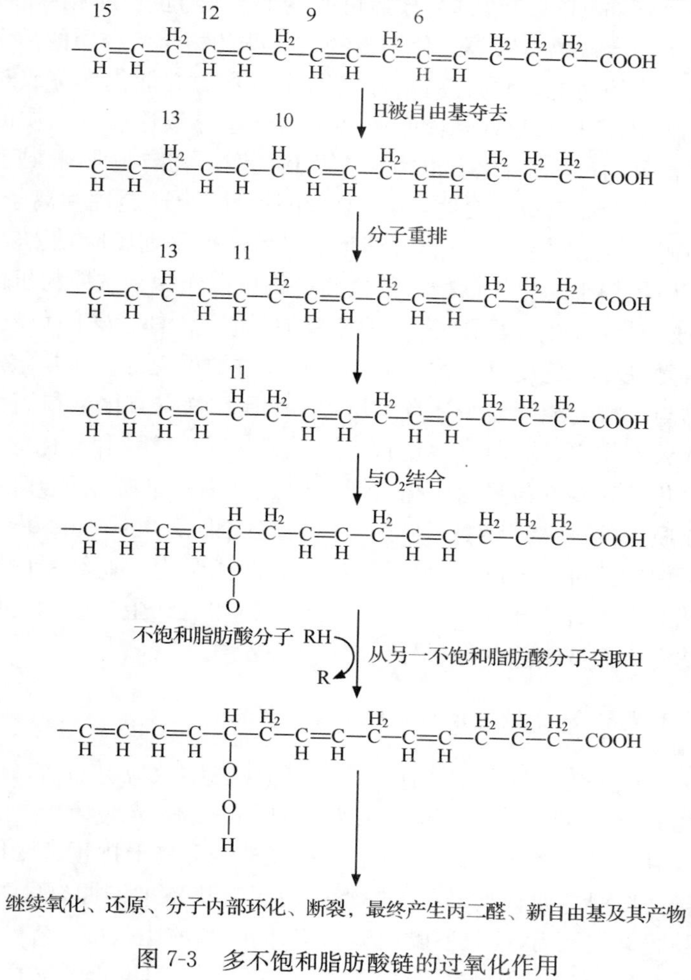

图 7-3　多不饱和脂肪酸链的过氧化作用

（2）毒物与生物大分子的共价结合与效应

某些化学毒物或其具有活性的代谢产物与机体的一些重要大分子发生共价结合，从而改变这些生物大分子的化学结构和生物学功能，进而引发一系列的生物学变化或损伤以至死亡。大多化学毒物是其代谢产物与核酸碱基进行共价结合。活性化学毒物与生物大分子之间通过共价链形成稳定复合物称为加合物（adduct）。与 DNA 发生结合的化学毒物有三类：亲电子活性产物，该类物质一般在其反应中心富有正电荷，因而主要与核酸的富电子位点结合；亲核活性代谢产物，其反应中心富有电子，主要攻击低电子点；自由基形式攻击核酸，特别是活性氧自由基，它可使 DNA 链断裂和修饰碱基。

DNA 加合物形成或碱基修饰受损后可改变 DNA 与蛋白质相互作用，使基因变异致突变作用和活化癌基因等。化学毒物或代谢产物与蛋白质的活性部位共价结合而损伤蛋白质的功能，因为这些活性基团往往是酶的催化部位或对维持蛋白质构型起重要作用，所以与这些功能基团共价结合会导致这些蛋白质的功能受损或被抑制。最常见的反应是：化学毒物反应及其代谢产物与胞质、核或膜上的蛋白质均可发生共价结合而形成加合物，从而改变酶活性、膜通透性和离子转运、线粒体能量代谢障碍、细胞骨架损害及影响细胞信号传递一系列反应，最终导致细胞死亡。一些分子质量较小的化学毒物或其代谢产物可以作为半抗原与机体细胞蛋白质共价结合，改变蛋白质结构而成为一种免疫原，诱发各种特殊的免疫反应，如过敏反应、细胞毒性反应、免疫复合物形成和迟发性过敏反应等。化学致癌作用机制主要是致癌物与核酸的相互作用导致细胞癌变，但蛋白质与化学致癌物的共价结合也有一定的致癌作用，特别是核蛋白在控制细胞生长、增殖和分化等过程中起重要作用。同时化学致癌物与蛋白质结合是其转运必需的前提条件，使致癌物更易接近核遗传物质而促进细胞癌变。血红蛋白的"自杀毁灭"（suicide destruction）是一类典型的蛋白质共价结合反应，化学毒物的活性代谢物与血红蛋白共价结合而抑制细胞色素 P-450 活性，出现卟啉症（porphyria）和血红蛋白生物合成障碍。另一类是共价结合后而抑制酶活性，最终丧失酶的活性。

（3）毒物干扰配体-受体结合与细胞能量的产生

干扰正常受体-配体相互作用而改变相应的生物学效应，如正常配体（ligand）与细胞的生物大分子，即受体（receptor）结合后形成配体-受体复合物，从而产生相应的生物学效应。而有些化学毒物，特别是一些神经毒物干扰正常受体-配体相互作用而产生毒性作用。如有机磷农药中毒是由于有机磷抑制胆碱酯酶活性，使其失去分解乙酰胆碱的能力，导致乙酰胆碱积累，同时乙酰胆碱可与毒蕈碱型胆碱能受体（M 型受体）和烟碱型胆碱能受体（N 型受体）结合，引发毒蕈碱样和烟碱样神经症状。阿托品的解毒作用是因为阿托品可与乙酰胆碱竞争 M 型受体,阻断乙酰胆碱对 M 型受体的刺激作用,从而消除毒蕈碱样症状;但阿托品对 N 型受体无影响,故不能消除烟碱样症状。也有学者认为,山黧豆毒素 β-ODAP 的结构类似于兴奋性神经递质 L-谷氨酸,从而干扰正常的配体与受体结合而诱导兴奋性神经毒性,而 BOAA 为神经性的兴奋性氨基酸(Spencer *et al.*,1983,1986)。

机体内的能量来源于糖类和脂肪类的生物氧化,所产生的能量以腺苷三磷酸(ATP)的形式贮存起来,为各种生命活动提供能量,这种氧化磷酸化过程又称细胞呼吸链。而有些化学物可干扰糖类氧化,使细胞不能产生 ATP。如氰化物、硫化氢和叠氮化钠等可与细胞色素氧化酶的 Fe^{3+} 结合,使其不能还原成 Fe^{2+} 而阻碍电子传递,导致呼吸链打断,氧不能被利用,引起细胞内窒息;同时 ATP 缺乏,导致细胞功能丧失以致死亡。

(4) 毒物干扰细胞内钙稳态与激活磷脂酶

钙作为细胞的第二信使,对细胞信号传导、调节细胞的功能起着十分重要的作用。在正常生理状态下,细胞 Ca^{2+} 浓度变化过程呈稳态状,称为细胞内钙稳态(calcium homeostasis)。一般情况细胞内钙浓度较低($10^{-7} \sim 10^{-8}$ mol/L),细胞外浓度较高(10^{-3} mol/L),细胞内外浓度相差 $10^{3} \sim 10^{4}$ 倍。许多化学毒物,如硝基酚、醌、过氧化物、醛类、二恶英类和一些重金属离子等均能干扰细胞内钙稳态而引起细胞损伤和死亡。毒理学研究发现,这些细胞损伤和死亡与细胞内钙浓度增加有关,由于细胞内 Ca^{2+} 增加激活非溶酶体蛋白酶而破坏细胞骨架蛋白引起细胞损伤。有研究也证明,β-ODAP 在兴奋性毒性的早期干扰细胞线粒体内钙稳态(van Moorhen *et al.*,2010)。另外,有些毒物激活磷脂酶可促使膜磷脂分解,破坏生物膜的结构与功能,Ca^{2+} 激活蛋白酶抑制剂可延缓或消除这类细胞毒理作用。

7.4.2　山黧豆中毒的机制

(1) ODAP 毒性作用的靶器官与中毒的可能机制

ODAP 毒性可通过血脑屏障(blood-brain barrier,BBB),主要集中在中枢神经系统(CNS)(Warren *et al.*,2004)。随剂量的大小,动物呈现不同程度的神经中毒症状,神经麻痹、运动失调、步态不稳、匍匐挣扎前进,直至逐渐死亡。随剂量的增加中毒症状加重,肝脏变化显著,切面呈"槟榔肝"样变化,肝细胞肿大,发生脂肪变性和坏死,部分肝细胞核破碎、溶解,仅存丝网状细胞,类似程序性细胞死亡(programmed cell death,PCD),亦称细胞凋亡(apoptosis)。大脑皮层锥体细胞变性坏死,也存在类的细胞凋亡现象,并可见"卫星现象"和"噬神经现象"。脑组织切片电镜观察结果表明,脑神经细胞呈现出典型的细胞凋亡,亦可见部分细胞变性坏死。显然 β-ODAP 毒素经血液循环透过血脑屏障而伤害中枢神经系统(刘绪川等,1989)。但该毒素无致癌或致畸作用,对动物胚胎发育、受孕率、活产率、出生存活率和哺育成活率等与对照相比均未见显著差异,也就是说该毒素不侵害动物生殖系统,对动物繁殖生育能力无影响。显然,山黧豆毒素 β-ODAP 作用的靶组织是中枢神经系统,β-ODAP 是选择性滞留于神经组织,当达到一定浓度时伤害神经细胞,对肝脏和心脏等实质器官亦有损伤。有学者认为由于该化合物的空间结构与谷氨酸(glutamic acid,Glu)相似,系 Glu 类似物(见本书第 8 章),β-ODAP 有可能在神经系统中竞争性结合 Glu 受体,因而它会干扰谷氨酸在脑组织神经兴奋传导过程中的作用。不仅如此,有研究推测 β-ODAP 在 CNS 中的作用可能是多个焦点激活,通过一个转运蛋白(transport protein)介导 L-Cys/L-Glu 交换与系统 X_L^-,β-ODAP 是该系统底物,有效地竞争性抑制因子,该底物活性类似于内源性底物 L-Cys(Warren *et al*.,2004)。还有研究证明,某些非蛋白质的兴奋性氨基酸(excitatory amino acid,EAA),包括 β-ODAP 和内源性化合物 L-高半胱氨酸(L-homocysteine acid,HCA)的作用类似使君子酸(quisqualic acid,QUIS)致敏化(sensitize)。从海马切片层显示出 QUIS 敏化 CAI 锥形神经元 30~250 折褶去极化,一些研究结果支持 QUIS 致敏化作用解释某些 EAA 神经性中毒的机制(Chase *et al*.,2007)。还有报道,β-ODAP 通过磷脂酰乙醇胺结合蛋白 1(phosphatidylethanolamine-binding protein 1,PEBP1)下调作用而调节丝裂原激活蛋白激酶(mitogen-activated protein kinase,MAPK)信号的级联反应,推测 β-ODAP 兴奋性神经毒性可能是通过降低 PEBP1 表达而增加磷酸化,继而诱发关键信号蛋白调节 MAPK 信号级联反应的结果(Jammulamadaka *et al*.,2011)。还有学者认为山黧豆中毒与环境和饮食习惯及营养等因素有关(Rao,2011;Fikre *et al*.,2011)。显然,有关 β-ODAP 毒性作用的机制多为推测性,正如 Rao 指出,神经性山黧豆中毒(neurolathyrism)尚需更深入的研究(Rao,2001)。

(2)ODAP 的毒性作用与一氧化氮代谢

一氧化氮(nitric oxide,NO)是一种新型的生物信息递质,既具有第一信使特征,又有第二信使特征的信息分子,该信息分子的首创者 Furchgott、Ignarro 和 Murad 荣获 1998 年诺贝尔生理学和医学奖。它的发现为生物医学研究开拓了一个崭新领域,成为 20 世纪末生命科学领域的一个重要里程碑。

1)NO 的生物合成:体内左旋精氨酸(L-arginine,L-Arg)作为底物,一氧化氮合酶(nitric oxide synthase,NOS)催化和一系列辅因子,如 O_2、辅酶Ⅱ(NADPH)、Ca^{2+}/CaM、四氢生物蝶呤(6R-5,6,7,8-tetrahydrobiopterin,BH_4)等协同作用下,生成 NO 和 L-瓜氨酸(L-citrulline)(图 7-4)(Krauss,2005)。

2)NOS 类型:NOS 是 NO 合成的关键酶,20 世纪末,首次从脑组织中克隆和

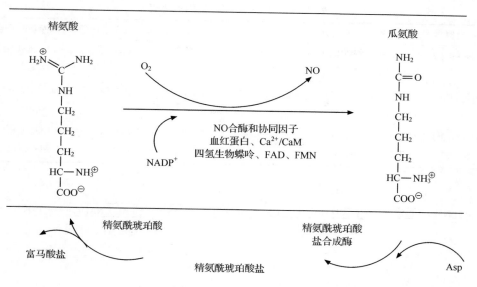

图 7-4　NO 的生物合成

NO 合成的前体是精氨酸，精氨酸在有 O_2 和 $NADP^+$ 存在的情况下被 NO 合酶转化成 NO 和瓜氨酸，精氨酸可以经由尿素循环反应由瓜氨酸再生

鉴定出 NOS，并已制备到特异性很强的 NOS 抗体。NOS 有三种类型，NOS-Ⅰ，即神经细胞型 NOS（neuronal NOS，nNOS），主要来源于脑细胞；NOS-Ⅱ，即诱导型 NOS（inducible NOS，iNOS），主要来源于巨噬细胞；NOS-Ⅲ，即内皮细胞型 NOS（endothelial NOS，eNOS），主要来源于血管内皮细胞。它们是不同基因的表达产物，对 Ca^{2+} 的敏感性不同。NOS-Ⅰ和 NOS-Ⅲ的激活需要 Ca^{2+} 参与，故称 Ca^{2+} 依赖型或称组成型 NOS（constitutive NOS，cNOS）；NOS-Ⅱ称为诱导型或称 Ca^{2+} 非依赖型 NOS。在一般生理条件下 iNOS 基因不表达，只在某些诱导因子作用下，一些相关细胞如巨噬细胞、中性粒细胞和肝细胞等均可被诱导合成这类酶。人类 3 种 NOS 基因之间约有 50% 的同源性，其中 Ca^{2+}/CaM 依赖型 NOS，即 nNOS 与 eNOS 之间同源性高达 60%（表 7-1）（刘景生，2004）。图 7-5 比较了 3 种亚型 NOS 蛋白质的一级结构。

3）NO 的生物学活性：体内 NO 极不稳定，半衰期仅 3~5s，可被氧自由基、血红蛋白、氢醌等迅速灭活而失去生物活性。此过程可能是 NO 灭活的生理机制。由于 NO 参与机体多种重要的生理功能，特别是 NO 在中枢神经系统中的作用，NO 广泛分布于中枢神经系统和外周神经系统，而且 NOS 也是首先从脑组织中分离出的。因为体内 NO 极不稳定，难以直接定位，所以采用免疫组织化学技术，通过对 NOS 定位反映 NO 的分布，证明在中枢神经系统的不同脑区。NOS 的分布不同，而且在神经系统中，NOS 与某些神经递质或调质以共分布形式存在。NO

表 7-1　人类 3 种 NOS 基因的比较

类型	基因结构	基因大小	染色体定位	氨基酸残基数	蛋白质分子质量	基因库基因编号
nNOS（Ⅰ）	29 外显子 28 内含子	基因定位的 范围＞200kb	12q24.2- 12q24.3	1434	158kDa	L02881 U11422
iNOS（Ⅱ）	26 外显子 25 内含子	37kb	17cen-q11.2	1153	127kDa	L09210,L24553 X73029
eNOS（Ⅲ）	26 外显子 25 内含子	21～22kb	7q35-7q36	1203	133kDa	M93718 M95296

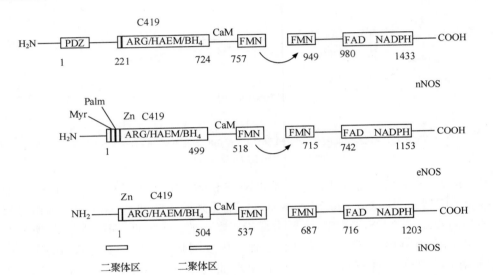

图 7-5　人 nNOS、eNOS 和 iNOS 的蛋白质结构比较（刘景生，2004）

图中显示氨基端的氧化酶结构域和羧基端的还原酶结构域。氨基端通过钙调蛋白（CaM）的识别位点连接到羧基端。所有酶蛋白氨基端具有 L-精氨酸（L-arginine，L-Arg）、血红素（iron protoporphyrin LX，HAEM）和四氢生物蝶呤（6R-5,6,7,8-tetrahydrobiopterin，BH4）的结合位点。在氧化酶结构域还有二聚体区，以及连接到血红素和钙调蛋白结合位点上的半胱氨酸残基。在 nNOS 上，氨基端含有独特的 PDZ 区；在 eNOS 上，氨基端含有十四烷基化（myristoylation，Myr）和软脂酰基化（palmitoylation，Palm）位点，临近于锌连接的半胱氨酸部位。羧基端具有高度保守的 FMN、FAD、NADPH 的结合位点，在 nNOS 和eNOS 上，二个 FMN 区域之间存在自身抑制环。数字代表氨基酸残基数

不但广泛存在于神经系统；而且作为神经系统中独特的生物信使分子和效应因子介导细胞免疫和细胞毒作用，对自身免疫性疾病和神经损伤性疾病发生发展的病理过程中起着重要的作用。正常时 NO 介导神经突触信息传递，但大量产生 NO时则具有神经毒性（Pawloski *et al.*，2002）。当小脑中的突触后兴奋性氨基酸N-甲基-D-门冬氨酸（N-methyl-D-aspartate，NMDA）受体受刺激时，NO 释放增

加,并由此导致 cGMP 水平提高,此过程依赖于 Ca^{2+} 的调节。因此,许多研究都将兴奋性氨基酸受体、NO 和 cGMP 三者联系在一起。现认为过量谷氨酸促进神经元参与脑缺血时的神经毒性作用,NMDA 受体拮抗剂可阻断脑缺血时的神经损伤。有研究结果表明,一旦突触前神经元受刺激释放过量谷氨酸时,首先激活突触后 NMDA 受体,随后引起 Ca^{2+} 通道开放,大量 Ca^{2+} 内流,使胞内 Ca^{2+} 浓度迅速升高,激活含有 nNOS 的神经元和胶质细胞产生过量的 NO,造成周围神经细胞的死亡。一系列研究结果说明 NO 介导谷氨酸的神经毒性作用(图 7-6)(刘景生,2004)。NO 还介导其他的神经毒性,如阿尔茨海默病(Alzheimer disease,AD)和获得性免疫缺陷综合征(acquired immune deficiency syndrome,AIDS)等。Lakshaman等(1974)也认为 β-ODAP 的毒性效应是通过突触小体吸收谷氨酸而起作用的。

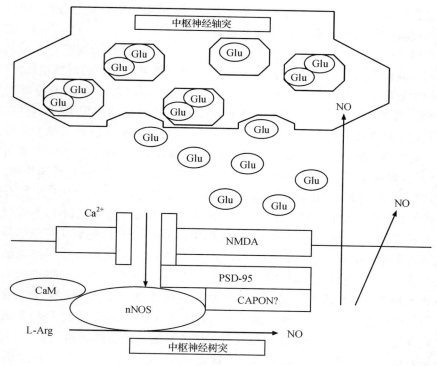

图 7-6　NO 介导谷氨酸的神经毒性

4) NO-cGMP 信号传导系统:一些药物和毒物等配体通过 NO-cGMP 信号传导系统(nitric oxide cyclic GMP signal transduction system)而发挥相应的生理效应(Potter *et al.*,2001)。NO-cGMP 信号传导系统广泛存在于体内各种组织中,是一种细胞间和细胞内信息传递和细胞功能调节的信号传导机制。NO 作为鸟苷酸环化酶(guanylate cyclase,GC)的内源环活化因子促进 GC 合成,而 GC 又催化 GTP 生成 cGMP,构成了细胞信息传递中 NO-cGMP 另一重要环苷酸类第二信使系统,作用于 cGMP 门控的离子通道 cGMP 调节的磷酸二酯酶(phosphodiesterase,PDE)和 cGMP 依赖的蛋白激酶(cGMP-dependent protein kinase,GPK)等效应分子,调节一系列细胞反应和生理变化。当某种病理状态或疾病发生 NO-cGMP 信号传导系统失调时,利用现代分子生物学技术可检测到该系统中一些重要的组成成分和关键酶特异性缺失或异常变化。因此,NO-cGMP 信号传导系统的研究将为阐明疾病的分子机制、毒物中毒的分子机制和药物的靶向治疗等开辟新途径。

5) ODAP 毒性作用机制探讨:ODAP 毒性作用可能通过 NO-cGMP 信号系统介导,有研究报道 ODAP 作为谷氨酸类似物与一种谷氨酸受体强烈地结合,使神经元受到持久兴奋性损伤。前面已提到神经元受刺激释放过量谷氨酸,随后引起一系列反应(图 7-6),特别是诱导胶质细胞产生过量 NO,而 NO 作为 GC 的内源性活化因子促进 cGMP 合成。在 NO-cGMP 信号传导系统中,细胞对一系列来自不同配体或信号通路的信使分子和 cGMPase 家系及其相关的酶活性变化,产生不同生物学效应(Wedel et al.,2001)。作为谷氨酸类似物的 ODAP 有可能是诱导 NO 增加,导致 NO-cGMP 传导系统失调的原因。同时在动物细胞内,NO 在正常生理条件下作为细胞内信号分子,但大量产生后则为细胞毒性效应分子介导细胞凋亡。显然 NO 的双重作用取决于 NO 的生成量,纳摩尔水平的 NO 主要引起细胞毒作用,而皮摩尔水平或飞摩尔水平的 NO 则主要发挥细胞信息传递作用。NO 的毒性作用,如引起细胞凋亡或坏死的中心点是线粒体,这与 ODAP 生物合成的主要位点相一致,而神经细胞对 NO 的作用又极为敏感,特别是当 NO 与超氧化物反应生成过氧化亚硝酸,而基于亚硝基化作用(nitrosylation)的氧化还原信号机制导致运动神经细胞凋亡(Stamler et al.,2011)。NO 诱导细胞凋亡与抑制细胞凋亡之间的平衡可能依赖于超氧阴离子产生的水平,NO 毒性作用与靶细胞内氧化还原状态和 NO 产生速率相关。显然运动神经细胞的状态为 ODAP 诱导的 NO 毒性作用提供了靶组织。另外已知在生物体内 NO 是由 NOS 催化 L-精氨酸末端胍基氮氧化生成 NO,正巧的是山黧豆种子中游离的高精氨酸含量很高,而高精氨酸与精氨酸具有相同的功能基团——胍基,只是前者比后者多了一个碳骨架(—CH$_2$—)(图 7-7)。

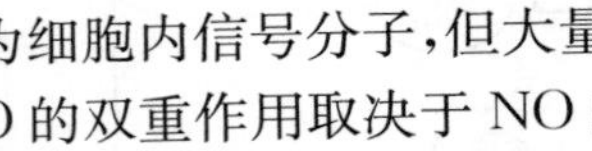

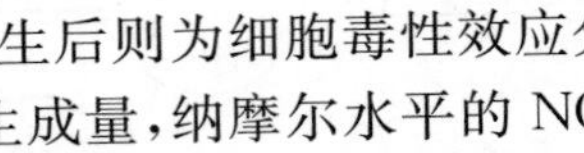

图 7-7　高精氨酸和精氨酸的结构

A. 高精氨酸;B. 精氨酸

　　这是否也与 NO 生产速率相关,因为一些离体试验结果表明,NO 的生成量与 L-Arg 成剂量依赖关系。总之,根据以上研究结果,认为研究山黧豆神经中毒的分子机制应该注意 ODAP 与 NO-cGMP 信号传导系统的关系。此外,根据本课题组一系列间接研究结果表明,在干旱胁迫、氧化胁迫和稀土元素处理条件下,诱导 ODAP 增加的同时 H_2O_2 含量增加,表明活性氧代谢与 ODAP 积累相关,达到一定程度后随之出现自身细胞的膜脂过氧化等(Xing et al.,2001;Xiong et al., 2005, 2006)。由此推测,ODAP 的部分毒性作用是否通过诱导活性氧自由基攻击动物细胞膜脂质中不饱和脂肪酸而发生脂质过氧化,从而改变细胞膜的通透性,以致损伤细胞膜的功能(Zhou et al.,2001;Yan et al.,2006)。在 ODAP 的动物毒性作用试验中,不仅证明 ODAP 经血液循环,透过血脑屏障而伤害靶器官——中枢神经系统;同时超微结构观察证明,脑和脊髓神经细胞部分坏死、膜损伤、胞质中线粒体肿胀、嵴崩解、神经髓鞘曲折、板层分离或结构破坏和膨出,呈颗粒性变性。总之,ODAP 可能以几种方式损伤靶细胞,表现为细胞形态和功能的变化,最后导致细胞凋亡或坏死。但要从分子水平上揭示其毒性作用的分子机制,作者认为还必须阐明 ODAP 在动物机体中的转运和转化、相应受体及信号传导等分子水平的变化。

参 考 文 献

刘景生. 2004. 细胞信息与调控. 第 2 版. 北京:中国协和医科大学出版社

刘绪川,张国伟,李雅茹,等. 1989. 山黧豆及其有毒成分(BOAA)的毒理学研究. 中国农业科学,22(5): 86~93

孟紫强. 2003. 环境毒理学基础. 北京:高等教育出版社

沈建忠. 2002. 动物毒理学. 北京:中国农业出版社

Bell E A. 1964. Relevance of biochemical taxonomy to the problem of L. sativus. Nature,203:378~380

Chase L A,Peterson N L,Koerner J F. 2007. The Lathyrus toxin,β-N-oxalyl-L-α, β-diaminopropionic acid (β-ODAP),and homocysteic acid sensitive CAI pyramidal neurons to cystine and L-2-amino-6-phosphono-hexanoic acid. Toxicol Appl Pharm,219:1~9

Dhiman T R,Sharma V K,Narang M P. 1983. Evaluation of'Khesari dal' (Lathyrus sativa) in calf starter. Agricultural Wastes,8(1):1~8

Fikre A,van Moorhem M,Ahmed S,et al. 2011. Studies on neuro lathyrism in Ethiopia:dietary habits,perception of risks and prevention. Food Chem. Toxicol,49:678~684

Jammulamadaka N,Burgula S,Medisdtty R. 2011. β-N-oxalye-L-α,β-diaminopropionic acid regulates mitogen-activated protein kinase signaling by down-regulation of phosphatidylethanolamine-binding protein 1. J Neurochem,118:176~186

Krauss G. 2005. 信号转导与调控的生物化学. 第 3 版. 孙超,刘景生译. 北京:化学工业出版社:198~204

Lakshaman J,Padmanabhan G. 1974. Effect of β-N-oxalyl-L-α,β-diaminopropionic acid on glutamate uptake by synaptosomes. Nature,249:469~470

Pawloski J R,Stamler J S. 2002. Nitric oxide in RBCs. Transfusion,42:1603~1609

Potter L R,Hunter T. 2001. Guanylate cyclase-linked natriuretic peptide receptors: structure and regulation. J Biol Chem,276: 6057~6060

Rao S L N. 2001. Do we need more research on neurolathyrism? Lathyrus Lathyrism Newsletter,2: 2~3

Rao S L N. 2011. A look at the brighter facets,β-N-oxalyl-L-α,β-diaminopropionic acid,homoarginine and the grass pee. Food Chem Toxicol,49:620~622

Rao S L N,Sarma P S,Mani K S. 1967. Experimental neurolathyrism in monkeys. Nature,214: 6~7

Spencer P S,Roy D N,Ludolph A C,et al. 1986. Lathyrism: evidence for role of the neuriexcitatory amino acid BOAA. Lancet,2: 1066~1067

Spencer P S, Schaumburg H H. 1983. Lathyrism: a neurotoxic disease. Neurobehar Toxicol Teratol, 5: 625~629

Stamler J S,Lamas S,Fang F C. 2011. Nitrosylation,the prototypic redox based signaling mechanism. Cell, 106: 657~683

van Moorhen M,Decrock E,Lambein F. 2010. L-beta-ODAP alters mitochondrial Ca^{2+} handling as an early event in excitoloxicity. Cell Calcium,47: 287~296

Warren B A,Patel S A,Nunn P B,et al. 2004. The Lathyrus excitotoxin β-N-oxalye-L-α,β-diaminopropionic acid is a substrate of the L-cystine/L-glutamate exchanger system Xc-. Toxicol Appl Pharm,200: 83~92

Wedel B,Garbers D. 2001. The guanylate cyclase family at YZK. Annu. Rev. Physiol,63: 215~233

Xing G S,Cui K R,Wang Y F,et al. 2001. Water stress and accumunation of β-N-oxalye-L-α,β-diaminopropionic acid in *Lathyrus sativus*. J Agric Food Chem,49: 216~220

Xiong Y C,Xing G M,Li F M,et al. 2006. Abscisic acid promotes accumulation of toxin ODAP in relation to free spermine level in grass pea seedlings(*Lathyrus sativus* L.). Plant Physiol. Biochem,44: 161~169

Xiong Y C,Xing G M,Zheng Z. 2005. Eu^{3+} improves drought tolerance but decreasing ODAP leve lin grass pea (*Lathyrus sativus* L.) seedling. J Rare Earth,23: 502~507

Yan Z Y,Spencer P S,Li Z X. 2006. *Lathyrus sativus*(grass pea) and its neurotroxin ODAP. Phytochemistry,67: 107~121

Zhang D W,Xing G S,Xu H,et al. 2005. Relationship between oxalic acid and the metabolism of β-N-oxalye-L-α,β-diaminopropionic acid (ODAP) in grass pea (*Lathyrus sativus* L.). Isr J Plant Sci,53: 89~96

Zhou G K,Kong Y Z,Cui K R,et al. 2001. Hydroxyl radical scavenging activity of β-N-oxalye-L-α,β-diaminopropionic acid. Phytochemistry,58: 759~762

第8章 山黧豆毒素(β-ODAP)的生理作用

自然界赋予植物合成有毒化学物质的能力,以抵御生物和非生物胁迫因子,这种现象可能与植物的固生性有较大关系。植物不能像动物那样运移而逃避病虫害或恶劣环境的危害,在长期进化与自然选择中形成独特的内源性应急反应。在富含蛋白质的豆科植物和一些药用植物中,为了个体存活和种群繁衍而产生具有防御性的有毒化学物质现象较为普遍。天生此物必有所用,山黧豆毒素 β-ODAP 对其自身必有重要的生理作用。大量研究结果证明,β-ODAP 可以抑制一些昆虫的发育,拮抗某些细菌或病毒的繁殖与扩散,从而抵御和保护自身免受昆虫和致病菌的侵害作用,因而山黧豆具有较强的抗病虫害能力。β-ODAP 还是 Zn^{2+} 的转运载体,促进根从土壤中吸收 Zn^{2+},并从根部运送至地上各器官,增强山黧豆植株对干旱和极端温度的抵御能力。β-ODAP 具有渗透调节作用和自由基消除效应,在调节根源化学信号和水分利用及生长发育等方面具有多种生理功能,与山黧豆的抗旱性、抗逆性、适应性和丰产性等具有较强的关联性。另外,ODAP 是一些名贵中药材的有效成分,具有较强的药理作用。本章简要地综述豆类植物毒素和山黧豆毒素的生理作用,为植物毒素生理作用的深入研究提供信息。

8.1 植 物 毒 素

8.1.1 植物毒素概况

前面已提到毒物(toxicant 或 poison)与毒素(toxin)的概念,两类物质之间有关联性,但内涵和外延各不相同。毒物是泛指所有扰乱机体正常代谢的物质总称,既包括机体产生的天然有机物,也包括人工合成的成千上万种化学物质。而毒素是专指生物有机体产生的一类具有特异生理功能的内源物质,根据其来源可分为植物毒素(phytotoxin 或 plant toxin)、动物毒素(zootoxin 或 animal toxin)和细菌毒素(bacterial toxin)等。细菌毒素又可分为内毒素(endotoxin)和外毒素(exotoxin)两类。

通常所讲的"有毒因子"或"毒性物质"是指有毒物质的总称。而毒性是一个相对的概念,与所使用的剂量或浓度有关,当"毒性"物质所使用的剂量超过一定限度时才会出现中毒症状。一般是依据该毒素的半致死剂量(LD_{50})来评定其毒性大小。所谓半致死剂量,即受试动物死亡50%的剂量(见本书第 7 章)。"有毒因子"

或"毒性物质"的含义是由一种特殊食物或衍生物所引起的人体或动物的不良生理反应。事实上,虽然有些植物能产生毒性很强的物质,但对大多数植物而言,只有在人或动物较长时间不断地摄取这些植物或其产品,在体内逐渐累积才会表现出各种各样的中毒症状,如山黧豆中毒(lathyrism)也正是长期食用山黧豆而引起的神经性下肢瘫痪。其他豆类中毒症状还有生长停滞、消化能力下降、甲状腺肿大、胰脏肥大、低血糖和肝脏受损等。

毒素的毒性大小与动物的种属、年龄、大小、性别、健康状况和营养水平等有关。一般来讲,当人们说某种食物对人体健康有危害时,大多都是依据植物籽粒或者饲料进行研究的。当动物或人长期或多次食用某一特定植物或其产品,积累到一定程度才导致中毒症状发生。这个过程通常具有较强的个体差异性,因个体属性和食用量的不同而不同。对某一中毒机制的调查,最直接的办法是先将致病的有毒因子分离出来,再进行对比试验进行研究。采用正常摄食方式或相关的给药途径,如皮下注射或腹膜内注射等进行试验,但这些方法有一定的局限性,应用时要十分谨慎,因为它与人类或动物的正常饮食习惯有较大差异。许多豆类植物及其产品营养丰富,尽管含有毒素,但间断的少量食用其毒性也未必表现出来。因此,鉴定和研究植物毒素的种类、性质和生理作用是一项复杂的系统工程。

8.1.2　植物毒素的种类

（1）非蛋白质氨基酸

植物中,除了 20 种蛋白质氨基酸外还有 400 多种非蛋白质氨基酸(non-protein amino acid),它们在植物体内呈非结合状态,而且大多数是兴奋性氨基酸(excitatory amino acid,EAA)。如 β-ODAP 就属于 EAA,他们通常作用于中枢神经系统。有毒的非蛋白质氨基酸大多是蛋白质氨基酸的模拟物,动物摄入后被当成相应的蛋白质氨基酸而组合到蛋白质中,从而使原蛋白质结构和功能的改变,引起动物相应的器官或系统的伤害。

（2）生物碱

生物碱是自然界中广泛存在的一大类碱性含氮化合物,具有广泛的生理功能,它的毒性主要表现为抑制动物中枢神经系统。同时它也是许多药用植物的有效成分,相当多的生物碱具有抗肿瘤的活性。生物碱是植物的一类次生代谢产物,主要存在于被子植物中,有 15%～20% 的被子植物内含有生物碱。几种常见的生物碱有茄科植物碱(主要包括烟碱、阿托品和茄碱)、罂粟生物碱等。

（3）蛋白质毒素

在自然界中,许多植物能产生大分子的蛋白质毒素。进化学家认为,这些毒蛋白的存在,一方面可以防御外界病原体对植物的侵害,另一方面又可抵制植物种属之间的同化。迄今,不少毒蛋白的结构和功能已得到阐明,虽然各种毒蛋白的植物来源不同,但其结构和毒性作用机制十分相似。主要是核糖体中的亚基失活,抑制蛋白质合成,从而对动物产生毒性作用。

（4）不含氮毒素

不含氮毒素有萜类化合物,如戊二烯为单位的聚合物,有单萜、二萜、多萜等;以萜骨架组成的各种衍生物,主要代表为除虫菊酯;苷类化合物,如强心苷和皂苷;还有酚类化合物,主要包含黄酮、单酚等。

（5）生氰糖苷类毒素

许多植物具有合成生氰化合物的能力,并能在水解中释放氢氰酸（HCN）。已知豆科、蔷薇科、大戟科、亚麻科、禾本科、木犀科、水麦冬科和忍冬科中有 2000 多种植物具有生氰作用,生氰作用的产物是生氰糖苷。生氰糖苷毒素主要含有生氰三糖苷,主要存在于核果类,如杏、桃、李、梅等的果仁中的苦杏仁苷。大戟科的木薯全株有毒,新鲜块根毒性较大,其毒素为生氰二糖苷亚麻苦苷。高粱苦苷是从禾本科植物高粱（*Sorghum vulgare*）的幼苗中分离到的一个单糖苷。燕麦和玉米的幼苗中都含有这种生氰糖苷。

8.2　豆类植物毒素

8.2.1　有毒氨基酸

（1）含羞草氨酸

豆类植物银合欢（*Leucaena leucocephala*）是可供人畜食用的具有很高潜在价值的作物,但影响其利用的主要因素是其含有一种不常见的氨基酸,称为含羞草氨酸,代谢产物为 3,4-二羟基吡啶(图 8-1A)。含羞草氨酸结构与酪氨酸相似（图 8-1B）,它的含量为蛋白质干重的 3%～5%,当反刍动物牛的日粮中有 50% 该豆类作物时,较长时间饲喂后则导致生长停滞。这种毒害作用可能是由于牛的瘤胃细菌将含羞草氨酸转化成导致甲状腺肿大、而使甲状腺素含量降低的 3,4-二羟基吡啶,但它对反刍动物的肉和奶没有影响,因此使用其肉和奶不会产生毒害作用。另外,由于该毒素与酪氨酸相似,在体内可能起酪氨酸拮抗作用,因此其中毒性状可因增加酪氨酸而改善。在非反刍动物中,如马、猪和兔子等食用该饲料后甲状腺肿大的症状不明显,但表现出毛发脱落特征性性状,因此有人将含羞草氨酸当做绵羊的脱毛剂;人食用后也会出现毛发脱落症状。这种毒害作用的机制也许是由于其具有酶抑制剂的作用,对吡啶醇转移酶、酪氨酸脱羧酶、胱硫基合成酶和胱硫醚酶产生抑制作用。于是由甲硫氨酸转化成半胱氨酸的过程受到抑制,而半胱氨酸是头发的主要成分,因此含羞草氨酸引起特征性脱发症。

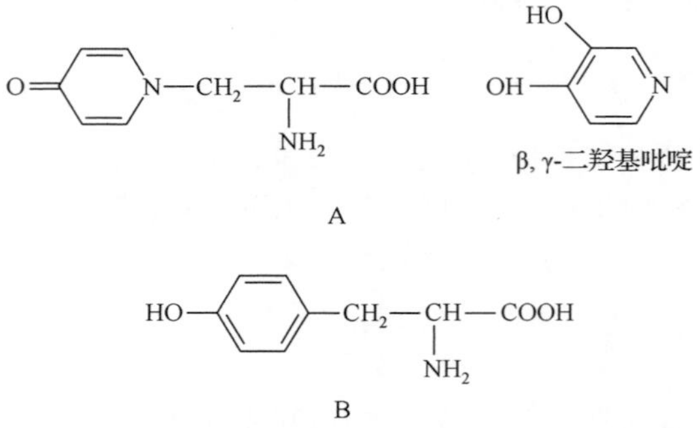

图 8-1　含羞草氨酸及其代谢产物 β,γ-二羟基吡啶(A)和酪氨酸的结构(B)

（2）黎豆氨酸

黎豆(*Stizolobium deeringianum*)在印度尼西亚一些地区是一种常见的粮食作物,但人或动物大量食用后引起尿液带血或出现白色针状结晶等肾脏疾病。这是因为含有一种含硫氨基酸而引起的,称为黎豆氨酸(图 8-2A)。它的结构与胱氨酸相似(图 8-2B)。在黎豆种子中以游离状态存在,含量为 1%～4%。由于它的溶解度小,因而未代谢降解的黎豆氨酸便在肾小管和尿液中结晶出来,使人的肾功能受到伤害。

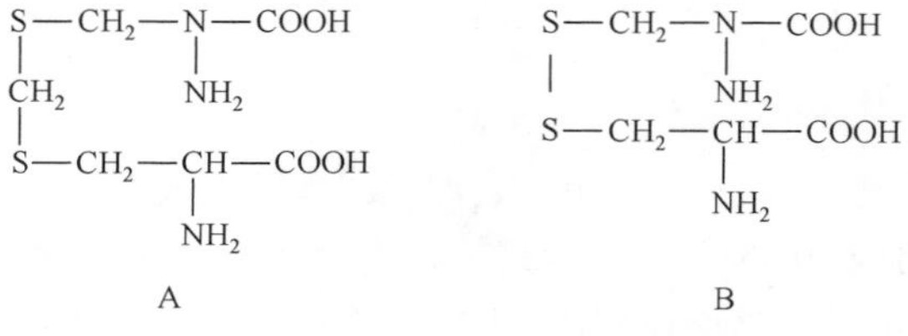

图 8-2　黎豆氨酸(A)和胱氨酸(B)的结构

（3）二羟基苯丙氨酸

在蚕豆(*Vicia faba*)和黎豆中含有较多的 3,4-二羟基苯丙氨酸(DOPA)(图 8-3)。

蚕豆是优良蛋白质来源,但人类食用受到一定限制,使一些有遗传性缺乏葡萄糖-6-磷酸脱氢酶(G6PD)的人类易患蚕豆病。这种病的临床症状是溶血性贫血、体衰、疲乏和血红蛋白尿等,主要发生于地中海地区缺少 G6DP 的居民,大多与食用新鲜或干的蚕豆有关。这是因为 DOPA 可使遗传性缺乏 G6PD 的人血红细胞中还原态谷胱甘肽(GSH)的含量降低,而谷胱甘肽是保证细胞膜结构完整性所必需的,G6PD 的作用是通过戊糖磷酸通路产生还原型烟酰胺腺嘌呤二核苷酸磷酸(NADPH),而 NADPH 正是谷胱甘肽还原酶起作用时所需的。谷胱甘肽还原酶的作用是将氧化态谷胱甘肽(GS-SG)还原成 GSH(图 8-4)。

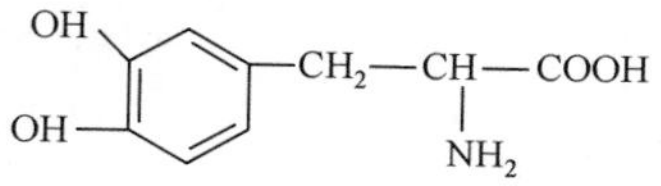

图 8-3 3,4-二羟基苯丙氨酸(DOPA)的结构

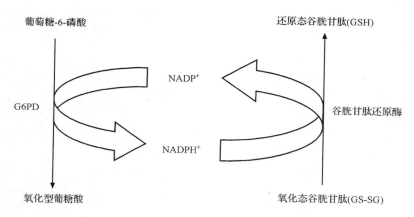

图 8-4 控制 GSH 在血液中的代谢反应
G6PD,葡萄糖-6-磷酸脱氢酶;GSH,还原态谷胱甘肽;GS-SG,氧化态谷胱甘肽

由此可见,任何诱导 GSH 减少的因素,特别是在 G6PD 缺乏时,都有可能使红细胞发生溶血作用。而蚕豆含有两种葡萄糖苷,即蚕豆嘧啶葡糖苷和葡萄糖康蚕豆素(图 8-5)。这两种糖苷的配基分别是香豌豆嘧啶和异氨基巴比妥,这两种配基在 G6PD 缺乏的红细胞中都会使 GSH 迅速氧化,但在正常的红细胞中则不会产生这种现象(图 8-6)。

(4) β-N-草酰-L-α,β-二氨基丙酸(β-ODAP)

该化合物的空间结构与谷氨酸相似(图 8-7),从而干扰谷氨酸在脑组织神经兴奋传导过程中的作用,是人类神经性山黧豆中毒症的主要致病因子。山黧豆毒素还含其他几种有毒氨基酸(见本书第 7 章)。

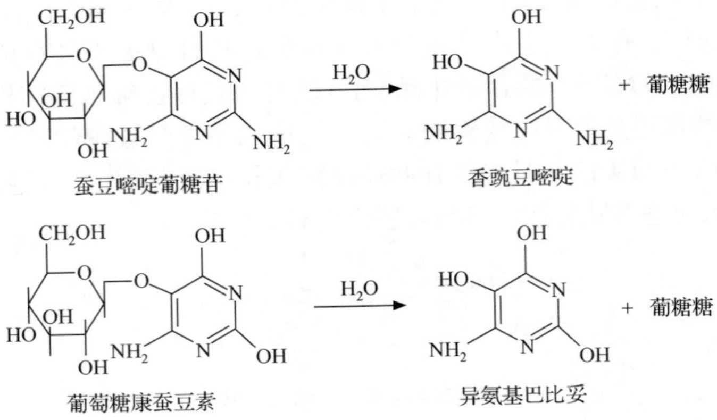

图 8-5　两类葡萄糖苷的结构

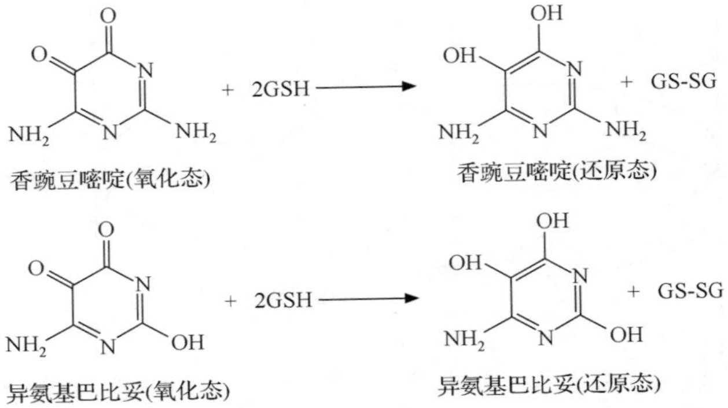

图 8-6　香豌豆嘧啶和异氨基巴比妥导致还原态谷胱甘肽浓度下降的反应
GSH,还原型谷胱甘肽;GS-SG,氧化型谷胱甘肽。

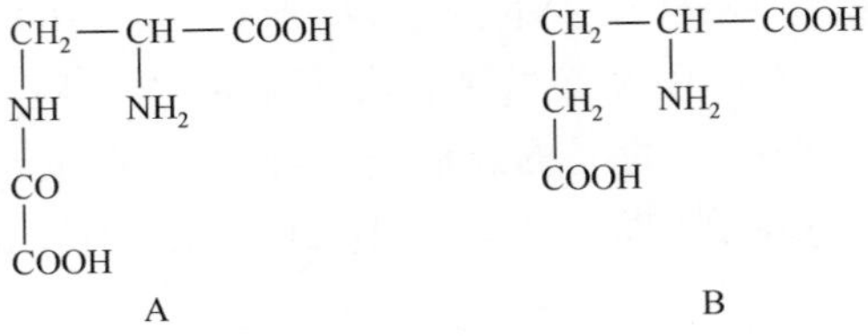

图 8-7　β-ODAP(A)和谷氨酸(B)的结构

8.2.2　蛋白酶抑制剂

（1）蛋白酶抑制剂种类

在植物界特别是豆科植物中,往往含有某些蛋白质水解酶活性的物质,这些物质称为蛋白酶抑制剂(proteinase inhibitor)。迄今,人们已在豆中发现多种蛋白酶抑制剂,而且数量还在不断地增加(表 8-1)。

表 8-1　豆类种子蛋白质抑制剂分布

学名	豆类的中文名	受抑制的蛋白酶
Arachis hypogaea	花生	T,C,Pl,K
Cajanus cajan	木豆	T
Canavalia ensiformis	刀豆	T,C,S
Chamaecrista fasciculata	美丽鹧鸪豆	T
Cicer arietinum	鹰嘴豆	T,C
Clitoria ternatea	蝶豆	T,C,S
Cyamopsis tetragonoloba	瓜尔豆	T,C,S
Dolichos biflorus	马豆	T
Dolichos lablab	扁豆	T,C,T,S
Vicia faba	蚕豆	T
Glycine max	大豆	T,C
Lathyrus odoratus	香豌豆	T
Lathyrus sativus	山黧豆	T,C
Lens culinaris	兵豆	T
Lupinus albus	白羽扇豆	T
Stizolobium deeringianum	茸毛藜豆	T
Phaseolus etifolius	一种菜豆	T
Phaseolus angularis	赤豆	T,C
Phaseolus radiatus	绿豆	T,肽链内切酶
Phaseolus coccineus	多花菜豆	T,C
Phaseolus lunatus	利马豆	T,C
Phaseolus mungo(*radiatus*)	黑豆	T,C,S
Phaseolus vulgaris	菜豆	T,C,E,S
Pisum sativum	豌豆	T
Psophocarpus tetragonolobus	四棱豆	T
Stizobolium deeringianum	藜豆	T
Vicia faba	蚕豆	T,C,Tn,Pr,Pa
Vigna unguiculata	豇豆	T,C
Voandzeia subterranean	班巴拉托生	T

注:C,胰凝乳蛋白;E,胰肽酶;K,激肽释放酶;Pa,木瓜蛋白酶;Pl,血纤维蛋白溶胰;Pr,链酶蛋白酶;S,枯草杆菌蛋白酶;T,胰蛋白酶;Tn,凝血酶。

蛋白酶抑制剂也称蛋白质的抗营养因子(antinutritional factor,ANF),受抑制的蛋白酶主要是胰蛋白酶抑制剂(trypsin inhibitor)、胰凝乳蛋白酶抑制剂(chymotrypsin inhibitor)和淀粉酶抑制剂(amylase inhibitor)等。在山黧豆中胰蛋白酶抑制剂活性(trypsin inhibitor activity,TIA)和胰凝乳蛋白酶抑制剂活性(chymotrypsin inhibition activity,CTIA)如表8-2。

表 8-2　山黧豆(*L. sativus*)中 TIA 与 CTIA

	L. sativus	样品数
TIA	20. 1-44. 1	36
	16. 7-26. 2	25
	133-174.0	100
CTIA	0-23.0	100

这两种抑制剂由于抑制胰蛋白酶和胰凝乳蛋白酶,阻止胰脏中其他活性蛋白酶原的激活与胰蛋白酶原的自身激活。它们在反刍动物的瘤胃中被分解,因而对反刍动物无伤害。对单胃动物如含有一定的 TIA 或 CTIA,则会导致该类动物胰腺肥大、生长速率降低。还有人证明,在山黧豆中的 TIA 远低于大豆(soybean)、菜豆(common bean)和豇豆(cowpea),但高于鹰嘴豆(chickpea)。淀粉酶抑制剂活性(amylase inhibitor activity,AIA)对哺乳动物不同来源的 α-淀粉酶均显示出较强的抑制作用,但不抑制 β-淀粉酶和 β-糖苷酶。显然,可降低或抑制 α-淀粉酶的就称为淀粉酶抑制剂。

(2) 蛋白酶抑制剂的性质

从大豆中分离得到的蛋白酶抑制剂有两类,一类是相对分子质量为 20 000~25 000,含二硫键的数量很少,主要是对胰蛋白酶直接而专一的起作用;另一类是相对分子质量为 6000~10 000,含有大量二硫键,可在两个独立结合部位抑制胰蛋白酶和胰凝乳蛋白酶的活性。在这两类抑制剂中,研究最多的两个例子是用研究者的名字命名的两种抑制剂:Kunity 抑制剂和 Bowman-Birk 抑制剂。

Kunity 抑制剂由 181 个氨基酸组成,活性中心位于第 63 号的精氨酸(Arg)和第 64 号的异亮氨酸(Ile)(图 8-8)。Bowman-Birk 抑制剂有 71 个氨基酸组成,具有两个独立的结合中心,其中第 16 号的赖氨酸(Lys)与第 17 号的丝氨酸(Ser)是胰蛋白酶反应中心;第 44 号亮氨酸(Leu)和第 45 号的丝氨酸(Ser)是胰凝乳蛋白酶结合中心(图 8-9)。Bowman-Birh 的两个结合中心附近的氨基酸顺序彼此相似,而且该抑制剂与其他豆类分离出来的抑制剂之间也具有较高的同源性(图 8-10)。

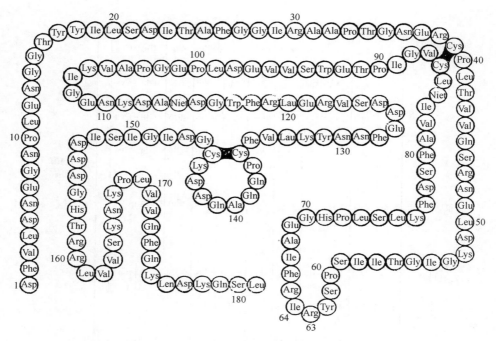

图 8-8　大豆的 Kunity 胰蛋白酶抑制剂氨基酸序列

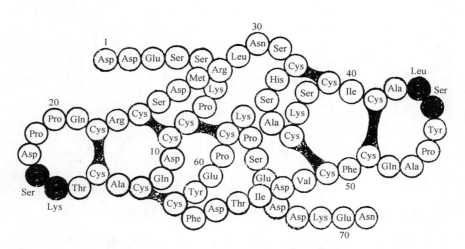

图 8-9　豆类 Bowman-Birk 抑制剂的氨基酸序列

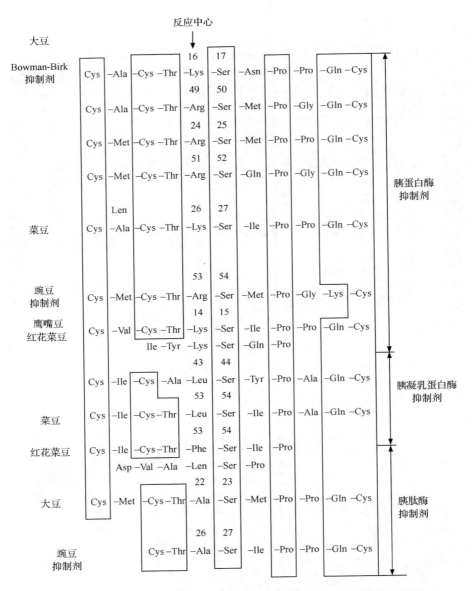

图 8-10　各种豆类的酶抑制剂在其反应中心附近的氨基酸序列的同源性

　　大豆是全球食用蛋白质的一个重要来源，对人类营养具有极大的贡献潜力，故大豆蛋白酶抑制剂的研究受到人们的特别关注。根据大豆胰蛋白酶抑制剂具有热不稳定性，故胰蛋白酶抑制剂加热钝化与大豆营养价值的改善确实是平行的（Rackis，1974）。蛋白酶抑制剂引起动物生长停滞的原因，不但是肠道蛋白水解酶对食物蛋白质的消化作用受到抑制，而且胰蛋白酶抑制剂本身引起胰腺肥大和机能亢进导致胰腺分泌活性增加,造成必需氨基酸的内源性消耗。由于胰脏的酶类,如胰蛋白酶和胰凝乳蛋白酶含有特别丰富的含硫氨基酸,胰腺肥大后就需要合成更多的胰蛋白酶和胰凝乳蛋白酶,从而导致身体组织中缺少含硫氨基酸。大豆蛋白质本来就缺少含硫氨基酸,再加上胰腺肥大带来的含硫氨基酸的额外损失,使这种短缺情况更加严重,从而导致动物生长停滞。

8.2.3　凝集素

(1) 凝集素的理化性质

早在 1889 年,Stillmark 首次观察到蓖麻(*Ricinus communis*)种子中可被乙醇沉淀的蛋白质能使红细胞发生凝集作用,并由此提出"植物细胞凝集素"的概念,也称"凝集素"(lectin)。从这以后,人们发现凝集素广泛分布于植物界,尤其是豆科植物中更为突出。大多凝集素都是糖蛋白,它除了可凝集血细胞外,还可以与特异血型相互作用、凝集肿瘤细胞作用和对动物的毒性作用等,这些作用都是由于凝集素与细胞表面的特异糖分子发生结合而产生的。尽管凝集素种类很多,性质差别大,但多数是由于四个同聚体或异聚体亚基组成,相对分子质量大多介于100 000～150 000,少数凝集素是两个亚基组成,其相对分子质量约为四聚物凝集素的一半。除个别例外,每一个亚基都有一个与糖结合的部位,这种多价性特点正是植物凝集素可凝集细胞或使糖蛋白发生沉淀的原因(表 8-3)。

表 8-3　植物凝集素的理化性质和糖特异性

植物名称	糖特异性	相对分子质量	亚基数目	糖类含量/%
相思豆	α-D-Gal	65 000	2	—
		134 000	4	—
花生	α-D-Gal	111 000	4	0
Bandeira simplicifolia	α-D-Gal	114 000	4	—
Bandeira purpurea alba	α-D-Gal NAc	195 000	—	11
刀豆	α-D-Man α-D-Glc	55 000	2	0
		110 000	4	—
马豆	α-D-Gal NAc	113 000	4	3.8
		109,000	4	—
大豆	D-Gal α-D-Gal NAc	122 000	4	6
兵豆	α-D-Man α-D-Glc	52 000	2	2
红花菜豆	Glc Nac	120 000	4	—
棉豆	D-Gal Nac	124 000	2	4

续表

植物名称	糖特异性	相对分子质量	亚基数目	糖类含量/%
黑豆		247 000	4	4
	D-Gal Nac	128 000	—	5.7
菜豆		120 000	4	4.1
菜豆	D-Gal Nac	120 000	4	10.4
芸豆	D-Gal Nac	128 000	4	4
豌豆	α-D-Man α-D-Glc	53 000	4	0.3
四棱豆	α-L-Fuc	120 000	4	9.4
		58 000	2	4.8
蓖麻子	D-Gal D-Gal Nac	60 000	2	—
	D-Gal	120 000	4	—
蚕豆	D-Man D-GlcN	50 000	4	—

注：Gal，半乳糖；GalN，半乳糖胺；Gal Nac，N-乙酰半乳糖胺；Man，甘露糖；Glc，葡萄糖；GlcN，葡萄糖胺；Fuc，岩藻糖基。

（2）凝集素的毒性

凝集素对动物的毒害作用主要表现使其生长受到抑制，这不仅是凝集素使豆类饲料营养价值降低，干扰蛋白质的吸收与消化；更重要的是凝集素对细胞的凝集作用，随后发生溶血而引起的。有些凝集素，如蓖麻（*Ricinus communis*）蛋白质毒性极强，对小白鼠最小致死量为 $0.001\mu g/g$，是其他豆类凝集素毒性的 1000 倍。另外，从刀豆分离的凝集素，也称伴刀豆球蛋白 A，如将它直接注入动物体内使血细胞凝集，随后发生溶血，最后导致死亡。由于该蛋白质可与细胞膜表面的糖蛋白受体部位发生相互作用，因而可诱导细胞产生多种生理效应（见本章下一节）。

8.2.4　豆类植物中其他有毒物质

（1）生氰糖苷

一些植物因存在糖苷而具有潜在毒性，在水解过程中产生氢化氰（HCN）。豆类物氢化氰的含量受到普遍关注（表 8-4）。

在第一次世界大战期间和 20 世纪初，从热带国家出口到欧洲的利马豆（*Phaseolus lunatus*）曾经造成过严重的氢化氰中毒事件。直到现在有些热带国家，如印度尼西亚（爪哇）、波多黎加和缅甸等，因食用某些品种的利马豆而造成中毒事件仍时有发生。但在其他一些国家目前使用的利马豆品种和其他豆类，其毒性含量大多都是比较低的，一般的食用量不会造成中毒症状。在利马豆中生氰糖

表 8-4　几种植物的氰化物含量

植物名称	氢化氰产量/(mg/100g)
利马豆（*Phaseolus lunatus*）	
能使人致死的品种	210.0～312.0
正常含量的品种	14.4～16.7
高粱	250.0
木薯	113.0
亚麻子粉	53.0
豇豆（*Vigna unguiculata*）	2.1
豌豆（*Pisum sativum*）	2.3
菜豆（*Phaseolus vulgaris*）	2.0
鹰嘴豆（*Cicer arietinum*）	0.8
木豆（*Cajanus cajan*）	0.5

苷称为棉豆苷或棉豆素（phaseolunatin），也称菜豆亭素，在 β-葡糖苷酶和羟基氰水解酶的作用下，迅速水解释放出丙酮和氢化氰（图 8-11）。根据这类酶的温度敏感性对利马豆或豆粉蒸煮再食用比较安全。但有报道，当人们食用蒸煮过的利马豆也在其尿液中能析出氰化物。推测这是由于肠道分泌的酶或在结肠中存在的微生物群落对食进的利马豆产生作用而将氰化物释放出来。

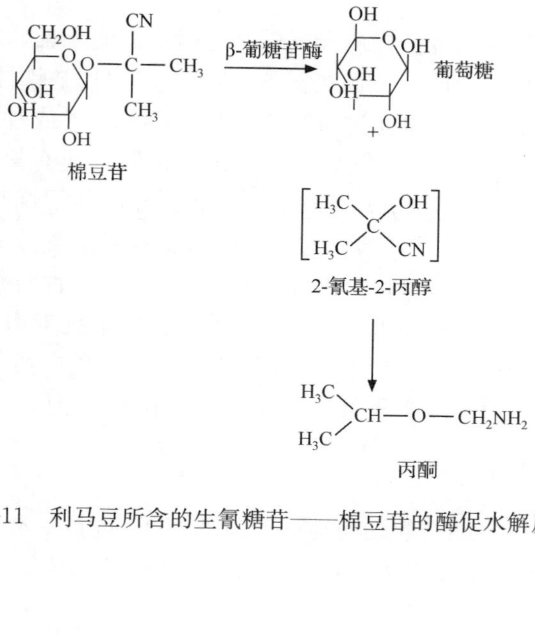

图 8-11　利马豆所含的生氰糖苷——棉豆苷的酶促水解反应

（2）致甲状腺肿素

引起甲状腺肿大的物质广泛存在于十字花科植物中，在豆科植物中用大豆饲喂大白鼠和小鸡亦可引起甲状腺明显肿大，食用花生的大白鼠也出现甲状腺肿大，这种症状可服用碘化物进行治疗。还有报告表明，食用豆乳的婴儿有时会出现甲状腺肿大的病例，但添加碘可以减轻婴儿甲状腺肿大的症状。致甲状腺肿大的主要成分是一种由两个或三个氨基酸与一个糖分子组成的糖肽，或位于花生表皮的酚类糖苷。这种糖肽或糖苷产生的代谢物可优先与碘结合，从而夺去了甲状腺所需要的碘，因此通过补碘方法可有效预防或控制豆类致甲状腺肿大病症。

（3）抗维生素因子

在大豆中含有维生素 D_3 的拮抗物，因而小鸡膳食中如应用未加温处理的大豆粉会引起佝偻病；如果在膳食中加入高于正常量的维生素 D_3 或将大豆粉进行高温蒸煮处理，则不会引起佝偻病。生菜豆中也含有一种维生素 E 的拮抗因子，用这种豆子饲喂大白鼠会引起肝脏坏死，使小鸡的肌肉出现营养不良和血浆中生育酚含量降低。生菜豆的这种抗维生素 E 的作用可以通过加温处理而得到部分消除。有报道表明，大豆中分离得到的蛋白质饲喂小鸡会增加小鸡对 α-生育酚的需要量，这是根据对小鸡的生长状态、死亡率、出现渗出性体质和脑软化等进行分析测定后得出的结论，但是否由于 α-生育酚氧化酶的作用而引起也尚待证明。

（4）金属结合物

在动物日粮中加入大豆蛋白质会降低某些微量矿质元素，如锌、锰、铜、铁等的生物利用率。用大豆蛋白质膳食饲喂猴子，结果猴子出现缺铁性贫血，这些症状可以通过加温处理大豆蛋白质或加入乙二胺四乙酸（EDTA）等螯合剂来清除。还有报道指出，豌豆（*Pisum sativum* L.）也含有一种干扰小鸡对锌吸收与利用的因子，但经过高温蒸煮的豌豆则不需增加锌的供给量。由此推测，豌豆含有一种对热不稳定的生长抑制因子。这些植物蛋白质干扰生物对金属利用率的机制尚不了解，只是发现大豆蛋白质与植酸的复合物对金属离子具有特殊的亲和力（图 8-12）。

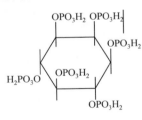

图 8-12　植酸的结构

（5）产雌激素因子

有些豆类含有一些能引起动物动情反应的因子，这是一种与一个糖残基结合的异黄酮衍生物，糖残基是连接在异黄酮的一个羟基上（图 8-13）。这类物质中染料木黄酮和二羟异黄酮已从大豆中分离出来，当将其用于雌性大白鼠和小白鼠后可产生雌激素活性。但对人类食用正常量的豆类是否能提供足够量的这些物质，从而使人体出现相应的生理反应尚无定论。

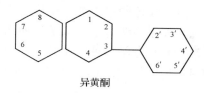

异黄酮

图 8-13　豆类含有的具有雌激素活性的异黄酮衍生物

4′,5,7-三羟基异黄酮；4′,7-二羟基异黄酮；2′,5,7-三羟基异黄酮；

4′,5-三羟基异黄酮；8-甲基-4′,5,7-三羟基异黄酮；8-甲基-2′,5,7-三羟基异黄酮

8.3　豆类毒素的植物生理效应

8.3.1　蛋白酶抑制剂的生理效应

蛋白酶抑制剂在植物中的生理作用，有人认为它在发芽过程中促进蛋白质的分解代谢，而在种子成熟期间又能抑制贮存蛋白质的降解，但该论点尚缺乏更多的试验证据。而且在不同豆类植物的蛋白酶抑制剂的生理效应有所不同。动力学研究表明，绿豆肽链内切酶活性的提高和蛋白酶抑制剂活性下降之间的因果关系并不密切。从大豆和豌豆中分离的蛋白酶抑制剂不能抑制同一种植物的内源性蛋白酶。蛋白酶抑制剂可能起预防昆虫侵害的作用，有一种大豆蛋白酶抑制剂可抑制杂拟谷盗（*Tribolium confusum*）和赤拟谷盗（*Tribolium castaneum*）幼虫生长，并对其消化性蛋白酶有抑制作用。但也有报道，在羟基磷灰石上进行层析将幼虫生长抑制剂提纯，提纯后的这种幼虫生长抑制剂尽管也可抑制幼虫蛋白酶活性，但并不含胰蛋白酶和胰凝乳蛋白酶抑制剂的活性。总之，蛋白酶抑制剂的植物生理效应及机制较为复杂，有待进一步研究。

8.3.2　凝集素的生理效应

伴刀豆球蛋白 A 是从伴刀豆中分离出的凝集素，它可以和细胞膜表面的糖蛋白受体发生相互作用，诱发细胞产生许多效应。这种作用与蛋白酶抑制剂一样，为蛋白质之间的相互作用研究提供了一个简便的模式系统，因而引起了蛋白质化学家的广泛关注。在大多数豆类种子中，凝集素的含量为 2%～10%。有报道认为凝集素可能作为土壤细菌的一种抗体，也可能用于糖类的储藏或运输，或作为一种结合剂把糖蛋白酶类结合到有组织的多酶系统中。还有人认为，凝集素可能在胚

胎细胞的分化和发育过程中起着关键作用。近些年，大量研究结果证明，凝集素在固氮细菌与其宿主植物之间特异性的作用过程中可能是一种关键性的中介物。大豆、豌豆、红花菜豆、刀豆和三叶草的凝集素和作为这些豆科植物专一共生生物的根瘤菌之间有特殊的相互作用，在这些共生关系中作为中介物的作用机制可能是在细菌细胞表面的结合中心，如脂多糖和宿主根毛表面的特异抗原中心起连接作用。还有证据表明，凝集素可能具有保护植物免受一些致病真菌和昆虫危害的作用；它还可能在促进花粉萌发和幼苗生长，以及对细胞生长与扩展具有调节作用等。

8.3.3 有毒氨基酸的生理效应

植物中除具有 20 种蛋白质氨基酸外，还有 400 多种非蛋白质氨基酸（non-protein amino acid），它们在植物体中呈非结合状态，其中一些对人类或动物是有毒的，如 β-ODAP 就是典型例证之一。但它们的存在也必然具有相应的植物生理作用，其主要表现是抗病虫害，这是因为这些非蛋白质氨基酸与蛋白质氨基酸的结构相似性。如前面提到的含羞草氨酸与酪氨酸在结构上相似（图 8-1）；黎豆氨酸在结构上和胱氨酸相似（图 8-2）；β-ODAP 与谷氨酸结构相似（图 8-7）等。这些氨基酸在动物、昆虫和病菌体内要么对相应氨基酸起拮抗作用，抑制其正常功能；要么被当成相应的蛋白质氨基酸结合到蛋白质中，从而改变该蛋白质氨基酸重新结合到蛋白质中，包括抑制动物、昆虫和病菌的生长与发育。如刀豆氨酸可抑制某些细菌和病毒的生长与繁殖；伴刀豆氨酸可抑制烟草天蛾的生长和雌虫卵巢萎缩。与谷氨酸结构相似的碱性蛋白质氨基酸，如 β-ODAP 而拮抗谷氨酸，充当许多昆虫神经与肌肉节点处的一种神经递质，阻断神经冲动的传递，从而引起动物和昆虫的一系列神经功能障碍。与脯氨酸结构相似铃兰氨酸从多种植物中分离到，昆虫一旦吸入铃兰氨酸组入蛋白质后，该蛋白质就失去了正常蛋白质的生理功能，因而抑制该类昆虫的生长。关于有毒氨基酸的其他植物生理作用请参阅下一节："山黧豆毒素 β-ODAP 的植物生理作用"。

8.4 山黧豆毒素 β-ODAP 的植物生理作用

8.4.1 β-ODAP 对耐旱性的生理效应

山黧豆由于具有很强的抗逆性而被广泛种植，但是山黧豆含有一种名为 β-N-草酰-L-α,β-二氨基丙氨酸（β-N-oxalyl-L-α,β-diaminopropionic acid，β-ODAP），也称之为 β-N-草酰氨基丙氨酸（β-N-oxalylaminoalanine，BOAA）的非蛋白质氨基酸限制了其发展（Rao *et al.*，1964；Cheema *et al.*，1969；Patto *et al.*，2006）。因此，

大量研究集中在山黧豆去毒和选育低毒、无毒且生产性状好的山黧豆品种等方面。然而,对其在植物体内的生理作用和意义研究甚少。在此方面有人研究发现降低β-ODAP 含量的同时,山黧豆的干旱适应性也随之降低(Patel et al.,2007)。在此基础上,他们明确提出了 β-ODAP 与山黧豆耐旱性的相关性。随后也有报道称低毒山黧豆在干旱胁迫下抗性变弱并减产(Kumar et al.,2011)。β-ODAP 的存在与山黧豆的生存竞争密切相关,是进化的产物,是其抗逆性的分子基础,它可有效地清除山黧豆细胞中羟基自由基;又是细胞渗透调节物质,可降低膜脂过氧化水平,在氮代谢和能量代谢中起重要作用。水分胁迫下,ODAP 积累不仅与气体交换参数、含水量等耐旱性指标有关,还与山黧豆中 ABA 信号传导过程、多胺代谢、活性氧的清除等都密切相关(Xing et al.,2000a,2000b,2001a,2001b;Zhou et al.,2001;Xiong et al.,2006;张大伟等,2007)。由此可推测,ODAP 可能作为山黧豆水分胁迫响应信号传导途径的一个成分而发挥作用。但是,β-ODAP 在山黧豆中的生态学角色还不是很清楚(邢更生等,2001;El-Moneim et al.,2010;Jiao et al.,2011a)。

有研究者曾报道水分胁迫可使山黧豆种子中的毒素水平显著增加(Huque et al.,1992;Yan et al.,2006)。Hussain 等(1995)以高毒品种(Jamalpur)和低毒品种(LS 8603)为材料发现低毒品种对干旱更敏感,而且干旱使低毒品种比高毒品种积累更多的 β-ODAP。

Xing 等(2001b)利用 PEG6000 对山黧豆幼苗进行干旱胁迫研究,结果表明,在正常水分状况下,山黧豆幼苗叶片中 ODAP 的含量在 0~24h 内比较稳定,而经 20%PEG 胁迫处理后,ODAP 显著地发生了变化,叶片 ODAP 含量上升,到 24h 时其含量为对照的 1.9 倍,是未胁迫(0h)时的 1.8 倍。

杨惠敏等(2004)对干旱条件下永寿山黧豆(YS)和定西山黧豆(DX)的耐旱性指标进行了研究,结果表明,干旱条件下,伴随着两种山黧豆的气孔密度(stomatal density,Sd)和气孔阻力(stomatal resistance,Sr)的显著升高;气孔导度(stomatal conductance,Sc)和 Sc 在 30% 以上气孔所占的比例显著减小,净光合速率(net photosyntheticrate,Pn)和蒸腾速率(Transpirationrate,Tr)均较正常水分条件减小,而叶片水平水分利用效率(water use efficiency,WUE)却显著上升;种子千粒重降低,种子中的 ODAP 有一定程度增加。但他们并没有在测 Sd、Sr、Sc、Pn 等耐旱性指标时,进行 ODAP 的同步测量。

孙晓燕等(2008)对山黧豆幼苗进行了与 Xing 等(2001b)相同干旱处理(20% PEG6000 溶液)时所测得的光合特性如气孔导度、蒸腾速率、净光合速率具有大致相当的下降趋势,到 24h 时,其数值分别为对照组的 4%、8%、20%;而水分有效利用率有所提高。

用 PEG、PEG+ABA、ABA 分别处理幼苗,测定内源 ABA、ODAP 含量,结果表明,与对照相比,处理材料叶片中 ABA 和 ODAP 含量显著增加;用外源 ABA 长时间处理山黧豆,发现叶片中 ABA 含量与 β-ODAP 含量先后出现了两个增加点(图 8-14),第一次增加是根吸收外源 ABA 引起的;第二次增加是由于 ABA 长期处理导致植株衰老而引起的,与水分胁迫无关。因此,这时 β-ODAP 含量的增加不是水分胁迫所至,而是 ABA 含量的增加促进了 β-ODAP 的积累(Xing *et al.*,2000a,2001b)。Xiong 等(2006)的试验进一步证实了该现象,并且发现由 ABA 引起的 β-ODAP 积累实际上与 Spm 相联系(图 8-15)。

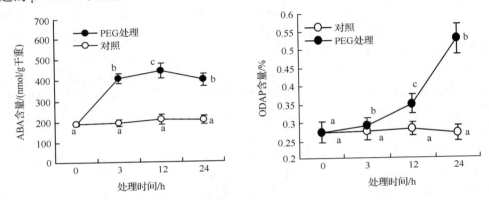

图 8-14　外源 ABA 24h 内处理时山黧豆叶片 ABA 和 ODAP 含量的变化

相同字母代表无显著差异;不同字母代表有显著差异

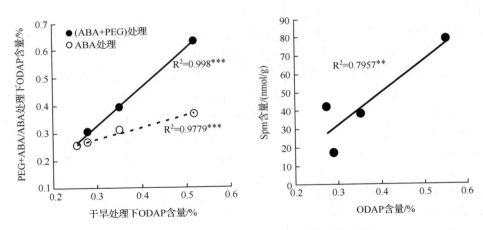

图 8-15　ODAP 与 ABA 和 Spm 含量的相关性分析

*** 和 ** 代表显著相关性($P < 0.01$)

山黧豆在受到干旱胁迫时,内源 ABA 浓度急剧上升,随后伴随着 ODAP 的迅速积累。ABA 的积累可以降低气孔导度、抑制光合作用、提高水分利用效率、减少生物量。而 ODAP 的含量积累也与 ABA 所导致的各种耐旱性特征密切相关。根据实验结果的推测 β-ODAP 可作为 ABA 信号途径的下游信号，参与 ABA 调控的植物耐旱性的信号传导过程。

8.4.2　β-ODAP 对抗氧化系统的调节效应

用不同浓度 PEG 胁迫山黧豆幼苗探讨水分胁迫与 ODAP 关系的研究结果表明，随 PEG 胁迫处理浓度的增加（10%～30%）样品中丙二醛（malondialdehyde，MDA）、过氧化氢（H_2O_2）和 ODAP 含量也逐渐增加；10% 的 PEG 胁迫处理可提高超氧化物歧化酶（superoxide dismutase，SOD）、过氧化氢酶（catalase，CAT）和过氧化物酶（peroxidase，POD）的活性，而对谷胱甘肽还原酶（glutathione reductase，GR）活性影响不大；20% 和 30%PEG 处理则降低了 SOD、CAT 和 POD 的活性，而使 GR 活性升高，同时使山黧豆幼苗受损伤。由此可见，水分胁迫的程度与植物体内活性氧代谢密切相关，重度水分胁迫使植物体内活性氧的产生增加，清除系统相对减弱，导致膜损伤，最终伤害植物。轻度水分胁迫使植物体内活性氧产生的同时，清除系统活性也相对增加（Xing et al.，2001a），因而也不会严重伤害植物。

邢更生等用羟基自由基胁迫下山黧豆中 ODAP 积累及其抗氧化作用的研究结果表明，羟基自由基（·OH）不仅能启动山黧豆细胞膜脂过氧化作用，而且能诱导 ODAP 的大量积累；在·OH 源胁迫下山黧豆中 ODAP 的积累与清除活性氧有关。外加 ODAP 和·OH 专一清除剂二甲基亚砜（dimethyl sulfoxide，DMSO）预处理不仅显著地抑制了·OH 引发的 MDA 增加，同时也显著降低·OH 的浓度。虽然 ODAP 抑制 MDA 增加的能力比 DMSO 要小（图 8-16），但在氧化胁迫下由于山黧豆大量积累 ODAP，因而对·OH 的清除效应也是极其明显的。这可能是山黧豆抗逆、耐旱的重要机制之一和长期进化自然选择的结果（Xing et al.，2000a，2000b，2001a，2001b；Zhou et al.，2001；Zhang et al.，2005；2007）。另有研究表明，ODAP 可以通过清除·OH，在较高的光强下仍然可以维持乙醇酸氧化酶（glycolate oxidase，GO）活性（图 8-17）。乙醇酸氧化酶存在于细胞过氧化物酶体中，是光呼吸代谢的关键酶之一，能催化乙醇酸氧化生成乙醛酸，催化乙醛酸生成草酸，而草酸可能是 ODAP 生物合成的前体物质（Zhang et al.，2003；Yan et al.，2004；Zhang et al.，2005）。Jiao 等（2011b）的研究表明，含有较高 β-ODAP 的叶片中，测得了较少的超氧阴离子（$O_2^{·-}$）和 H_2O_2；而在 $O_2^{·-}$ 和 H_2O_2 的含量较高时，β-ODAP 的含量则很少。进一步证实了氧化胁迫下山黧豆苗期 ODAP 积累是其体内抗氧化胁迫的一种反应，可补偿山黧豆内源·OH 清除机制的作用。

用 PEG、PEG＋ABA 和 ABA 分别处理幼苗，测定内源 ABA、ODAP、MDA 和 H_2O_2 含量及抗氧化酶活性。结果表明，与对照相比，处理材料叶片中 ABA 和 ODAP 含量显著增加，外源 ABA 的加入降低了 PEG 胁迫引起的 MDA 和 H_2O_2

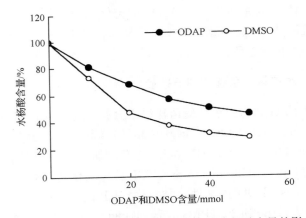

图 8-16　ODAP 和 DMSO 对·OH 诱导的水杨酸含量的影响

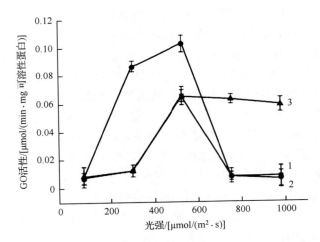

图 8-17　用 NaS₂ 和 ODAP 分别处理山黧豆时叶片中 GO 活性随光强变化

1. 对照组；2. NaS₂处理；3. ODAP 处理

含量的增加,延缓了 PEG 胁迫引起的 CAT 活性的衰减,提高了 GR 活性(Xiong *et al.*,2006;Xing *et al.*,2001b)。

综上所述,外源 ABA 的处理促进了 ODAP 含量的增加,进而对活性氧类物质(activated oxygen species,AOS),尤其是·OH 等的清除,直接表现为 MDA 和 H_2O_2 含量的降低。然而,由于 ABA 生物学效应的相对性和两面性,即在短期的低浓度条件下,ABA 促进作物的抗氧化性反应,有利于作物的逆境适应;但在长时间的高浓度条件下,ABA 的生物学效益则走向反面。在长时间的高浓度条件下 ODAP 含量的变化至今未见报道。另外,山黧豆如何感知·OH 胁迫、动员 ODAP 合成来抵抗它,以及 ODAP 是否为·OH 专一性的清除剂,是否还可以清除

H_2O_2、O_2 · 等多种活性氧,均需进一步研究。

8.4.3　山黧豆毒素对 N、Zn、Mn 等元素的影响

山黧豆在缺素(包括 N、P、K、Ca、Mg、S、Fe、B、Mn、Zn、Cu 和 Mo 等)情况下,进行液体培养及 HPLC 分析,研究山黧豆茎、根部 β-ODAP 的积累情况。结果发现,培养液分别缺乏 N、Zn、Mn 和 Mo 元素的 7d 和 15d,山黧豆茎、根中 β-ODAP 的含量比对照组高;尤其是氮素缺乏的苗中,比对照高出 55%。而其他缺素处理对苗中 β-ODAP 的含量影响不大,且在 15d 后发黄(表 8-5)。这一结果表明氮素可显著影响山黧豆中 β-ODAP 的含量。Jiao 等(2011a)推测 β-ODAP 的积累或许与山黧豆苗期根瘤的发育有关,他们的研究表明 β-ODAP 并不是根瘤菌的营养成分,然而非常有趣的是,在低浓度的 β-ODAP 中生长的根瘤菌,却非常明显地增强了它的结瘤能力。另外,在山黧豆萌发时期,β-ODAP 可渗出种子(Ongena *et al*.,1987)或由根分泌进入根际(焦成瑾,2005)。将这一系列事实结合起来,会得出这样的结论:在贫瘠的土壤环境中,山黧豆在生长的早期可以向根际分泌 β-ODAP,而 β-ODAP 依靠其对微生物及动植物的普遍毒性抑制和杀灭有害或与根瘤菌竞争营养的其他土壤微生物或原生动物,从而有利于根瘤菌生长繁殖并刺激它们结瘤(Rao *et al*.,1964;Evans *et al*.,1979)。氮素可显著影响山黧豆中 β-ODAP 的含量与 20 世纪 90 年代发现的少量施用氮肥和磷肥可以逐年降低山黧豆中 ODAP

表 8-5　山黧豆缺素培养根和茎中 β-ODAP 含量变化

编号-处理	β-ODAP 的含量/%			
	苗(7d)	苗(15d)	根(7d)	根(15d)
0-CK	0.231±0.010	0.085±0.006	0.119±0.009	0.068±0.004
1-N	0.357±0.014	0.160±0.009	0.164±0.006	0.100±0.008
2-P	0.274±0.013	0.086±0.006	0.127±0.007	0.064±0.004
3-K	0.242±0.008	0.088±0.007	0.148±0.006	0.064±0.004
4-Ca	0.278±0.004	0.075±0.003	0.130±0.002	0.048±0.005
5-Mg	0.239±0.009	0.080±0.007	0.132±0.004	0.045±0.006
6-S	0.253±0.012	0.076±0.004	0.122±0.004	0.047±0.007
7-Fe	0.245±0.005	0.116±0.008	0.145±0.003	0.063±0.004
8-B	0.268±0.004	0.088±0.005	0.110±0.003	0.071±0.003
9-Mn	0.261±0.014	0.117±0.007	0.140±0.003	0.069±0.006
10-Zn	0.308±0.004	0.100±0.011	0.142±0.003	0.061±0.003
11-Cu	0.244±0.003	0.083±0.004	0.127±0.006	0.064±0.004
12-Mo	0.273±0.002	0.136±0.006	0.157±0.006	0.061±0.007

含量的结果是一致的(Addis *et al.*,1994)。另有研究推测,ODAP 可能在干旱条件下,作为一个浓缩氮源,而不是在萌发时和蛋白质分解后,提供必要的氮源贮存。N、P、Mo 及 Zn 等元素的缺乏使山黧豆去子叶苗中 β-ODAP 的积累明显,无机氮源和氨基酸氮源叶面喷施处理对山黧豆叶片中 β-ODAP 的积累无促进作用,但 NH_4NO_3、谷氨酸及丙氨酸能够明显降低叶片中 β-ODAP 的含量。另外,嘧啶碱基氮尤其是尿嘧啶能够显著地促进 β-ODAP 在苗中的积累(高出对照 160%),但嘌呤碱基氮如鸟嘌呤及其衍生物酰脲氮均不能明显地促进 β-ODAP 的积累(Jiao *et al.*,2006)。

通过盆栽试验研究了稀土元素 Eu^{3+} 对山黧豆的耐旱能力和毒素变化的影响。在从 $-0.2\sim-1MPa$ 的土壤水势内,施加 Eu^{3+} 提高了山黧豆幼苗的存活天数并降低了其气孔敏感度。这表明 Eu^{3+} 能提高山黧豆幼苗对干旱的忍耐能力(表 8-6)。但同时,发现 Eu^{3+} 显著地抑制了叶片中植物毒素 β-ODAP 含量的升高(图 8-18)(Xiong *et al.*,2006)。

表 8-6　Eu^{3+} 处理对山黧豆存活天数和气孔敏感度的影响

处理	存活天数/d	气孔敏感度/%
对照	7.8 ± 1.7	0.778 ± 0.05
Eu^{3+} 处理	10.3 ± 2.1	0.545 ± 0.04

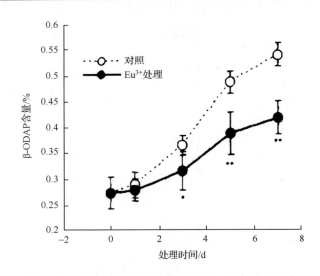

图 8-18　加 Eu^{3+} 处理对山黧豆 β-ODAP 含量的影响

Lambein 等(1994)从 β-ODAP 可以螯合锌离子及土壤缺锌导致种子中 β-ODAP含量升高的事实判断,β-ODAP 可能充当山黧豆植株中 Zn^{2+} 的运载体,帮助山黧豆植株吸收 Zn^{2+} 并将其运至地上部分。随后 Abd El-Moneim 等(2010)通过一系列盆栽和大田试验证明，施用锌肥可以降低山黧豆中 β-ODAP 含量。盆栽试验表明，锌肥可以持续减少 3 种山黧豆的 β-ODAP 含量；大田试验表明，分别在降雨量为 260mm、429mm 和 405mm 的情况下，施用不同浓度的锌肥（0kg/hm²、5kg/hm²、10kg/hm²、20kg/hm²）可降低 3 种不同山黧豆中 β-ODAP 含量 10%～40%。然而，对于施用锌肥可以降低山黧豆中 β-ODAP 含量的机制仍需进一步研究。对于 Lambein 等的假说，也存在着一定的问题，如植株在种子萌发及籽粒成熟过程中锌离子又是怎样动态变化的呢？与 β-ODAP 的积累有对应关系吗？ODAP 为痕量的营养生长时期，植株又是靠何种机制获取 Zn^{2+} 的呢？事实上，不仅仅是 β-ODAP，大多数氨基酸因为有羧基和氨基等螯合基团，所以都有螯合金属离子的功能（张伟等，2001）。而且与锌离子相比，β-ODAP 与 Cu^{2+} 的螯合能力更强，并产生不溶的复合物沉淀，人们甚至可用此特性来沉淀并分离种子中的 β-ODAP（Davis *et al.*，1990）。

8.4.4　山黧豆毒素对渗透调节系统的作用

在山黧豆不同发育期，用 GO 合成抑制剂 2-羟基丁炔酸丁酯（butyl-2-hydroxybutynoate，BHB）、外源乙醇酸氧化酶（glycolate oxidase，GO）和水分胁迫等处理后，分析各器官中 β-ODAP 积累消长动态和山黧豆抗逆性及其产量因子等之间的关系。结果表明，苗期 ODAP 含量显著高于其他发育时期；而根、茎、叶三种器官中，叶中 β-ODAP 含量相对较高，根中较低，而茎中积累量则介于两者之间。BHB 处理后对 ODAP 的生物合成具有明显的抑制效应。草酸或 PEG 均可促进 β-ODAP 的积累。结荚期用 BHB 处理，不仅抑制了根、茎、叶各器官中 β-ODAP 的生物合成，同时也有效地降低了种胚中 ODAP 的积累（表 8-7）。说明草酸可以显著降低山黧豆中 β-ODAP 含量。虽然草酸与 β-ODAP 含量分布趋势相同，也是叶中最高，根中最低，茎中含量介于两者之间，同时两者含量都随着个体发育进程而降低。然而各器官中草酸含量波动较大，如苗期叶中草酸含量是苗期根中含量的近 30 倍，而 β-ODAP 含量的差异仅 2 倍多；此外在种胚中 β-ODAP 随种胚发育进程而逐渐积累，而草酸在种胚中的含量相对较稳定。说明草酸不仅仅作为 β-ODAP 的前体物而起作用，它本身也作为一种渗透调节物质参与抗旱调节作用。除此之外，BHB 不仅降低了各器官中 β-ODAP 含量，而且明显地抑制了草酸积累；外源草酸或水分胁迫处理后，均可促进两者的积累。BHB 在一定程度抑制了 β-ODAP 的生物合成，降低了各器官中 β-ODAP 的含量，但同时也影响了山黧豆的抗逆性、种子百粒重降低、单株籽粒数减少，特别是 BHB 处理时间愈早影响愈严重。PEG 加 BHB 在苗期处理，结果是种子百粒重和单株籽粒数分别下降51.97%和 35.17%。但在生长后期处理既可抑制 β-ODAP 积累，又不致严重影响山黧豆的抗逆性（表 8-8）。如果假设，苗期的 β-ODAP 积累主要是由于自身合成或者非游离蛋白质水解而成，而生长后期多为转运而来，那么可以推测草酸对 β-ODAP 合成则存在两种不同的机制，即苗期阻断 β-ODAP 合成，而后期则为阻断 β-ODAP 的转运途径（张大伟等，2007；Zhang *et al.*，2005）。

表 8-7　在不同时期与不同处理下山黧豆中草酸和 ODAP 含量变化

组织	处理阶段	指标	无 PEG			20%PEG		
			水	BHB	OA	水	BHB	OA
根	苗期	OA	0.29	0.21	0.58	0.37	0.27	0.98
		ODAP	0.829	0.615	1.051	1.068	0.724	1.071
	分枝期	OA	0.12	0.07	0.37	0.24	0.19	0.67
		ODAP	0.048	0.029	0.071	0.092	0.067	0.094
	盛花期	OA	0.06	0.02	0.28	0.11	0.04	0.41
		ODAP	0.039	0.034	0.075	0.094	0.056	0.125
	结荚期	OA	0.01	0.00	0.27	0.05	0.02	0.24
		ODAP	0.031	0.027	0.067	0.081	0.051	0.091
茎	苗期	OA	1.98	1.41	3.46	2.57	1.84	3.51
		ODAP	1.056	0.670	1.451	1.56	0.967	1.642
	分枝期	OA	1.64	0.95	2.84	1.98	1.57	2.94
		ODAP	0.159	0.080	0.204	0.215	0.152	0.224
	盛花期	OA	0.39	0.18	1.69	1.07	0.24	2.01
		ODAP	0.094	0.046	0.180	0.221	0.127	0.246
	结荚期	OA	0.28	0.11	1.06	0.56	0.31	1.18
		ODAP	0.049	0.028	0.084	0.091	0.047	0.094
叶	苗期	OA	8.68	3.15	9.86	9.17	3.96	9.06
		ODAP	1.610	0.520	1.901	2.026	1.749	2.154
	分枝期	OA	7.52	2.96	8.69	8.04	3.14	8.57
		ODAP	0.569	0.344	0.814	1.132	0.710	1.167
	盛花期	OA	4.35	2.11	5.96	4.68	2.78	6.01
		ODAP	0.205	0.118	0.520	0.725	0.246	1.106
	结荚期	OA	2.11	0.96	3.65	2.96	1.05	3.84
		ODAP	0.092	0.045	0.198	0.216	0.168	0.296
	结荚期种子	OA	1.21	0.54	2.78	2.01	0.49	2.16
		ODAP	0.275	0.201	0.307	0.386	0.246	0.484

注：ODAP 单位为%；OA 单位为 $\mu g/ml$。

表 8-8 不同时期与不同处理下山黧豆各组织中参数的变化

处理		无 PEG			20％PEG		
		水	BHB	OA	水	BHB	OA
苗期	OA 含量/(μg/ml)	0.24	0.02	1.64	0.65	0.12	1.06
	ODAP 含量/%	0.314	0.261	0.424	0.471	0.212	0.562
	百粒重/g	16.78	9.27	17.26	13.69	8.72	12.05
	每株种子数	69.27	28.74	64.51	31.42	24.36	35.18
分枝期	OA 含量/(μg/ml)	0.25	0.05	1.78	0.51	0.41	1.54
	ODAP 含量/%	0.331	0.169	0.419	0.443	0.346	0.515
	百粒重/g	17.05	10.15	16.89	14.76	11.95	13.10
	每株种子数	72.13	34.69	67.18	41.96	31.72	39.54
盛花期	OA 含量/(μg/ml)	0.27	0.05	1.92	0.84	0.67	1.69
	ODAP 含量/%	0.326	0.201	0.415	0.437	0.319	0.498
	百粒重/g	17.26	11.96	17.85	15.69	13.45	14.39
	每株种子数	71.56	41.51	68.04	51.84	34.72	45.68
结荚期	OA 含量/(μg/ml)	0.24	0.08	2.03	0.98	0.71	1.84
	ODAP 含量/%	0.324	0.209	0.401	0.424	0.304	0.478
	百粒重/g	17.19	13.84	18.20	16.21	14.15	15.59
	每株种子数	72.10	48.67	69.79	54.97	42.59	52.09

β-ODAP 是一种氨基酸衍生物(Kuo et al.,1991,1994),其分子大小与脯氨酸相当,加之邢更生等的试验表明 PEG 胁迫到 24h 时,ODAP 含量是对照组的 1.9 倍,是未胁迫组的 1.8 倍。相同处理时,山黧豆在 PEG 胁迫 108h 后,脯氨酸含量可达到对照的 14 倍(孙晓燕等,2008)。由此,他们推测 ODAP 可能与脯氨酸一样作为一种渗透调节剂和(或)为山黧豆提供氮源以适应水分胁迫(Xing et al.,2001b)。山黧豆在水分胁迫下,ODAP 积累增加,推测 ODAP 在渗透调节作用方面起重要作用。同时 ODAP 易溶于水,表明它具较强的水合能力。当植物受干旱时它的增加有助于细胞或组织的持水作用,减少组织或细胞由脱水造成的伤害。

用 20％PEG 处理,同时加入 Put、DFMA 和 Put＋DFMA,分析水分胁迫下多胺代谢与 ODAP 积累的相关性。结果表明,随 PEG 处理时间的延长,幼苗叶片中 Put、Spd 和 Spm 含量逐渐增加,特别是 Spm 含量增加显著,同时,ODAP 逐渐积累;在 PEG 处理的同时加入 Put,使得 Put 和 Spd 含量显著增加,但对 Spm 影响不大,同样对 ODAP 含量影响较小;加入 DFMA 可显著抑制 Put、Spd 和 Spm 的积

累,同时也抑制了 ODAP 的积累;加入 Put+DFMA,Put 可以部分地减缓 DFMA
对两种内源多胺(Put 和 Spd)合成的抑制作用,但 Spm 受 DMFA 的抑制作用影响
不大,这时 ODAP 的积累也受到抑制(Xing *et al*.,2000a;Xiong *et al*.,2006)。由
此可说明水分胁迫对山黧豆幼苗叶片中多胺,特别是 Spm 含量的增加与 ODAP
的积累密切相关。研究者推测,生理活性极强的四胺——Spm,可能通过促进
DNA 和蛋白质等生物大分子的合成,包括 ODAP 合成酶的合成和调节,从而加速
ODAP 的积累以适应胁迫环境。Vineet 等(2010)最近从山黧豆中提取了一种血
红素结合蛋白(LS-24),可以与多胺绑定并且参与多胺的合成途径(图 8-19)。另
有研究表明,干旱胁迫下 ABA 可以在转录水平上通过上调多胺合成基因调控精
胺(Spm)代谢,且多胺浓度的升高可以诱导 ABA 合成酶重要调控基因的表达。
Spm 可以参与 ABA 信号通路,并具有负反馈调节作用。如前面推测,ODAP 也可
能作为 ABA 下游信号分子参与到 ABA 信号通路。那么 Spm 显著促进 ODAP 的
积累就有可能是通过信号交互作用。

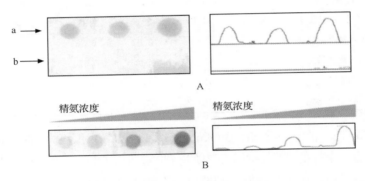

图 8-19　LS-24 与多胺的相互作用

A. 泳道 a 为 LS-24 与反精氨抗体相互作用的斑点杂交分析结果,泳道 b 为牛血清白蛋白对照;
B. 随着对 LS-24 进行外源精氨预处理浓度的增加,反精氨抗体信号加强

　　β-ODAP 的积累在植株正常生长时仍然发生,表明 β-ODAP 在植株此时的代
谢过程中扮演一定的角色。所有影响 β-ODAP 积累的外界因素也很可能通过间
接作用影响 β-ODAP 的合成,并同时受到 β-ODAP 的反作用。总结以上工作,归
纳提出 β-ODAP 在山黧豆体内可能的生理作用模式(图 8-20)。

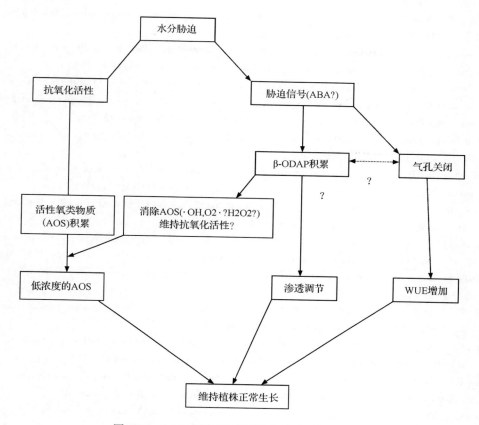

图 8-20　β-ODAP 在响应干旱胁迫时可能的作用

参 考 文 献

焦成瑾. 2005. 山黧豆毒素 β-ODAP 的积累及其生物学意义的研究. 兰州:兰州大学硕士学位论文

孙晓燕,孙维,李志孝,等. 2008. 山黧豆幼苗对干旱胁迫的生理响应. 植物研究,28:589～593

邢更生,周功克,李志孝,等. 2001. 渗透胁迫对山黧豆豆幼苗 H_2O_2 及毒素积累的影响. 植物生理学报,27:5～8

杨惠敏,张晓燕,王根轩,等. 2004. 干旱条件下两种气孔特性及种子 ODAP,粗蛋白和淀粉积累的研究. 兰州大学学报(自然科学版),40:64～67

张大伟,邢更妹,严则仪,等. 2007. 草酸与家山薰豆中生物合成及其抗逆性关系的研究. 兰州大学学报(自然科学版),3:63～69

张伟,陈志虹. 2001. 氨基酸螯合锌的营养及应用研究进展. 饲料博览,11:10～13

Abd El-Moneim A M,Nakkoul H,Masri S,*et al*. 2010. Implications of Zinc fertilization for ameliorating toxicity (neurotoxin) in grasspea (*Lathyrus sativus*). J Agr Sci Techol,12:69～78

Addis G,Narayan R K J. 1994. Developmental variation of the neurotoxin,β-Noxalyl-L-α,β-diaminopropionic acid(ODAP) in *Lathyrus sativus*. Ann Bot,74:209～215

Alcázar R, Marco F. 2006. Involvement of polyamines in plant response to abiotic stress. Biotechnology Letters, 28(23): 1867~1876

Cheema P S, Malathi K, Padmanaban G, et al. 1969. The neurotoxicity of beta-N-oxalyl-L -alpha-beta-dia-minopropionic acid, the neurotoxin from the pulse Lathyrus sativus. Biochem J, 112: 29~33

　　Davis A J, Nunn P B, O'Brien P, et al. 1990. Facile isolation, from L. Sativus seed, of the neurotoxin β-N-Oxalyl-L-α, β-diaminopropionic acid as the copper complex and studies of the coordination chemistry of copper and Zinc with the amino acid in aqueous solution. J Inorganic Biochem, 39: 209~216.

El-Moneim A M A, Nakkoul H, Masri S, et al. 2010. Implications of zinc fertilization for ameliorating toxicity (neurotoxin) in grass pea (Lathyrus sativus). J Agric Sci Technol, 12: 69~78

Evans C S, Bell E A. 1979. Non-protein amino acids of Acacia species and their effect on the feeding of the acridids Anacridium melanorhodon and Locusta migratoria. Phytochemistry, 18: 1807~1810

Haque R, Hussain M, Lambein F. 1992. Effect of salinity on the neurotoxin β-ODAP and other free amino acids in Lathyrus sativus. Food Chem Toxicol, 49: 583~588

Hussain M, Chowdhury B, Hoque R, et al. 1995. Effect of water stress, salinity, interaction of cations, stage of maturity of seeds and storage devices on the ODAP content of Lathyrus sativus // Haimanot R T, Lambein F. Lathyrus and Lathyrism: A decade of progress. Proceedings of an International Conference, 10: 107~110

Jiao C J, Jiang J L, Ke L M, et al. 2011a. Factors affecting β-ODAP content in Lathyrus sativus and their possible physiological mechanisms. Food Chem Toxicol, 49: 543~549

Jiao C J, Jiang J L, Li C, et al. 2011b. β-ODAP accumulation could be related to low levels of superoxide anion and hydrogen peroxide in Lathyrus sativus L. Food Chem Toxicol, 49: 556~562

Jiao C J, Xu Q L, Wang C Y, et al. 2006. Accumulation pattern of toxin β-ODAP during lifespan and effect of-nutrient elements on β-ODAP content Lathyrus sativus seedlings. J Agr Sci, 144: 369~375

Jiao C J. 2005. Studies on accumulation and biological significance of β-ODAP in Lathyrus sativus L. (grass pea). Master Dissertation, Lanzhou: Lanzhou University

Kumar S, Bejiga S, Ahmed H, et al. 2011. Genetic improvement of grass pea for low neurotoxin (β-ODAP) content. Food and Chemical Toxicol, 49: 589~600

Kuo Y H, Khan J K, Lambein F. 1994. Biosynthesis of the neurotoxin β-ODAP in developing pods of L. sativus. Phytochemistry, 35: 911~913

Kuo Y H, Lambein F. 1991. Biosynthesis of the neurotoxin β-N-oxalyl-L-α, β-diamino propionic acid in callus tissue of Lathyrus sativus. Phytochemistry, 30: 3241~3244

Lambein F, Haque R, Khan J K, et al. 1994. From soil to brain: zinc deficiency increases the neurotoxicity of Lathyrus sativus and may affect the susceptibility for the motorneurone disease neurolathyrism. Toxicon, 32: 461~466

Ongena G, Kuo Y H, Lambein F. 1987. Release of lathyrotoxins and amino acids from Lathyrus sativus seeds. Arch Int Physiol Biochim, 95: 16

Patel K G, Rao T V R. 2007. Effect of simulated water stress on the physiology of leaf senescence in three genotypes of cowpea (Vigna unguiculata (L.) Walp). Indian Journal of Plant Physio, 12: 138~145

Patto M C V, Fernandez-Aparicio M, Moral A, et al. 2006. Characterization of resistance to powdery mildew (Erysiphe pisi) in a germplasm collection of Lathyrus sativus. Plant Breeding, 125: 308~310

Rackis J J. 1974. Biological and physiological factors in soybeans. J AM OIL SOC, 90: 191~174

Rao S L N, Adiga P R, Sarma P S. 1964. Isolation and characterisation of β-N-oxalyl-L-α,β-diaminopropionic acid, a neurotoxin from the seeds of *Lathyrus sativus*. J Biol Chem, 3: 432~436

Toumi I, Moschou P N. 2010. Abscisic acid signals reorientation of polyamine metabolism to orchestrate stress responses via the polyamine exodus pathway in grapevine. J Plant Physiol, 167(7): 519~525

Vineet G, Qureshi, Insaf A, *et al*. 2010. Crystal structure and functional insights of hemopexin fold protein from grass pea. Plant Physiol, 152(4): 1842~1850

Xing G S, Zhou G K, Li Z X, *et al*. 2000a. Water stress and accumulation of *Lathyrus sativus* L. polyamine metabolism and β-N-oxalyl-L-α,β-diamino propionic acid. Plant J, 42: 1039~1044

Xing G S, Zhou G K, Li Z X. 2000b. Water Stress and accumulation of ABA and ODAP in *Lathyrus sativus* L. J Appl Ecol Sci, 11: 693~698

Xing G S, Zhou G K, Li Z X. 2001a. Osmotic stress on seedlings of *Lathyrus sativus* L. and toxin accumulation of H_2O_2. Acta Phytophysiologica Sinica, 27: 5~8

Xing GS, Cui K R, Li J, *et al*. 2001b. Water stress and the accumulation of β-N-oxalyl-L-α,β-diaminopropionic acid in grass pea (*Lathyrus sativus*). J Agric Food Chem, 49: 216~220

Xiong Y C, Xing G M, Li F M, *et al*. 2006. Abscisic acid promotes accumulation of toxin ODAP in relation to free spermine level in grass pea seedlings (*Lathyrus sativus* L.). Plant Physiol Biochem, 44: 161~169

Yan Z Y, Spencer P S, Li Z X, *et al*. 2006. *Lathyrus sativus* (grass pea) and its neurotoxin ODAP. Phyto-chemistry, 67: 107~121

Yan Z Y, Xing G M, Li Z X. 2004. Quantitative determina-tion of oxalic acid usingVictoria blue B based on a catalytic kinetic spectrophotometric method. Microchim Acta, 144: 199~205

Zhang D W, Xing G M, Xu H, *et al*. 2005. Relationship between oxalic acid and the metabolism of beta-N-oxalyl-alpha, beta-diaminopropionic acid(ODAP) in grass pea (*Lathyrus sativus* L.) Isr J Plant Sci, 53: 89~96

Zhang D W, Xing G M, Yan Z Y, *et al*. 2007. Oxalic acid and the relationship between biosynthesis and resist-ance in *Lathyrus sativus* L. Journal of Lanzhou Universiy (Natural Science), 43: 63~69

Zhang J, Xing G M, Yan, Z Y, *et al*. 2003. β-N-Oxalyl-L-α,β-Diaminopropionic acid protects the activity of glycolate oxidase in Lathyrus sativus seedlings under high light. Russ J Plant Physiol. 50: 618~622

Zhou G K, Kong Y Z, Cui K R. 2001. Hydroxyl radical scavenging activity of β-N-oxalyl-L-α,β-diamino pro-pionic acid. Phytochemistry, 58: 759~76

第9章　山黧豆的组织培养

早在 19 世纪 30 年代,Schleiden 在细胞理论中就提到细胞的全能性,但未能引起同时代学者的关注。直到 20 世纪初,Haberlandt 提出植物细胞全能性理论,即植物体细胞在适当条件下可发育成完整植株。他首次将几种植物细胞培养成功,因此,Haberlandt 被称为植物组织培养之父。从 Haberlandt 提出该理论至今的 100 余年间,通过一系列开创性研究不仅使植物组织培养技术逐步成熟,已成为上千种植物离体培养的常规技术,植物细胞工程(如原生质体培养与融合、细胞培养生产有用的次生代谢产物、胚胎培养和花药培养等)、植物基因工程(如转基因烟草、转基因抗虫棉花、转基因大豆和大量转基因作物产品已获商品化生产等)都是在植物组织培养的基础上发展起来的。显然,植物组织培养是植物细胞工程和植物基因工程的基础。山黧豆的组织培养起步于 20 世纪 80 年代,本课题组也是在这时开始对山黧豆组织培养做了大量探索性研究,其主要内容有山黧豆组织培养中细胞脱分化和再分化的程序和条件、形态建成的途径和组织培养中体细胞无性系变异的动态等,旨在探讨山黧豆细胞在离体培养中脱分化和再分化的机制与条件,为山黧豆的细胞工程和基因工程育种奠定基础。

9.1　植物细胞的全能性

9.1.1　植物细胞全能性的概念

植物细胞的全能性(totipotency)指具有完整细胞核并带有形成完整植株所必需的全部遗传信息的植物细胞,在适宜条件下可分化发育成完整植株的潜在能力。从离体培养的植物细胞或组织诱导生长(growth)、分化(differentiation)、发育(development)成完整植株的过程称为植物细胞全能性的表达(totipotent expression)。

具有形成完整植株所必需的全部遗传信息的细胞在其生长、分化和发育过程中,由于基因的差别表达(gene differential expression)或表观遗传修饰(epigenetic in heritance modification),如核心组蛋白的乙酰化和甲基化等的修饰、DNA 甲基化、染色质重建、RNA 干涉和基因组印记等,均不涉及基因组 DNA 序列改变的表观遗传调控而分化形成不同器官、组织、细胞。这些细胞的形态和功能均不同,并由此导致细胞全能性表达能力差异。在整体植株中,卵细胞的全能性表达最强,受精卵经过细胞分裂、分化直接形成种胚,并萌发生长成植株。茎尖与根尖分生组织细胞和形成层细胞的全能性次之,它们能形成茎、叶、根和其他组织与器官。少数植物分化成熟的某些器官,如落地生根叶片、叶肉细胞可直接分化生长成新的植株。但对绝大多数植物而言,非分生组织细胞难以在整体植株上表达细胞的全能性,必须将它们与整体植株分离后,在适宜的培养条件下诱导细胞脱分化(dedifferentiation)和再分化(redifferentiation)及组织、器官的形态发生(morphogenesis)与发育,才能使细胞的全能性得到表达,并发育成完整植株。

9.1.2　植物细胞的脱分化

脱分化是指已分化的细胞在一定条件下恢复分裂机能,转变成分生组织细胞,并形成愈伤组织(callus)的过程。因此,脱分化是分化细胞在离体培养条件下细胞全能性表达的第一步。成熟细胞脱分化成为分生组织细胞需要进入细胞周期(cell cycle)(图 9-1)。植物分裂细胞从 G_1 期或 G_2 期脱离细胞周期进入分化,同样分化细胞脱分化也从 G_1 期或 G_2 期进入细胞周期。分化细胞在离体培养中,能否被脱分化进入细胞周期,取决于其分化程度、原初的生理状态和培养条件。一般而言,筛管细胞、细胞核开始降解的木质部细胞、细胞壁厚度超过 $2\mu m$ 的纤维细胞都不能再进入细胞分裂,只有营养生长点细胞、形成层细胞和薄壁细胞等可以脱分化进入细胞分裂周期而形成愈伤组织。这也正是下一节"山鬣豆愈伤组织的诱导"中强

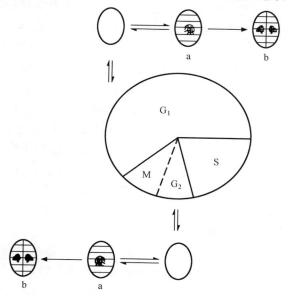

图 9-1　植物细胞分化和脱分化进入细胞周期的途径

a. 分化程度低的细胞;b. 分化程度高的细胞

调外植体筛选的重要性。另外，许多因素影响离体培养细胞和组织的脱分化，其中最主要因素是生长素（auxin）和细胞分裂素（cytokinin）等植物生长调节剂的作用。山黧豆细胞和组织的脱分化则依赖于细胞分裂素与生长素的相互作用（cytokinin-auxin interaction）（表 9-1）。

表 9-1　山黧豆不同外植体愈伤组织诱导激素配比及诱导效果

外植体类型	激素配比	诱导效果	文献
茎段	2,4-D（0.5mg/L）＋ 6-BA（0.1mg/L）＋ pCPA（2mg/L）	100%	Sinha et al., 1983
侧芽分生组织，叶片	NAA(2 mg/L)＋6-BA(0.5mg/L)或IAA(0.5 mg/L)＋6-BA(1mg/L)	70%~90%	Gharyal et al., 1983
叶片	NAA(2mg/L)＋6-BA(0.5mg/L)	94%	Roy et al.,1991
根	由 NAA（10.7μmol/L）＋ KT（0.9μmol/L）转入 NAA(10.7μmol/L)＋KT(1.4μmol/L)	46%	Roy et al.,1992
上胚轴、主根根尖及侧根根尖	2,4-D（0.5mg/L）或 2,4-D（0.5mg/L）＋ 6-BA（2mg/L）或 IAA(0.5mg/L)＋6-BA(2mg/L)	100%	杨汉民等,1990
顶芽或腋芽	TDZ(0.5mg/L)＋ NAA(1mg/L)或 TDZ(0.5mg/L)＋ NAA(0.25mg/L)	53%~90%	Zamber et al., 2002

　　细胞和组织在脱分化过程中，细胞的生理、生化和形态结构都发了本质性变化，其中一部分细胞形成感受态细胞（competent cell），即成为能感受信号分子刺激的细胞，并处于能被诱导形态发生的状态，具有特定的细胞特征和特异性基因表达，从而确定了细胞生长和发育的新途径。不同植物细胞和组织在离体培养过程中获得形态建成感受态细胞的时间和条件各不相同。有的在脱分化前，如烟草叶外植体从整株上切离时，随即获得不定根发生的感受态细胞；有的是在脱分化期间或脱分化后形成感受态细胞，如紫花苜蓿是在愈伤组织形成过程中获得形态发生的感受态细胞；有的植物细胞脱分化才形成感受态细胞，如胡萝卜叶柄、下胚轴和悬浮培养的单细胞分别需要 2,4-D 处理 1d、2d 和 7d，才能获得在无 2,4-D 培养基上形成胚胎发生（embryogenesis）潜力的感受态细胞（图 9-2）（肖尊安，2005）。推测山黧豆的组织培养感受态细胞的形成也是在脱分化过程中而获得的，而且生长调节剂对诱导这类植物细胞成为感受态是必需的。

　　在培养细胞中有各种细胞类型，难以直接分辨感受态细胞，必须借助特殊的细胞标记进行鉴定。根据胡萝卜单细胞悬浮培养物的形态特征而分为几类。

　　1）直径约为 12μm 的球形且液泡化细胞，细胞壁含有阿拉伯半乳聚糖蛋白（arabinogalactan protein，AGP），可利用单克隆抗体 JIM8 对 AGP 进行细胞免疫荧光标记，因此该类细胞壁完全被 JIM8 标记。

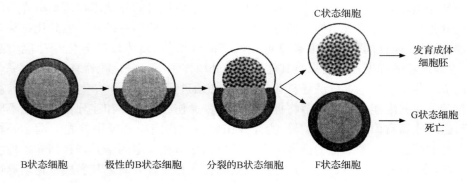

图 9-2　胡萝卜胚性感受态细胞的发育过程

B 状态细胞细胞壁能被 JIM8 抗体标记(深灰色)，B 状态细胞细胞壁出现极性时，只有一半细胞壁
能被 JIM3 抗体标记，并开始进行细胞分裂，形成不能被 JIM8 标记的 C 状态细胞和完全被 JIM8 标
记的 F 状态细胞。C 状态细胞是胚胎感受态细胞，与来自 B 状态细胞的信号分子反应后形成胚胎
决定细胞，并继续发育成体细胞胚。F 状态细胞逐渐萎缩，成为 G 状态细胞，最后细胞死亡

　　2) 直径为 12μm 的球形且细胞质丰富细胞，细胞壁不存在 AGP。

　　3) 长形且液泡化细胞，DNA 合成停止，逐渐萎缩、凋亡。因此 2)类细胞是体细胞胚发生的感受态细胞，是 1)类细胞分裂而形成的。如在此过程中形成长形且液泡化细胞则转变为程序性死亡状态细胞(图 9-2)。同时这类体细胞胚发生潜力的感受态细胞有其标记基因，即体细胞胚发生的受体激酶基因(somatic embryogenesis receptor kinase，*SERK*)，*SERK* 只在胡萝卜胚性细胞和体细胞胚发育初期表达，球形胚后停止表达。该基因在合子胚中表达也是仅在合子胚发育到球形胚初期表达，在未受精子房和植物其他组织均不表达。拟南芥(*Arabidopsis thaliana*)和鸭茅(*Dactylis glomerata*)等多种植物中都证明，同源基因 *SERK* 只在获得形成体细胞胚潜能的感受态细胞或是胚性细胞中表达，但在不同植物中表达持续的时间有所差异。因此该基因的表达被认为是胚性细胞的标记，并可预测具有胚性潜能的感受态细胞。人们还对 *SERK* 可能的配体和下游靶分子进行研究，并取得一些成果，但仍有一些问题尚待深入探讨。

9.1.3　植物细胞的再分化

　　感受态细胞被诱导形成特定发育方向的细胞，这称为"决定作用"(determination)。该术语来自动物胚胎发育生物学，指胚胎某一区域的组织或细胞只能向某一特定方向分化的发育状态。对于一个生物体的某一特定部分，往往一旦经过某个临界时期，随后的发育方向即被"决定"。所以细胞的决定作用又指细胞特定发育程序的决定。组织培养过程中植物细胞的决定表现在两个方面，即外植体细胞的决定和培养细胞的诱导决定。外植体(explant)指从植株上切离而用于离体培养的部分组织或器官。外植体细胞的决定是指某些器官的外植体在适当培养条件下能分化形成相应器官结构。如花器官外植体在适当的培养条件下能分化花芽等花器官结构，而且同一植株上越靠近花器官的外植体，离体培养分化花芽能力越强，表现成花的梯度性。而来自其他器官的外植体则不具分化花器官的潜能，完全靠调节培养基成分也难以诱导花芽分化，还必须进行光周期和春化处理等使其获得花芽分化的潜能。正如下节将提到的山黧豆愈伤组织诱导和芽分化能力随不同类型组织或器官而有显著性差异，为此在山黧豆愈伤组织诱导中首先强调了外植体类型的筛选。培养细胞的诱导决定是指植物细胞在一定的培养基和培养条件诱导下，改变自身的发育状态或方向，产生新的分化和发育方向。其实质是在培养过程中，特定发育状态的植物细胞对培养基成分和培养条件的应答反应。

细胞的决定作用是细胞与细胞之间信号分子作用的结果。在一个完整的植株中，每一个细胞、组织或器官的生长发育都受到相邻的细胞、组织和其他器官信号分子的调节，以维持植株正常生长与发育。在离体细胞和组织的培养条件下，不论是器官发生（organogenesis）分化诱导过程中，还是体细胞胚发生（somatic embryogenesis）分化诱导过程中，都表现了细胞与细胞之间的信号传递起着十分重要的作用。如信号分子 AGP 和寡聚糖在诱导细胞决定和分化过程中的作用已有广泛的研究报道，而且感受态细胞一旦被诱导形成特定发育方向的细胞后，细胞代谢活动和细胞结构形成也随之发生变化，同时这些变化对限定细胞发育方向起到关键作用。

经过诱导决定的细胞在一定条件下可分化成不同的组织、器官和完整植株，这一过程称为再分化（redifferentiation）。细胞和组织分化是器官发生（organogenesis）和体细胞胚发生（somatic embryogenesis）的第一步。通过器官发生途径形成再生植株或通过体细胞胚发生途径形成再生植株，它们是完全不同的两种再生途径，其培养条件和再生机制也不相同。不管从哪一种途径再生植株，又可分为以直接方式或以间接方式进行。直接的器官建成或直接体细胞建成是指外植体脱分化或脱分化细胞再分化过程中没有明显愈伤组织出现，直接再生植株过程；而间接发生则是指先形成愈伤组织再生植株的过程。此外，两者根本差异是细胞的极性，前者的细胞具有单极性，即只能分化茎端或根端，必须诱导无根试管苗生根后，才能形成完整植株；后者的细胞具有双极性，体细胞胚可分化出茎端和根端、成熟的体细胞胚和种子胚类似，萌发后就成为完整植株，因此体细胞胚又称人工种子（artificial seed）或称合成种子（synthetic seed）（图 9-3）（崔凯荣等，2000）。

9.1.4　植物细胞全能性在长期培养过程中丧失

随着培养继代次数的增加，由于植物细胞和愈伤组织的遗传物质或生理状态在长期培养过程中发生变化而导致形态发生异常，甚至失去形态发生潜力，即细胞

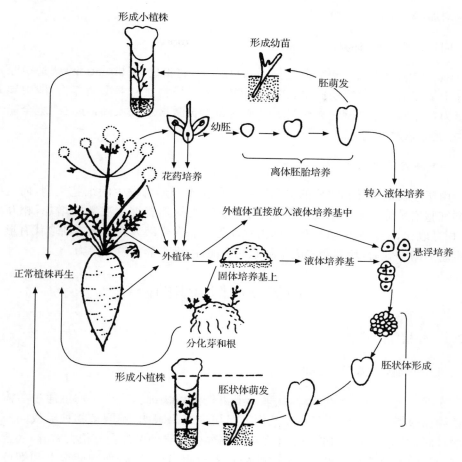

图 9-3　胡萝卜不同器官离体培养形态发生

全能性丧失。在山黧豆的组织培养中早已观察到,随着培养继代 30 多次后,不但愈伤组织形态发生变化,而且细胞核型发生广泛变异,包括染色体数目和倍性及带型的变异,在不同植物组织培养中有关类似的报道很多,并提出植物组织培养中细胞全能性丧失的可能机制。

（1）遗传因素

由于植物组织培养物,在长期培养过程中诱发基因突变或表观遗传修饰而导致基因表达模式的变化,使细胞全能性消失。

（2）培养物细胞核型的变化

山黧豆培养物全能性丧失过程伴随细胞核型广泛变化,尤其是非整倍体细胞迅速增加(见本书第十章)。

（3）生理因素

细胞内源激素水平和平衡变化,如愈伤组织的驯化(habituation)就是指原先依赖于某种生长调节物质而生长的培养物变为对该物质自养型培养物,即由异养型变为自养型。这种驯化愈伤组织由于内源生长激素水平太高,导致细胞全能性丧失,无形态发生能力。

（4）细胞竞争因素

由于经长期诱导和继代的愈伤组织中存在不同形态发生的细胞类型,而这些不同细胞增殖能力和生活力又各不相同,它们之间随着继代次数的增加,相互竞争、相互取代,结果是增殖率和生活力强而无形态发生潜力的细胞逐渐取代有形态发生潜力的细胞后,培养物丧失了细胞的全能性,没有形态发生潜力。

9.2　山藜豆愈伤组织的诱导

9.2.1　外植体的筛选

（1）外植体的基因型和相关基因

根据植物细胞全能性原理,从理论上讲任何植物细胞或组织均可通过离体培养诱导而获得完整的再生植株。然而大量研究结果表明,不同植物种类或同一种植物种间,以至品种之间的外植体在离体培养中诱导频率都会有很大差异,甚至有些基因型的外植体至今也尚未通过体外培养获得再生植株,而在胡萝卜和烟草等植物则很容易通过离体培养获得再生植株。但豆类植物离体培养再生频率较低,这一方面受相应基因所控制,如研究发现小麦再生植株能力主要受 7B、7D 和 1D 染色体上的基因所控制,中国春小麦代换系具有染色体 2B,则有利于愈伤组织诱导和植株再生(Meijer *et al*.,1981)。另一方面由于基因型不同,即遗传的差异导致所需的最适培养条件各异。为此,在山藜豆愈伤组织诱导和再生植株过程不断地筛选最适合的外植体基因型和培养条件。

（2）外植体种类和生理状态

不同外植体种类在离体培养条件下诱导愈伤组织和分化能力各不同,一般而言,幼嫩的或分生组织离体培养诱导频率较高,即植株以种子萌发后,从幼年营养生长阶段发育过渡到开花结实的生殖生长阶段,对同一器官和组织而言,幼年状态的外植体比成年期的容易培养和再分化。如山藜豆为幼茎、兰花和石刁柏为茎尖、茄科和菊科为幼叶、柑橘为珠心、花生多用子叶等。Sinha 等(1983)对含毒量不同的 6 个山鼊豆品种幼茎离体培养,结果表明,所有品种均可诱导形成愈伤组织,但只有其中一个品种的愈伤组织可分化形成再生植株。还有同一外植体在整体植株上所处部位不同或发育阶段不同而形成生理状态的差异,结果诱导和再分化频率差异极显著。Gharyal 等(1983)用山鼊豆打顶和不打顶植株的腋芽分生组织作为外植体离体培养,结果其分化频率差异极为显著,前者愈伤组织诱导率和分化率可高达 90% 以上,而后者愈伤组织诱导率仅为 10%,分化频率更低。显然,打顶后直接影响腋芽分生组织细胞的生理状态和结构与功能的差异而导致其脱分化和再分化能力的显著差异。

9.2.2　培养基和培养条件

(1) 培养基的成分

由于植物外植体的基因型不同和生理状态差异的影响,在离体培养过程中必须通过不断地调节培养基成分,根据植物种类和外植体类型筛选和优化培养基的成分,才可以达到较好的培养效果。根据公开发表的培养基成分就有近千种,但在众多培养基中应用最多的是 White、MS、B5 和 N6 等几种(表 9-2)。而山鼊豆组织培养中常用的基本培养基成分如表 9-3。

表 9-2　植物组织培养常用的几种基本培养基　　　　(单位:mg/L)

		培养基成分	White (1963)	MS (1962)	B5 (1968)	SH (1972)	N6 (1975)	NN (1969)	DKW (1981)	WPM (1984)
大量元素		NH_4NO_3	—	1650	—	—	—	720	1416	400
		KNO_3	80	1900	2500	2500	2830	950		—
		$CaCl_2 \cdot 2H_2O$	—	440	150	200	166	166	149	96
		$MgSO_4 \cdot 7H_2O$	750	370	250	400	185	182	740	370
		KH_2PO_4	—	170	—	—	400	68	265	170
		$(NH_4)_2SO_4$	—	—	134	—	463	—	—	—
		$NH_4H_2PO_4$	—	—	—	300	—	—		
		$NaH_2PO_4 \cdot 4H_2O$	19	—	150	—	—	—		
		Na_2SO_4	—	—	—	—	—	—	1559	990
		$Ca(NO_3)_2 \cdot 4H_2O$	300	—	—	—	—	—	1968	556
		Na_2SO_4	200	—	—	—	—	—		

续表

培养基成分		White (1963)	MS (1962)	B5 (1968)	SH (1972)	N6 (1975)	NN (1969)	DKW (1981)	WPM (1984)
微量元素	KI	0.75	0.83	0.75	1.0	0.8	—		
	H_3BO_3	1.5	6.2	3.0	5.0	1.6	10	4.8	6.2
	$MnSO_4 \cdot 4H_2O$	5.0	22.3	—	—	3.3	19	—	—
	$MnSO_4 \cdot H_2O$	—	—	10	10	—	—	33.5	22.3
	$ZnSO_4 \cdot 7H_2O$	3.0	8.6	2.0	1.0	1.5	10		
	$Na_2MoO_4 \cdot 2H_2O$	—	0.25	0.25	0.1	0.25	0.25	0.39	8.6
	MoO_3	0.001	—	—	—	—	—	—	—
	$CuSO_4 \cdot 5H_2O$	0.01	0.025	0.025	0.2	0.025	0.025	0.25	0.25
	$CoCl_2 \cdot 6H_2O$	—	0.025	0.025	0.1	—	0.025	—	0.25
	$Zn(NO_3)_2 \cdot 6H_2O$	—	—	—	—	—	—	17.0	—
	$NiSO_4 \cdot 6H_2O$	—	—	—	—	—	—	0.005	—
	$Na_2 \cdot EDTA$	—	37.3	37.3	20	37.3	37.3	45.4	37.3
	$FeSO_4 \cdot 7H_2O$	—	27.8	27.8	15	27.8	27.8	33.8	27.8
有机成分	肌醇	2.5	100	100	1000	—	100	100	100
	烟酸	0.05	0.5	1.0	5.0	0.5	5.0	1.0	0.5
	吡哆醇	0.01	0.5	—	0.5	0.5	0.5	0.5	1.6
	硫胺素	0.01	0.1	10	5.0	1.0	0.5	2.0	—
	甘氨酸	3.0	2.0	—	—	2.0	2.0	2.0	—
	甘氨酰胺	—	—	—	—	—	—	250	—
碳源	蔗糖	20g	30g	20g	25g	30g	20g	30g	20g
pH		5.8	5.8	5.5	5.8	5.8	5.5	5.5	5.6

表 9-3　山黧豆组织培养中常用的基本培养基　　（单位：mg/L）

成分	组成	MS	SS-B-8	B5	MS/B5
大量元素	KNO_3	1900	1800	3000	1900
	NH_4NO_3	1650	1000	—	1650
	KH_2PO_4	170	300	—	170
	$MgSO_4 \cdot 7H_2O$	370	500	500	370
	$CaCl_2 \cdot 2H_2O$	440	500	—	440
	NaH_2PO_4	—	100	150	—
	$(NH_4)_2SO_4$	—	—	134	—

续表

成分	组成	MS	SS-B-8	B5	MS/B5
微量元素	KI	0.83	1	10	0.83
	H_3BO_3	6.2	5	3	6.2
	$MnSO_4 \cdot 4H_2O$	22.3	10	10	22.6
	$ZnSO_4 \cdot 7H_2O$	8.6	2	2	8.6
	$Na_2MoO_4 \cdot 2H_2O$	0.25	4	0.25	0.25
	$CuSO_4 \cdot 5H_2O$	0.025	0.075	0.025	0.025
	$CoCl_2 \cdot 6H_2O$	0.025	0.075	0.025	0.025
铁盐	$Na_2 \cdot EDTA$	37.3	37.3	37.3	37.3
	$FeSO_4 \cdot 7H_2O$	27.8	27.8	27.8	27.8
有机成分	肌醇	100	600	100	100
	甘氨酸	2	2	2	2
	硫胺素	0.1	10	10	10
	吡哆醇	0.5	0.5	1	1
	烟酸	0.5	5	—	—
附加成分	硫酸腺嘌呤	—	2		
	蔗糖	30g/L	30g/L	50g/L	—
	琼脂	7g/L	—	—	
pH		5.8	5.8	5.5	5.8

除了基本培养基中大量元素、微量元素和有机成分外,植物生长调节剂是诱导植物细胞分裂、生长和分化必需且重要的成分。植物生长调节剂(plant growth regulator)是指具有与植物生长激素(plant growth hormone)相同功能或相似功能的化学合成的化合物,这些化合物的结构与植物激素的结构可以相同,也可以不同。植物组织培养中常用的植物生长调节剂是生长素和细胞分裂素,有些植物组织培养中还加入脱落酸或赤霉素。

1) 生长素。在整体植物中生长素调节茎和节间的伸长、向性、顶端优势、叶片脱落和生根等生理过程。在组织培养中生长素是用于诱导细胞的分裂和根的分化。植物内源生长素有吲哚乙酸(indole-3-acetic acid, IAA)、吲哚丁酸(indole-3-butyric acid, IBA)、4-氯-3-吲哚乙酸(4-chloro-3-indole acid, 4-Cl-IAA)和苯乙酸(phenylacetic acid, PAA)。在植物组织培养中常用的生长素的生长调节剂有IAA、IBA、萘乙酸(α-naphthalene acetic acid, NAA)、二氯苯氧乙酸(2,4-dichloro-phenoxy acetic acid, 2,4-D)、萘氧乙酸(naphthoxyacetic acid, NOA)、对氯苯氧乙酸(p-chlorophenoxyacetic acid, p-CPA)和三氯苯氧乙酸(2,4,5-trichlorophe-

noxyacetic acid，2，4，5-T)等。山黧豆组织培养中常用的生长素是 2，4-D、IAA、p-CPA 和 NAA 等，其中 2，4-D 应用最为广泛。

2) 细胞分裂素。细胞分裂素是腺嘌呤(adenine)的衍生物，它的作用是调节细胞分裂、减缓顶端优势和茎芽分化等。在组织培养中加入细胞分裂素生长调节剂的主要作用是促进细胞分裂、不定芽的分化和试管苗的增殖。植物内源细胞分裂素有玉米素(zeatin，ZT)、二氢玉米素(dihydrozeatin)、玉米素核苷(zeatin riboside)和异戊烯基腺苷(isopentenyl adenosine)等。植物组织培养中常用的细胞分裂素生长调节剂有苄氨基嘌呤(6-benzyl-aminopurine，BAP)、苄基腺嘌呤(6-benzyladenine，6-BA)、异戊烯氨基腺嘌呤(6-γ-γ-dimethylallylaminopurine，Zip)、激动素(kinetin，KT)、噻苯隆(thidiazuron，TDZ)和 ZT 等。山黧豆组织培养中常用的细胞分裂素是 KT、6-BA、ZT 和 TDZ 等。

山黧豆组织培养研究结果表明，生长素和细胞分裂素的适合配比是取得成功的决定因素。如统计山黧豆组织培养已发表的研究论文可见，基本培养基用得较多的是 B5，其次是 MS。而 Roy 等(1991)用山黧豆叶片作为外植体在 MS 和 B5 两种培养基上诱导脱分化，结果激素配比是 NAA(2mg/L)＋6-BA(0.5mg/L)，那么在 B5 培养基的条件脱分化频率最高，但激素配比是 NAA(2mg/L)＋KT(0.4mg/L)或 IAA(2mg/L)＋6-BA(0.5mg/L)时，则在 MS 培养基上诱导愈伤组织的频率最高，可见适合的激素及其组合是决定山黧豆组织培养的脱分化和再分化的关键因素。在山黧豆组织培养中，由于外植体的不同在诱导脱分化反应中，对生长素和细胞分裂素的种类和浓度的要求也不同(表 9-4)。不仅如此，Roy 等(1992)研究还发现，山黧豆的愈伤组织诱导过程中必须先在含 NAA(10.7μmol/L)＋KT(0.9μmol/L)的 MS 中培养 14d，再转入含 NAA(10.7μmol/L)＋ KT(1.4μmol/L)的 MS 中培养 18d，该愈伤组织在随后的分化率最高。显然，在山黧豆愈伤组织形成和增殖过程中，细胞内原激素水平也随之发生变化，为此，必须不断地调整激素的比例。

表 9-4　山黧豆愈伤组织芽分化诱导激素配比及诱导效果

外植体类型	基本培养基	激素配比	分化效果	文献
茎段愈伤组织	SS-B-8	6-BA(10^{-6} mol/L)＋毒莠定(5×10^{-8}mol/L)＋硫酸腺嘌呤(10mg/L)	最高70%(切片观察表明为器官发生途径)	Sinha et al.，1983
侧芽分生组织、叶片愈伤组织	B5	NAA(2mg/L)＋6-BA(0.5mg/L)；IAA(0.5mg/L)＋6-BA(1mg/L)	最高97%(观察到胚状体)	Gharya et al.，1983
叶片愈伤组织	B5	6-BA(2mg/L)＋NAA(0.5mg/L)	92%	Roy et al.，1991

外植体类型	基本培养基	激素配比	分化效果	文献
根愈伤组织	MS 或 B5	NAA(10.7μmol/L) + KT(1.9μmol/L)	未知	Roy *et al.*, 1992
顶芽或腋芽	B5	IAA(0.25mg/L)+6-BA(0.5mg/L)+椰子汁(10%)	53%～90%	Zambre *et al.*, 2002

(2) 培养条件

除培养基成分和生长调节剂的适合配比外,培养条件,如温度、光照、渗透压和 pH 等对山黧豆组织培养的脱分化和再分化均产生很大的作用。

1) 温度。培养温度一般为(25±2)℃。不同外植体脱分化和愈伤组织增殖的最适温度亦不同,从 20～30℃ 不等。山黧豆的愈伤组织诱导与增殖最适温度为 23～25℃,要求恒温,夜晚温度稍降低有利于该愈伤组织随后的分化。切忌高温和高湿,否则易导致愈伤组织的玻璃化和玻璃化苗出现。

2) 光照。本室植物组织培养间是以日光灯为光源,光照度为 1000～5000lx,光周期是 16h 光照、8h 黑暗。山黧豆的愈伤组织诱导和增殖不需要很强的光照,特别是外植体取自幼苗或幼茎的材料、种子最好在低温下处理,并在黑暗条件下萌发,所取的幼苗或幼茎先在弱光下培养约 10d 后,再转入正常光照下培养,这样有利于愈伤组织增殖和随后的分化。

3) 渗透压。山黧豆组织培养中如渗透压较高则抑制愈伤组织增殖,当培养基的渗透压达到 0.2MPa 时,细胞生长与增殖就开始受阻;如在此基础上再提高渗透压,则大部分细胞生长被抑制,以致部分细胞死亡。为此,在山黧豆组织培养过程严格控制蔗糖(sucrose)的浓度为 2.5%。

4) pH。山黧豆组织培养中无论是脱分化过程,还是分化和形态建成过程均要求较适合的 pH 在 5.7～5.8 环境条件,这是因为培养基 pH 变化影响培养物对营养元素的吸收、呼吸代谢、多胺代谢、DNA 合成和植物激素进出细胞等作用,因而直接或间接地影响愈伤组织的增殖和分化。另外,大多数培养基的缓冲能力差,在培养过程中 pH 又有一定程度的波动而影响细胞增殖和存活。为此,在山黧豆组织培养过程中,在培养基中加入适量缓冲剂,以增加培养基对培养过程 pH 变化的缓冲能力,同时注意按时或缩短继代之间的时间。

9.3　山鸡豆愈伤组织的分化

9.3.1　愈伤组织再分化的诱导

　　组织分化是形态建成（morphochoresis）的基础，形态建成又称为形态发生（morphogenesis），指有机体生长发育中组织结构和生理功能发生一系列变化形成或再生成特定结构和器官的过程。培养细胞的形态发生途径包括器官发生（organogenesis）和体细胞胚发生（somatic embryogenesis）两个途径。通过这两个途径形成再生植株其诱导条件和再生机制都存在很大的差别。大量研究表明，山鸡豆组织培养中诱导脱分化，即诱导外植体细胞原有的发育状态逆转，经过细胞分裂形成一团无序生长的薄壁细胞，即分生细胞团的愈伤组织并不难，但这些愈伤组织难以进一步分化。根据对山鸡豆组织培养中脱分化后形成愈伤组织的形态结构和色泽各不相同，质地松软、黄化或褐化、以致呈水渍状的愈伤组织失去分化能力；质地较致密、绿色或淡绿色的愈伤组织具有较强的器官发生潜力；黄色或淡黄绿色呈颗粒状的愈伤组织有分化体细胞胚发生的潜力。山鸡豆不管是通过哪一种途径形成再生植株多是以间接方式进行，而很少以直接方式形成；即器官发生或体细胞胚发生是先脱分化形成愈伤组织而再分化形成再生植株；而直接的器官发生或直接的体细胞胚发生是指外植体脱分化和再分化过程中没有明显的愈伤组织形成。包括山鸡豆在内的豆类植物的组织培养诱导脱分化和再分化的激素种类和组合各不相同（表9-4）。

　　据 Zambre 等（2002）报道，山鸡豆的品种或外植体的种类和生理状态，以及生长素和细胞分裂素种类与配比均影响其愈伤组织芽的分化。他们采用埃塞俄比亚山鸡豆旱地品种的幼芽在 IAA（0.25mg/L）＋6-BA（0.5mg/L）＋椰子汁（10%）的 MS 培养条件下诱导再分化获得成功。通过山鸡豆组织培养取得成功的报道中可见。

　　1）含有丰富的分生细胞组织外植体是取得成功的基础。如顶芽、幼茎、侧芽和根尖等，由于它们处于未分化或分化程度较低状态，不仅易于脱分化，而且这种愈伤组织芽分化率也较高。相反，如采用成熟的叶片或茎等作为外植体，尽管也可诱导脱分化形成愈伤组织，但这种愈伤组织在随后的诱导再分化的频率极低。

　　2）生长素和细胞分裂素的特定组合是诱导再分化成功的决定因素。这里关键是激素的种类和浓度的组合与配比。为此，几乎所有的相关研究都会设计一系列不同激素种类和不同浓度组合来筛选最佳的培养条件。结果表明，山鸡豆的组织培养，特别是诱导再分化过程对激素种类和浓度组合的要求十分严格，范围非常狭窄。如 Roy 等（1991）应用山鸡豆品种 P-24 幼叶外植体的愈伤组织再分化过程中,采用 17 种激素不同浓度组合,结果只有 NAA(2mg/L)+6-BA(0.5mg/L)组合不仅成功地分化出芽,而且分化率较高;其他激素组合,以致激素的种类与浓度及与该组合很接近的激素配比都未取得成功,显然山黧豆的愈伤组织再分化对激素组合的要求很严。另外,2,4-D 具有很强的诱导山黧豆愈伤组织形成的能力,但这种愈伤组织难以再分化。这可能是由于 2,4-D 对细胞核染色体不稳定的影响,从而导致这类细胞的全能性下降所致(van den Berg *et al.*,1991;van Dorresteln,1998)。杨汉民等(1991)也证明,2,4-D 诱导的愈伤组织中有 48.42%的细胞染色体倍性或数目发生改变,并随之丧失全能性。除了激素外,为了提高山黧豆愈伤组织活力和再分化能力,在培养基中添加一些有机营养成分是必需的,如水解酪蛋白(casein hydrolysate,CH)和椰子汁等可明显提高诱导效率(Zambre *et al.*,2002)。

9.3.2 山黧豆形态发生途径

(1)器官发生途径

器官发生(organogenesis)又称器官形成(organogeny),指培养细胞在适宜的诱导培养条件下形成不定芽(adventitious bud)和不定根(adventitious root)等器官,最后形成完整植株的过程。前面已提到山黧豆的器官发生多为间接发生途径,即外植体脱分化后,细胞分裂形成拟分生组织(meristemoid),又称为分生组织中心(meristematic center)。拟分生组织的形成可以来源于单细胞,也可以来源于多细胞,山黧豆芽分化可能起源于多细胞。器官发生前在愈伤组织内部所形成的分生细胞群,其特点是细胞小、等径、壁薄、核明显或多核;细胞中内含物多,并有较多细胞器,在发育过程中细胞也随之增大,液泡增加,并有特异的蛋白质合成,从而为分离和克隆器官发生的特异性基因奠定了基础。一般而言,芽属于外起源,根属于内起源。山黧豆的愈伤组织器官发生途径多数是先分化芽,后生根,然后形成完整植株;但也有少数是先产生根,那么该愈伤组则难以分化出芽,很少能形成完整的植株。这说明,在山黧豆器官发生途径先分化芽,随后诱导根的发育顺序是再生完整植株的先决条件。在芽形成之前,薄壁细胞中积累大量淀粉,随着芽原基的分化与发育、淀粉被利用而逐渐消耗。显然,淀粉的积累是山黧豆器官发生的条件,而不是器官发生的结果,即淀粉为芽分化和根形成提供能量。

关于培养细胞器官发生的机制仍然有待深入的研究,长期以来,人们在不同植物组织培养中从不同角度对培养细胞的器官发生机制进行了研究,并根据各自的试验结果提出不同学说。

1)基因控制理论。不定芽发生首先是诱导愈伤形成茎端分生组织(apical stem meristem,SAM),再由 SAM 分化出叶原茎和侧芽(图 9-4)(Leyser *et al.*,2003)。

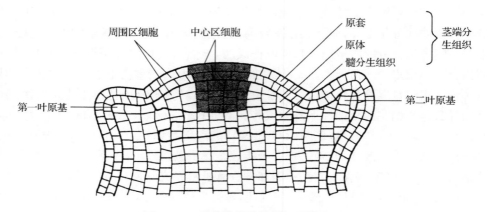

图 9-4　双子叶植物茎端纵切面模式图

SAM 在合子胚发育过程中形成,对保持植株正常生长发育起着重要作用,它在发育中不仅维持自身大小和结构,还具有很强的再生能力。当 SAM 中心区细胞被损伤后,周围区细胞行使中心区细胞的功能,再生一个或多个 SAM (图 9-5A);如将 SAM 切成两半后,它则生成正常大小的两个 SAM (图 9-5B) (Leyser *et al.*,2003)。

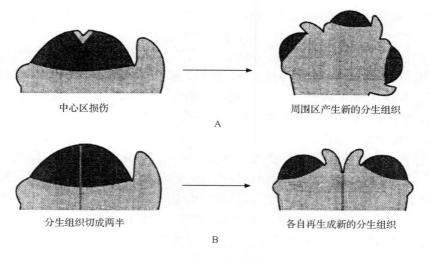

图 9-5　茎端分生组织的再生
A. 中心区损伤后,新分生组织从周围区再生;B. 顶端分生组织被切成两半,
每一半再生成完整的分生组织

通过对拟南芥突变体研究,发现几个基因对 SAM 的诱导和保持起调节作用。它们是 shootmeristemless(*STM*)、wuschel(*WUS*)、clavata 1(*CLV1*)和 clavata *3*

（CLV3）。STM 基因属于 KNOX 基因家族，编码与玉米 kuotted 1（KN1）蛋白质有关的同源域转录因子，其作用是控制 SAM 的形成。WUS 基因与 STM 基因一样，也是 SAM 活性必需的，stm 和 wus 突变体都不能形成 SAM，但能形成子叶。WUS 基因不是 KNOX 家族成员，编码同源转录因子，对 SAM 的保持起作用。CLV1 和 CLV3 的作用是限制中心区大小，其突变体 clv1 和 clv3 的实生苗具有扩大的 SAM，并随茎生长发育继续扩大，以致形成带状茎，表现为簇生。CLV1 编码一种与细胞外配体结合的跨膜蛋白，它的作用是将细胞外信号传递到细胞内信号网络；CLV3 编码一种小分子的细胞外蛋白质，是 clv1 的配体。在植株生长过程中，CLV1 表达局限于中心区原体，而 CLV3 表达主要在中心区原套。诱导外植体分化形成不定芽需经历感受态细胞诱导、形态发生诱导和器官发生诱导三个阶段。STM、WUS、CLV1 和 CLV3 基因的作用主要是维持 SAM 的稳定性，在这些基因作用之前还有一些基因诱导 SAM 的形成，如 enhancer of shoot regeneration 1（ESR1）（Banno et al.，2001）和 paulownia kawakamii MADS1（PKMADS1）（Prakash et al.，2002）。必须指出调节器官发生远不止这些基因，而且随着植物组织培养研究进展将会不断地克隆到与器官发生的特异基因，以进一步揭示培养细胞形态发生的机制。

2）激素调节理论。生长素与细胞分裂素的相互配合应用可调节根、茎、叶等器官的生长、分化与发育，对植物培养细胞的器官发生起着重要的调节作用。早在 20 世纪 50 年代，人们就发现调节腺嘌呤（adenine，A）/IAA 的比例是控制烟草离体培养茎段芽与根形成的决定因素之一。如 A/IAA 比例高时有利于芽的形成，反之则有利于根形成。由此，Skoog 等（1957）提出了植物激素相对比例控制器官形成的理论，即在烟草茎段组织培养中生长素与细胞分裂素的相对浓度控制器官的分化。生长素与细胞分裂素比率高时促进生根，比例低时促进芽的分化，两者浓度相等时，培养组织则倾向于一种无结构的生长状态。随后一些研究也证实，激素调节器官发生的概念适用于多种植物组织培养中器官发生的调控，包括山黧豆离体培养器官发生的调节也遵循这一规律。

3）拟分生组织学说。Bonnett 等（1965）提出，在组织培养中，各种器官是起源于一团未分化的细胞或分生细胞团，而且早期的各类器官原基并没有区别，只是随着原基的分化而形成不同类型的器官，并认为器官发生是先控制器官建成的部位而形成拟分生组织团，而后才决定器官发生的类型。由此提出器官分化与发生的顺序：外植体→愈伤组织→拟分生组织→器官发生。在一些植物组织培养的不定根诱导中可以观察到该器官发生过程为：脱分化期→诱导期→细胞分裂形成拟分生组织期→根原基形成期→根生长期 5 个时期，而其中拟分生组织形成是器官分化中的一个重要时期。

4）位置效应理论。该理论的基础是认为各类器官的形成不但有其自身的物质基础,如生长素和细胞分裂素,而且这类物质在植物中不同部位形成一个浓度梯度,任何一个细胞分化和发育的命运是由其在这个梯度中的位置所决定的。事实上,生长素和细胞分裂素这两种激素的来源和运输机制在植物体内不同部位会形成浓度梯度。一些研究结果也表明,植物体内激素水平分布是不均衡的,因而不同部位的外植体在相同培养条件下诱导分化形成不同的器官类型,或用不同的培养条件诱导相同的器官发生。

　　5)胞间信息传递假说。该假说是指一些细胞或组织的器官发生潜能的表达受其他细胞或组织的激活或抑制。如烟草亚表皮薄壁细胞单独培养时只有外植体的膨大、没有芽的分化;如将分离的表皮复位,则该修复的外植体培养可直接地诱导芽分化。其他多种植物组织培养中也有相似的结果。这一类研究表明,在植物细胞分化中,细胞和组织以至器官之间存在信息传递和物质交流。如在上节中已提到控制 SAM 大小的 CLV3 基因表达是在中心区原套,编码一种小分子的细胞外蛋白质,它是 clv1 的配体。显然,CLV3 可能是从中心区原套到中心区原体 CLV1 表达的质外体信号分子。也就是说,在茎尖分生组织中 CLV3 基因的产物并未在表达部位发生作用,而是运输到特定细胞中发生作用,由此也提供细胞间信息传递的分子依据。

　　(2)体细胞胚胎发生

　　Steward 等(1958)用胡萝卜单细胞培养诱导形成胚状体(embryoid),并发育形成再生植株。体细胞胚发生(somatic embryogenesis)是指植物细胞在离体培养中诱导体细胞(somatic cell)形成体细胞胚(somatic embryo),并发育形成完整植株的过程。如果是通过小孢子或其分裂产物形成的胚状体,则称为花粉胚(pollen embryo)。显然,前者是由二倍体细胞产生的,后者是由单倍体细胞产生的。体细胞胚发生与合子胚一样需经历原胚细胞团(proembryogenic mass,PEM)、球形胚(globular embryo)、心形胚(heart-shape embryo)、鱼雷形胚(torpedo-shape embryo)和子叶胚(cotyledon embryo),直到成熟胚(mature embryo),最后形成完整植株(图 9-6)(Leyser et al.,2003)。

　　体细胞胚发生有直接和间接两种方式。一般认为,直接方式发生体细胞胚是由于外植体细胞中存在预定胚胎发生细胞(pre-embryogenic determined cell,PEDC),通过培养这种细胞直接进入胚胎发生程序而形成胚状体。在间接体细胞胚发生中,外植体细胞中不存在 PEDC,必须通过脱分化形成胚性愈伤组织,再重新决定细胞的发育命运而形成胚性细胞(embryonic cell),这称诱导胚胎发生决定的细胞(induced embryogenic determined cell,IEDC),IEDC 进一步发育成体细胞胚。

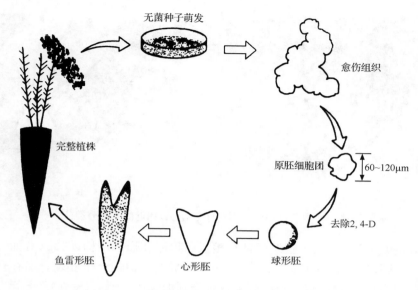

图 9-6　胡萝卜体细胞胚诱导和分化过程

　　不同植物细胞离体培养中胚性细胞的诱导所需要条件差别很大,但对多数植物而言,生长素是诱导胚性细胞形成的主要因素,其他因素的作用在于调节细胞内源生长素的水平。用得最多的生长素类调节剂是 2,4-D,其作用是提高细胞内源生长素水平,并作为胁迫因子而促进体细胞胚发生率。山黧豆组织培养中也是在 2,4-D 存在的条件下诱导体细胞胚发生(Barna *et al*.,1995;Racmakers et al.,1995)。

　　胚性细胞与非胚性细胞相比,其主要特征是体积小,圆球形,细胞质丰富,液泡小,含较多淀粉粒和大量粗糙内质网,核糖体密集,脱氢酶活性高,细胞核位于细胞的边缘。胚性细胞的极性主要表现在细胞质的差异。高等植物合子胚第一次不对称细胞分裂与卵细胞极性直接相关,至于体细胞胚发生的第一次分裂是否必须经过细胞不对称分裂,观察结果是既存在不对称分裂,也有对称分裂的(图 9-7)(崔凯荣等,2000)。

　　原胚细胞团(proembryogenic mass,PEM)发育成球形胚是体细胞胚形态发生的关键时期。胚性愈伤组织或 PEM 在低浓度生长素的培养基上诱导体细胞胚的早期发生;接着转到无生长素的条件下,PEM 发育成球形胚。在球形胚期生理生化代谢活跃,许多基因特异性表达,合成一些新的 RNA 和蛋白质,为体细胞胚后续的形态发生奠定了物质基础。

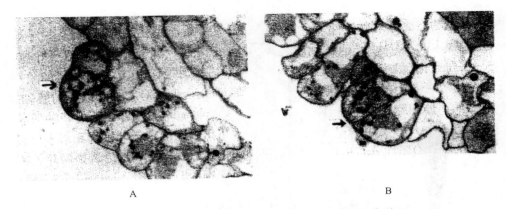

A　　　　　　　　　　　　　　　　B

图 9-7　小麦胚性细胞的不对称分裂(A)和近似对称分裂(B)

　　体细胞胚发生与合子胚发育具有相似的程序和形态结构(图 9-8),如经历球形胚、心形胚、鱼雷形胚和子叶胚等,最后萌发成苗。但与合子胚发育又存在诸多差异,体细胞胚没有胚乳的分化,胚柄发育受到抑制或者消失,没有"胚干燥"和"胚成熟"阶段,因而体细胞胚也称"人工种子"。它的质量差,大约只有 3%～5%的人工种子萌发成苗(崔凯荣等,2000)。这是因为"胚成熟"的休眠过程是胚胎积累营养、贮存物质和合成耐干燥蛋白质的过程。因此,不仅体细胞胚鲜重远远低于相应的合子胚,还缺乏大量的贮存蛋白,特别是缺少 7S 和 11S 球蛋白。体细胞胚不积累成熟种子的 7S 和 11S 球蛋白,而 7S 是合子胚中第一个合成的贮存蛋白,然后合成 11S 和其他贮存蛋白;因此,7S 被认为是合子胚发育成熟的标记蛋白。在种子胚胎发育末期接近成熟合子胚中,7S 球蛋白大量积累,占干重 10%,为可溶性蛋白的 50%;但发育末期体细胞胚中 7S 球蛋白仅占干重的 0.3%,只为可溶性蛋白的4%,比合子胚低 80 倍,这可能是造成体细胞胚发育不良、质量差的原因,从而导致体细胞胚成熟和萌发受到抑制。为此,大量研究报道采取相应措施促进体细胞胚成熟而提高萌发率。关于植物细胞离体培养中体细胞胚发生的机制同样有待深入的研究,各位学者根据相关研究成果提出一些理论或假说以解释植物体细胞胚发生的机制。

　　1) 体细胞发生的基因控制理论。在体细胞胚发生中已发现许多基因特异性表达,证明这些基因调控体细胞胚的形态发生,如体细胞胚发生的受体激酶基因(somatic embryogenesis receptor kinase,SERK)和阿拉伯半乳聚糖蛋白基因(arabinogalactan protein,AGP)等。SERK 只在胚胎发生的感受态细胞到球形胚期表达,该基因的表达被认为是胚性细胞的标记,是调控体胚发生的关键基因之一。但对 SERK 的配体和下游靶分子尚不完全了解,有待深入的研究。AGP 是诱导细胞决定的信号分子,可能参与分子间的相互作用和细胞表面的信号传导,也

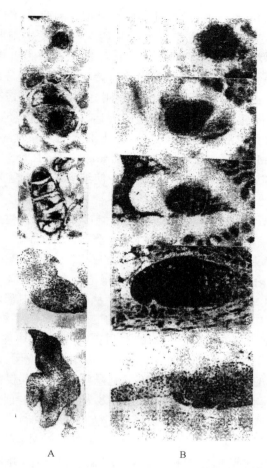

图 9-8 小麦体细胞胚发育(A)与合子胚发育(B)的比较

是在体细胞胚发生早期表达,调控体细胞胚的发生与发育。特别是在拟南芥合子胚发育阶段中各类突变基因对胚形态发育和胚存活的影响研究结果表明,控制体细胞胚和合子胚形态发育和存活的基因中很多是一致的。

2)胚胎发生的预决定假说。该假说认为,细胞分化过程可分为两个阶段,第一是预定阶段,细胞接受了或预定了特殊发育命运,但不表现出可见的特化标志。预定性一旦建立后,在细胞继代中可以稳定地保持。第二是表达阶段,在适合的诱导条件下,预定的细胞发生一系列的生理生化和形态上的变化,表现出分化的特征。由于这一表达是与诱导因素相联系的,表现为一种生理反应,是不稳定的。按照预决定观点,体细胞胚发生是受内在的细胞间相互关系所控制。单个细胞如果处于胚胎决定状态,就可以独立地表达胚胎发生的潜力而发育成体细胞胚。胚胎决定状态的细胞如果被其他细胞所包围,而这些细胞也处于同样的决定状态,这群细胞就可以共同作为胚性细胞,通过胚胎发育过程。因此,体细胞胚是单细胞起源还是多细胞起源,重要的是在培养时细胞是否为胚胎发生细胞(pre-embryogenic determined cell,PEDC)。如果是这样,从外植体组织或细胞直接形成体细胞胚的途径,则需要一种诱导物的合成或抑制物的消除,以恢复有丝分裂活动和促进胚胎发育。这时生长素往往对胚胎发生起抑制作用,去掉生长素并给予适合的条件,就可使细胞进入分裂周期,并进行胚胎发生的表达。从外植体经过脱分化形成愈伤组织,间接地产生体细胞胚的途径,则需要分化细胞的重新预决定,称为诱导的胚胎预决定的细胞(induced embryogenic determined cell,IEDC)。这时则需要生长素,诱导细胞进入细胞周期。生长素不仅作为使细胞发生分裂所必需的物质,还是使细胞进入胚胎状态所必需的因素。

3) 单细胞起源还是多细胞起源。前面提到,体细胞胚发生途径有直接方式和间接方式。无论体细胞胚是从何种方式产生,都存在一个问题,那就是体细胞胚是起源于单细胞还是起源于多细胞一直有不同的看法,分别都有大量的研究报道,迄今似乎也难以下结论。根据越来越多的研究报道和本课题组对多种植物的研究结果表明,绝大多数体细胞胚是起源于单细胞。从多种植物中都观察到单个胚性细胞,有不均等分裂的二细胞原胚和均等分裂的二细胞原胚、多细胞原胚、球形胚直到成熟胚,由于体细胞胚的发生和分裂的不同步,所以在一块愈伤组织中或一张切片上可观察到多个不同发育时期的体细胞胚。以上结果说明,这些植物的体细胞胚是起源于单细胞的。此外在红豆草单细胞悬浮培养中也观察到体细胞胚的形成,单个胚性细胞具有明显极性,第一次分裂多为不等分裂,顶细胞继续分裂形成多细胞原胚,基细胞进行少数几次分裂形成胚柄。

^{3}H 胸苷(^{3}H-dT)标记实验也表明,开始时愈伤组织外层少数细胞被标记(图 9-9A)。接着另一些薄壁细胞被标记,这些细胞分裂迅速,并向愈伤组织表层扩增,形成一个突起,这部分的细胞从形态上相继转变为胚性细胞(图 9-9B,图 9-9C)(崔凯荣等,2000)。显然 DNA 合成为这些细胞的分裂和分化奠定了物质基础。而且不论是直接方式还是间接方式形成体细胞胚,只有那些已启动脱分化,并进行 DNA 合成的细胞才是胚性细胞分化和体细胞胚形成的细胞学基础。此外,在胚性细胞分裂中不仅有正常的有丝分裂,而且也有无丝分裂。在石防风悬浮培养物的体细胞胚发生中也观察到无丝分裂,主要方式多为缢缩分裂,分裂的同时伴随着细胞质的迅速扩大,最后分裂成两个细胞核。推测这种迅速而简单的缢缩分裂对胚性细胞的快速分裂具有重要的生物学适应意义,同时又是造成这一发育途径染色体不稳定性的重要原因之一。

至于有学者观察到体细胞胚是来源于多细胞组成的胚性细胞复合体。也观察到胚细胞团,如用同位素脉冲标记实验即可证明这些细胞团也是由一个单细胞连续分裂而形成的。该细胞团再进一步分化和分裂形成不同发育时期的体细胞胚,

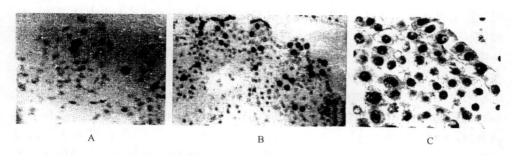

图 9-9　愈伤组织外层细胞的 DNA 合成与细胞分裂

A. 愈伤组织中开始只有少数细胞被³H-dT 标记；B. 接着有较多的细胞被³H-dT 标记；

C. 这些细胞分裂活跃，且在形态上分化为胚性细胞

因而这些体细胞胚实质上也可能是起源于单细胞。当然也不排除有些植物的体细胞胚的确是起源于多细胞的，有待深入研究。

　　4) 极性与生理隔离。体细胞胚胎发生具有两个明显的特点：一是双极性（bipolar）；二是它与母体组织或外植体的微管束系统无直接联系，处于较为独立状态，即存在生理隔离（physiological isolation）。体细胞胚具有双极性结构，有学者早注意到在体细胞胚发生中沿着胚体的纵轴有一个稳定的电流，它可能与决定状态和极性的保持有关。体细胞胚发生中又是如何获得极性的？通过激素的作用和外界电刺激等均可影响到体细胞胚发生的能力等，因此人们推测在体细胞胚分化的诱导中，植物激素和外界刺激都是极性分化的诱导因子。众所周知，动植物的个体发育是从单个受精卵开始的，早期发育就存在不对称性，由此产生的细胞中却有不同的发育结局。已知果蝇的卵子本身是不对称的，这是由母方基因引起的，即在卵子发生期，母体细胞中的一些基因表达产物，如 mRNA 和蛋白质进入卵子，这些产物在卵子中作不均匀分布，从而使卵子为不对称的。同时在受精后的初期仅发生核分裂，产生的许多核都处于同一胞质中，称为合胞体（syncytium），即包含许多核的原生质块，各个细胞核间没有细胞膜把他们分开，随后这些核分布在合胞体的不同部位。由于母方基因的表达产物对基因的表达有调控作用，因而使处于不同位置的核及随后由他们形成的细胞基因表达情况有所不同，这就使得细胞分化了。果蝇卵受精后开始表达的基因称为分节基因。分节基因种类很多，其中有些是在母方基因产物的影响下，分布在不同的细胞中局部表达，它们的表达调控下一类分节基因表达，从而使胚胎分成若干节。这些基因又控制着下一群基因表达，这一群基因称为同源异型基因（homeoosis gene）。在不同节中表达不同的同源异型基因，同源异型基因产物都是转录因子，他们在不同节中分别启动不同的一套基因表达，其结果使不同节产生不同表型。个体发育的调控过程很复杂，通过这些简单的描述只说明了一个基本原理，即个体发育是在一套基因控制下一套基因，下一套基

因又控制再下一套基因的级联方式下进行的,这个原则是所有生物都共同的。体细胞胚发生与发育也是个体发育的胚胎发生过程,而胚性细胞极性的形成是否也是由于基因表达产物的不均匀分布而建立极性梯度(polarity gradient)的结果?正如合子胚一样,精卵核相互融合后,通常要经过休眠期才进行分裂。合子胚在休眠期极性加强,细胞质和细胞核都集中在合点端,形态发生了显著的变化。对小麦胚性细胞的超微结构观察结果表明,不仅细胞核和细胞质向一端偏移,而且细胞器、核糖体和质体等都有区域性集中分布现象,并和细胞核偏移的方向一致。红豆草体细胞胚形成中 DNA 合成量也呈现极性化集中区域。在胡萝卜体细胞胚发生中,DNA 和 RNA 的合成同样具有极性化集中区域(崔凯荣等,2000)。原位杂交表明,从单细胞第二次分裂后,poly(A)$^+$RNA 合成就有区域性,即使当胚胎继续发育受阻的情况下,早期的极性化也仍然存在。由此表明,极性建立对细胞分化和体细胞胚发生具有重要的作用,也是体细胞胚类似合子胚一样具有两极性的基础。接着类似果蝇的胚胎发育,是一系列基因按顺序表达与调控,最后形成具胚芽和胚根的成熟胚,而最终完成胚胎发育。

　　被子植物的胚囊减数分裂后,形成的大孢子是与周围细胞处于分开状态。在小孢子发生时,小孢子母细胞在减数分裂前期也与绒毡层的细胞间没有联系。Steward 从胡萝卜体细胞胚发生中同样观察到能产生胚状体的细胞与周围细胞缺少联系,而处于孤立状态。由此认为只有当细胞与周围组织间存在生理上的隔离,细胞的全能性才得以表达,也就是说生理隔离是体细胞胚发生的先决条件。在多种植物中都能观察到,早期的胚性细胞与周围细胞还存在胞间连丝,但随着胚性细胞的发育,细胞壁加厚,胞间连丝消失或被堵塞,胚性细胞开始分裂,从二细胞原胚到多细胞原胚始终被厚壁所包围,与周围细胞形成明显的界限(图 9-10)。

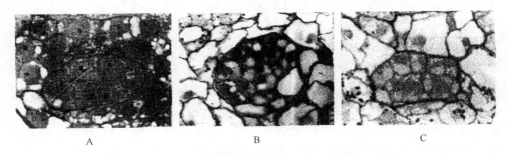

图 9-10　几种植物的多细胞原胚都与周围细胞存在明显界线
A. 枸杞的多细胞原胚;B. 小麦的多细胞原胚;C. 红豆草的多细胞原胚

　　同时还观察到,胚性细胞是否能进一步分化和发育形成体细胞胚,除了培养诱导条件外,细胞间的相互作用与竞争也是重要的因素。在体细胞胚发生过程中,开始有较多的体细胞分化为胚性细胞,但是有的胚性细胞只进行少数几次分裂,然后就停止分裂,并逐渐退化,特别是体细胞胚周围的胚性细胞更易趋于败育。胚胎发生过程中胚性细胞发生的败育直接影响到体细胞胚的诱导频率。因而如何改善条件,减少细胞间相互竞争作用是提高体细胞胚发生频率的重要途径。从观察结果推测,似乎只有那些从周围细胞获得能量、物质和信息的胚性细胞才可继续分裂和分化,然后又必须尽快地与周围细胞分开,脱离整体控制,相关基因得到表达,实现胚胎发生的全能性,并完成胚胎发育的全过程。因而观察到,在这些胚胎迅速发育过程中,相邻细胞逐渐处于解体状态,以致在体细胞胚周围出现较大的缝隙,与其邻近细胞隔离开处于相对独立的情况(图 9-11)。

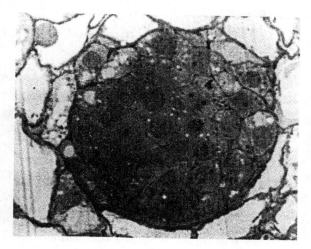

图 9-11　体细胞胚的周围细胞处于解体状态

　　有资料表明,间接的体细胞胚发生中,在有些情况下仍然存在胞间连丝,如石龙芮下胚轴在形成体细胞胚过程中,胚性细胞通过胞间连丝与邻近细胞相连。小麦间接发生的胚性细胞在早期与周围细胞间也存在广泛的胞间连丝。有学者用胚性预决定理论进行解释,如果单个细胞已经处于胚性预决定状态,这时只有与周围细胞分开、脱离整体的控制,其胚胎发生的潜力才可以表达。如果细胞还未处于胚性预决定状态,胚性细胞要从周围细胞获得必要的物质和信息等,诱导其进入预决定状态,因此这时与周围的细胞保持联系是必要的。

　　在多种植物的体细胞胚发生中,无论是直接途径还是间接途径发生,生理隔离状态是存在的,只是这种状态出现有早晚而已,并由此推测,在胚性细胞的发生与发育过程中处于相对独立状态,有利于胚胎发生潜力的表达。但生理隔离也只是相对的,并不意味着它们与周围组织在生理上完全隔离开,在体细胞胚发生与发育过程中,必须从周围细胞中取得营养、能量和激素等,不仅有相互依存关系,而且有相互竞争的关系。在小麦、石刁柏和枸杞等植物的体细胞胚发生过程中都观察到,随着胚性细胞的发生和发育,其周围细胞既有非胚性细胞,也有胚性细胞,不但在形态上发生一系列变化,如薄壁化、液泡化并趋于解体;而且内含物,如淀粉含量和ATP 酶活性等消长动态呈规律性变化,以致完全消失,似乎一直在供给其中体细胞胚发生的营养和能量。当然如果培养条件适合,是可以减少胚性细胞之间的竞争,从而提高体细胞胚的诱导频率。

9.4　山黧豆试管苗的繁殖与移栽

9.4.1　试管苗的建立与增殖

(1) 试管苗的建立

试管苗又称组培苗,试管苗的繁殖又称为微繁殖(micropropagation),指植物细胞或组织在离体培养条件下获得的试管苗不断继代所进行的无性繁殖或营养增殖。而组培苗的建立是快速繁殖的起始阶段,也是实现快速无性繁殖的关键阶段。山黧豆试管苗多半是来自诱导外植体的愈伤组织再分化的不定芽,少数是来自体细胞胚。另有报道,山黧豆在含有 6-BA(50μmol/L)的 MS 培养基上诱导并生长2～3周的试管苗又可分化出一些丛生芽,将这些丛生芽切下转入相同的培养基上,2～3 周后又从上胚轴切段的表面或切口处再产生一些丛生芽,将这些丛生芽切下置于 MS＋NAA(2.5μmol/L)生根培养基上诱导出根而形成完整植株(Malik *et al.*,1992)。他们还发现,山黧豆种子在含有 6-BA(80μmol/L)或 TDZ(50μmol/L)的 MS 培养基上萌发产生实生苗,经过一段时间培养后不经过脱分化,而是在实生苗的周围形成众多的丛生苗,从而较有效地建立试管苗。其实根据不同植物再生能力的差异,试管苗的建立途径也各不同。除了外植体组织培养诱导间接或直接形态发生而建立的组培苗外,还有通过原球茎(protocorm)的快速增值,培养茎尖分生组织形成脱毒苗、顶芽和腋芽的培养迅速繁殖产生幼茎等方式而建立组培苗体系。但无论通过什么途径建立组培苗,在此阶段关键是防止微生物污染和外植体褐变。由于外植体表面消毒不彻底或培养基灭菌不完全,以及操作过程不规范等而导致微生物污染,由此不仅造成人力和物力浪费、接种材料的损失,而且很难再建立组培苗体系。另外,某些植物在培养初期容易出现的一个难题,就是外植体发生褐变,这是由于外植体切口表面渗出的酚类物质被氧化的结果,并使培养基变褐,对组织产生毒害作用,抑制外植体生长或导致外植体死亡。为此必须注意以下几点。

1) 连续更换新鲜培养基,以便摆脱酚类物质和其他生产抑制物质的毒害作用。

2）在培养基中添加抗氧化剂，如抗坏血酸（50～100mg/L）或柠檬酸（500mg/L）等以减少褐变。

3）改变培养条件。由于光照促进酚的氧化，因此把培养物置于暗处培养，有助于减轻培养基的褐变。

（2）试管苗的增殖

由于通过不同途径所建立的组培苗无性系，如芽、苗、胚状体和原球茎等数量有限，必须提高繁殖系数，促进组培苗的增殖。为此应注意以下几点。

1）采取相应措施提高繁殖系数。对利用芽增殖的山黧豆组培苗而言，适当提高增殖培养基中细胞激动素的水平有助于提高繁殖系数。如前面已提到，山黧豆组培苗在 6-BA（80μmol/L）的 MS 培养基上可诱导出较多的丛生芽，进而形成完整植株。当用茎尖或腋芽形成的幼茎不易伸长时，可加入适量赤霉素促进生长，还可减少幼茎基部产生愈伤组织，并有助于茎尖成活而增加繁殖系数。只要培养基的营养供应充足、激素调控适宜、光照和温度等环境条件配套，又排除了其他生物的竞争，一般而言，在短期内可使组培苗呈几何级数增加。

2）防止组培苗玻璃化现象。组培苗玻璃化（vitrification）是影响其增殖的主要因素。山黧豆分化苗玻璃化现象十分普遍，而且这些苗一旦玻璃化就难以增殖而形成再生苗（Debergh et al.，1992）。玻璃化苗的特点是呈超度含水性（hyperhydricity），水晶透明或半透明状；导管和管胞木质化不完全；茎叶脆弱，叶无功能性气孔，没有栅栏组织，只有海绵组织；木质素含量和蛋白质及一些酶水平都降低。玻璃化苗的形成受诸多因素的影响，如山黧豆的品种和外植体的生理状态，以及激素和培养条件等都影响玻璃化苗的产生（Ochatt et al.，2002）。Ochatt 等（2002）还进一步证明，山黧豆玻璃化苗的形成与其细胞基因组 DNA 含量和核型变异相关，玻璃化苗中细胞不仅存在染色体数目的变化，而且有 $2n$、$4n$ 和 $8n$ 三种倍性细胞混合存在。总之，玻璃化苗是植物组织培养过程中所特有的一种生理失调或生理病，是组培苗增殖中的无效苗，成为组培苗增殖的严重阻碍。为此，在植物组织培养中注意品种的筛选、外植体的生理状态、培养基的激素水平的配比、调节培养基的渗透压、提高光照强度等措施可以缓解或防止玻璃化苗的发生。

3）关注组培苗的遗传稳定性。组培苗的遗传稳定性不仅关系到保持原有品种的特性，而且关系到组培苗的增殖，如上面提到的山黧豆玻璃化无效苗正是由于遗传不稳定性等因素造成；而在植物组织培养中又广泛存在体细胞无性系变异（见本书第 10 章）。这里只涉及如何提高组培苗遗传稳定性的方法。筛选适宜的品种和外植体：山黧豆不同品种、不同细胞或组织，以至不同器官作为外植体不但诱导频率和分化率各不相同，而且遗传稳定性差异更显著，同时诱导频率和分化率又与遗传稳定性相关。注意形态发生途径的筛选：因为通过愈伤组织再生不定芽的间接器官发生途径的变异频率远高于体细胞胚胎发生途径（崔凯荣等，2000），也可利用茎尖分生组织、腋芽生枝等方式有效降低变异频率、缩短继代之间的时间和继代次数的限制。在山黧豆组织培养中观察到，体细胞无性系变异频率不仅与山黧豆品种和外植体类型相关，还与其愈伤组织继代时间和继代次数相关，随继代之间时间的延长和继代次数的增加，细胞核型变异频率也随之增加（杨汉民等，1990）。山黧豆的愈伤组织一般是20d继代一次，继代次数多限于5~8次，然后重新接种外植体进行下一轮的继代培养。采用适当较低浓度的生长调节物质，这是因为较高浓度的生长素容易引起细胞变异，特别是高浓度2,4-D处理山黧豆愈伤组织，核型变异率高达50%以上，为此，在应用中尽量降低这类生长素的浓度，并在组培苗增殖过程中不断地剔除无效苗。

9.4.2　试管苗的生根诱导与移栽

（1）组培苗的生根诱导

当组培苗增殖到一定数量后就诱导生根以形成完整植株，但由于增殖培养基中细胞分裂素含量高，组培苗在增殖期生长快，因而无根苗较弱，加之此时苗内源细胞分裂素水平较高，诱导生根效率低。为此在诱导生根前，先转入细胞分裂素含量较低的培养基中培养以促进壮苗，然后再转入生根诱导培养基。山黧豆组培苗的生根诱导培养基为MS培养基中大量元素含量降至1/2，并适当降低蔗糖的浓度和碳源水平、提高光照强度、添加低浓度的生长素。NAA和IBA是诱导组培苗生根的关键因子，一般浓度为0.01~0.2mg/L。但不同实验室可能是由于组培苗来源途径不同或生长状态的差异，因而附加生长素的浓度也各不相同（表9-5）。甚至有些山黧豆组培苗的培养基中不加任何生长素也能诱导生根，相反有的组培苗即使加入生长素也未必能诱导生根，Zambre等（2002）将这种组培苗通过嫁接方法而获得完整的再生植株。

表 9-5　山黧豆分化芽生根培养基激素配比

基本培养基	激素	生根效果	文献
SS-B-8	NAA(10^{-5}mol/L)或 NAA(1mg/L)	未知	Sinha et al.,1983
B5(1/2)	IAA(2mg/L)＋椰子汁(15%;V/V)	未知	Gharyal et al.,1983
MS(1/2)	IBA(0.01mg/L)	91%	Roy et al.,1991
MS(1/2)	IBA(0.5μmol/L)	46%	Roy et al.,1992
B5	无激素	未知	Zambre et al.,2002

组培苗的壮苗和诱导生根过程也是使试管苗适应外部环境的一个过渡期，所以诱导生根的培养条件不仅要有利于生根，还要有利于试管苗的移植。降低培养

基中糖含量和碳源水平除了有利于诱导生根外,还使组培苗逐步减少对异养条件的依赖,逐步恢复通过光合作用为自身制造有机物的自养能力。为此在此阶段提高光照强度,特别是自然光照效果更好。

（2）试管苗的移栽

组培苗生根后一个月左右就可以移栽到土壤介质中,但组培苗是在无菌、有营养和生长物质供给、适宜光照和温度及相对湿度接近 100％ 的环境中生存而培养的试管苗十分脆弱,其形态和生理特征是:①根系不发达且无根毛,无吸收能力。②叶表角质层和蜡质层不发达,且叶组织间隙大,气孔开口大,无节律性开闭变化,水分极易丧失,抗性差。③叶绿体发育不良,RuBP 酶活性低,光合作用能力差,碳素营养大部分仍然依赖于培养基中的糖类提供。

为此,生根后的组培苗移栽前还必须进行炼苗或驯化处理,使之逐渐适应自然环境条件,否则如将组培苗直接转移到大田中,那么随即发生水分代谢失调而萎蔫死亡,势必导致前功尽弃。炼苗的原则是逐渐降低组培苗环境的湿度、保持水分代谢平衡、提高适宜温度、增加光照强度、防止杂菌的污染等措施。山蓝豆试管苗移栽前是逐步揭开封口膜或者瓶盖,逐渐降低湿度、增加自然光照时间进行驯化,使叶片逐渐形成蜡质层、恢复气孔开闭功能、减少水分散失、促进新根发生和根系的吸收能力、提高光合作用、恢复自养能力。经过大约两周的炼苗,在完全揭开瓶盖后组培苗未发生萎蔫就可以移栽到土壤介质中。

经过驯化后的试管苗移栽时还必须注意以下几点。

1）土壤介质。要求土壤介质疏松通气,又具有适宜的保水性,容易灭菌处理,不易滋生杂菌。常用的有粒状蛭石、珍珠岩、粗砂和锯木屑等,或者将这类介质以一定比例混合应用。山蓝豆试管苗移栽所采用的土壤介质正是粗粒状蛭石与锯木屑按等比例混合应用,既保证了介质的疏松通气,又具有适宜的保水性。

2）湿度。移栽后先浇透定根水,用塑料薄膜遮盖,开始 1～2 周内应保相对湿度在 90％ 以上,在以后的 2～4 周内逐步揭开塑料薄膜,并降低相对湿度,直至与自然环境接近。

3）温度。山蓝豆组培苗移栽温度一般为 20℃ 左右,随植物种类不同对移栽的温度要求有所差异,但一般要求种植介质温度略高于气温 1～2℃,以便促进根系的发育、提高组培苗成活率。但也要注意夏季高温高湿条件下组培苗幼叶出现水浸状而导致叶片萎蔫以致幼苗死亡。

4）光照。光照不能太强,特别是在移栽早期,强光照会破坏叶绿素使叶片边缘发黄或发白而延缓或降低组培苗的成活,同时过强的光照会增加水分蒸腾而造成水分代谢的不平衡,结果使幼苗萎蔫而死亡。如在室外强光照时注意遮荫,一般要求光照强度约为 1500～4000lx。

5）防病菌污染。移栽后适当喷洒一定浓度的杀菌剂可以有效地防止移栽苗感病。常用的杀菌剂有百菌清、多菌灵和托布津等，应用浓度一般为 1/1000～1/800。

参 考 文 献

肖尊安. 2005. 植物生物技术. 北京：化学工业出版社

杨汉民，高清祥，王小兰，等. 1991. 山黧豆组织培养中的染色体变异. 兰州大学学报（自然科学版），26：103～108

崔凯荣，戴若兰. 2000. 植物体细胞胚发生的分子生物学. 北京：科学出版社

Banno H，Ikeda Y，Niu Q W，et al. 2001. Overexpression of Arabidopsis ESR I induces initiation of shoot regeneration. Plant Cell，13：2609～2618

Barna K S，Mehta S L. 1995. Genetic transformation and somatic embryogenesis in Lathyrus sativus. J Plant Biochem Biot，4：67～71

Bonnett H T，Torrey J G. 1965. Chemical control of organ formation in root segments of Convolvulus cultured in vitro. Plant Physiol，40 (6)：1228～1236

Debergh P，Aitken-Christie J，Cohen D，et al. 1992. Reconsideration of the term 'vitrification' as used in micropropagation. Plant Cell Tiss Organ Cult，30：135～140

Gharyal P K，Maheshwari S C. 1983. Genetic and physiological influences on differentiation in tissue cultures of legume，Lathyrus sativus. Theor Appl Genet，66：123～126

Leyser O，Day S. 2003. Mechanisms in plant development. Oxford：Blackwell science

Malik K A，Khan S T A，Saxena P K. 1992. Direct organogenesis and plant regeneration in preconditioned tissue cultures of Lathyrus cicera L.，L. ochrus (L.) DC. and L. sativus L. Ann Bot，70：301～304

Meijer E G M，Broughton W J. 1981. Regeneration of whole plants from hypocotyl root, and leaf derived tissue cultures of pasture legume Stylosanthes guyanensis. Plant Physiol，52：280～284

Melaragno J E，Mehrorta B，Coleman A W. 1993. Relationship between endopolyploidy and cell size in epidermal tissue of Arabidopsis. Plant Cell，5：1661～1668

Ochatt SJ，Muneaux E，Machado C，et al. 2002. The hyperhydricity of in vitro regenerants of grass pea (Lathyrus sativus L.) is linked with an abnormal DNA content. Plant Physiol，159：1021～1028

Prakash A P，Kumar P P. 2002. PKMADS1 is a novel MADS box gene regulating adventitious shoot induction and vegetatine shoot development in Paulownia kawakamii. Plant J，29：141～151

Racmakers C J J M，Sofiari E，Kanju E，et al. 1995. NAA-induced comatic embryogenesis in cassava // Rcca W M，Thro A M. eds. Proceedings of second international scientific meeting of the Cassava Biotechnology Network(CBN)，Bogor，Insonwaia，CIAT，Cali，Colombia，1：355-363

Roy P K，Singh B，Mehta S L，et al. 1991. Plant regeneration from leaf disc of Lathyrus sativus. Indian J Exp Biol，29：327～330

Roy P K，Barat G K，Mehta S L. 1992. In vitro plant regeneration from callus derived from root explants of Lathyrus sativus. Plant Cell Tissue Org Cult，29：135～138

Skoog F，Miller C O. 1957. Chemical regulation of growth and organ formation in plant tissue cultures in vitro. Symp Soc Exp Biol，11：118～131

Sinha R R，Das K，Sen S K. 1983. Plant regeneration from stem-derived callus of the seed legume Lathyrus sativus L. Plant Cell Tiss Org Cult，2：67～76

Steward F C, Mapes M O, Smith J. 1958. Growth and organized development of cultured cells. Ⅱ. Organization in cultures grown from freely suspended cells. American Journal of Botany, 45: 705~708

van den Berg K, De Craene D, van Parijs R. 1991. Cytogenetic effects of Picloram on callus induction in *Pisum sativum* L. cultivar finale. Med Fac Landbouww Rijksuniv Gent, 56: 1469~1481

van Dorrestein B, Baum M, Abdel Moneim. 1998. A use of somaclonal variation in *Lathyrus sativus* (grasspea) to select variants with low ODAP concentration. Valladolid, Spain, 3rd Eur Conf on Grain Legumes: 364

Zambre M, Chowdhury B, KuoY, *et al*. 2002. Prolific regeneration of fertile plants from green nodular callus induced from meristematic tissues in *Lathyrus sativus* L. (grass pea). Plant Sci, 163: 1107~1111

第 10 章　山黧豆的遗传与育种

山黧豆物种遗传变异十分广泛,包括群体水平上的表型与核型的遗传多样性和基因组 DNA 的多态性等。个体水平上营养器官和生殖器官形态变异与一系列生物学特性的变异和毒素 β-ODAP 含量变异等;细胞水平的染色体结构、数目和带型的变异;分子水平的基因突变、DNA 多态性、基因扩增与删减等,这些变异呈现出一定的遗传传递规律。为了有效地进行山黧豆品种选育与繁殖,必须掌握其遗传多样性的遗传规律、变异性状受控的基因、变异的分子机制和它们之间的亲缘关系的鉴定,以便确定相关物种、居群或个体之间杂交可孕性与杂种可育性及转基因的可行性等。除了在形态水平、细胞水平和蛋白质与同工酶水平分析外,DNA分子标记(DNA molecular marker)应该是最为有效的技术。因为该技术可以覆盖整个基因组,直接在 DNA 水平上标记生物群体与个体之间的差异,是 DNA 水平上遗传变异的直接反应。因此,从该技术诞生之日起就引起人们极大关注,并广泛地应用于遗传育种、亲缘关系鉴定、基因定位、基因克隆和分子标记辅助选择等。为此本章对山黧豆遗传多样性的遗传规律、变异的细胞学基础和分子机制、杂交育种、基因工程育种和体细胞无性系变异与育种及 DNA 分子标记辅助选择育种等进行讨论,旨在为今后深入研究提供信息。

10.1　山黧豆多态性的遗传规律

10.1.1　山黧豆表型多态性与遗传

对栽培山黧豆及其同属品系资源的评价中,人们发现了非常丰富的各种变异,通过筛选将为进一步用现代生物技术育种提供有价值的基因资源(Vaz Patto *et al.*, 2006)。山黧豆的变异很广泛,但人们研究比较多的涉及 3 个方面的变异,即毒素含量变异、产量变异和抗性变异(Tiwari *et al.*, 1996a,1996b),而且很早人们就开始这 3 个主要方面的研究(Roy *et al.*, 1975)。

对山黧豆中毒的关注,促使对大量品种毒素含量的检测和变异分析。通过对大量品种种子毒素的分析,人们发现 ODAP 含量的遗传力较低,更易受环境因素的影响(Siddique *et al.*, 1996;Campbell, 1997;Jiao *et al.*, 2011)。Roy 等(1975)对 10 个山黧豆品种分析发现,ODAP 的含量在 0.142%～0.680%变异,并由此筛选到了至今仍在广泛栽培的低毒品种 P-24。Tadesse(2003)分析埃塞俄比

亚的 20 个山黧豆品种表明,毒素含量变化幅度为 0.300%~0.529%,而籽粒产量
为 0.32~3.0t/hm²。陈耀祖等(1992)对我国收集到的 60 多个山黧豆品种分析发
现,种子毒素含量为 0.071%~0.993%,而且在同一试验田 3 年的连续种植中,毒
素含量有明显的下降趋势(表 10-1)。山黧豆种子 ODAP 含量及其他营养成分如
蛋白质含量的广泛变异在不同国家的学者中均有大量报道,变异范围可参考 Han-
bury 等(2000)的综述文献。表 10-1 不同山黧豆品种在引种前和引种后种子
ODAP 含量的逐年变化情况(陈耀祖等,1992)。

表 10-1　不同山黧豆引种前和引种后种子 ODAP 含量的逐年变化情况(陈耀祖等,1992)

编号	品种	ODAP 含量/%			
		引种前 (1982)	引种第一年 (1983)	引种第二年 (1984)	引种第三年 (1985)
1	麻色山黧豆	0.202	0.190	0.139	0.136
7	宁夏春山黧豆	0.676	0.421	0.456	0.330
13	宁夏麻籽山黧豆	0.743	0.608	0.542	0.347
18	黑龙江山黧豆-1	0.415	0.358	0.339	0.268
19	阿白山黧豆-1	0.607	0.337	0.334	0.251
20	阿麻山黧豆-1	0.534	0.349	0.335	0.304
21	白香山黧豆-1	0.478	0.388	0.266	0.274
22	西德山黧豆	0.448	0.449	0.355	0.263
24	阿杂山黧豆-1	0.531	0.335	0.222	0.227
25	887 栽培山黧豆	0.437	0.481	0.322	0.265
26	665 栽培山黧豆	0.512	0.420	0.232	0.286
27	4-1 栽培山黧豆	0.616	0.332	0.256	0.225
30	宁夏山黧豆	0.268	0.291	0.272	0.304
31	宁夏白花山黧豆	0.360	0.375	0.322	0.220
32	青海白花山黧豆	0.574	0.343	0.336	0.275
33	靖边白山黧豆	0.561	0.332	0.217	0.229
34	黑脐山黧豆	0.472	0.321	0.265	0.324
37	阿白山黧豆-2	0.459	0.336	0.342	0.378
38	麻香山黧豆	0.488	0.310	0.251	0.248
39	车所栽培山黧豆	0.513	0.329	0.282	0.270
40	阿杂山黧豆-2	0.482	0.386	0.359	0.300
41	白香山黧豆-2	0.490	0.372	0.292	0.235
42	青海麻花山黧豆	0.572	0.304	0.306	0.227

续表

编号	品种	ODAP 含量/%			
		引种前 (1982)	引种第一年 (1983)	引种第二年 (1984)	引种第三年 (1985)
43	阿麻山黧豆-2	0.490	0.328	0.305	0.230
44	环县栽培山黧豆	0.496	0.372	0.396	0.325
45	青海花花山黧豆	0.650	0.444	0.380	0.307
46	阿克苏山黧豆	0.326	0.408	0.396	0.215
47	酒泉山黧豆	0.311	0.419	0.332	0.326
48	石河子山黧豆	0.425	0.392	0.292	0.249
50	栽培山黧豆-1	0.529	0.292	0.265	0.383
51	陇县山黧豆	0.769	0.442	0.304	0.283
52	黑龙江山黧豆-2	0.478	0.366	0.225	0.261
53	黑咀山黧豆	0.443	0.298	0.312	0.300
54	纯白山黧豆	0.446	0.343	0.243	0.309
55	永寿山黧豆-1	0.738	0.425	0.343	0.248
56	普通山黧豆-1	0.854	0.313	0.300	0.284
57	普通山黧豆-2	0.724	0.334	0.343	0.248
58	武功收黑龙江山黧豆	0.743	0.262	0.324	0.258
59	低毒黑龙江山黧豆	0.631	0.282	0.290	0.259
60	黑咀黑龙江山黧豆	0.603	0.309	0.336	0.239
61	永寿山黧豆	0.840	0.420	0.309	0.337
62	纯白黑龙江山黧豆-2	0.560	0.360	0.307	0.270
63	阿白山黧豆-3	0.873	0.358	0.359	0.330
64	普通山黧豆-3	0.993	0.297	0.188	0.223
65	栽培山黧豆-2		0.436	0.233	0.219

　　对山黧豆抗虫害的研究也是人们普遍关注的(Campbell *et al.*，1994)，近年来对该属中许多品种的抗虫情况开始进行比较系统的分析和评价(Vaz Patto *et al.*，2006)。在其他作物中常见的病虫害如白粉病(powdery mildew，*Erysiphe pisi*)、锈病(rust disease，*Uromyces* sp.)、褐斑枯萎病(*Mycosphaerella pinodes*)及婴翅目昆虫(thrips)病等在山黧豆属植物中也较普遍，而且不同品种之间敏感性也不一样(Vaz Patto *et al.*，2006)(图 10-1)。

图 10-1　扁荚山黧豆(*L. cicera*)果荚侵染的锈病(Rubiales *et al*.，2009)(见图版)

在田间也观察到几种病害在豌豆中比较流行，但山黧豆却明显具有比较强的抗性，特别是该属植物的野生种具有更强的抗病虫害能力（Rubiales *et al*.，2009）。因此对山黧豆栽培种和野生种的资源调查与种质评价中应注重抗虫害的研究，只有发现了某种强的抗性特征，才有可能进一步筛选和克隆相关的基因，为抗性育种工作提供可利用的优良基因资源。

由于栽培山黧豆品种存在极其丰富的形态和农艺品质变异，因而世界各国非常重视相互引种筛选试验（Campbell *et al*.，1994）。早期的筛选以低 ODAP 含量品系为主要目标。然而 ODAP 含量是典型的数量性状遗传（Quader *et al*.，1987；Tiwari，1994），并受环境中诸多胁迫因素的影响（Jiao *et al*.，2011），尽管如此，20世纪 70～80 年代以来，许多国家通过大量筛选，获得了适合本国土壤和气候的优良低毒山黧豆品系（Campbell *et al*.，1994），其毒素含量普遍从当初的 0.5%～1.5%降到 0.01%或更低（Vaz Patto *et al*.，2006）。Abd El-Zaher 等（2007）对山黧豆属涉及 18 个品种的 66 份种子进行栽培分析，发现 ODAP 的含量与品种的蛋白质含量、百粒重和灰分没有相关性，但通过筛选得到了一个具有高产高蛋白质和遗传性状欠佳的品系，但可以作进一步的育种材料。20 世纪 80～90 年代，兰州大学与甘肃省农业科学院土壤肥料研究所等单位收集到了 73 份我国不同产地的山黧豆属品种和亚种。在甘肃武威白云村对其中有发芽能力的 65 个品种经过连续3 年的引种试验和植物学特性分析，确认它们分属栽培山黧豆（*L. sativus*）、扁荚山黧豆（*L. cicera*）、香豌豆（*L. odoratus*）和坦尼尔山黧豆（*L. lingitanuus*）4 个种群。田间试验表明，扁荚山黧豆粒小，生长周期短（一般 83～98d），毒素含量低（大多在 0.2% 以下），且耐寒，但抗旱性较差，产量也低（产草量一般在 9000kg/hm² 左右；产籽量约 750kg/hm²）。栽培山黧豆粒大，生长周期较长（104～122d），优点是抗旱耐寒，不易得病虫害，产草量在 15 000kg/hm² 以上，大多在 21 500kg/hm² 左右；产籽量多数 2 250kg/hm² 上下，有些高达 3 000kg/hm² 以上；种子中的毒素含量虽然在 0.2% 以上，但茎叶蛋白质含量较高，而毒素含量极低，因而可作为优质饲料来种植。通过 3 年的种植试验，该课题组从 65 个收集的品种中筛选出了 5 个低毒高产、抗旱耐寒的栽培山黧豆品种。毒理学试验表明，长期大剂量饲喂高毒品种可引起牲畜神经性中毒；而低毒品种饲喂的动物没有明显的异常症状（陈耀祖等，1992）。这些品种的许多种子现在甘肃省农业科学院和兰州大学均有收藏。

山黧豆属植物的性状遗传研究不系统，主要侧重于毒素与其他性状如种皮颜色、种子大小及花色等是否有连锁现象，以便进行低毒品系的筛选；但不同的学者得到不同的结果，迄今也没有明确的结果表明毒素究竟与哪一种或哪几种可见的性状相关联（Campbell，1997；Abd El-Zaher *et al.*，2007）。因此，目前低毒品系的鉴定主要通过直接检测筛选而并不是靠连锁的相关标记性状而获得。其他性状如产量、同工酶等的遗传有不少学者进行了研究（Campbell，1997）。由于最受关注的毒素 ODAP 合成由多个步骤完成，属多基因控制的数量性状遗传（Quader *et al.*，1987；Tiwari，1994）。有些学者试图寻找 ODAP 与其他生化指标的关系。Sanchez 等（2009）对西班牙昆卡（Cuenca）种子库的 134 个扁荚山黧豆品种进行了蛋白质和 β-ODAP 含量的分析，发现 β-ODAP 的含量在 0.09%～0.30% 变异，平均为 0.17%；并发现 β-ODAP 与蛋白质含量基本没有相关性（$r=0.396$，$P=0.01$）。对山黧豆花色的研究表明为孟德尔遗传，其中蓝色花对粉色和白色花均为显性（Quader，1985；Kumari *et al.*，1993），并且是单基因控制（Chowdhury，1997）。山黧豆的产量由于受诸多因素的影响，受多基因控制，这方面的研究尚待深入（Campbell，1997；Vaz Patto *et al.*，2006）。

Chowdhury（1997）对山黧豆中 11 个同工酶：顺乌头酸酶（aconitase，ACO-1，ACO-2）、天冬氨酸转氨酶（aspartate aminotransferase，AAT-1，AAT-2）、酯酶（esterase，ES-3，ES-6）、甲酸脱氢酶（formate dehydrogenase，FDH）、亮氨酸氨基肽酶（leucine aminopeptidase，LAP-1）、葡糖-6-磷酸脱氢酶（glucose-6-phosphate dehydrogenase，PGD-2）、莽草酸脱氢酶（shikimate dehydrogenase，SKDH）、磷酸丙糖异构酶（triose-phosphate isomerase，TPI）等进行了比较详细的研究。通过杂交研究表明，*ACO-1*、*ACO-2*、*AAT-1*、*AAT-2*、*EST-6*、*FDH*、*LAP-1*、*PGD-2*、*SKDH* 和 *TPI* 均为共显性，并由单基因控制；而 *EST-3* 为单基因显性遗传。

10.1.2　山黧豆染色体多态性与遗传

众所周知,孟德尔遗传规律是以豌豆作为材料的研究成果,与其他豆类相比,山黧豆与豌豆的亲缘关系较近(Vaz Patto et al.,2006)。因此自 20 世纪初,人们就已经开始对山黧豆属中的一些品种,尤其是观赏型品种香豌豆(*Lathyrus odoratus*)进行遗传学研究(Campbell,1997)。著名遗传学家贝特生(Bateson)和普纳特(Punnett)以香豌豆作为实验材料进行遗传学研究,首先发现了植物性状连锁遗传现象(Punnett,1923)(图 10-2)。后来由于山黧豆中毒的社会影响,人们对毒素 β-ODAP 的关注导致将山黧豆遗传育种研究的中心转向培育低毒品种,而其他性状和品质方面的遗传现象研究得比较少(Vaz Patto et al.,2006)。β-ODAP研究中发现低毒品系产量也比较低,而各品种毒素含量也极不稳定。β-ODAP 与产量及其他一些农艺性状,如抗旱性和抗虫性之间的相关性也开始受到学者们的关注,并尝试用遗传学方法研究这些性状的传递规律,其目的是通过杂交育种选育低毒、丰产、抗逆性强的山黧豆新品系(Campbell et al.,1994)

同属种间和种内植物体细胞染色体核型分析和性细胞分裂时染色体的行为研究是细胞遗传学的主要内容。进行这方面的研究对解释种间和种内杂交是否亲和或合子是否可育具有非常重要的意义。许多研究表明,山黧豆属植物种间染色体核型的不同是导致种间杂交败育的主要原因(Badr,2007)。早在 1931 年,人们就已发现山黧豆属的许多品种含 7 个连锁群(Fisk,1931)(图 10-2)。广泛栽培品种

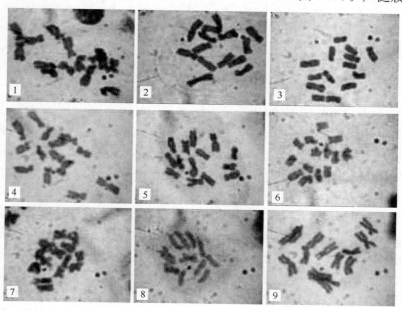

A

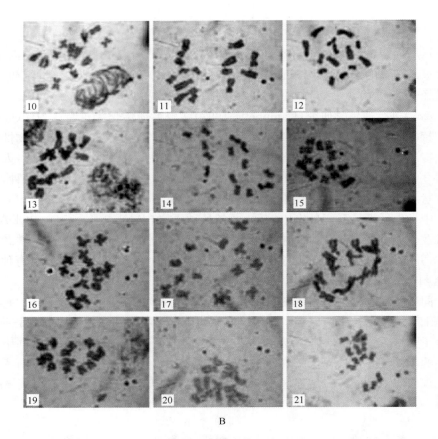

B

图 10-2　山黧豆属植物细胞中期染色体形态（Fisk，1931）（见图版）

1、2. *L. sylvestris*；3～6. *L. hirsutus*；7. *L. annus*；8. *L. sphaerious*；9. *L. latifolius*；

10. *L. ochrus*；11. *L. clymenum*；12. *L. articulatus*；13. *L. aphaca*；

14. *L. inconspicus*；15. *L. blepharicarpus*；16～20. *L. cicera*；21. *L. marmoratus*

山黧豆的体细胞二倍体含 14 条染色体（$2n=14$）（Yamamoto *et al.*，1991）。在分析过的该属 60 个种中，除了 *L. pratensis* 和 *L. venosus* 为四倍体（$2n=28$）、*L. palustris* 为六倍体外（$2n=42$）（Campbell *et al.*，1994），其余均是二倍体。核型分析表明染色体多态性（chromosomal polymorphism）：根尖细胞的核型为 $B_8C_2E_4$，而胚细胞的核型为 $A_4B_2C_4D_2E_2$。五种中期染色体分别为：A 型，极近末端或近末端初缢痕；B 型，极近中到近中初缢痕；C 型，近中初缢痕；D 型，具初缢痕和次缢痕，3 条臂中，其中 2 条长度相近，另 1 条较长；E 型，具初缢痕和次缢痕，其中两边臂较长，中间臂较短。另外，中期染色体总长度约 $40.3\mu m$（Nandini *et al.*，1997）。由于核型受材料及制片技术的影响，不同学者得出的结果不尽一致，如 Kumar 等（1996）报道山黧豆中期染色体中，2 条为中着丝粒染色体，5 条为近中着丝粒染色

体。但同一课题组或同一实验室研究的结果表明,虽然山黧豆属植物细胞染色体
数目颇为一致,但核型差别比较大(Arzani,2006;Badr,2007),主要表现在中着
丝粒染色体数、亚中着丝粒染色体数、亚端着丝粒染色体数及长短臂比值等的差
异。由此造成不同种之间 DNA 含量和基因组大小差异较大(Narayan *et al.*,
1977;Narayan *et al.*,1989;Nandini *et al.*,1997)。

　　Lavania(1982)观察到山黧豆花粉粒的大小在种内和种间很不均一,推测可能
与其染色体的不稳定性有关(图 10-3),如山黧豆品种"LSD-1"体细胞的染色体数
目明显不稳定,对茎尖和根尖细胞检测表明,54%的植株中有 60%的细胞染色体
数在 $2n=11\sim14$ 变化。并发现 80 株中有 2 株的个别细胞是三倍体($2n=21$)。除
了染色体数目有变异外,在所观察的细胞中还发现了染色体的降解现象。后来其
他学者也发现了山黧豆属中染色体的变异情况(Narayan *et al.*,1989;Nandini *et
al.*,1997)。Dibyendu(2008)还发现并分离到四体($2n+2;2n=16$)突变体等。通
过这些实验结果推测,山黧豆属种间杂交不孕或染色体杂种不育(chromosomal
hybrid sterility)可能与其细胞中染色体核型不稳定性相关。还有 Nandini(1997)
用流式细胞仪测定了 20 种山黧豆属植物的基因组大小,发现种间 DNA 序列扩增
(amplification)和消减(elimination)非常普遍,而且这几组品种间的杂交均未成
功,研究其花粉形成过程发现,染色体交叉频率与花粉的败育相关,因为染色体交
叉直接导致染色体不均衡(chromosome imbalance)。

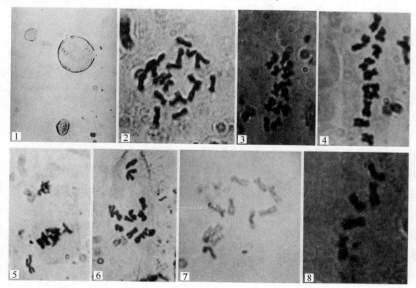

图 10-3　山黧豆花粉粒及变异核(Lavania,1982)

1. 不同大小的花粉粒;2. 三体核(21 条染色体);3. 13 条染色体核;4. 11 条染色体核;5、6. 染色体
不均等分离;7. 含 11 条染色体核 3 条降解染色体的核;8. 含 5 条染色体和 2 条突变染色体的核

　　Lavania 等(1980)通过对 9 种山黧豆属植物的核型吉姆萨显带(C 带)发现,所有品种均具有异染色质(heterochromatin)片段,C 带在多年生品种的染色体臂上数目多且分布广泛;但在一年生品种中则主要分布在染色体端部和着丝粒附近,并且数目明显少于多年生品种。综合以上分析认为该属植物染色体进化的趋势为重复序列增加,相应其异染色质也增加(图 10-4)。

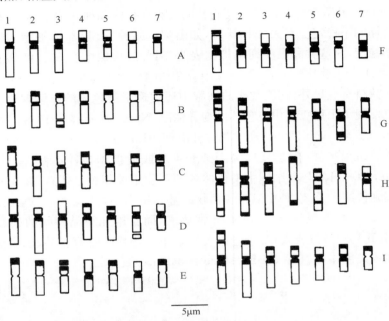

图 10-4　山黧豆属植物的吉姆萨显带核型模式图(Lavania *et al.*,1980)

A～F 为一年生品种,G～I 为多年生品种。其中 A. *L. clymenum*;B. *L. aphaca*;

C. *L. cicera*;D. *L. odoratus*;E. *L. sativus*;F. *L. sphaericus*;G. *L. martimus*;H. *L. sylvestris*;

I. *L. tuberosus*

10.1.3　山黧豆 DNA 多态性与遗传

　　Chtourou-Ghorbel 等(2001,2002)用 RFLP 和 RAPD 标记技术对 9 个不同地域的品种和 5 个具有代表性的山黧豆品种进行了 DNA 分子变异性分析(analysis of molecular variance,AMOVA),发现这些不同居群或品种之间在 DNA 分子水平上存在广泛变异,并借此建立了这些品种的 RAPD 片段库,近年来已有许多学者用分子标记的方法分析了大量山黧豆品种的变异及居群间和居群内变异情况(Vaz Patto *et al.*,2006)。

Chowdhury 等(1999)通过分析 100 株白花和蓝花品种杂交 F_2 后代个体获得了由 1 个花色(白对蓝)表型、3 个同工酶和 71 个 RAPD 分子标记构成的山鬈豆遗传图谱(图 10-5,图 10-6,图 10-7)。Chowdhury 等(1997)分析 5 株 F_2 个体得到了 1 个花色(白对蓝)表型、11 个同工酶和 72 个 RAPD 分子标记构成的山鬈豆遗传图谱。该图谱涉及 14 个连锁群,总图距约 898cM(厘摩,centi-mergan),标记之间的平均图距为 17.2cM。这一图谱的缺点是约 12% 的标记有不均等分离现象。后来,Skiba 等(2004)建立了一张与褐斑枯萎病有关山鬈豆遗传图谱,由 64 个分子标记组成:47 个 RAPD 标记、7 个 STMS 标记 和 13 个 STS/CAPS 标记(有 3 个为重叠标记)(图 10-8)。该图谱涉及 9 个连锁群,总图距为 803.1cM,标记之间的平均图距为 15.8cM。这一图谱的缺点是标记在 9 个连锁群间不均匀分布,有些连锁群中相关标记很少;另外,图谱中没有指出褐斑枯萎病相关基因究竟与哪个标记最接近。总之,从目前对山鬈豆植物的分子标记分析可以看出,相关研究还不够连续、深入,以上构建的山鬈豆遗传图谱之间还缺乏比较,不同图谱之间共同的标记有多少还不清楚,因此这方面的研究尚待深入。

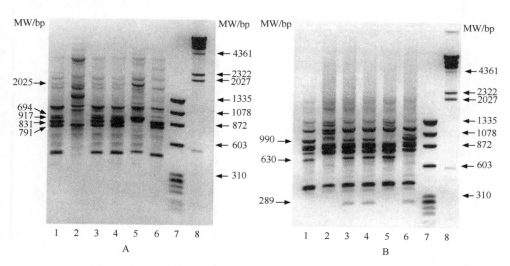

图 10-5　山鬈豆亲代及子代的 RAPD 图谱(Chowdhury *et al.*,1999)

A. 由编号为 UBC304 引物扩增的 RAPD 图谱;B. 由编号为 UBC308 引物扩增的 RAPD 图谱。

1~3. F_2 代;4. F_1 代;5,6. 亲代;7,8. DNA 分子质量标准

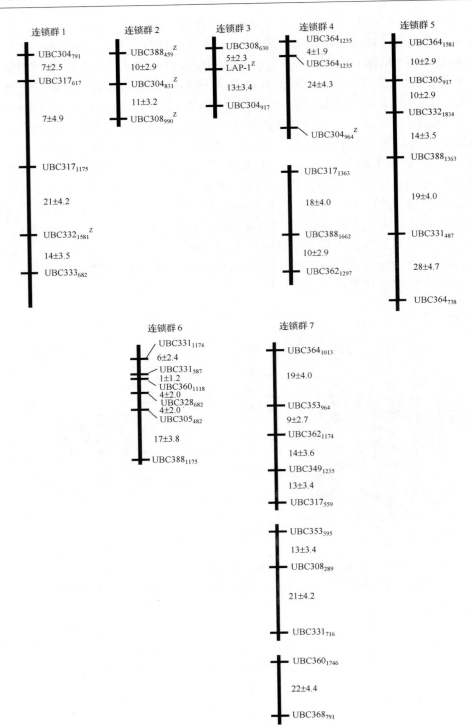

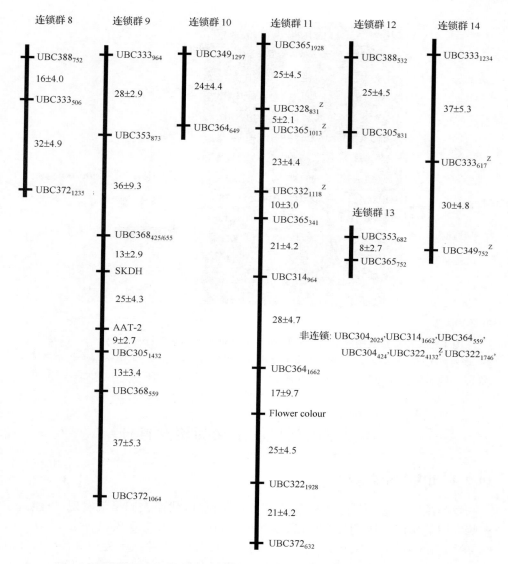

图 10-6 山鼸豆的遗传连锁图(Chowdhury *et al.*, 1999)

图中共 14 个连锁群,其中包括 1 个控制花色的基因(见连锁群 11);3 个酶基因,即天冬氨酸转氨酶(aspartate aminotransferase,AAT,定位于连锁群 9)、亮氨酸氨基肽酶(leucine aminopeptidase,LAP,定位于连锁群 3)和莽草酸脱氢酶(shikimate dehydrogenase,SKDH),定位于连锁群 9;71 个 RAPD 序列。图中短横线代表 RAPD 序列在连锁群的位置,大写及数如 UBC304 代表 RADP 序列,遗传距离用数据平均值(cM)±SD 标出

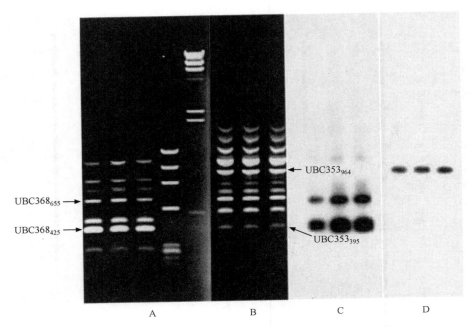

图 10-7　山黧豆其中两个 RAPD 序列及其 Southern 杂交（Chowdhury *et al.*，1999）
A. 序列对 UBC368$_{425}$ 和 UBC368$_{655}$ 扩增电泳图；B. 序列对 UBC353$_{395}$ 和 UBC353$_{964}$ 扩增电泳图；
C. UBC368$_{425}$ 的放射自显影，分开的带表示同源序列；D. UBC353$_{964}$ 的放射自显影，两个分开连锁位点只
有一个显示出

10.2　山黧豆的杂交与诱变育种

10.2.1　山黧豆杂交育种

　　豆类植物普遍是自花授粉的，山黧豆也不例外，然而人们早就发现，可能由于蜜蜂和风的作用，田间生长的山黧豆存在不同程度的杂交现象（Hanbury *et al.*，1999）。Chowdhury 等（1997）报道杂交比例约为 2%，后来人们发现其程度可能更大，为 4%～16%。在田间的研究发现，山黧豆品种"LZ"的杂交比例约为 3% 左右。因此人工杂交一般在温室或其他控制的条件下进行，以防止外来花粉的干扰（Vaz Patto *et al.*，2006）。

　　虽然早在 1916 年，人们成功地进行了山黧豆属内 *L. hirsutus* 和 *L. odoratus* 的种间杂交。但后来的许多学者尝试将栽培种山黧豆（*L. sativus*）与同属内的其他种进行杂交均未获得杂种后代（Campbell，1997），不是杂交不孕，就是杂种不育。事实上，在植物界同属种间的杂交普遍存在不孕或不育，尤其是豆类植物，因为它们一方面是高度自花授粉的；另一方面虽然染色体数目大多相同，但核型差别

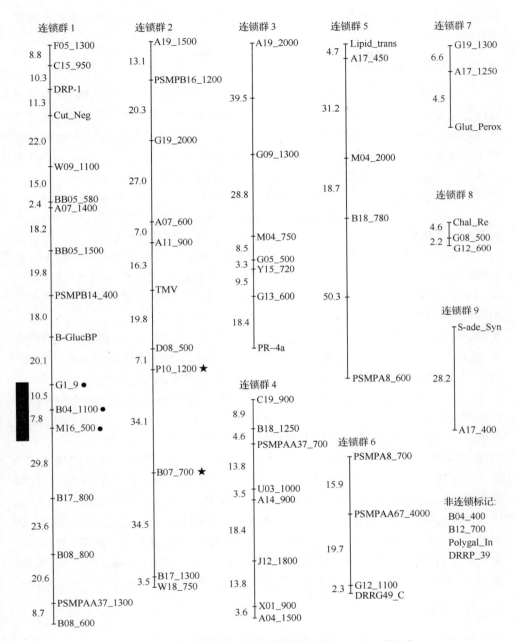

图 10-8　山黧豆褐斑病数量性连锁图（Skiba et al.，2004）

"■"表示用单一或复合作图法检测到的病斑性位点；"●"表示苗期具有及其显抗性的基因序列位点；

"★"表示具有显抗性的基因位点，其他标出的位点表示与抗性具有一定相关性

较大,在形成性细胞时,染色体配对不规则,因而分离也不对称,雌雄配子大多败育(Chowdhury *et al.*，1997)。

10.2.2　山黧豆诱变育种

在植物育种的现代生物技术中,诱变育种占有重要地位。利用物理、化学等手段诱发植物细胞遗传物质发生改变从而产生新的种质资源。实践证明,通过诱变育种比杂交育种方法更快更有效。在提高突变频率、打破性状连锁和克服种间杂交不孕或不育等方面均具有一定的作用。通过这一技术,人们已经培育出了许多有重要经济价值的植物新品种(蔡旭,1988;夏英武,1997)。早在1976年,Nerkar发现甲基磺酸乙酯(ethyl methanesulphonate,EMS)和亚硝基甲基脲烷(N-nitro-so-N- methyl urea,NMU)能引起山黧豆植株叶绿体含量的变化,而且它们的诱变效果比高能辐射明显。后来Prassad等(1980)发现,用射线能使山黧豆产生更广的形态突变谱,例如,成熟期,分枝、茎的形态、叶子的大小,甚至花色和果荚大小均会发生改变。有学者用^{60}Coγ射线处理干种子以期能通过高能射线抑制种子中ODAP的合成积累,结果表明,不同剂量照射的种子发育而来的幼胚ODAP含量均明显低于对照,作者认为射线照射可能引起了ODAP合成酶基因表达改变(王亚馥等,1990)。后来,他们以中能量的C^{6+}重离子为诱变源,以辐照后种子的萌发率、成苗率、幼根与幼苗生长速度及根尖细胞染色体畸变率和核畸变率作为指标,分析了C^{6+}重离子对山黧豆种子的诱变效应。结果表明,处理后种子的萌发率、成苗率、幼根及幼苗生长速度与对照相比显著下降,而根尖细胞染色体畸变率和核畸变率则明显提高。与^{60}Coγ射线相比,有丝分裂畸变谱较宽,产生了染色体碎裂、小核、双核等特殊畸变类型。低中剂量范围内($10^2 \sim 10^5\ P/cm^2$)诱导了较宽的畸变谱,而且对照射种子的损伤较小,成苗率达85%~95%。因此,低中剂量的C^{6+}重离子辐照在诱发新的突变类型、培育新品种方面可能具有较大的潜力(王崇英等,1993)。当用^{60}Coγ射线与EMS复合处理干种子后,萌发生长的苗中SOD表达增强;较高剂量下,SOD酶活力逐渐下降,同时ODAP含量降低(图10-9)。从而进一步表明,通过^{60}Coγ射线和EMS单因子、复因子处理来选育低毒、无毒的山黧豆新品系是有效可行途径(覃新程等,2000)。波兰学者Rybinski(2001)用EMS和NaN$_3$诱变的山黧豆也获得大量变异后代,为育种和变异机制研究奠定了基础。

(1) 植株形态变异

对理化因素(主要包括γ射线、EMS、NMU和秋水仙素等)诱变产生的山黧豆突变,Talukdar(2009a)从形态学和细胞学角度作了比较详尽的分类总结和遗传分析。这些材料一方面是山黧豆染色体遗传作图的好材料,另一方面为生物技术培育优良品种提供重要的种质资源。如正常山黧豆植株一般蔓生、多分枝、易倒

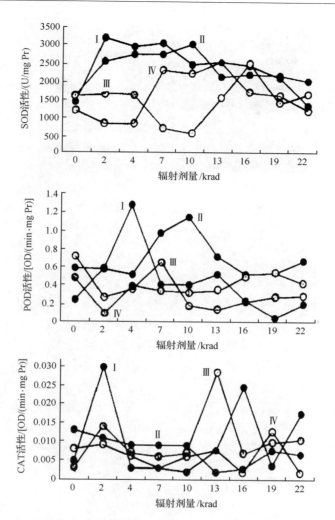

图 10-9　射线、EMS 处理后 SOD、POD 和 CAT 活性变化（覃新程等，2000）

Ⅰ. 辐射＋0%EMS；Ⅱ. 辐射＋0.1%EMS；Ⅲ. 辐射＋0.2%EMS；Ⅳ. 辐射＋0.3%EMS

伏；人工诱变在植株表型方面产生了许多有价值的突变体，如矮化、半矮化、叶卷曲等。细胞学分析表明它们大多数仍为二倍体的隐性突变（Talukdar，2009a），能真实遗传，表明这些突变涉及个别相关基因的突变。Talukdar（2009b）通过认真筛选分离出 3 种矮化突变株，并分别命名为 dwf1、dwf2 和 dwf3（图 10-10A，图 10-10B）均表现出矮小、直立、定向生长、早熟和果荚耐开裂的特性，它们个体之间及与野生型之间在叶片大小、分枝数目、种皮颜色、籽粒产量和毒素含量方面也有显著差异。将正常山黧豆与矮化突变株杂交的 F_2 分离群分析表明，该性状由 3 个独立的非等位基因来控制，即 $df1$（对应 dwf1 表型）、$df2$（对应 dwf2 表型）和 $df3$（对应 dwf3

图 10-10　用理化因素诱变产生的山黧豆矮化植株(Talukdar,2009b)(见图版)

1. 对照植株;2. 矮化型 1(dwf1);3. 矮化型 2(dwf2);4. 微型植株;

5. 对照植株;6. 矮化型 3(dwf3);7. 微型植株

表型),$df1$ 为复等位基因。用初级三体生物(primary trisomic)杂交,发现 $df1/df2$ 定位于 I 型三体的额外染色体上,而 $df3$ 定位于 III 型三体的额外染色体上。

矮化株与另外 5 种带有表型特征的野生型植株杂交得出 $df1/df2$ 位点与控制叶片颜色深浅的基因位点 lfc（leaflet colour）和控制节间翅发育的基因位点 wgn（winged internode）连锁；而 $df3$ 位点与控制种皮颜色的基因位点 cbl（seed coat colour）连锁（图 10-11）。

$$df1/df2\text{-----}24.80\text{--------------}lfc\text{------}9.75\text{-----}wgn;\qquad df3\text{------}11.79\text{------}cbl$$
$$\vdash\text{--------------------------}30.34\text{--------------}\dashv$$

图 10-11　控制矮化的 3 个基因位点连锁图（Talukdar，2009b）

（2）营养器官的突变

在大量的突变体中，Talukdar（2009a）分离到了 3 种分枝突变体，分别命名为 $brm1$、$brm2$ 和 PBM（profusely branched mutant）。$brm1$ 为辐射型分枝，$brm2$ 的分枝略带对称，而 PBM 是基部丛生型分枝。研究发现 $brm1$ 和 PBM 表现为高产低毒。3 种突变体均为 1 个以上基因控制的隐性遗传。茎和节间突变型可分为 3 类：第 1 类为圆茎突变，翅消失，称无翅型；第 2 类为多翅型；第 3 类为茎扁平型。圆茎型植株还表现为直立、定向和半矮化习性，分枝多，产量高而且毒性低。茎扁平型植株茎扁平如带状，顶端叶丛生，产量低。其显性程度依次为：野生型＞多翅型＞无翅型（Talukdar，2009a）。另外，叶片的突变型表现为产生了许多叶子、托叶和卷须发生变化的突变，如叶子变为卵圆-披针状、皱型、卷曲型等，托叶变为针状、圆形等，卷须变直、有倒钩或干脆消失等。进一步研究发现叶形由单基因控制，而托叶发育由复等位基因控制（Talukdar，2009a）。

（3）繁殖器官的突变

花色突变最易识别出来，诱变产生的花色主要有淡紫色、紫红色及白色蓝斑等多种。遗传分析显示，花色由 2 个非等位基因控制，白色对所有花色呈隐性。淡紫色花型的突变具有高产的潜力（Nerker，1976；Prassad et al.，1980）。在理化诱变剂处理下，种皮颜色也产生多种多样的变异，如由正常的棕色和黄色突变为乳白色、浅绿色、白色等。初步分析表明，种皮色至少由 3 对不同的等位基因控制，其中 1 个为复等位基因。另外，诱变剂的处理也导致花形和花梗等产生许多形状各异的突变（Talukdar，2009a）。

（4）生理生化变异

在诱变处理下，一些重要农艺数量性状和生理生化突变要么单独发生，要么与上述形态变异相伴发生。Talukdar（2009a）通过诱变分离到了 15 个株系高产突变。除了高产，这些突变体之间在植株高度、分枝数、开花期、成熟期、果荚长度及

ODAP 含量等方面也有显著的差异。SDS-PAGE 电泳显示种子总蛋白质电泳带发生了增减,说明蛋白质种类的变化。而同工酶如酸性磷酸酶(acid phosphatase)、顺乌头酸酶(aconitase)、酯酶(esterase)、过氧化物酶(peroxidase)、超氧化物歧化酶(superoxide dismutase,SOD)、天冬氨酸转氨酶(aspartate aminotransferase)、亮氨酸多肽酶(leucine aminopeptidase)和葡萄糖磷酸变位酶(phosphoglucomutase)的酶谱也出现了诸如带的深浅和宽窄的变异。Talukdar(2009a)以诱变后后代进行杂交和自交,随机筛选到了多达 210 个重组自交系(recombinant inbred line,RIL),重组的性状涉及许多农艺数量性状,既有多个优良性状增强的正突变组合,也有如产量下降、毒性升高等的负突变组合。这些重组自交系为育种提供了珍贵材料。

(5)细胞染色体变异

在 Talukdar(2009a)筛选到的重组自交系中,发现了多个株系为染色体互换导致的易位杂合体和纯合体。通过细胞学检查分别是三体(trisomic)($2n+1$;$2n=$ 15)、初级四体(primary tetrasomic)($2n+2$,$2n=16$)和双三体(double-trisomic)($2n+1+1$;$2n=16$)。7 个三体表现不同程度的形态和生理变异,它们基本上是半育的,但自交和杂交发现三体染色体的平均传递率为 23%。得到的 7 个初级四体,减数分裂时染色体联会正常,但花粉不育性增强。5 株带有 2 条额外非同源染色体的双三体,其表型似乎为相应三体的组合,花粉的不育性变异较大(9.37%~33.46%)。另外,Talukdar(2010a,2010b)选择其中 4 个典型的相互易位杂合体进行了比较详细的细胞学研究。发现易位染色体自交后代中的平均传递率为 48.89%。分离群体中的易位纯合体还产生了部分的三体植株。对这些材料中易位的研究为山黧豆连锁图的建立及育种奠定了基础。

10.3　山黧豆基因工程育种

10.3.1　目的基因克隆

(1)目标 DNA 的分离

任何作物采用基因工程技术育种首要任务就是根据育种目标进行目的基因克隆(gene clone)。其主要程序包括目标 DNA 的获取、重组载体的构建、寄主细胞的转化和重组细胞的筛选与繁殖等。根据山黧豆育种目标,如提高抗性并筛选低毒新品系,首先必须分离克隆到与抗旱性高度相关的一些目的基因,而低毒基因工程育种就必须克隆可降解 β-ODAP 的基因或抑制 β-ODAP 生物合成的基因。植物基因有核基因、线粒体基因和叶绿体基因。植物核基因一般结构可分为转录区和非转录调控区两部分。在转录区内包括 5′端非翻译区(5′untranslated region，5′UTR)、起始密码子(initiation codon)、外显子(exon)、内含子(intron)、终止密码子(termination codon)、3′端非翻译区(3′untranslated region，3′UTR)和位于末端的加尾信号序列等区域。非转录调控区包括启动子(promoter)、终止子(terminator)和增强子(enhancer)等区域(肖尊安，2005)。

从植物基因组中分离到目的基因或目标 DNA 片段可采用多种方法，如化学法直接合成目的基因；从基因文库(gene library)中获取目标 DNA 片段；通过 PCR 扩增获取目标 DNA 片段；利用 DNA 芯片(DNA chip)分离克隆目的基因；采用 mRNA 差别显示(differential mRNA display)分离目的基因；利用插入失活技术分离和鉴定目的基因；通过与目标基因连锁的 DNA 分子标记，应用图位克隆法(positional cloning)分离目标 DNA 片段和基于生物信息学(bioinformatics)的各种基因克隆方法等。

（2）重组载体的构建

基因克隆的目的是使目标 DNA 片段得到扩增和富集或表达，但是外源目标 DNA 片段本身不具备自我复制和表达的能力，它必须借助于载体(vector)和宿主细胞，如大肠杆菌和酵母细胞等来实现外源 DNA 片段的扩增和表达。载体是指一类可携带外源 DNA 片段进入宿主细胞内，并实现外源 DNA 片段复制或表达的 DNA 分子。根据载体的功能不同而分为克隆载体(cloning vector)和表达载体(expression vector)两大类。前者的作用是在宿主细胞内复制扩增外源 DNA 片段；后者的用途主要是在宿主细胞中实现外源 DNA 的表达。如按照载体的组成不同又可分为质粒载体(plasmid vector)、噬菌体载体(phage vector)等。

（3）重组载体转化宿主细胞与重组克隆的筛选

重组 DNA 分子构建后必须转移到适当受体细胞中才能得以扩增和表达。如将质粒 DNA 分子导入受体细胞的过程称为转化(transformation)；如将具有感染能力的噬菌体 DNA 分子导入受体细胞的过程则称为转染(transfection)。将重组载体导入宿主细胞经过短时间培养扩增后必须进行筛选，即从获得的细胞群体或基因文库中鉴别那些含有目标 DNA 分子的克隆。

10.3.2　植物细胞的遗传转化

（1）农杆菌介导的遗传转化

将已构建和扩增的外源基因导入植物细胞和转基因植株再生是植物基因工程的关键环节。有多种技术将外源基因导入植物细胞，但用农杆菌介导获得转基因

植物的比例最高,也是最经济和最有效的方法。目前常用的农杆菌转化方法有:
①叶圆片法。用打孔器取得叶圆片,在农杆菌菌液中感染几分钟后,除菌并诱导转化细胞再生植株。②共培养法。将植物组织与农杆菌共培养24～48h以获得转基因的克隆。③直接接种法。用接种针将对数生长期的农杆菌直接接种在离体培养枝条愈处或用吸管滴注农杆菌到剪去顶端的枝条进行感染,然后取瘤状组织或毛状根继代培养筛选转化体。

（2）基因枪转化法

农杆菌介导的遗传转化只限于双子叶植物,而且操作程序复杂、实验周期长。采用化学和物理方法将构建含目的基因的重组质粒或外源DNA直接导入植物受体细胞,不受双子叶植物或单子叶植物的限制。但化学方法,如聚乙二醇(PEG)诱导法和脂质体(liposome)导入法的受体限于原生质体。因此物理方法比化学方法更具有实用性。常用的物理方法有电击法、超声波法、激光法、微注射法和基因枪法等。用得最多的是基因枪法(particle gun),又称微弹轰击法(microprojectile bombardment 或 particle bombardment)。其基本原理是重组质粒 DNA 或外源DNA 片段包被在微小的金粒或钨粒表面,利用高速冲击作用,将微粒射入受体细胞或组织并整合到植物细胞基因组中。

10.3.3　外源基因在转基因植物中的表达

转基因的目的是外源基因能在转基因植株中稳定表达,但外源基因在转基因植株中的表达受多种因素影响,如插入位点、转基因拷贝数和基因沉默等。外源基因的整合是随机的,可以插入到目标植物基因组的任意一条染色体的任意位点。插入的基因拷贝数与转化进入细胞的基因拷贝数呈正相关。农杆菌介导转化法的拷贝数一般为1～3个。转基因沉默(transgene silencing)是指整合进入受体基因组中的外源基因在转化体的当代或后代中表达受到抑制的现象,主要表现为表达水平低、转化体间差异显著。转基因沉默分为两种类型:转录水平的基因沉默(transcriptional gene silencing, TGS)和转录后水平的基因沉默(post-transcriptional gene silencing, PIGS)。前者是由 DNA 甲基化修饰、染色体异染色质化等原因引起,一般只有外源基因发生沉默;后者由于细胞启动的 RNA 异物降解机制,使 mRNA 特异水解,或有含量极少的 mRNA,而且通常是外源基因和内源基因一起沉默,因此又称为共抑制。

在山黧豆低毒育种的早期,人们曾寄希望于通过遗传转化来彻底去除毒素ODAP 以获得无毒且安全的山黧豆新品系。要达到这一目的可通过两条有效的遗传转化途径:第一是引入外源可降解 ODAP 的基因序列使其最终被降解而不能积累(Mehta *et al*., 1996);第二是从 ODAP 的合成途径入手,以关键合成酶基因为靶点,要么通过 T-DNA 插入使其失活,要么用 RNA 干扰技术使其沉默而不能表达(Mehta *et al.*,1996；Vaz Patto *et al.*,2006)。这两种方法目前均有尝试,但未取得突破性的研究成果。

1995 年,印度学者 Sachdev 等从土壤中的一种假单胞菌(*Pseudomonas stutz-eri*)中分离出一种能降解 ODAP 的基因,长约 3.3kb,但对这一基因再没有后续的报道(Barik *et al.*,2005)。为了能用农杆菌介导进行山黧豆遗传转化,后来他们首先对这一体系从外植体芽的再生、农杆菌菌株的选择、菌的生长状态、浸染和共培养时间等方面做了一系列优化(Barik *et al.*,2005)。虽然他们得到了能表达报告基因的转基因再生苗,但并没有对目的基因转化的报道(Vaz Patto *et al.*,2006)。

用遗传工程方法来阻断毒素 ODAP 的合成,必须要得到其相关合成酶基因。Sehgal 等(1992)已从山黧豆幼苗中分离纯化到了草酰 CoA 合成酶,并得到了其抗体(Mehta *et al.*,1996)。但用该抗体筛选幼苗 cDNA 文库来寻找草酰 CoA 合成酶 cDNA 的工作未见报道。

10.4　山黧豆的 DNA 分子标记与育种

10.4.1　DNA 分子标记概念

DNA 分子标记(DNA molecular marker)是直接在 DNA 分子水平上检测生物间差异和遗传多态性,它可对任何发育时期的个体、组织、器官和细胞进行分析,不受环境条件和发育时期的影响,而且数量丰富、遗传稳定。DNA 分子标记于 20世纪 80 年代诞生,经历了近 30 年的迅速发展,不但分子标记技术日趋成熟；而且不断地改进与创新,使之更加灵敏、完善。当今,DNA 分子标记被广泛地应用于遗传育种、亲缘关系和遗传距离分析、基因定位和基因克隆、遗传图谱的构建和比较基因组(comparative genome)研究、分子标记辅助选择(marker-assisted selection,MAS)和杂种优势(hybrid vigor)预测等(周国强等,2010)。

DNA 分子标记大多以电泳谱带的形式表现,大致分为两大类：一类是非 PCR依赖的分子标记。它是基于 Southern 分子杂交技术,即 DNA 分子变性后,加入已知的探针(probe,即已知的 DNA 或 RNA 片段)与变性的相应单链 DNA 互补形成双链后进行检测。该技术是定性、定量和定位检测两条来源不同的 DNA 序列同源性的一种方法。该类分子标记包括限制性片段长度多态性(restriction frag-ment length polymorphism,RFLP)和染色体原位杂交(*in situ* chromosomal hybridization)等。另一类是依赖于 PCR 技术的分子标记。主要包括随机扩增多态性 DNA(randomly amplified polymorphic DNA,RAPD)、DNA 扩增指纹印迹

(DNA amplification fingerprinting，DAF)、简单序列重复(simple sequence repeat，SSR)、序列标签位点(sequence tagged site，STS)、单核苷酸多态性(single nucleotide polymorphism，SNP)、随机引物聚合酶链式反应(arbitrarily primed PCR，AP-PCR)和扩增片段长度多态性(amplified fragment length polymorphism，AFLP)等。

10.4.2　DNA 分子标记的原理

（1）RFLP 标记

限制性内切核酸酶(restriction endonuclease，RE)识别基因组 DNA 序列上由特定碱基组成的位点并在此位点切开 DNA。由于同种或不同种植物 DNA 序列不同,引起 RE 酶切位点的缺失或插入,从而造成酶切后 DNA 片段大小的多态性。通过凝胶电泳将大小不同的 DNA 片段分开后,转膜进行 Southern 印迹,用同位素标记的 DNA 探针进行杂交便于观察及分析。

（2）染色体原位杂交

染色体原位杂交是指 DNA 探针与染色体的 DNA 杂交,并在染色体上直接进行检测的分子标记技术。探针一般用荧光素标记,而染色体一般选用细胞分裂的中期染色体或减数分裂的粗线期染色体。

（3）RAPD 标记

RAPD 是在 PCR 技术的基础上发展起来的,它是通过人工合成的约 10 个碱基的随机引物在模板链的不同位置与基因组 DNA 结合,而结合位点在不同的品种间各不相同,经过数次 PCR 循环便产生了 DNA 片段的多态性。引物结合位点 DNA 序列的改变或两个扩增位点之间碱基的缺失、插入、置换等,都会导致扩增片段的数目和长度出现差异。RAPD 技术具有许多独到之处,如样品用量少、灵敏度高、不需 DNA 探针、技术简单等。

（4）AP-PCR 标记

AP-PCR 是以 PCR 为基础发展起来的,对所扩增 DAN 序列一无所知的情况下,通过主观随意设计或选择一个长约 10～50bp 的非特异引物进行扩增,其原理与 RAPD 相似,所不同的是扩增的每个部分要求的条件与组分浓度有差别。该标记的优点是：①选用引物碱基排列是随机的；②可应用多种引物对研究物种的基因组进行地毯式的多态性分析,使不同基因组间的微小差异也能显示出来；③使用一套引物可以用于多个物种或群体遗传多样性研究。

（5）SSR 标记

SSR 常连续重复多次，在不同物种中其重复序列和重复单位数都不同，但重复序列的两端往往是趋于保守的限制性内切酶的酶切位点。这些重复序列统称为数量可变的串联重复序列（variable number of tandem repeat，VNTR），又称卫星 DNA（satellite DNA）。根据卫星 DNA 结构的不同而分为：①大卫星 DNA（macrosatellite DNA），即经典卫星 DNA，是一类高度重复 DNA 序列，约占整个基因组的 10%；②中卫星 DNA（midosatellite DNA），重复单位约 40bp，重复次数约 250～500 次；③小卫星 DNA（minisatellite DNA），重复单位一般为 6～70bp，重复次数从几次到几百次不等；④微卫星 DNA（microsatellite DNA），即 SSR，它是以 2～5个核苷酸为重复单位组成的长达几十个核苷酸的重复序列，在染色体上随机分布，由于重复次数和重复程度的差异而形成每个座位的多态性。SSR 的优点是：①SSR 的核心序列虽然是特定的，如（AC/TG）n 或（AG/TC）n 和（TGC/ACG）n 等，但由于重复次数不同，再加上核心序列的不同，使 SSR 成为高度多态性和较高杂合度的分子标记；②SSR 呈孟德尔共显性遗传，从而可区分某一位点的杂合或纯合状态。

（6）AFLP 标记

AFLP 的原理是基于 PCR 技术扩增基因组 DNA 的限制性片段。首先制备基因组 DNA，用两种可产生黏性末端的限制性内切酶消化产生大小不同的酶切片段，然后将含有相同黏性末端的人工接头连接到 DNA 片段的末端，接头序列和相邻的限制性位点作为引物的结合位点，即进行 PCR 扩增的结合位点。根据需要通过选择在末端分别增加 1～3 个选择性碱基的不同引物。AFLP 酶切片段要经过两次连缀的 PCR 扩增，先通过引物只有一个识别碱基的预扩增，然后是引物识别3 个碱基的选择性扩增，通过这两步扩增反应使产生的结果更清晰、重复性更好。AFLP 标记的优点是：①该技术既具有 PCR 高效性，又具有 RFLP 的准确性，但AFLP 不需 RFLP 中的 Southern 转移和分子杂交等步骤，只需少量 DNA，而且结果稳定可靠；②AFLP-PCR 不需要预先知道被分析基因组 DNA 序列信息；③遗传作图效率最高，信息量最大的分子标记。

10.4.3　DNA 分子标记的应用

（1）遗传多样性分析

为了保护物种遗传多样性和品种选育与繁殖就必须对该物种资源的起源演化、亲缘关系、遗传多样性和遗传距离等进行分类研究，确定种质资源特点、该物种群体大小和核心种质，以便加以利用与种质资源创新。Chtourou-Ghorbel 等（2001，2002）用 RFLP 和 RAPD 标记技术对 9 个不同地域的品种和 5 个具有代表性的山黧豆品种进行了 DNA 分子变异性分析（analysis of molecular variance，AMOVA），发现这些不同居群或品种之间在 DNA 分子水平上存在广泛变异，并借此建立了这些品种的 RAPD 片段库。近年来已有许多学者用分子标记的方法分析了大量山黧豆品种的变异情况（Vaz Patto *et al*.，2006）。

（2）基因定位

基因定位（gene localization）一直是遗传学研究的核心内容之一，特别是重要农作物的一系列经济性状和农艺性状的基因定位。随着分子标记技术和相应的分子生物学技术的发展，迄今一些控制质量性状的基因已经定位，一些数量性状基因也逐渐被定位。Chowdhury 等（1999）采用 RAPD 分子标记分析山黧豆的花和蓝花品种杂交 F_2 代群体的遗传多样性基础上构建了山黧豆遗传连锁图（genetic linkage map），该图谱涉及 14 个连锁群（linkage group），图距（map distance）为 898cM，标记之间的平均图距为 17.2cM。

（3）分子标记辅助选择

选择（selection）是育种过程的中心环节，而选择一直多基于生物表型，如当表型性状遗传基础为简单的质量性状或表现加性效应遗传时，根据表型选择效应（selection effect）是高的；但当性状为数量性状或易受环境和多种因素影响时，即该性状的遗传率（heritability）低，那么就难以根据表型进行选择。另外，在转移远缘种质的有利基因以改良栽培品种的育种进程中多采用回交法，但通过回交转入有利基因的同时，一些与之连锁的不利基因也一并导入到轮回亲本中，而且很难消除。分子标记辅助性选择（marker-assisted selection，MAS）正是通过分析与目的基因紧密连锁的分子标记基因型进行育种，从而达到提高育种效率的目的。与传统选择方法相比，MAS 的优点是：①可以清除同一座位不同等位基因间或不同座位间互作的干扰，消除环境和各种因素的影响；②在幼苗期就可以对成熟期才表达的性状进行鉴定，如雄性不育等性状；③可有效地对难以根据表型选择的性状进行鉴定，如山黧豆的抗逆性等；④能同时对多个性状进行选择，开展聚合育种，迅速完成对多个目标性状的同时改良；⑤加速回交育种进程，克服不良性状连锁，有利于导入优良远缘基因。Skiba 等（2004）构建了包括 47 个 RAPD 标记、7 个 STMS 标记和 13 个 STS/CAPS 标记的与山黧豆褐斑枯萎病基因连锁的遗传图谱，从而为山黧豆的 MAS 育种奠定了基础。我国为了进一步提高我国农作物育种水平和效率，21 世纪初科技部启动了以 MAS 育种为核心的"优质高产农作物新品种培育"专项课题。重点攻克 MAS 育种与常规育种结合的技术瓶颈，构建适合我国 MAS

育种的技术体系,实现农作物育种重大理论和关键技术的新突破,创造具有突破性和重大应用前景的优异育种新种质资源,选育优质、高产、多抗的农作物新品种,整体提高我国分子育种的技术水平。显然,应用 MAS 育种与其他各种育种措施相结合也是选育优质、高产、低毒和抗逆性强的山黧豆新品种的必然趋势和方向。

10.5　山黧豆体细胞无性系变异与育种

10.5.1　体细胞无性系变异的特点与来源

（1）体细胞无性系变异的特点

从植物细胞、组织、器官和原生质体培养过程中所发生的可遗传变异称体细胞无性系变异(somaclonal variation)。如将配子体细胞培养来源的变异则称为配子体无性系变异(gametoclonal variation)。体细胞无性系变异和配子体无性系变异统称为培养细胞无性系变异(culture cell clonal variation)。由于在山黧豆组织培养中未涉及其配子体细胞培养,故在此只讨论体细胞无性系变异。体细胞无性系变异与自然突变相比有其自身的特点。

1) 由于培养的细胞是在特定诱导与筛选条件下,因而这些细胞变异有一定方向性,而自然突变则是随机的。

2) 体细胞无性系变异频率高,组织培养中细胞变异频率一般为 15%～20%,每 20～25 株再生植株中就有 1 株发生单基因突变。而自然界野生型基因突变频率一般在 10^{-10}～10^{-4}。

3) 体细胞无性系变异包括基因组变异和表观遗传修饰的变异。即在特定的培养条件下诱导核心组蛋白修饰、DNA 甲基化和染色体重塑等,从而调控基因表达发生改变,但不涉及 DNA 序列的改变;而自然突变中该类修饰变异频率较低。总之,通过体细胞无性系变异和相应的再生植株的诱导与筛选,是快速选择和培育植物新品系的重要途径之一。

（2）体细胞无性系变异的来源

体细胞无性系变异的来源主要是外植体细胞遗传的异质性和培养条件诱发的细胞突变。

1) 外植体细胞来源的变异。在山黧豆的组织培养中已证明,不同外植体诱导的愈伤组织其细胞核型变化差异极其显著,特别是来自山黧豆上胚轴的愈伤组织变异细胞比例高达 85.84%,侧根根尖分生组织的愈伤组织变异细胞为 73.46%,主根根尖分生组织的愈伤组织变异细胞为 61.43% 等(杨汉民等,1990)。特别是分化成熟的组织或器官作为外植体诱导愈伤组织中细胞变异更为多样而广泛。这是因为其细胞中 DNA 水平和多倍体比例差异。外植体引起培养细胞出现变异的另一原因是外植体中突变细胞与正常细胞组成的嵌合体(chimera)。

2) 离体培养诱导的变异。山鹨豆组织培养中体细胞无性系变异不仅来自于外植体,更多的是来自于离体培养诱导过程中形成的。首先是培养基的成分,特别是生长调节剂起着较强的诱变作用。一般认为生长素既是促进多倍体细胞分裂的因子,又是多倍体诱导剂。如将山鹨豆上胚轴和主根及侧根的根尖分生组织接种于含 6-BA(2mg/L)、2,4-D(0.5mg/L)的 B5 培养基上,培养 15d 后的愈伤组织细胞染色体结构和数目均发生广泛变异(杨汉民等,1990)(图 10-12),其中以染色体数目增加为主。特别是在上胚轴愈伤组织中更为突出,染色体数目增加的细胞占全部变异细胞的 97.5%,而染色体数减少的细胞仅占 2.5%。其次是培养时间和继代频率与次数影响体细胞无性系变异。山鹨豆愈伤组织随着培养时间的延长和继代次数的增加,愈伤组织中多倍性或非整倍性细胞比例也随之增加;但如继代的间隔越短,即继代频率越高则可以减缓或降低变异频率,增加其遗传的稳定性。为了较长时期保持山鹨豆愈伤组织的分化潜力,提高了继代频率,从每周继代一次改为 3d 继代一次,收到较好效果,并提高了分化频率。再次是形态发生途径影响体细胞无性系变异。一般而言,体细胞胚发生途径再生植株的遗传稳定性优于器官发生途径的再生植株。然而迄今山鹨豆组织培养成功的例证似乎多以器官发生途径形成再生植株,也对其变异进行了一些研究,从而为筛选山鹨豆体细胞无性系变异奠定了基础。

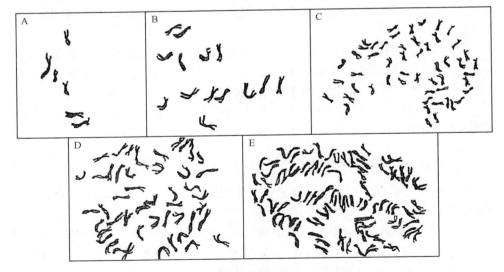

图 10-12　山鹨豆细胞离体培养中染色体数目的变异(杨汉民等,1990)
A. $2n=6$;B. $2n=14$;C. $2n=51$;D. $2n=56$;E. $2n=114$

10.5.2　体细胞无性系变异机制

（1）染色体数目和结构的变化

在本章前两节中已介绍山黧豆组织培养过程中，染色体数目变化是其体细胞无性变异发生频率最高的一种变异机制。这种变化分为整倍性（euploid）和非整倍性（aneuploid）变异。前者是细胞染色体数目增加是染色体基数的倍数，后者细胞染色体数目增加或减少不是染色体基数的倍数。在培养细胞中，由于细胞分裂过程中纺锤丝不形成，后期染色体落后和多核细胞同步分裂时纺锤体融合可能是山黧豆组培中偶数整倍体，如 $4n$、$6n$ 和 $8n$ 等变化来源的方式。奇数整倍体，如 $3n$、$5n$ 和 $7n$ 等，可以产生于细胞核融合或多倍体有丝分裂过程中染色体组（chromosome set 或 genome）的分离阶段，这在植物组织培养中也是通常发生的。非整倍体在自然界很少形成（表 10-2）（汪丽虹等，1991），但在山黧豆组织培养中非整倍性的变异频率高，而且变异幅度十分广泛，特别是 2,4-D 或 6-BA 处理条件，细胞染色体数目变化频率和范围都增加，可能是细胞中存在核碎裂，产生大小不一的多个细胞核，这些细胞在有丝分裂过程中就会产生染色体数目变化范围很大的细胞，如前面曾提到，在含 6-BA（2mg/L）、2,4-D（0.5mg/L）的 B5 培养基上培养 1d 后，染色体数目变异细胞比例为 16.94%，6d 后达到 54.89%，15d 则为 73.46%，其染色体数目变化范围达到 4～140（杨汉民等，1990）。

在山黧豆愈伤组织中，细胞染色体除了数目变化外，染色体结构也发生明显变化。如前面提到杨汉民等在山黧豆组织培养中多次观察到染色体桥（chromosome bridge）、染色体片段（chromosome fragment）、染色体环（chromosome ring）和微型染色体（mini-chromosome）等，并观察到染色体长度的变化。在其他植物组织培养中也出现类似的染色体结构的变化，如还阳参（*Crepis capillaris*）细胞有长、中、短三对染色体，便于观察染色体结构变化。长期培养细胞中长染色体结构变化率是 47%，中等长度的卫星染色体为 82.3%，短染色体为 64.6%。纤细单冠菊（*Haplopappus gracilis*）二倍体悬浮培养细胞在有丝分裂过程中也观察到染色体桥、染色体片段和染色体环等。在山黧豆组织培养研究中证明，染色体结构变化会导致染色体数目增加，同时与染色质重建（chromatin reconstitution）、基因扩增（gene amplification）和 DNA 多态性（DNA polymorphism）等相关。

（2）基因扩增与 DNA 多态性

在山黧豆组织培养过程中不仅观察到染色体长度的变化，而且染色体带型（chromosome banding pattern）也发生变化，表明存在基因扩增或基因消减（gene elimination）。而在组织培养细胞中似以基因扩增现象为主，因为染色体重复带型

表10-2 枸杞再生植株不同发育途径中染色体的变异（汪丽虹等，1991）

被检细胞来源	被检细胞总数	染色体数目减少的细胞类型											染色体数目增多的细胞类型									
		二倍体		亚单倍体		单倍体		亚二倍体		细胞总数	百分比/%	亚三倍体		三倍体		亚四倍体		四倍体		变异细胞总数	百分比/%
		细胞数	百分比/%	细胞数	百分比/%	细胞数	百分比/%	细胞数	百分比/%			细胞数	百分比/%	细胞数	百分比/%	细胞数	百分比/%	细胞数	百分比/%		
种子根尖细胞	113	93	82.30	0	0	4	3.54	7	6.20	6	5.31	3	2.66					9	7.97	20	17.71
胚性愈伤组织	86	34	39.54	3	3.49	4	4.65	19	22.09	6	9.30	4	4.65	8	9.30	6	6.98	26	30.23	52	60.46
非胚性愈伤组织	126	45	35.71	5	3.97	7	5.56	37	29.37	10	7.94	6	4.76	11	8.73	5	3.97	32	25.40	81	64.30
体细胞胚组织	132	76	57.58	3	2.27	5	3.79	17	12.88	4	3.03	7	5.30	8	6.06	12	9.09	31	23.48	56	42.42
不定芽组织	144	69	47.92	4	2.78	5	3.47	33	29.17	11	7.64	7	4.86	10	6.94	5	3.47	33	22.91	75	52.08
体细胞胚发育的幼根	105	62	59.05	2	1.91	4	3.81	14	19.05	3	2.86	6	5.71	4	3.81	10	9.52	23	21.90	43	40.95
不定根组织	120	63	52.50	3	2.50	2	1.67	29	28.33	9	7.50	5	4.17	6	5.00	3	2.50	23	19.17	57	47.50

增加。这种基因扩增在两种灌木状的酢浆草（*Oxalis glaucifolia* 和 *O. rhomboovata*）的愈伤组织培养物细胞中的 5 个基因，即编码组蛋白 H3 和 H4、核糖体 25S RNA、RuBP 羧化酶小亚基和泛素的基因。以叶片作为对照，研究发现，在愈伤组织培养物细胞中这 5 个基因都出现了扩增，只是不同外植体和培养条件之间有所差别。在山黧豆中多种酶的同工酶电泳图谱分析也表明，在离体培养细胞中酶的酶谱均发生变化，而且这种变化在体细胞无性系中可稳定遗传。

从 DNA 多态性也进一步证实了山黧豆体细胞无性系变异的遗传基础。随机选 P-24 品种组织培养所筛选的其中一个无性系的一段 cDNA 克隆和拟南芥叶绿体 1,5-二磷酸核酮糖羧化加氧酶大亚基 cDNA 作标记，对其中 7 个无性系变异的 DNA 限制性酶切片段（restriction endonuclease fragment，REF）进行 Southern 杂交，结果是这些体细胞无性系的带型与 P-24 相比均发生了不同程度的变异。一些研究者采用随机扩增多态性 DNA（randomly amplified polymorphic DNA，RAPD）标记技术（详见本书第九章）进一步检测了这些无性系的 DNA 多态性变化，证实这些体细胞无性系变异其基因组 DNA 序列发生了相应的变化，其中有些分子标记与 Southern 杂交带型具有特异性，可作为一些变异系的鉴定指标。

（3）核基因突变与细胞质基因变异

番茄叶愈伤组织再生植株中多个基因突变体通过传统的遗传互补测验确定了突变基因的性质和在染色体上的定位。果实黄色、橘红色和果梗无缝隐性单基因突变，分别定位于 31 号、10 号和 11 号染色体上，而枯萎病抗性是显性单基因突变，位于 11 号染色体上，与果梗无缝隐性基因连锁。有学者以除草剂作为选择剂从油菜（*Brassica napus*）的原生质体培养中分离出一株耐受磺酰脲类除草剂和咪唑啉酮类除草剂的突变体，其后代对氯磺隆（chlorsulfuron）的耐受能力比对照高 250~500 倍，而且是显性单基因突变的结果。玉米幼胚外植体培养的愈伤组织分化的再生植株中发现一株突变体，该株的乙醇脱氢酶（alcohol dehydrogenase，ADH）电泳酶图谱是杂合的，在自交后代中分离出突变型和正常型，纯合突变型基因序列分析表明，外显子上有一对碱基改变，导致 ADH1 蛋白中一个缬氨酸残基取代了一个谷氨酸残基。

植物细胞在离体培养条件下也可能诱导叶绿体（chloroplast）或线粒体（mitochondria）基因组 DNA 的变化。早在 20 世纪 80 年代就有人发现烟草培养细胞线粒体 DNA（mitochondrial DNA，mtDNA）限制性酶切片段图谱变化，而且大多 mtDNA 为扩增后的环型 DNA 分子结构。随后又有人发现小麦组织培养再生植株的 mtDNA 不但变化大，而且变化程度随着培养继代的次数而增加，有的细胞中还发现有 mtDNA 片段的丢失。野生烟草原生质体培养中分离出细胞质雄性不育（cytoplasmic male sterility，CMS）植株，该 CMS 植株 mtDNA 缺失 40kb，从而使该 mtDNA 编码的多肽消失。叶绿体 DNA(chloroplast DNA，cpDNA)常见的变化是花药愈伤组织再生植株，特别是单子叶植物花药培养中的白化苗发生频率较高，白花苗发生多与 cpDNA 变化有关。有报道证明，水稻花药培养中白化苗 cpDNA 丢失了 70%，从而叶绿体核糖体 RNA(ribosomal RNA，rRNA)减少，核酮糖-1,5-二磷酸羧化酶-加氧酶(Rubisco)活性显著降低。

(4) 转座因子活化与表观遗传修饰

转座因子(transposable element，TE)是可在基因组中转座(transposition)的 DNA 序列，因而该 DNA 序列被称为转座子(transposon，Tn)。TE 转移插入到基因组新的位点将会修饰或抑制邻近基因表达。病毒感染、染色体断裂和遗传背景等因素都会引起 TE 删除，而删除 TE 的体细胞无性系变异有可能回复到野生型状态。相反，植物细胞在组织培养的胁迫条件下有可能激活沉默的 TE。在玉米外植体植株中未检测到自主型转座子(activator TE，AcTE)，而在该外植体组织培养再生植株中却携带活化的 AcTE，并在玉米一些再生植株中具有活化的 Spn TE。有人还研究了玉米一种活化的增变基因(mutator，Mu)原种和一些自交系杂交 F_1 代的胚性愈伤组织，结果这些愈伤组织都保持 Mu 因子的高拷贝数，其中超过半数的愈伤组织没有 Mu 因子的修饰，在 38% 的无性系中出现新的 Mu 纯合的限制酶片段，而在失活的 Mu 因子对照中却未出现新的 Mu 因子。

植物细胞离体培养所诱发的体细胞无性系变异，其中一些变异与表观遗传修饰(epigenetic inheritance modification)有关。表观遗传修饰是在不涉及 DNA 序列的改而调节基因表达产生不同的表型个体，而且这种表观遗传修饰效应是可以遗传的。表现遗传修饰存在多种类型，其中报道最多的是 DNA 甲基化(DNA methylation)和组蛋白修饰(histone modification)。DNA 甲基化程度与基因表达呈负相关，组蛋白乙酰化与基因表达呈正相关；但组蛋白的甲基化则根据甲基化位点和甲基化程度不同对基因表达调控作用则各不相同。有试验证明，AcTE 在玉米的组织培养脱分化和分化过程中以极高频率在活化和钝化之间循环，活化是由于 TE 的甲基化消失，钝化是由于该 TE 完全甲基化。如将 AcTE 活性循环的这种状态引入无 AcTE 活性的组织培养后，该因子活性是正常水平的 80 倍，并证实活性增加与该因子 5′ 端甲基化程度降低相一致。在玉米、烟草和胡萝卜等组织培养再生植株的基因组甲基化程度发生显著变化报道不少，而且证明这种甲基化状态可稳定遗传的。只是 DNA 甲基化状态与无性变异类型之间确切关系尚待深入研究。

10.5.3　山黧豆体细胞无性系变异的鉴定与筛选

（1）山黧豆体细胞无性系变异的鉴定

对山黧豆品种选育目标是丰产、优质、抗逆性强和 β-ODAP 含量低的新品系。实际主要目标是选育保持山黧豆的原有优良特性而降低毒素含量的新品种。当用常规杂交育种和基因工程育种难以达到该目标时，那么山黧豆的体细胞无性系变异的筛选培育则具有实际重要意义，不仅可以从这些变异中筛选出既保留母体植株优良特性而且低毒的山黧豆新品系；同时还为各种育种途径提供新的种质资源，为转基因育种提供受体细胞或组织。迄今在各类植物中通过离体培养细胞诱变，筛选培育的突变新品系已达 2000 多个，涉及近 200 种植物。这些成果具有重大学术价值，并在生产实践中起着重要作用。

利用山黧豆体细胞无性系变异筛选培育丰产、低毒新品系，首先必须对各类变异进行鉴定。诱导培养细胞和愈伤组织变异，无论是筛选变异细胞系、变异愈伤组织，还是再生变异植株，都应该避免或减少嵌合体以获得纯合的变异体细胞无性系或植株，保证后代的遗传稳定性。山黧豆体细胞无性系变异的鉴定方法大体包括：

1）形态特征的鉴定。在本章前节已提到。山黧豆品种 P-24 是从众多品种通过系统筛选培育出的低毒新品系，其 β-ODAP 含量为 0.32%。现用 P-24 相应组织进行离体培养并获再生植株，称 R_0 植株。其种子中 β-ODAP 含量为 0.03% ～ 0.08%，R_0 植株自交后代 R_1 和 R_2 子代群体会出现分离，从而表现出该变异体的遗传背景。不但 β-ODAP 含量出现分离；而且外部形态也出现广泛分离，如植株高度、花的颜色、产量和抗逆性等数量性状和质量性状的变异。大多数变异通常用统计各类变异的百分数来表示。难以划分的数量性状则以统计标准差（standard deviation，SD）来鉴定体细胞无性系形态变异群体的变异程度（Mehta *et al.*，1996）。

2）β-ODAP 含量的鉴定。采用多种方法随机取样较大规模地跟踪分析，详情见本书第三章。

3）细胞学鉴定。采取特异性染色和显带技术对培养前和培养后脱分化和分化后细胞和再生植株 R_0、R_1 和 R_2 根尖细胞等的染色体数目、结构和带型统计分析。观察细胞有丝分裂动态，并与形态学鉴定结合，为遗传稳定的优良突变型的筛选提供依据。

4）基因表达产物鉴定。蛋白质的双向电泳和同工酶电泳图谱鉴定，从蛋白质双向电泳表明无性系之间基因表达产物变异的广泛性远远超过形态变异和细胞学变异的幅度，推测是既有遗传调控，也涉及表观遗传调控的结果。多种酶的同工酶电泳结果表明，体细胞无性系后代的过氧化物酶（peroxidase，POD）、谷氨酸脱氢酶

(glutamate dehydrogenase, GDH)和苹果酸脱氢酶(malate dehydrogenase, MDH)三种同工酶的电泳图谱与原外植体 P-24 之间差异不显著;而酯酶(esterase, ES)和乙醇脱氢酶(alcohol dehydrogenase, ADH)同工酶谱在两者之间差异显著,不但谱带有增减,有些谱带在变异体中消失;而且这些变化表现遗传稳定性(Mehta et al., 1996)。

5)基因组多态性鉴定。为了在基因组水平分析体细胞无性系变异的遗传物质的变化,有学者采用限制性片段长度多态性(restriction fragment length polymorphism, RFLP)和随机扩增多态性 DNA(randomly amplified polymorphic DNA, RAPD)的图谱鉴定,证明,体细胞无性系变异使基因型带增加,基因组 DNA 多态性更加广泛。

(2)山黧豆等农作物体细胞无性系变异的筛选

利用体细胞无性系变异频率高,再根据各自选种目标,在培养基中加入相应的诱变剂进行胁迫定向的诱导培养细胞的变异,可筛选到有利目的性状变异的突变体植株和培养新品种。已成功诱导并筛选出突变的细胞系或株系的类型有:

1)氨基酸和氨基酸类似物抗性筛选。由于山黧豆和几种主要农作物的种子贮藏蛋白中缺少某些必需氨基酸,为此,对氨基酸及其类似物抗性细胞系筛选目的是改良人类食物营养品质的需要。细胞中某种氨基酸缺乏是由细胞对其敏感性高和氨基酸生物合成过程中反馈抑制的结果。诱变材料可用悬浮培养细胞、愈伤组织新生的小细胞团、不定芽或体细胞胚等。以相应氨基酸作诱变剂,以一步法或梯度法筛选抗性无性系。有学者在玉米体细胞无性系筛选培育成功一个色氨酸含量高的玉米新品种。但大多氨基酸抗性筛选结果是抗性体细胞无性系在培养细胞中氨基酸水平提高,但再生植株不具氨基酸抗性或氨基酸含量并未提高,因而尚待深入研究。

2)抗逆性筛选。由于水资源的短缺和土壤盐碱化,提高农作物的抗旱性和耐盐碱性是改良作物品种特性的重要育种目标。对几种农作物分别在体细胞无性变异基础上进行了水分胁迫和高浓度 NaCl(0.85%)胁迫筛选,结果进一步提高了山黧豆的抗干旱能力和耐盐碱的性能。筛选出小麦耐盐碱细胞系和再生植株及其后代,耐盐无性系变异表现其遗传稳定性。有人用甲基磺酸乙酯(EMS)处理烟草原生质体,筛选出抗甲硫氨酸磺肟(MSO)的细胞系,其再生植物对烟草野火病的抗性明显提高。利用体细胞无性变异筛选抗病性研究取得成功的报道最多,如高产抗病的水稻品种"DAMA"和高产抗霜霉病(downy mildew)的甘蔗品种"Ono"等,表明体细胞无性系利用相应筛选因子,如致病毒素筛选抗病突变体是行之有效的途径。

3)山黧豆低毒品系的筛选。以 β-ODAP 含量为 0.32% 的低毒品种 P-24 的组织培养获得一系列体细胞无性系变异，Mehta 等(1996)进行了系统地筛选，并获再生苗及其后代，其种子中 β-ODAP 含量分布在 0.03％～0.08％；而在 F$_2$ 代，β-ODAP 含量进一步分离，但其中 β-ODAP 含量仍低于 0.1％，少数高达 0.6％。经过连续两年的筛选，终于选育到 β-ODAP 含量为 0.03％～0.075％的稳定遗传的山黧豆新品系。

参 考 文 献

蔡旭. 1988. 植物遗传育种. 2 版. 北京：科学出版社：536～573

陈耀祖，李志孝，吕福海，等. 1992. 低毒山黧豆的筛选，毒素分析及毒理学研究. 兰州大学学报(自然科学版)，28：93～98

覃新程，王飞，王晓娟，等. 2000. 60Coγ 射线与 EMS 复合处理对山黧豆抗氧化酶活力及 ODAP 含量的影响. 应用生态学报，11：1～3

汪丽虹，杨汉民. 1991. 枸杞再生植株不同发育途径中染色体变异的研究. 植物学通报，8(增刊)：61～64

王亚馥，徐庆，陆卫，等. 1990. 山黧豆胚胎发育过程中 ODAP 和一些大分子物质含量的变化. 植物学通报，7：37～41

王崇英，杨汉民，王亚馥，等. 1993. C^{6+} 重离子对山黧豆种子的诱变效应. 遗传，15：28～31

夏英武. 1997. 作物诱变育种. 北京：中国农业出版社

肖尊安. 2005. 植物生物技术. 北京：化学工业出版社

杨汉民，高清祥，王小兰，等. 1990. 山黧豆组织培养中的染色体变异. 兰州大学学报(自然科学版)，26(2)：103～108

周国强，严成其，杨勇，等. 2010. 分子标记技术的发展及其在水稻抗白叶枯病研究中的应用. 浙江农业学报，22：533～538

Abd El-Zaher M A M, Badr S, Taher W, *et al*. 2007. Evaluation of*Lathyrus* spp. Germplasm for quality traits. J Boil Sci, 7：1339～1346

Arzani A. 2006. Karyotype study in some *Lathyrus* L. accessions of iran. Iran J Sci Technol, 30：9～17

Badr S F. 2007. Karyotype analysis and chromosome evolution in species of *Lathyrus* (Fabaceae). Pak J Biol Sci, 10：49～56

Barik D P, Mohapatra U, Chand P K. 2005. Transgenic grasspea (*Lathyrus sativus* L.)：Factors influencing agrobacterium-mediated transformation and regeneration. Plant Cell Rep, 24：523～531

Bunnett R C. 1923. Linkage in the sweet pea(*Lathyrus odoratus*). J Genet, 13：101～123

Campbell C G. 1997. Grass pea. *Lathyrus sativus* L. Promoting the conservation and use of underutilized and neglected crops. 18. Institute of Plant Genetics and Crop Plant Research, Gatersleben/Intemational Plant Genetic Resources Institute, Rome, Italy

Campbell C G, Mehra R B, Agrawal S K, *et al*. 1994. Current status and future strategy in breeding grasspea (*Lathyrus sativus*). Euphytica, 73：167～175

Chowdhury M A, Slinkard A E. 1997. Natural outcrossing in grasspea. J Hered, 88：154～156

Chowdhury M A, Slinkard A E. 1999. Linkage of random amplified polymorphic DNA, isozyme and morphological markers in grasspea(*Lathyrus sativus*). J Agr Sci, 133：389～395

Chowdhury M A. 1997. Inheritance and linkage of morphological, isozyme and raid markers in grass pea. Canada, PhD, Thesis：University of Saskatchewan

Chtourou-Ghorbel N, Lauga B, Combes D, *et al*. 2001. Comparative genetic diversity studies in the genus

Lathyrus using RFLP and RAPD markers. Lathyrus Lathyrism Newsl, 2: 62~68

Chtourou-Ghorbel N, Lauga B, Ben Brahim N, *et al*. 2002. Genetic variation analysis in the genus *Lathyrus* using RAPD markers. Genet Res Crop Evol, 49: 363~370

Dibyendu T. 2008. Cytogenetic characterization of seven different primary tetrasomics in grass pea(*Lathyrus sativus* L.). Caryologia, 61: 402~410

Fisk E L. 1931. The chromosomes of *Lathyrus tuberosus*. PNAS, 17: 511~513

Hanbury C D, Siddique K H M, Galwey N W, *et al*. 1999. Genotype-environment interaction for seed yield and ODAP concentration of *Lathyrus sativus* L. and *L. cicera* L. in Mediterranean type environments. Euphytica, 110: 445~460

Jiao C J, Jiang J L, Ke L M, *et al*. 2011. Factors affecting β-ODAP content in *Lathyrus sativus* and their possible physiological mechanisms. Food Chem Toxicol, 49: 543~549

Kumar S, Dubey D K. 1996. Divergence among induced mutants of grasspea(*Lathyrus sativus* L.). FABIS Newsletter, 38/39: 33~36

Kumari V, Mehra R B, Baju D B, *et al*. 1993. Genetic basis of flower colour production in grasspea. Lathyrus and Lathyrism News l, 5: 10

Lavania U C. 1982. Chromosomal instability in *Lathyrus sativus* L. Theor Appl Genet, 62: 135~138

Lavania U C, Sharma A K. 1980. Giemsa C banding in *Lathyrus* L. Bot Gaz. 141: 199~203

Mehta S L, Santha I M. 1996. Plant biotechnology for development of non-toxic strains of *Lathyrus sativus* // Arora R K, Mathur P N, Riley K W, *et al*. *Lathyrus* genetic resources in Asia: Proceedings of a Regional Workshop, 27~29 December 1995. Indira Gandhi Agricultural University, Raipur, India. IP-GRI Office for South Asia, New Delhi, 129~138

Mehta S L, Ali K, Barna K S. 1994. Somaclonal variation in a food legume *Lathyrus sativus*. J Plant Biochem Biotech, 3: 7377

Mohan M, Nair S, Bhagwat A, *et al*. 1997. Genome mapping, molecular markers and marker assisted selection in crop plants. Mol Breeding, 3: 87~103

Nandini A V, Murray B G, O'Brien I E W, *et al*. 1997. Intra-and interspecific variation in genome size in *Lathyrus* (Leguminosae). Bot J Linn Soc, 125: 359~366

Nandini A V. 1997. Cytogenetic and Interspecific Hybridization in *Lathyrus* (L.). New zealand, PhD, Thesis: The University of Auckland

Narayan R K J, Rees H. 1977. Nuclear DNA divergence among *Lathyrus* species. Chromosoma, 63: 101~107

Narayan R K J, Mclntyre F K. 1989. Chromosomal DNA variation, genomic constraints and recombination in *Lathyrus*. Genetica, 79: 45~52

Nerkar Y S. 1972. Induced variation and response to selection for low neurotoxin content in *Lathyrus sativus*. Ind J Genet and Plant Breed, 32: 175~180

Nerkar Y S. 1976. Mutation studies in *Lathyrus sativus*. Ind J Genet and Plant Breed, 36: 223~229

Prassad A B, Das A K. 1980. Relative sensitivity of some varieties of Lathyrus sativus to Gamma irradiation. Ind J Cytol and Genet, 15: 156~165

Punnett R C. 1923. Linkage in the sweet pea(*Lathyrus odoratus*). J Genet, 13: 101~123

Quader, M. 1985. Genetics of flower colour, BOAA content and their relationship in *Lathyrus sativus* // Kaul A K Combes D. *Lathyrus* and *Lathyrism*. New York: Third World Medical Research Foundation: 93~97

Quader M, Singh S P, Barat G K. 1987. Genetic analysis of BOAA content in *Lathyrus* L. Indian J Genet,

47: 275~279

Roy D N, Bhat R V. 1975. Variation in neurotoxin, trypsin inhibitors and susceptibility to insect attack in varieties of *Lathyrus sativus* seeds. Environ Physiol Biochem. 5: 172~177

Rubiales D, Fernández-Aparicio M, Moral A, et al. 2009. Disease esistance in *Lathyrus sativus* and L. *cicera*. Grain Legumes, 54: 36~37

Rybinski W. 2001. Mutants of grasspea(*Lathyrus sativus* L.) obtained after use of chemomutagens. Lathyrus Lathyrism Newsletter, 2: 41

Sanchez V R, De Los Mozos P M, Rodriguez C M F. 2009. Contents of total protein and β-N-oxalyl-L-α, β-diaminopropionic acid (ODAP) in a collection of *Lathyrus cicera* of the Bank of Plant Germplasm of Cuenca (Spain). Plant breeding, 128: 317~320

Sachdev A, Sharma M, Johari R P, et al. 1995. Characterization and cloning of ODAP degrading gene from a soil microbe. J Plant Biochem Biotechnol, 4: 33~36

Sehgal D, Santha I M, Mehta S L. 1992. Purification of oxalyl CoA synthetase enzyme from *Lathyrus sativus* and raising of antibodies. J Plant Biochem Biotech. 1: 97~100

Siddique K H M, Loss S P, Herwig S P, et al. 1996. Growth, yield and neurotoxin(ODAP) concentration of three *Lathyrus* species in Mediterranean-type environments of Western Australia. Aus J Exp Agr, 36: 209~218

Skiba B, Ford R, Pang E C K. 2004. Construction of a linkage map based on a *Lathyrus sativus* backcross population and preliminary investigation of QTLs associated with resistance to ascochyta blight. Theor Appl Genet, 109: 1726~1735

Tadesse W. 2003. Stability of grasspea(*Lathyrus sativus* L.) varieties for ODAP content and grain yield in Ethiopia. Lathyrus Lathyrism Newsletter, 3: 32~34

Talukdar D. 2009a. Recent progress on genetic analysis of novel mutants and aneuploid research in grass pea (*Lathyrus sativus* L.). Afr J Agr Res, 4: 1549~1559

Talukdar D. 2009b. Dwarf mutations in grass pea(*Lathyrus sativus* L.): origin, morphology, inheritance and linkage studies. J Genet, 88: 165~175

Talukdar D. 2010a. Reciprocal translocations in grass pea (*Lathyrus sativus* L.): pattern of transmission, detection of multiple interchanges and their independence. J Hered, 101: 169~176

Talukdar D. 2010b. Development of cytogenetic stocks through induced mutagenesis in grass pea(*Lathyrus sativus*): Current status and future prospects in crop improvement. CCDN Network News, 54: 30~31

Tiwari K R. 1994. Inheritance of the neurotoxin β-N-oxalyl-L-α, β-diaminopropionic acid(ODAP) in grass pea (*Lathyrus sativus* L.) seeds. Thesis: The University of Manitoba

Tiwari K R, Campbell C G. 1996a. Inheritance of seed weight in grasspea (*Lathyrus sativus* L.). FABIS Newsletter, 38/39: 30~33

Tiwari K R, Campbell C G. 1996b. Inheritance of neurotoxin (ODAP) content, flower and seed coat colour in grass pea (*Lathyrus sativus* L.). Euphytica, 91: 195~203

Vaz Patto M C, Skiba B, Pang E C K, et al. 2006. *Lathyrus* improvement for resistance against biotic and abiotic stresses: from classical breeding to marker assisted selection. Euphytica, 147: 133~147

Yamamoto K, Fujiware T, Blumenreich I D. 1984. Karyotypes and morphological characteristics of some species in the genus *Lathyrus* L. Japanese Journal of Breeding, 34: 273~284

第 11 章　山黧豆今后的研究方向与应用前景

自从 20 世纪 60 年代分离和鉴定出山黧豆毒素 β-ODAP,并证明它直接导致山黧豆神经性中毒以来,在这半个多世纪里,本课题组与全球同行一道对山黧豆进行了较为深入而广泛的研究,取得一系列的初步成果。通过本书所介绍的内容可见,其主要研究领域涉及:山黧豆引种、栽培、种质资源调查、利用和保存,以及生物学特性的研究;山黧豆毒素 β-ODAP 的分离鉴定、提取、化学合成与生物合成途径的探讨;β-ODAP 的生物代谢规律、毒理作用和生理作用的阐释;山黧豆的组织培养、山黧豆的遗传与变异规律和低毒山黧豆新品系选育程序与方法的探索等。这些较为系统的研究不仅取得一些相应成果,让人们对山黧豆的重要意义有了更为深入地认识,而且为山黧豆今后的研究和应用奠定了良好的基础,具有重要的学术价值和实践意义。为此,本章对这些研究成果进行简要回顾,同时在此基础上提出了山黧豆今后研究方向的设想和应用前景的展望。旨在获得全球同行赐教,共同探讨以进一步推动山黧豆的深入研究与应用。

11.1　山黧豆研究进展与成果

自 1964 年分离和纯化出山黧豆毒素 β-ODAP,以及 1986 年证明它直接导致山黧豆中毒以来的近半个世纪里,世界上许多学者积极以降毒为中心目标对山黧豆及其同属其他品种进行了多方面的研究,使人们对以栽培山黧豆(L. sativus)为代表的该属植物有了较为深入的了解,同时也使山黧豆进入了除植物学、农学及毒理学家以外的其他许多学科学者的视野。由此,对它的研究已经逐渐超出了一般作物的范畴,使其向更为广阔的作物生态学、生态治理等领域扩展。因此为了更好地把握山黧豆研究的未来前景,有必要简要回顾过去 50 多年来人们对它的研究动态,其中一些研究进展与成果可参考本书相关章节或综述文献(Misra et al.,1981;Roy et al.,1991;覃新程等,2000;Hanbury et al.,2000;Campbell et al.,1994;Campbell,1997;焦成瑾等,2005;Yan et al.,2006;Vaz Patto et al.,2006;Jiao et al.,2011)。

11.1.1　山黧豆种质资源调查和抗逆性研究

山黧豆属植物种质资源调查和评价是山黧豆育种、遗传操作、毒素的鉴定、毒素的代谢与生理作用等分子机制研究的基础,因此一直受到各国学者的重视。截至目前,许多国家对山黧豆种质资源已作了大量的调查研究。从 Mathur 等 (2005)编写的山黧豆属种质资源收集指南,可以了解到阿尔及利亚(463 份)、澳大利亚(1001 份)、孟加拉(2432 份)、塞浦路斯(31 份)、埃塞俄比亚(96 份)、法国 (4087 份)、德国(445 份)、匈牙利(307 份)、印度(2850 份)、约旦(36 份)、尼泊尔 (149 份)、巴基斯坦(30 份)、俄罗斯(1240 份)、西班牙(307 份)和美国(529 份)15 个国家对山黧豆种质的保存和收集情况,包括收集的份数、种质原产地或来源国、种质护照、种质评价及保存地点和联系人等具体信息。《中国植物志》42(2)卷记载,山黧豆属植物在我国有 18 个种和 1 个亚种;而中国植物志(2010 年,http://frps. plantphoto. cn/dzb_list2. asp)中记录了 20 个种和 3 个亚种;中国数字植物标本馆网站(http://www. cvh. org. cn/cms/)显示,我国该属植物种类远不止这些,许多野生品种在我国分布更为广泛(中国自然标本馆,2010 年,http://www. cfh. ac. cn/spdb/TaxonNodeTree. aspx? sonid=23043#)。由于我国地理环境复杂,估计亚种数目将不下十几种。显然对我国山黧豆资源应该进行更深入的调查,以挖掘有育种价值的优良品种(吕福海等,1990)。

　　为了方便山黧豆种质收集、管理和利用,对每份收集到的种质进行正确描述和记录是十分必要的。国际有关组织为了统一和规范这些记录资料,曾组织相关专家对多种农作物编制出版了种质描述标准,即描述符。而山黧豆属种质描述符已由国际植物遗传资源研究所(International Plant Genetic Resources Institute, IP-GRI)于 2000 年出版(IPGRI,2000)。兰州大学有关学者最近也出版了中国山黧豆及该属的种质描述标准(王彦荣等,2010;余玲等,2010)。

　　山黧豆属植物种质评价对发现新的优势种和优良性状等很重要,这些评价筛选出来的材料是山黧豆甚至其他作物遗传改良的基因库来源。过去在这一领域各国学者做了大量工作,发表了许多相关论文,但内容很分散,主要包括农艺性状(如外部形态、成熟期、收获指数)(Siddique *et al.*,1999;Hanbury *et al.*,1999)、数量性状(如草粗蛋白质和粗纤维、可消化粗纤维、种子粗蛋白质、籽粒主要蛋白质氨基酸组成和 β-ODAP 含量等)(Siddique *et al.*,1996;Hanbury *et al.*,2000)、化学成分分析(如干物质含量、微量元素和抗营养因子等)(Aletor *et al.*,1994;Abreu *et al.*,1998)、非生物胁迫敏感性评价(如耐干旱、耐高温、抗盐碱和水涝等特性)(Hussain *et al.*,1997;Jiao *et al.*,2011)、病虫害敏感性评价(如抗虫,抗真菌、细菌和病毒等特性)(Vaz Patto *et al.*,2006)、生化指标评价(如同工酶)(Chowdhury *et al.*,1999)等。

　　我国对山黧豆资源的种质评价工作尚未完善,在 20 世纪七八十年代,兰州大学与甘肃省农业科学院土壤肥料研究所等单位收集到了 73 份不同产地的山黧豆属物种和亚种或品种,并在甘肃武威白云村对其中有发芽能力的 65 份材料标本经过连续 3 年的引种试验和生物学特性分析(陈耀祖等,1992)。在连续 3 年引种试验过程中,对各种样本中的 β-ODAP 含量进行了跟踪检测,结果表明,β-ODAP 含量随着种植年数的增加而呈下降趋势(详见本书第 10 章)。并从中筛选到低毒而优良的山黧豆品系,但有关研究仍不够深入。从长远看,我国山黧豆资源的评价不能以传统方法为主,而应该采用目前先进的分析工具、有计划有针对性地展开深入研究(见本书第 1 章)。

从山黧豆的种植历史分析,自从 1964 年发现 β-ODAP 以来,各国学者在众多领域对山黧豆进行了广泛的研究。有些研究领域目前已有很好的基础,而一些应用性质的研究也有令人振奋的初步结果,所有这些将鼓舞不同领域的学者和国际相关组织一道对山黧豆关键领域的研究向纵深方向继续努力,使山黧豆这种古老的豆类作物在人类应对食品危机、环境恶化等全球性的挑战中能最大限度地发挥应有的作用。特别是大量的研究表明,山黧豆不仅抗逆性强,而且抗性十分丰富(Vaz Patto *et al.*,2006),有些抗性虽然在栽培的山黧豆品种中有所降低,但在同属的其他种类中尤其是野生种其抗逆性非常显著,这也说明人工种植与选择对栽培品种也有不利影响,即长期的种植已在有些方面不如野生近缘种。因此不管是为了寻找特异性的抗性,还是改良现有的栽培品种,都需要对这些抗性一一作深入的研究。而每一抗性研究均涉及鉴定、机制及遗传传递规律和分子机制的研究。

(1) 抗性鉴定

抗性鉴定是正确利用抗性的基础,不管是山黧豆的抗旱性,还是抗虫性或其他抗性,都必须首先建立一套科学鉴定评价标准和严格的实验操作程序。鉴定标准可以参考目前已经出版的山黧豆种质评价标准(IPGRI,2000;王彦荣等,2010;余玲等,2010),如果能再结合一些通用的生化指标或分子标记将会得到更可靠的鉴定结果(见本书第 10 章)。

(2) 抗性机制研究

抗性机制是指抗性发生的生化或分子机制(见本书第 8 章)。这方面的研究是抗性识别和抗性利用的关键环节,也就是说,在抗性品种还未得到的前提下,可以运用这些知识进行有效的田间管理,以保持或提高其抗逆性。

(3) 抗性遗传研究

抗性遗传传递规律的研究是抗性利用最重要的研究内容。只有完全掌握了抗性遗传规律,才能通过各种手段培育出抗性品种(见本书第 2 章)。分子生物学技术的迅速发展为加快这方面的研究提供了保证,其中已经普遍使用的方法有抗性多样性分析、分子标记辅助性育种等(见本书第 10 章)。

11.1.2　β-ODAP 鉴定与纯化检测技术的改进与创建

Rao(1978)最早建立了比较准确的 ODAP 检测方法,该方法是将 ODAP 水解后产生的 2,3-二氨基丙酸与邻苯二甲醛反应后通过比色检测。但这种方法不能区分 α-ODAP 和 β-ODAP 两个同分异构体。后来许多学者,尤其是兰州大学较为系统的研究建立了更多、更准确的检测与鉴定 ODAP 的方法,如荧光光度法、高效液相色谱法等一系列技术能很好区分 ODAP 两种异构体(Jiao *et al.*,2009)。目前最常用的是高效液相色谱法(见本书第 4、5 章)。

11.1.3　β-ODAP 化学合成与生物合成途径的探讨

Malathi 等曾于 1967 初步证明 β-ODAP 是由 α,β-二氨基丙酸草酰化形成。至 20 世纪 90 年代,Kuo 等提出β-ODAP 合成由天冬酰胺环化形成异噁唑啉-5-酮开始,随后在半胱氨酸合成酶催化下取代 O-乙酰-丝氨酸的乙酰基而产生 β-(异噁唑啉-5-酮-2-基)-L-丙氨酸(BIA),BIA 再开环形成中间体 α,β-二氨基丙酸,接着被草酰 CoA 草酰化而最终合成出 β-ODAP (Kuo *et al.*,1998)。由于 α,β-二氨基丙酸至今没有从山黧豆中分离出来,因而这一途径尚待深入研究(见本书第 3 章)。Jiao 等(2011)通过研究 β-ODAP 积累规律,提出 β-ODAP 合成与植株中部分器官如叶片、子叶衰老相联系(见本书第 6 章)。

11.1.4　β-ODAP 生物代谢规律和毒理作用与生理作用的阐释

自 Spencer 等(1986)证明 β-ODAP 是人畜山黧豆中毒的原因之后,不少学者开始 β-ODAP 中毒机制的研究,并初步发现 β-ODAP 可与神经系统中谷氨酸受体中的一种 α-氨基-3-羟基-5-甲基-4-异噁唑-丙酸受体(α-amino-3-hydroxy-5-methyl-4-isoxazole-propionic acid receptor,AMPA)亚型结合,导致神经传导异常使下肢活动受阻而发病(Spencer,1995)。但最近的研究表明,中毒机制远不仅如此,β-ODAP 在 CNS 中的作用可能是通过转运蛋白作为介质,在多个位点激活相关内源性物质而发生毒性作用。或通过调节某些蛋白质表达而改变 NO-cGMP 信号传导系统或影响 MAPK 信号的级联反应等。还有研究报道,山黧豆神经中毒还涉及神经系统的氧化胁迫损伤(Moorhem *et al.*,2010;Nunn *et al.*,2010)、饮食习惯和营养缺乏(Lambein *et al.*,1994)等(见本书第 6～8 章)。

11.1.5　山黧豆组织培养和遗传多样性与低毒品系选育程序的探索

β-ODAP 合成是多步骤多基因控制,具有数量性状遗传的特征,而且遗传背景不清,加之 β-ODAP 遗传率低,因而低毒育种是很困难的。但经过人们多年的筛选,也获得了一些具有应用价值的低毒品系(Campbell,1997)。通过诱变育种和组织培养无性变异系筛选也得到了一些毒性很低的品种(见本书第九、十章),但在不同的国家和地区,这些低毒品种产量不稳定,对它们的适应性研究尚待深入(Vaz Patto *et al.*,2006)。其他低毒品系选育方法和分子标记辅助性育种研究也待深入探索(见本书第1、10章)。

山黧豆人畜中毒主要是由于食用其种子引起的,营养时期植株各器官基本不含毒素或含量极低(Jiao *et al.*,2006)。所以人们尝试了许多对种子脱毒的方法,传统的如浸泡、煮、炒,后来不少学者将种子在不同的微生物存在下发酵,不但可以去掉大部分的毒性,而且可以改善其营养价值(Kuo *et al.*,2000)。

11.2　山黧豆研究的国际会议

11.2.1　山黧豆研究国际会议动态

山黧豆的研究在 20 世纪与 21 世纪交接之际算是一个小的高潮,许多基础性的研究均在这一时期展开。正是在这种形势下,同时为了更好地促进相关方面的研究,同行学者建议召开国际性的专题讨论,并成功地组织了许多有关山黧豆方面的国际会议。截至目前,举办的山黧豆研究国际性专题研讨会不下 10 次,法国举行过 1 次(1985)、伦敦 2 次(1988,1994)、埃塞俄比亚的 Addis Ababa 举办过 3 次(1989,1992,1995)、孟加拉国的 Dhaka 举办过 2 次(1991,1993)及比利时的根特大学举办过 2 次(1990,2009)。

11.2.2　山黧豆国际会议的中心议题

最早的一次山黧豆国际会议是由法国南部 Pau 大学的 Daniel Combes 教授于 1985 年招集的。会议以"Colloque Lathyrus"为主题,会议中当第三世界医学研究基金会主席播放了一段山黧豆中毒患者的录像后,与会学者为之震惊,使这些来自不同学科的研究者们立刻意识到加强信息沟通、建立国际合作研究的重要性。由此山黧豆相关研究得到了许多国际组织和个人基金会的支持,并确定了一些主要国家的工作联络员,而且国际性的山黧豆专业网站和通讯期刊(http://www. clima. uwa. edu. au/publications/lathyrus)陆续出现,大大地促进了山黧豆研究的国际交流。

1995 年,在埃塞俄比亚 Addis Ababa 大学举办的一次山黧豆研讨会由英国著名植物化学分类学家 Bell 教授担任主席,该大学 Tekle Haimanot 教授和比利时根特大学(Gent University)Lambein 教授担任副主席,会议由欧盟委员会提供资助,来自 14 个国家的 49 名学者参加了会议。会议以"Lathyrus and lathyrism"为主题,就 5 个方面,即山黧豆中毒神经生理学、流行病及医学社会学,毒素 β-ODAP

化学和毒理学,毒素 β-ODAP 定量检测,山黧豆遗传育种及环境对毒素的影响和种子的脱毒加工等领域的探讨,并对过去 10 年的研究进展作了回顾和总结。提交会议的 39 篇论文编辑成论文集于 1997 年以*"Lathyrus and Lathyrism：a Decade of Progress"*为书名出版。这次会议上交流的许多研究成果为后来进一步研究提供了方向和思路,同时也使国际间的合作研究更加规范和更具可操作性。

　　有关山黧豆研究最近的一次国际会议是 2009 年在比利时根特大学举办的。鉴于食用木薯而导致木薯中毒(konzo)与食用山黧豆而导致山黧豆中毒(lathyrism)在临床症状上很相似,而且均属神经退行性中毒,因此会议以这两种中毒相关研究为主题,命名为"International Workshop on the Toxico-Nutritional Neuro-degenerations Konzo and Lathyrism"。会议由根特大学的 Lambein 教授和澳大利亚国立大学的 Bradbury 教授发起,由比利时根特大学植物生物技术和遗传学系所属的发展中国家植物生物技术研究所(IPBO)组织。来自比利时、法国、英国、瑞典、意大利、丹麦、挪威、西班牙、澳大利亚、美国、印度、中国、日本、埃塞俄比亚、叙利亚、坦桑尼亚和莫桑比克等 20 个国家的 55 名相关学者参加了研讨。国际著名分子生物学家、欧洲生物技术联盟主席、比利时根特大学 Marc Van Montagu 博士作了开场主题讲演,接下来两天时间里会议围绕与山黧豆中毒和木薯中毒有关的疾病流行与营养、疾病神经生物学、毒理学及生物技术育种等 4 个主题先后有 18 位大会报告人作了主题发言,12 名优秀展板提供者介绍了他们的研究成果。与会者充分讨论拟定包括 8 个方面的"议案"作为今后的研究方向并发布了新闻公报,倡议全世界的学者关注这两种被社会忽视但完全可以预防的贫穷地区营养性疾病。这次会议被认为是历届研讨会中最成功的一次,所有的会议论文摘要由*"Cassava Cyanide Diseases ＆ Neurolathyrism Network News"*通讯期刊发表。提交的 20 多篇全文研究性论文随后均按严格的审稿程序通过专家评审后由食品专业著名杂志 *Food and Chemical Toxicology* 接收发表(2011 第 49 卷)。会议最终讨论确定了如下几个主要的研究领域。

　　1) 从生物化学和神经生物学的角度继续探索山黧豆中毒发生的分子机制。

　　2) 有必要重新认识山黧豆营养与中毒之间的因果关系,因为山黧豆和其他豆类一样,含硫氨基酸含量是很低的。从目前的研究看,毒素 β-ODAP 和含硫氨基酸的缺乏对导致中毒的发生几乎是两个同等重要的原因,因此通过遗传育种加强含硫氨基酸的含量和收获后的脱毒加工将是山黧豆安全食用的重要手段。

　　3) 运用分子生物学手段了解和进一步研究山黧豆的抗旱、耐涝和耐贫瘠等抗逆性的分子机制,该研究有助于山黧豆和其他豆类品种的遗传育种。

　　4) 加强山黧豆在各种土质环境下生长的适应性研究,并探索其在各种耕作系统中的应用模式。

　　5) 继续研究山黧豆收获后的加工处理,使其成为安全可靠的营养保健食品。

11.3　山黧豆今后研究方向的设想

11.3.1　β-ODAP 的生物合成途径与基因工程育种

山黧豆毒素 β-ODAP 的生物合成途径尚待深入的研究,特别是许多疑点仍有待阐释。

1) 异噁唑-5-酮环的由来。在山黧豆属植物和豌豆种子萌发时,会产生大量的异噁唑-5-酮环衍生物,但至今仍没有任何实验证据来说明该环状化合物是怎样合成的。

2) 草酸的由来。大量证据表明,山黧豆毒素 β-ODAP 主要在其种子萌发时大量积累,但合成的原料之一——草酸是如何产生的及为什么种子萌发时会有如此丰富的草酸等问题目前也无法进行解释。

3) 在 BIA 向 β-ODAP 转化的过程中,所出现的中间产物 α,β-二氨基丙酸的化学性质很稳定,但在山黧豆的所有组织器官中均没有被检测到。

4) β-ODAP 是如何在山黧豆中被分解的? 即 β-ODAP 的降解代谢的分子机制及其产物是什么也不清楚。因此,继续针对性的研究 β-ODAP 合成和分解过程不但有利于了解该毒素的生物合成与代谢的生化意义,而且对于遗传改造和利用基因工程育种奠定基础或提供靶酶分子。

11.3.2　β-ODAP 的毒理作用与药理作用的分子机制

在山黧豆中毒的毒理学研究中,β-ODAP 的中毒机制研究确定与神经损伤有关,但其毒理作用的分子机制至今仍然知之甚少。而且,β-ODAP 又被鉴定是中药材三七的有效成分"三七素"。"三七素"一直以来由于能止血而在临床上广泛应用,但其止血机制目前也不十分清楚。另外,β-ODAP 也存在于名贵中药人参中,而人参是著名的保健品,这样人们自然会产生疑问:它又是以何种成分或方式促进人体保健作用的呢? 显然,β-ODAP 对人体产生如此令人费解的复杂生物学效应说明,要么 β-ODAP 对不同的器官会产生不同的生物学效应,要么人们对这些效应最本质的机制还远没有搞清楚,或许这些看似相差甚远的效应具有相似的分子机制。但是不管哪种情况都需要人们作进一步深入研究。

11.4　山黧豆应用前景的展望

11.4.1　山黧豆高蛋白质食品开发与利用

虽然山黧豆与山黧豆中毒有因果关系,但其中毒是在特定历史时期和特定人群被迫过量食用所致。尽管如此,有些学者调查发现其中毒最根本的原因还是食用者对这种豆类利弊缺乏最基本的认识(Lambein,2009),因而为防止这类中毒的再次发生,必须加强宣传、教育和引导对生活在贫穷落后、信息闭塞的中毒易发区人群科学而合理地食用山黧豆及其产品是具有至关重要的意义(Fikre *et al.*,2010)。从历史记载和现阶段的研究成果可以看出,山黧豆在人类的现代生活中不仅能提供有价值的营养,而且或许正是由于毒素及其相关特异性有机成分的存在可能为人类提供有价值的保健食品(Rao,2011)。实际上,古孟加拉人将其视为壮阳食品(Vaz Patto *et al.*,2006),而欧洲的西班牙等国甚至认为它是一种重要的节日佳肴(Saldaña *et al.*,2009)(图 11-1)。

A　　　　　　　　　　　　　　　B

图 11-1　山黧豆是欧洲许多国家的节日美食(Saldaña *et al.*,2009)(见图版)
A. 名为"Chicharada"的一种由山黧豆与其他原料一起烹饪的美食;
B. 西班牙布尔戈斯人们节日食用山黧豆制作的美食

在我国,随着人们生活水平的提高,为了追求健康饮食,豆类小杂粮需求逐年增加,我国有关部门已认识到大量试种和推广山黧豆的重要性和迫切性。已从 2005 年开始,由西北农林科技大学牵头以陕西和宁夏等地为重点开展全国范围内的区域性种植试验(中国小杂粮网,2010 年,http://www. mgcic. com/show. php? articleid=1821)。因此有理由相信,在不久的将来,我国乃至全世界山黧豆中毒不但会消失,而且由山黧豆开发出来的保健食品会越来越丰富。

11.4.2　山黧豆抗逆性与固氮的利用

国际社会对山黧豆的关注并有针对性的研究已近 50 年,由最初中毒事件的关注到对这种豆类全方位的研究,人们在许多方面已积累了比较丰富的知识。除了对山黧豆本身特性的研究,人们已有意识的开始利用它的优良特性改善环境和平衡人们的食品营养结构。如山黧豆抗逆性利用主要包括两个方面:培育筛选具有多重抗性的山黧豆新品种以满足特定生长环境的种植;利用山黧豆的优良抗性基因改造豌豆或其他粮食作物(Vaz Patto et al.，2006)。目前,人们对山黧豆抗性研究主要集中在抗旱性研究和抗病虫害研究。抗旱性是山黧豆最典型的优良特性,许多学者对这一特性与其毒素 β-ODAP 之间的关系进行了一系列有益的探索(Jiao et al.，2011),用聚乙二醇来模拟水分胁迫,本课题组发现胁迫幼苗 ODAP 的积累与 ABA、H_2O_2、多胺(尤其是精胺)等的动态变化密切相关(邢更生等,2000a,2000b,2002；Xing et al.，2001；Xiong et al.，2006；张大伟等,2007)。Zhou 等(2001)进一步证实,ODAP 的积累可消除植株体内的氧自由基。而自由基的产生是植物对多种逆境响应的结果,从而提示 ODAP 的积累可增强山黧豆的抗逆性。但要充分理解和利用它的这一特性,研究者必须利用分子生物学和蛋白质组学等手段才有可能取得实质性的进展。另外,人们已经发现山黧豆属中的其他品种中存在广泛的抗病虫害变异,如白粉病(Erysiphe pisi)、锈病(Uromyces sp.)、缨翅目昆虫(thrips)等。显然鉴定和筛选山黧豆属中这些抗性品种对培育山黧豆新品种至关重要(Rubiales et al.，2009)。

豌豆与山黧豆在豆类分类中同属野豌豆族,亲缘关系近,但豌豆在抗旱耐涝和抗虫性方面比较差,然而豌豆在作物中占有重要地位,因此利用山黧豆的这些优良基因改造培育豌豆新品种将是大有前途的(Vaz Patto et al.，2006)。

对山黧豆的固氮能力目前人们还不十分了解(Jiao et al.，2011),但已经发现和证实山黧豆与豌豆共用同一类根瘤菌进行结瘤和固氮(Young，1996；Jiao et al.，2011)。大多数根瘤菌的结瘤和固氮能力对干旱非常敏感(Athar et al.，1996),而山黧豆能在贫瘠的环境下正常生长,说明在这些不利环境中生存并与其共生的根瘤菌也同样是耐旱的,筛选这些根瘤菌进行种前种子接种以提高其产量具有重要意义。然而这方面的研究才刚刚开始(Drouin et al.，1996，2000；Barrientos et al.，2003；Jiao et al.，2011)。

11.4.3　山黧豆作为生物质能源植物与修复金属污染环境植物的利用

随着山黧豆研究的深入及中毒原因的逐步阐明,山黧豆不但将会是人类的健康食品,而且人们对山黧豆的开发和利用范围也将会突破传统思维并向着更广阔的领域拓展。从目前开展的一些研究不难推测,山黧豆具有广泛的应用价值。地球上化石能源的有限性,迫使人们对生物质能源(biomass energy)给予很高的关注(Hall et al.，1983；Hoogwijk et al.，2003)。到目前为止,各个国家已经研究和开发了许多抗性强、生长量高的植物作为将来生物质能源进行可行性引种试验(李军等,2006)。但是许多被试验的植物品种由于在生长季节对干旱很敏感,利用受到限制(Reddya，1994),因而筛选耐旱性品种一直是该领域的一个主要研究方向(李高扬等,2007)。牧草被认为在生物质能源生产方面具有广阔应用前景的植物(程序,2008)。山黧豆由于生长快、生物量积累迅速(图 11-2),而且耐旱又能固氮,显然是未来优良生物质能源植物。在干旱半干旱贫瘠地区,筛选和试验作为生物质能源用途的山黧豆新品种可能将为山黧豆的开发利用开辟新的、诱人的研究领域。

图 11-2　山黧豆长势强劲(见图版)

另外,山黧豆还具有很强的抗重金属污染能力。Brunet 等(2008)发现在含铅 $500\mu mol/L$ 的水培溶液中,11d 龄的山黧豆苗可生长 4d 而不会枯萎,根中铅的积累量可达 153mg/g(干重),而叶子中的含量变化不大;同时发现植株中的钙、锌和铜有大量的减少。这说明山黧豆一方面可耐缺营养胁迫,同时还具有很强的抗重金属胁迫。另外,最近的试验表明在不通气的情况下,山黧豆苗能很正常的在营养液中生长,但豌豆苗不通气超过 1d 就生长异常,根尖烂掉。由此可见山黧豆有很强抗低氧胁迫能力。实际上,Lambein 等(1994)甚至在水培的条件下培养山黧豆直到收获种子。所有这些结果提示,在重金属污染土壤或湿地,将山黧豆作为环境修复植物进一步试验可能是一个有意义的研究方向。

11.4.4　山黧豆毒素相关药物开发与利用

山黧豆毒素 β-ODAP 已确认具有神经毒作用,从生物进化的角度分析,该毒素在山黧豆的生长、发育和抗逆性形成过程中应该是起重要作用。这正是天生之物必有所用,植物不能像动物那样通过改变栖息位置而逃避敌害,因而长期进化产生了许多应对策略,其中之一就是合成并释放对其他生物有害或有毒的化学物质

(Duffey *et al.*，1996；李绍文，2001；Wittstock *et al.*，2002）。豆类植物由于富含蛋白质，更易受到伤害，所以植物性毒素在豆类中更为普遍(Gupta，1987；Roy *et al.*，1991；李绍文，2001）。在山黧豆中，除了 β-ODAP 有毒外，其合成前体物质 BIA 也是有毒的，因此不少学者将它们视为植物用于抵御和抑制外来入侵者的化感类物质(Schenk *et al.*，1991a，1991b）。BIA 的合成与异噁唑环的合成密切相关。在山黧豆属及相近种属的植物中，人们已发现并鉴定出了大量的异噁唑环衍生化合物，这种现象在其他植物种类中却很少见(Lambein *et al.*，1976）。在合成药物中，人们熟知的磺胺类药品结构中就有异噁唑环，并且在抗菌反应中起重要作用。因此对包括 β-ODAP 在内的相关有机物的深入研究将有可能开发出一系列崭新的、有价值的药物或绿色环保型农药和除草剂。

11.4.5 山黧豆与农作物套种或倒茬以改善生态环境和土壤结构的利用

山黧豆不仅是可改善土壤结构，保护生态环境，无污染、安全、优质的高营养食品；而且是无公害作物，可使农牧业持续发展，加之抗逆性强等特性足以显示它在生态学方面的重要应用价值。然而，该优良作物却一直未能在人类改造自然、改善生活的实践活动中被很好地利用而发挥它应有的生物学和生态学功能，这不能不说是一件令人遗憾的事。在东南亚的一些国家，如孟加拉国等山黧豆与水稻套种而肥田的耕作方式在这方面已做了有益的尝试(Vaz Patto *et al.*，2006），然而就山黧豆所蕴藏的巨大应用潜力而言，它应该在更为关键的生态环境系统中发挥作用，如退化草场的恢复、土地沙化的治理等。因此在这些地域引入山黧豆进行长期细致的研究必将产生良好的生态学效应。例如，山黧豆属中的野生物种五脉山黧豆(*Lathyrus quinquenervius*) 在我国松嫩平原贝加尔针茅草甸草原上是广为分布的豆类牧草，它在草原生态系统中的重要性已为我国众多学者所关注并开始研究(李建东等，2003；杨允菲等，2004；张丙林等，2006）。

参 考 文 献

陈耀祖，李志孝，吕福海，等．1992. 低毒山黧豆的筛选、毒素分析及毒理学研究．兰州大学学报(自然科学版)，28：93～98

程序．2008. 能源牧草堪当未来生物能源之大任．草业学报，17(3)：1～5

焦成瑾，王崇英，李志孝，等．2005. 山黧豆毒素生物化学及去毒研究进展．草业学报，14：100～105

李绍文．2001. 生态生物化学．北京：北京大学出版社

李军，吴平治，李美茹，等．2006. 能源植物的研究进展及其发展趋势．自然杂志，29：21～25

李高扬，李建龙，王艳，等．2007. 优良能源植物筛选及评价指标探讨．可再生能源，25(6)：84～89

李建东，杨允菲．2003. 松嫩平原贝加尔针茅草甸草原植物组成的结构分析．草地学报，11：15～22

吕福海，包兴国．1990. 山黧豆品种资源研究．作物品种资源，3：17～19

覃新程，李志孝，王亚馥．2000. 山黧豆及其神经毒素(ODAP)的研究进展．生命科学，12：52～56

王彦荣，武艳培，余玲．2010. 家山黧豆种质资源标准．北京：中国农业出版社

邢更生，周功克，李志孝，等．2002．渗透胁迫对山黧豆幼苗 H_2O_2 及毒素积累的影响．植物生理学报，27：5～8

邢更生，周功克，李志孝，等．2000b．水分胁迫下山黧豆多胺代谢与 β-N-草酰-L-α，β-二氨基丙酸积累相关性的研究．植物学报，42：1039～1044

邢更生，周功克，李志孝．2000a．水分胁迫下山黧豆中 ABA 及 ODAP 的积累研究．应用生态学报，11：693～698

余玲，武艳培，王彦荣．2010．山黧豆属种质资源标准．北京：中国农业出版社

杨允菲，张宝田．2004．松嫩草原水淹恢复演替群落五脉山黧豆无性系生长及根茎构件年龄结构．草业学报，13：53～59

张丙林，穆春生，王颖，等．2006．五脉山黧豆开花动态及有性繁育系统的研究．草业学报，15：68～73

张大伟，邢更妹，严则仪，等．2007．草酸与家山黧豆中生物合成及其抗逆性关系的研究．兰州大学学报（自然科学版），43：63～69

Abreu J M F, Bruno-Soares A M. 1998. Chemical composition, organic matter digestibility and gas production of nine legume grains. Anim. Feed Sci. Technol, 70：49～57

Aletor V A, Abd El-Moneim A, Goodchild A V. 1994. Evaluation of the seeds of selected lines of three *Lathyrus* spp for β-N-oxalylamino-L-alanine (BOAA), tannins, trypsin inhibitor activity and certain in-vitro characteristics. J Sci Food Agr, 65：143～151

Athar M, Johnson D A. 1996. Nodulation, biomass production and nitrogen fixation in alfalfa under drought. J Plant Nutr, 19：185～199

Barrientos L, Badilla A, Mera M, *et al*. 2003. Performance of Rhizobium strains isolated from *Lathyrus sativus* plants growing in southern Chile. Lathyrus Lathyrism Newsletter, 3：8～9

Brunet J, Repellin A, Varrault G, *et al*. 2008. Lead accumulation in the roots of grass pea(*Lathyrus sativus* L.): a novel plant for phytoremediation systems? C R Biol, 331：859～864

Campbell C G. 1997. Grass pea *Lathyrus sativus* L. promoting the conservation and use of underutilized and neglected crops 18. Rome, Italy. International Plant Genetic Resources Institute：42～43

Campbell C G, Mehra R B, Agrawal S K, *et al*. 1994. Current status and future strategy in breeding grass pea (*Lathyrus sativus*). Euphytica, 73：167～175

Chowdhury M A, Slinkard A E. 1999. Linkage of random amplified polymorphic DNA, isozyme and morphological markers in grasspea(*Lathyrus sativus*). J Agr Sci, 133：389～395

Drouin P, Prevost D, Antoun H. 1996. Classification of bacteria nodulating *Lathyrus japonicus* and *Lathyrus pratensis* in northern Quebec as strains of Rhizobium leguminosarum biovar viciae. Int J Syst Bacteriol, 46：1016～1024

Drouin P, Prevost D, Antoun H. 2000. Physiological adaptation to low temperatures of strains of Rhizobium leguminosarum bv Viciae associated with *Lathyrus* spp. FEMS Microbiol Ecol, 32：111～120

Duffey S S, Stout M J. 1996. Antinutritive and Toxic Components of Plant Defense Against Insects. Arch Insect Biochem, 32：3～37

Fikre A, Van Moorhem M, Ahmed S, *et al*. 2010. Studies on neurolathyrism in Ethiopia：dietary habits, perception of risks and prevention. Food Chem Toxicol, 49：678～684

Gupta Y P. 1987. Anti-nutritional and toxic factors in food legumes：a review. Plant Food Hum Nutr, 37：201～228

HallD O, Moss P A. 1983. Biomass for energy in developing countries. Geo Journal, 7：5～14

Hanbury C D, Siddique K H M, Galwey N W, *et al*. 1999. Genotype-environment interaction for seed yield and ODAP concentration of *Lathyrus sativus* L. and *L. cicera* L. in Mediterranean type environments. Euphytica, 110: 445~460

Hanbury, C D, White C L, Mullan B P, *et al*. 2000. A review of the potential of *Lathyrus sativus* L. and *L. cicera* L. grain for use as animal feed. Anim Feed Sci Tech, 87: 1~27

Hoogwijk M, Faaij A, van den Broek R, *et al*. 2003. Exploration of the ranges of the global potential of biomass for energy. Biomass Bioenerg, 25: 119~133

Hussain M, Chowdhury B, Hoque R, et al. 1997. Effect of water stress, salinity, interaction of cations, stage of maturity of seeds and storage devices on the ODAP content of *Lathyrus sativus*. //Tekle Haimanot R, Lambein F. *Lathyrus* and Lathyrism a Decade of Progress. Belgium: University of Ghent: 107~110

IPGRI. 2000. Descriptors for *Lathyrus* spp. Italy: International Plant Genetic Resources Institute

Jiao C J, Jiang J L, Ke L M, *et al*. 2011. Factors affecting β-ODAP content in *Lathyrus sativus* and their possible physiological mechanisms. Food Chem Toxicol, 49: 543~549

Jiao C J, Xu Q L, Wang C Y, *et al*. 2006. Accumulation pattern of toxin β-ODAP during lifespan and effect of nutrient elements on β-ODAP content in *Lathyrus sativus* seedlings. J Age Sci, 144: 369~375

Jiao C J, Li Z X. 2009. A brief history of quantitative analysis of ODAP. Grain Legumes, 54: 24~25

Kuo Y H, Bau H M, Rozan P, *et al*. 2000. Reduction effciency of the neurotoxin β-ODAP in low-toxin varieties of *Lathyrus sativus* seeds by solid state fermentation with Aspergillus oryzae and Rhizopus microsporus var Chinensis. J Sci Food Agr, 80: 2209~2215

Kuo Y, Ikegami F, Lambein F. 1998. Metabolic routes of β-(isoxazolin-5-on-2-yl)-l-alanine (BIA), the precursor of the neurotoxin ODAP (β-N-oxalyl-L-α, β-diaminopropionic acid), in different legume seedlings. Phytochemistry, 49: 43~48

Lambein F. 2009. The *Lathyrus/lathyrism* controversy. Grain Legumes, 54: 4

Lambein F, Haque R, Khan J K, *et al*. 1994. From soil to brain: zinc deficiency increases the neurotoxicity of Lathyrus sativus and may affect the susceptibility for the motorneurone disease neurolathyrism. Toxicon, 32: 461~466

Lambein F, Kuo Y H, van Parijs R. 1976. Isoxazolin-5-ones Chemistry and biology of a new class of plant products. Heterocycles, 4: 567~593

Malathi K, Padmanaban G, Rao S L N, *et al*. 1967. Studies on the biosynthesis of β-N-oxalyl-L-α, β-diaminopropionic acid, the *Lathyrus Sativus* neurotoxin. Biochem Biophys Acta, 141: 71~78

Mathur P N, Alercia A, Jain C. 2005. *Lathyrus* germplasm collections directory. Italy: International Plant Genetic Resources Institute

Misra B K, Singh S P, Barat G K. 1981 Ox-Dapro: the Lathyrus sativus neurotoxin. Qual Plant Plant Foods Hum Nutr, 30: 259~270

Moorhem M V, Lambein F, Leybaert L. 2010. Unraveling the mechanism of β-N-oxalyl-α, β- diaminopropionic acid (β-ODAP) induced excitotoxicity and oxidative stress, relevance for neurolathyrism prevention. Food Chem Toxicol, 49: 550~555

Nunn P B, Lyddiard J R A, Christopher P. 2010. Brain glutathione as a target for aetiological factors in neurolathyrism and konzo. Food Chem. Toxicol, 49: 662~667

Rao S LN. 1978. A sensitive and specific colorimetric method for determination of α, β-diaminopropionic acid and *Lathyrus sativus* neurotoxin. Anal Biochem, 86: 386~395

Rao S L N. 2011. A look at the brighter facets of b-N-oxalyl-L-a, b-diaminopropionic acid, homoarginine and the grass pea. Food Chem Toxicol, 49: 620~622

Recommendations from the Cassava // konzo-Grass peaneurolathyrism Group Workshop on Toxico- Nutritional Neurodegenerations Konzo and Lathyrism Ghent, 21~22 September 2009. CCDN Network News: 14~22

Reddya B S. 1994. Biomass energy for India: An overview. Energ Conwers Manage, 35: 341~361

Roy D N, Spencer P S. 1991. Lathyrogens// Cheeke P R. Toxicants of plant origin. Volume Ⅲ proteins and amino acids. Florida: CRC press: 170~201

Rubiales D, Fernández-Aparicio M, Almeida NF, *et al*. 2009 Disease resistance in *Lathyrus sativus* and L. *cicera*. Grain Legumes, 54: 36~37

Saldaña C C, Martín I G. 2009. From a survival food of the poor to a festivity main dish: "titos" (grass pea, *Lathyrus sativus*) in La Gamonaland in Padilla de Abajo (Burgos, Spain). Grain Legumes, 54: 40~41

Schenk S U, Lambein F, Werner D. 1991a. Broad antifungal activity of p-isoxazolinonyl-alanine, a non-protein amino acid from roots of pea (*Pisum sativum* L.) seedlings. Biol Fertil Soils, 11: 203~209

Schenk S U, Werner D. 1991b. β-(3-isoxazolin-5-on-2-yl)-alanine from Pisum: Allelopathic roperties and antimycotic bioassay. Phytochemistry, 30: 467~470

Spencer P S. 1995. Lathyrism // De Wolff F A. Handbook of Clinical Neurology: Intoxications of the Nervous System, Part II. New York: Elsevier: 1~20

Spencer P S, Roy D N, Ludolph A, *et al*. 1986. Lathyrism: evidence for role of the neuroexcitatory amino acid BOOA. Lancet, 2: 1066~1067

Siddique K H M, Loss S P, Herwig S P, *et al*. 1996. Growth, yield and neurotoxin(ODAP) concentration of three *Lathyrus* species in Mediterranean-type environments of Western Australia. Aus J Exp Agr, 36: 209~218

Vaz Patto M C, Skiba B, Pang E C K, *et al*. 2006. *Lathyrus* improvement for resistance against biotic and abiotic stresses: from classical breeding to marker assisted selection. Euphytica, 147: 133~147

Wittstock U, Gershenzon J. 2002. Constitutive plant toxins and their role in defense against herbivores and pathogens. Curr Opin Plant Biol, 5: 1~8

Xing G S, Cui K R, Li J, *et al*. 2001. Water stress and the accumulation of β-N-oxalyl-L-α, β-diaminopropionic acid in grass pea (*Lathyrus sativus*). J Agric Food Chem, 49: 216~220

Xiong Y C, Xing G M, Li FM, *et al*. 2006. Abscisic acid promotes accumulation of toxin ODAP in relation to free spermine level in grass pea seedlings (*Lathyrus sativus* L.). Plant Physiol Biochem, 44: 161~169

Yan Z Y, Spencer P S, Li Z X, *et al*. 2006. *Lathyrus sativus* (grass pea) and its neurotoxin ODAP. Phytochemistry, 67: 107~121

Young J P W. 1996. Phylogeny and taxonomy of rhizobia. Plant Soil, 186: 45~52

Zhou G K, Kong Y, Cui K, *et al*. 2001. Hydroxyl radical scavenging activity of β-N-oxalyl-L-α, β- diamino propionic acid. Phytochemistry, 58: 759~762

附录　山黧豆属部分物种学名

L. allardi
L. amphicarpos
L. angulatus
L. annuus
L. aphaca
L. arizonicus
L. articulatus
L. aureus
L. basalticus
L. bauhinia
L. belinesis
L. bijugatus
L. blepharicarpus
L. brachycalyx
L. cassius
L. chloranthus
L. chrysanthus
L. cicera
L. cirrhosus
L. clymenum
L. crassipes
L. cyaneus
L. davidii
L. delnorticus
L. didermani
L. digitatus
L. erectus
L. eucosmus

L. filiformis
L. frolovii
L. gloeospermus
L. gmelinii
L. gorgoni
L. graminifolius
L. grimesii
L. heterophyllus
L. hierosolymitanus
L. hirsutus
L. holochlorus
L. humilis
L. hygrophilus
L. inconspicuus
L. incurvus
L. japonicus
L. jepsonii
L. komarovii
L. krylovii
L. laevigatus
L. lanszwertii
L. latifolius
L. laxiflorus
L. ledebouri
L. leucanthus
L. linifolius
L. litvinovii
L. longifolius

L. maritimus
L. marmoratus
L. miniatus
L. montanus
L. mulkak
L. myrtifolius
L. nervosus
L. neurolobus
L. nevadensis
L. niger
L. nigrivalvis
L. nissolia
L. numidicus
L. occidentalis
L. ochroleucus
L. ochrus
L. odoratus
L. pallescens
L. palustris
L. pannonicus
L. paranensis
L. pauciflorus
L. pilosus
L. pisiformis
L. polymorphus
L. polyphyllus
L. pratensis
L. pseudocicera

L. pusillus
L. quadrimarginatus
L. quinquenervius
L. rigidus
L. roseus
L. rotundifolius
L. sativus
L. saxatilis
L. setifolius
L. sphaericus
L. splendens
L. spp.
L. stenophyllus
L. subalpinus
L. subandinus
L. sulphureus
L. sylvestris
L. szowitsii
L. tingitanus
L. tracyi
L. tremolsianus
L. tuberosus
L. ubiquitous
L. venosus
L. vernus
L. vestitus
L. vinealis
L. zionis

索　引

图　　版

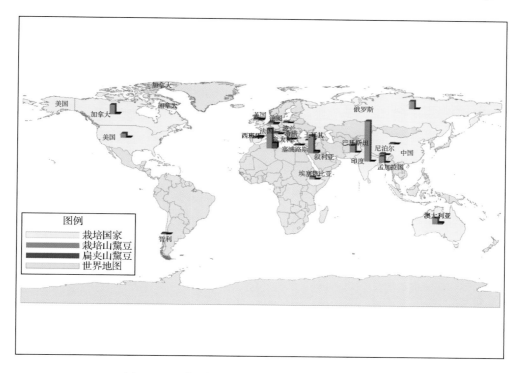

图 1-1　不同国家栽培山黧豆和扁荚山黧豆收集情况

图 2-7　三七的植株形态

A. 云南生长一年的三七；B. 生长两年的三七，红色成熟浆果（赵菲佚拍摄）

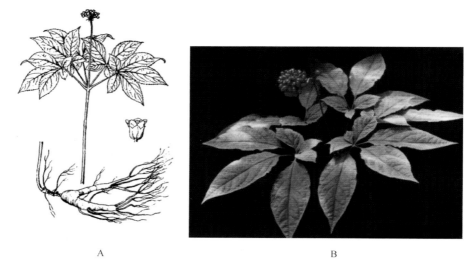

图 2-8　人参的植株形态

A. 植株形态特征(《中国植物志》);B. 果实形态(中国数字植物标本馆)

图 2-9　苏铁的植株形态

A. 植株形态特征(《中国植物志》);B. 花球形态特征(中国数字植物标本馆)

图 10-1　扁荚山黧豆(*L. cicera*)果荚侵染的锈病(Rubiales *et al*.,2009)

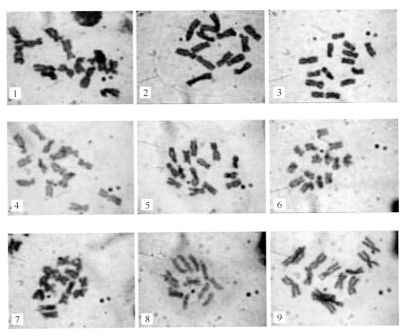

A

图版 4

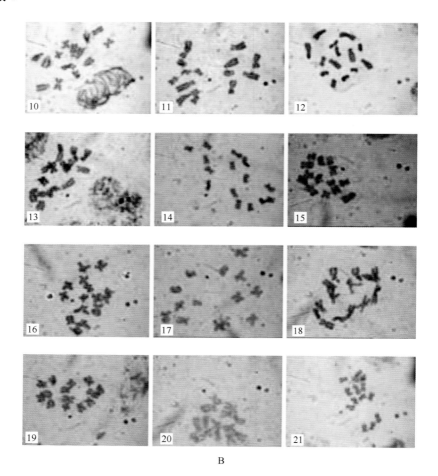

B

图 10-2 山鬶豆属植物细胞中期染色体形态(Fisk,1931)

1-2. *L. sylvestris*；3～6. *L. hirsutus*；7. *L. annus*；8. *L. sphaerious*；9. *L. latifolius*；
10. *L. ochrus*；11. *L. clymenum*；12. *L. articulatus*；13. *L. aphaca*；
14. *L. inconspicus*；15. *L. blepharicarpus*；16～20. *L. cicera*；21. *L. marmoratus*

图 10-10　用理化因素诱变产生的山黧豆矮化植株(Talukdar, 2009b)
1. 对照植株;2. 矮化型 1(dwf1);3. 矮化型 2(dwf2);4. 微型植株;
5. 对照植株;6. 矮化型 3(dwf3);7. 微型植株

图版 6

A   B

图 11-1　山黧豆是欧洲许多国家的节日美食(Saldaña *et al.*，2009)
A. 名为"Chicharada"的一种由山黧豆与其他原料一起烹饪的美食；
B. 西班牙布尔戈斯人们节日食用山黧豆制作的美食

图 11-2　山黧豆长势强劲